Übungsbuch Bilanzen

AF546195

WESTFÄLISCHE
WILHELMS-UNIVERSITÄT
MÜNSTER

Die Abbildung zeigt das Münsterische Schloss,
das Hauptgebäude der Westfälischen Wilhelms-Universität.

Übungsbuch Bilanzen

Aufgaben und Fallstudien mit Lösungen

7., überarbeitete Auflage

von

Prof. Dr. Dr. h.c. Jörg Baetge
Westfälische Wilhelms-Universität Münster

Prof. Dr. Hans-Jürgen Kirsch
Westfälische Wilhelms-Universität Münster

Prof. Dr. Stefan Thiele
Bergische Universität Wuppertal

IDW VERLAG GMBH

Das Thema Nachhaltigkeit liegt uns am Herzen: Das Papier wurde klimaneutral und unter Berücksichtigung der FSC-Grundsätze produziert, der Druck erfolgte unter Verwendung von Ökostrom (beltz-grafische-betriebe.com).

7., überarbeitete Auflage

Das Werk einschließlich aller seiner Teile ist urheberrechtlich geschützt. Jede Verwertung außerhalb der engen Grenzen des Urheberrechtsgesetzes ist ohne vorherige schriftliche Einwilligung des Verlages unzulässig und strafbar. Dies gilt insbesondere für Vervielfältigungen, Übersetzungen, Mikroverfilmungen und die Einspeicherung und Verarbeitung in elektronischen Systemen. Es wird darauf hingewiesen, dass im Werk verwendete Markennamen und Produktbezeichnungen dem marken- oder urheberrechtlichen Schutz unterliegen.

© 2022 IDW Verlag GmbH, Tersteegenstraße 14, 40474 Düsseldorf
Die IDW Verlag GmbH ist ein Unternehmen des Instituts der Wirtschaftsprüfer in Deutschland e. V. (IDW).

Druckerei: Beltz Grafische Betriebe, Bad Langensalza
KN 12039

Die Angaben in diesem Werk wurden sorgfältig erstellt und entsprechen dem Wissensstand bei Redaktionsschluss. Da Hinweise und Fakten jedoch dem Wandel der Rechtsprechung und der Gesetzgebung unterliegen, kann für die Richtigkeit und Vollständigkeit der Angaben in diesem Werk keine Haftung übernommen werden. Gleichfalls werden die in diesem Werk abgedruckten Texte und Abbildungen einer üblichen Kontrolle unterzogen; das Auftreten von Druckfehlern kann jedoch gleichwohl nicht vollständig ausgeschlossen werden, so dass für aufgrund von Druckfehlern fehlerhafte Texte und Abbildungen ebenfalls keine Haftung übernommen werden kann.

ISBN 978-3-8021-2721-2

Bibliografische Informationen der Deutschen Bibliothek
Die Deutsche Bibliothek verzeichnet diese Publikation in der Deutschen Nationalbibliografie; detaillierte bibliografische Daten sind im Internet unter http://www.d-nb.de abrufbar.

www.idw-verlag.de

Vorwort zur siebten Auflage

In der vorliegenden siebten Auflage des „Übungsbuches Bilanzen“ wurden alle Fallstudien überarbeitet und an die aktuellen Entwicklungen in der handelsrechtlichen und der internationalen Rechnungslegung angepasst. Einige Aufgaben wurden dabei noch fallorientierter gestaltet.

Das „Übungsbuch Bilanzen“ enthält Aufgaben sowohl zur handelsrechtlichen Bilanzierung als auch zur Rechnungslegung nach IFRS. Daher wird in den Übungstiteln auf das jeweils relevante Normensystem verwiesen; fehlt ein solcher Verweis im Titel, beziehen sich die Übungen auf beide Normensysteme.

Bei der Erstellung und der Koordination der Neuauflage des Übungsbuches haben uns die Herren Lukas Rohr (M.Sc.) und Markus Sopp (M.Sc.) vom Lehrstuhl für Wirtschaftsprüfung und Rechnungslegung der Bergischen Universität Wuppertal ausgesprochen engagiert und kompetent unterstützt. Sie haben alle an der Überarbeitung der verschiedenen Aufgaben und Fallstudien mit großem Sachverstand und hervorragendem Einsatz mitgewirkt, wofür wir ihnen sehr herzlich danken. Ferner danken wir ganz herzlich Frau Kristina Brockhaus (cand. B.Sc.), Frau Katharina Maurer (cand. B.Sc.) und Frau Marie Mittenzwei (B.Sc.) aus dem Team des Lehrstuhls für Wirtschaftsprüfung und Rechnungslegung der Bergischen Universität Wuppertal, die mit großem Einsatz bei der Erstellung der Druckvorlage mitgewirkt haben.

Auch bei dieser Auflage des Übungsbuches freuen wir uns selbstverständlich sehr über Ihre Anmerkungen und Verbesserungsvorschläge. Diese können Sie auch per E-Mail an die Adresse *Bilanzen@Baetge-Kirsch-Thiele.de* senden.

Münster und Wuppertal, im August 2022

Jörg Baetge
Hans-Jürgen Kirsch
Stefan Thiele

Vorbemerkung zur zweiten Auflage

Mit der vorliegenden Neuauflage ist das 1995 erstmals erschienene „Übungsbuch Bilanzierung“ erheblich erweitert worden. Dies hat mich zum einen veranlasst, das Übungsbuch nunmehr auf zwei Bände aufzuteilen: Neben dem vorliegenden „Übungsbuch Bilanzen und Bilanzanalyse“ ist bereits das „Übungsbuch Konzernbilanzen“ erschienen. Zum anderen habe ich meine beiden Schüler, Herrn Prof. Dr. Hans-Jürgen Kirsch und Herrn Dr. Stefan Thiele, gebeten, beide Übungsbücher mit mir gemeinsam herauszugeben. Das „Übungsbuch Bilanzen und Bilanzanalyse“ liegt nunmehr als Ergebnis dieser Gemeinschaftsarbeit vor.

Münster, im März 2003

Jörg Baetge

Vorwort zur ersten Auflage

Bilanzen sind, wie schon im Vorwort der ersten Auflage des Lehrbuches „Bilanzen" des Herausgebers erwähnt, kein trockenes Buchhalter-Thema. Mit dem vorliegenden „Übungsbuch Bilanzierung" soll diese Feststellung unterstrichen werden. Das Übungsbuch enthält einerseits Aufgaben, Fallbeispiele und Vorlesungsfälle aus den Bereichen Einzelabschluß, Konzernabschluß, Bilanzanalyse/Bilanzpolitik und Unternehmensbewertung, die in den vergangenen Semestern Inhalt von Examensklausuren, Seminar-Klausuren und Vorlesungen des Herausgebers an der Westfälischen Wilhelms-Universität Münster waren. Andererseits sind auch zahlreiche Fälle und Übungen aus den Vorlesungen von Prof. Dr. Andreas Nordmeyer und WP Dr. Wienand Schruff an der Universität Münster Gegenstand dieses Buches. Durch diese Publikation werden die bisher erschienenen Lehrbücher „Bilanzen" und „Konzernbilanzen" des Herausgebers ergänzt. Das „Übungsbuch Bilanzierung" kann daher auf ideale Weise zusammen mit diesen beiden Büchern eingesetzt werden. Aber auch für sich allein bietet das „Übungsbuch Bilanzierung" aufgrund seiner umfassenden Konzeption die besondere Möglichkeit, den Studierenden grundlegendes Wissen im Bereich des externen Rechnungswesens zu vermitteln. Um den Übungscharakter des Buches zu betonen, sind die Lösungen für etwa die Hälfte der Aufgaben und Fallstudien abgedruckt, während ein Teil der Übungen nicht gelöst ist. Durch die umfassenden Literaturhinweise zu jeder Übung besteht indes die Möglichkeit, die jeweilige Aufgabe oder Fallstudie auch ohne Kenntnis der Lösung oder ohne die Lösungshinweise zu bearbeiten. Die Studierenden sollen durch das Übungsbuch in die Lage versetzt werden, das Buch als Lernhilfe sowie Wissenskontrolle zu verwenden und sich optimal auf Vorlesungen/Seminare und Klausuren vorzubereiten.

An manchen Stellen überschreiten die Übungen bewußt den Stoffumfang, der durch die Lehrbücher „Bilanzen" und „Konzernbilanzen" des Herausgebers vermittelt wird, so daß eine Vertiefung des Lehrbuchstoffs angeboten wird. [...]

Münster, 15. März 1995 Jörg Baetge

Danksagungen zu Vorauflagen

Auch die Vorauflagen wurden unter intensiver Mitarbeit damaliger Mitarbeiterinnen und Mitarbeiter sowie externer Unterstützung angefertigt, deren Wirken bis in die aktuelle Auflage hineinreicht. Daher bedanken wir uns ausdrücklich auch bei den im Folgenden genannten Personen für ihre engagierte und kompetente Unterstützung:

6. Auflage 2020:

Philipp Greiner (M.Sc.), Jonas Metz (M.Sc.), Markus Sopp (M.Sc.), Lukas Wojtasik (M.Sc.);

5. Auflage 2017:

Dipl.-Ök. Matthias Hilser, Tobias Kahn (M.Sc.), Dipl.-Ök. Sascha Lambeck, Dipl.-Ök. Thorsten Ohliger, Rebekka Pohlmann (M.Sc.), Mathias Turowski, Lukas Wojtasik (M.Sc.);

4. Auflage 2010:

Dipl.-Kffr. Yasmine Bassen, Dr. Tobias Brembt, Dr. Peter Brüggemann, Dipl.-Kfm. Dominik Dettenrieder, Dipl.-Kffr. Corinna Ewelt, Dipl.-Kfm. Fabian Graupe, Dipl.-Kfm. André Hater, Dr. Boris Hippel, Dipl.-Ök. Andreas Hußmann, Dipl.-Kfm. Michael Janko, Dipl.-Kfm. Martin Jonas, Dipl.-Kfm. Henner Klönne, Dipl.-Kffr. Kathrin Köhling, Dipl.-Kfm. Ulf Kühle, Dr. Lüder Kurz, Dipl.-Ök. Sascha Lambeck, Dipl.-Kfm. Torsten Moser, Dipl.-Ök. Thorsten Ohliger, Dipl. Kfm. Alexander Olbrich, Dipl.-Kfm. Andreas Schmidt, Dipl.-Kffr. Lena Schoo, Dipl.-Kfm. Daniel Siegel, Dr. Dominic Sommerhoff, Dipl.-Betriebswirt (FH) Ulf Spessert (M.B.A.), Dipl.-Math. Florian Steinbach, Dipl.-Kfm. Dirk Stöppel, Dipl.-Kfm. Christian Weber;

3. Auflage 2007:

Dr. Karl-Heinz Armeloh, Dr. Ingo Brötzmann, Dr. Carsten Bruns, Dipl.-Kffr. Claudia Coring, Dipl.-Kfm. Tim Eckert, Dr. Jochen Frysch, Dipl.-Kfm. Timo Haenelt, Dr. Peter Happe, Prof. Dr. Matthias Hendler, Dipl.-Kfm. Boris Hippel, Dr. Sebastian Hollmann, Dr. Dagmar Hüls-Philipps, Dr. Andreas Jerschensky, Dipl.-Kffr. Eva Klaholz, Dipl.-Kfm. Ulf Kühle, Dr. Jens Kümmel, Dr. Achim Lienau, Dr. Sonja Matena, Dipl.-Ök. Thorsten Melcher, Prof. Dr. Andreas Nordmeyer, Dipl.-Kffr. Tatjana Oberdörster, Dr. Holger Philipps, Dr. Cord Prigge, Dr. Michael Richter, Prof. Dr. Wienand Schruff, Dipl.-Kfm. Roland Schulz, Dr. Michael Siefke, Dipl.-Kfm. Henrik Solmecke, Dr. Jörn Stellbrink, Dr. Inge Surrey, Prof. Dr. Isabel von Keitz, Dipl.-Kfm. Benedikt Wünsche, Dr. Stefan Ziesemer, Prof. Dr. Henning Zülch;

2. Auflage 2003:

Dipl.-Kfm. Matthias Dohrn, Dipl.-Kffr. Christina Hagemeister, Dr. Sebastian Hollmann, Dr. Michael Richter;

1. Auflage 1995:

Dipl.-Kfm. Karl-Heinz Armeloh, Dipl.-Kfm. Carsten Bruns, Dr. Jochen Frysch, Dipl.-Kfm. Peter Happe, Dr. Dagmar Hüls, Dipl.-Wirtschafts-Inf. Andreas Jerschensky, Prof. Dr. Andreas Nordmeyer, Dr. Holger Philipps, Dipl.-Kffr. Julia Schlösser, WP Dr. Wienand Schruff, Dipl.-Kfm. Michael Siefke, Dipl.-Kffr. Isabel Sieringhaus, Dr. Bernd Stibi, Dipl.-Kfm. Dirk Thoms-Meyer, Dipl.-Kfm. Carsten Uthoff.

Münster und Wuppertal, im August 2022

Jörg Baetge
Hans-Jürgen Kirsch
Stefan Thiele

Inhaltsverzeichnis

Kapitel I: Grundlagen des Jahresabschlusses

Kapitel II: Die Zwecke und Grundsätze der externen Rechnungslegung

Kapitel III: Allgemeine Ansatzregeln

Kapitel IV: Allgemeine Bewertungsregeln

Kapitel V: Die Bilanzierung der Sachanlagen und des immateriellen Anlagevermögens

Kapitel VI: Die Bilanzierung der finanziellen Vermögensgegenstände

Kapitel VII: Die Bilanzierung der Vorräte

Kapitel VIII: Die Bilanzierung der Verbindlichkeiten

Kapitel IX: Die Bilanzierung der Rückstellungen

Kapitel X: Die Bilanzierung des Eigenkapitals

Kapitel XI: Besondere Bilanzposten und Haftungsverhältnisse

Kapitel XII: Die Gewinn- und Verlustrechnung

Kapitel XIII: Spezielle Bilanzierungsprobleme

Kapitel XIV: Der Anhang

Kapitel XV: Der Lagebericht

Kapitel XVI: Übergreifende Fallstudien

Abkürzungsverzeichnis

A

Abs.	Absatz
Abschn.	Abschnitt
AG	Aktiengesellschaft
AktG	Aktiengesetz
Art.	Artikel
Aufl.	Auflage

B

BB	Betriebs-Berater (Zeitschrift)
BFH	Bundesfinanzhof
BFuP	Betriebswirtschaftliche Forschung und Praxis (Zeitschrift)
BGH	Bundesgerichtshof
BilMoG	Bilanzrechtsmodernisierungsgesetz
bspw.	beispielsweise
bzw.	beziehungsweise

C

ca.	circa
c. p.	ceteris paribus

D

DB	Der Betrieb (Zeitschrift)
d. h.	das heißt
Dr.	Doktor
DRS	Deutsche Rechnungslegungs Standards

E

EBIT	Earnings Before Interest and Taxes
EBITDA	Earnings Before Interest, Taxes, Depreciation and Amortisation
EDV	Elektronische Datenverarbeitung
EGHGB	Einführungsgesetz zum Handelsgesetzbuch
e. K.	eingetragener Kaufmann
EK	Eigenkapital
EStG	Einkommensteuergesetz
EStR	Einkommensteuer-Richtlinien
etc.	et cetera
EU	Europäische Union
EuGH	Europäischer Gerichtshof
e. V.	eingetragener Verein
EWB	Einzelwertberichtigung

F

f.	folgende (Seite)
ff.	folgende (Seiten, Jahre)
FE	Fertigerzeugnis
F & E	Forschung und Entwicklung
Fifo	First in – first out
FK	Fremdkapital

G

g	Gramm
GE	Geldeinheit(en)
GmbH	Gesellschaft(en) mit beschränkter Haftung
GoB	Grundsätze ordnungsmäßiger Buchführung
GrS	Großer Senat
GuV	Gewinn- und Verlustrechnung

H

HFA	Hauptfachausschuss des Instituts der Wirtschaftsprüfer in Deutschland e. V.
HGB	Handelsgesetzbuch
hrsg. v.	herausgegeben von

I

IAS	International Accounting Standard(s)
IASB	International Accounting Standards Board
i. d. R.	in der Regel
IDW	Institut der Wirtschaftsprüfer in Deutschland e. V.
IFRIC	International Financial Reporting Interpretations Committee
IFRS	International Financial Reporting Standards
Inc.	Incorporated
inkl.	inklusive
i. S. d.	im Sinne der, des
i. S. e.	im Sinne einer, eines
i. S. v.	im Sinne von
IÜS	Internes Überwachungssystem
i. V. m.	in Verbindung mit
i. w. S.	im weiteren Sinne

K

Kap.	Kapitel
Kfz	Kraftfahrzeug
kg	Kilogramm
KG	Kommanditgesellschaft
KGaA	Kommanditgesellschaft auf Aktien
KoR	Zeitschrift für kapitalmarktorientierte Rechnungslegung

L

Lifo	Last in – first out
Lkw	Lastkraftwagen

M

ME	Mengeneinheit(en)
Mio.	Million(en)

N

Nr.	Nummer

O

OHG	Offene Handelsgesellschaft

P

p. a.	per annum
Prof.	Professor
PWB	Pauschalwertberichtigung

R

Rn.	Randnummer
RFH	Reichsfinanzhof
RS	Stellungnahme zur Rechnungslegung des HFA des IDW
RStBl.	Reichssteuerblatt

S

s	Steuersatz
S.	Seite
SIC	Standing Interpretations Committee
sog.	so genannte

T

T	Tausend
TecDAX	Deutscher Technologieindex

U

US	United States
USA	United States of America
US-GAAP	United States Generally Accepted Accounting Principles
USt	Umsatzsteuer
usw.	und so weiter

V

vgl.	vergleiche

W

WPg	Die Wirtschaftsprüfung (Zeitschrift)
WpHG	Gesetz über den Wertpapierhandel

Z

z. B.	zum Beispiel

Kapitel I: Grundlagen des Jahresabschlusses

Übung 1: Buchführungs- und Bilanzierungspflicht nach HGB

Sachverhalt

Dr. Müller war jahrelang als Augenarzt in einer Praxisgemeinschaft angestellt. Zu Beginn des Jahres 01 beschließt er sich als Arzt selbständig zu machen. Bereits Ende Januar 01 hat er einen älteren Augenarztkollegen gefunden, der ihm seine Praxis verkaufen möchte. So unterzeichnet Dr. Müller den Kaufvertrag über die Praxiseinrichtung sowie den Mietvertrag über die Praxisräume. Für die Arztpraxis erwartet Dr. Müller in den nächsten Jahren die folgenden Umsätze und Jahresergebnisse:

Arztpraxis		
Jahr	Erwartete Umsätze (in €)	Erwartetes Jahresergebnis (in €)
01	125.000	30.000
02	200.000	45.000
03	225.000	65.000
04	240.000	75.000

Übersicht 1-1: *Erwartete Umsätze und erwartete Jahresergebnisse der Arztpraxis von Dr. Müller in den Jahren 01 bis 04*

Angesichts der demographischen Entwicklung in Deutschland und einer zunehmenden Belastung der Augen vieler Menschen durch die rasante Ausbreitung von Smartphones und Tablets, wittert Dr. Müller das große Geschäft. Daher entscheidet er sich dazu, neben seiner Arztpraxis auch ein Brillengeschäft zu betreiben. Hierfür mietet er kürzlich frei gewordene Räumlichkeiten im Erdgeschoss des gleichen Gebäudes an. Die Räumlichkeiten der Arztpraxis und des Brillengeschäftes sind strikt voneinander getrennt. Für die erforderlichen Umbaumaßnahmen der Räume, den Kauf der Inneneinrichtung, die Durchführung von Werbemaßnahmen in der lokalen Presse sowie die Anstellung von Personal benötigt Dr. Müller einen Kredit und reicht der Kreditabteilung seiner Bank daher für das neue Brillengeschäft einen Businessplan ein, demzufolge diese Umsätze und Jahresergebnisse erzielt werden sollen:

Brillengeschäft		
Jahr	Erwartete Umsätze (in €)	Erwartetes Jahresergebnis (in €)
01	90.000	25.000
02	120.000	45.000
03	130.000	63.000
04	150.000	70.000

Übersicht 1-2: *Erwartete Umsätze und erwartete Jahresergebnisse des Brillengeschäftes von Dr. Müller in den Jahren 01 bis 04*

Aufgaben

(a) Stellen Sie die handelsrechtlichen Regelungen zur Buchführungspflicht dar.

(b) Ist Dr. Müller buchführungspflichtig und wenn ja, in welchem Jahr ist er erstmals zur Aufstellung eines handelsrechtlichen Jahresabschlusses verpflichtet?

Literaturhinweis

BAETGE, JÖRG/KIRSCH, HANS-JÜRGEN/THIELE, STEFAN, Bilanzen, 16. Aufl., Düsseldorf 2021, Kap. I Abschn. 42.

Lösungen

Lösung zu Teilaufgabe (a)

Gemäß § 238 Abs. 1 HGB ist grundsätzlich **jeder Kaufmann** verpflichtet, Bücher zu führen. Kaufmann ist, wer ein Handelsgewerbe betreibt (§ 1 Abs. 1 HGB). Dabei ist gemäß § 1 Abs. 2 HGB unter einem Handelsgewerbe jeder Gewerbebetrieb zu verstehen, der nach Art oder Umfang einen in kaufmännischer Weise eingerichteten Geschäftsbetrieb erfordert. Dies gilt grundsätzlich unabhängig von der Branchenzugehörigkeit des Unternehmens.

Das Bestehen eines **Gewerbebetriebes** setzt eine selbständige und nachhaltige Betätigung, eine Beteiligung am allgemeinen wirtschaftlichen Verkehr und die Absicht der Gewinnerzielung voraus. Ein Gewerbebetrieb liegt indes nicht vor, wenn einer Betätigung in den freien Berufen oder in der Land- und Forstwirtschaft nachgegangen wird.

Für die Beantwortung der Frage, ob der Gewerbebetrieb einen **in kaufmännischer Weise eingerichteten Geschäftsbetrieb** erfordert, ist auf das Gesamtbild im gewöhnlichen Geschäftsablauf abzustellen. Heranzuziehende Kriterien könnten hier beispielsweise die Anzahl der Geschäftsverbindungen, die Umsatzerlöse sowie die Anzahl der Arbeitnehmer sein. Erfordert der Gewerbebetrieb keinen in kaufmännischer Weise eingerichteten Geschäftsbetrieb, liegt auch kein Handelsgewerbe vor und der Gewerbetreibende ist kein Kaufmann i. S. d. HGB, so dass keine Buchführungspflicht besteht. Solche Kleingewerbetreibende können allerdings gemäß § 2 Satz 1 HGB mit Eintragung ins Handelsregister die Kaufmannseigenschaft erlangen. Wird der Kleingewerbetreibende durch diese konstitutiv wirkende Handelsregistereintragung Kaufmann, wird er buchführungspflichtig.

Handelsgesellschaften gelten gemäß § 6 Abs. 1 HGB stets als Kaufleute. Die AG, KGaA, GmbH, OHG und KG sind daher stets buchführungspflichtig.

Vor dem Grundsatz, dass jeder Kaufmann zur Buchführung verpflichtet ist, existiert eine größenabhängige Ausnahme: So sind Einzelkaufleute gemäß § 241a HGB von der Buchführungspflicht befreit, wenn sie in zwei aufeinander folgenden Geschäftsjahren nicht mehr als jeweils € 600.000 Umsatzerlöse und jeweils € 60.000 Jahresüberschuss erwirtschaften. Die Befreiung von der Pflicht zur Buchführung und Bilanzierung bezieht sich auch auf neu gegründete Einzelunternehmen gemäß § 241a Satz 2 HGB bzw. § 242 Abs. 4 Satz 2 HGB i. V. m. § 241a Satz 1 HGB, sofern deren Umsatz und Jahresüberschuss die in § 241a Satz 1 HGB genannten Schwellenwerte zum ersten Abschlussstichtag wahrscheinlich nicht überschreiten werden. Zur Beurteilung genügt es, den Umsatz und Jahresüberschuss des ersten Geschäftsjahres zu schätzen. Sofern ein Einzelkaufmann von der Buchführungspflicht befreit ist, genügt es für steuerliche Zwecke, den Gewinn im Wege einer Einnahmen-Überschuss-Rechnung gemäß § 4 Abs. 3 EStG zu ermitteln. Die Befreiungsvorschrift des § 241a HGB gilt indes ausschließlich für Einzelkaufleute. Handelsgesellschaften sind, unabhängig davon, ob die in § 241a HGB genannten Schwellenwerte überschritten werden oder nicht, stets zur Buchführung verpflichtet.

Lösung zu Teilaufgabe (b)

Dr. Müller ist nur dann buchführungspflichtig, wenn er Kaufmann i. S. d. HGB ist. Dementsprechend muss Dr. Müller ein Handelsgewerbe, d. h. einen Gewerbebetrieb, der nach Art oder Umfang einen in kaufmännischer Weise eingerichteten Geschäftsbetrieb erfordert, betreiben. Die Tätigkeit als Arzt ist gemäß § 18 Abs. 1 Nr. 1 Satz 2 EStG den freien Berufen zuzuordnen. Mit seiner Arztpraxis betreibt Dr. Müller daher kein Handelsgewerbe und ist auch kein Kaufmann i. S. d. HGB. Dr. Müller ist mit seiner Arztpraxis somit nicht verpflichtet, Bücher zu führen. Aus steuerlichen Gründen ist es daher ausreichend, eine Einnahmen-Überschuss-Rechnung aufzustellen. Dies gilt unabhängig von der Höhe seiner Einnahmen und seiner Überschüsse, die er mit seiner Arztpraxis erwirtschaftet.

Im Gegensatz dazu ist Dr. Müllers Brillengeschäft ein Handelsgewerbe, da es von ihm selbständig, nachhaltig und mit Gewinnerzielungsabsicht betrieben wird. Ferner beteiligt er sich auch am allgemeinen wirtschaftlichen Verkehr. Das Betreiben eines Brillengeschäfts ist zudem weder den freien Berufen noch der land- und forstwirtschaftlichen Tätigkeit zuzuordnen. Mit seinem Brillengeschäft erfüllt Dr. Müller daher die Kaufmannseigenschaft, die ihn grundsätzlich verpflichtet, Bücher zu führen. Ob Dr. Müller mit seinem Brillengeschäft tatsächlich buchführungspflichtig ist, hängt allerdings davon ab, ob er einen der Befreiungstatbestände des § 241a HGB erfüllt. In den Geschäftsjahren 01 und 02 werden die beiden in § 241a HGB genannten Größenkriterien Umsatzerlöse und Jahresüberschuss unterschritten. Daher ist Dr. Müller in den Jahren 01 und 02 von der Buchführungspflicht befreit und es ist ausreichend, für steuerliche Zwecke eine Einnahmen-Überschuss-Rechnung gemäß § 4 Abs. 3 EStG aufzustellen. Im Jahr 03 erwirtschaftet Dr. Müller mit seinem Brillengeschäft erstmals mehr als € 60.000 Jahresüberschuss. Bereits bei Überschreiten eines der in § 241a HGB genannten Größenkriterien entfällt die Befreiung und Dr. Müller wird mit seinem Brillengeschäft buchführungspflichtig. Er ist solange verpflichtet, Bücher zu führen, bis er die beiden Größenkriterien des § 241a HGB an zwei aufeinander folgenden Abschlussstichtagen wieder unterschreitet.

Übung 2: Größenkriterien, Bilanzierungs- und Prüfungspflicht nach HGB

Sachverhalt

Zu Beginn des Jahres 03 übernimmt Herr Meier nach erfolgreich absolviertem Wirtschaftsprüferexamen eine mittelständische Wirtschaftsprüfungskanzlei in Wuppertal. Unter seinen neuen Mandanten befinden sich die in der folgenden Übersicht 2-1 aufgeführten Unternehmen. Herr Meier möchte sich einen Überblick über die von ihm zu betreuenden Mandanten hinsichtlich der Pflichten zur Rechnungslegung und Prüfung verschaffen und bittet Sie, ihn bei der Beantwortung einiger Fragen zu unterstützen.

Die folgende Übersicht zeigt die Größenmerkmale der Mandanten des Herrn Meier für die Geschäftsjahre 01 und 02:

Firma	Merkmale	Geschäftsjahre	
		01	02
Alpha-AG	BS UE AN	3.725.000 7.530.000 47	4.978.000 8.970.000 52
Beta-GmbH & Co. KG	BS UE AN	5.500.000 15.300.000 65	4.700.000 18.000.000 63
Gamma-AG (kapitalmarktorientiert seit 02)	BS UE AN	22.200.000 40.200.000 75	24.500.000 41.500.000 76
Delta-GmbH	BS UE AN	240.000 525.000 5	315.000 670.000 9

Legende:
BS ≙ Bilanzsumme (in €)
UE ≙ Umsatzerlöse (in €)
AN ≙ Arbeitnehmerzahl (Quartalsdurchschnitt)

Übersicht 2-1: *Übersicht über die Mandanten des Herrn Meier*

Aufgaben

(a) Welchen handelsrechtlichen Größenklassen sind die Mandanten des Herrn Meier für das Geschäftsjahr 02 zuzuordnen?

(b) Inwiefern unterscheiden sich die Gewinn- und Verlustrechnungen, die von den Unternehmen Beta-GmbH & Co. KG, Gamma-AG und Delta-GmbH aufgestellt werden müssen?

(c) Inwiefern unterscheiden sich die Gliederungen der Bilanzen, die von den Unternehmen Alpha-AG, Beta-GmbH & Co. KG und Delta-GmbH aufgestellt werden müssen?

(d) Müssen die Alpha-AG und die Delta-GmbH einen Anhang als Bestandteil ihres Jahresabschlusses aufstellen?

(e) Müssen die Alpha-AG und die Beta-GmbH & Co. KG einen Lagebericht aufstellen?

(f) Müssen die Alpha-AG und die Delta-GmbH ihre Jahresabschlüsse offenlegen?

(g) Herr Meier fragt Sie, welche seiner Mandanten prüfungspflichtig sind.

Literaturhinweis

BAETGE, JÖRG/KIRSCH, HANS-JÜRGEN/THIELE, STEFAN, Bilanzen, 16. Aufl., Düsseldorf 2021, Kap. I Abschn. 4.

Lösungen

Lösung zu Teilaufgabe (a)

Für die Zuordnung der Mandanten von Herrn Meier sind die in § 267 HGB definierten **Größenklassen** zu beachten. Abhängig von den Größenklassen werden die Anforderungen an den Umfang von Berichterstattung, Prüfung und Offenlegung teilweise reduziert. Nach den Kriterien Bilanzsumme, Umsatzerlöse und Anzahl der Arbeitnehmer (Jahresdurchschnitt) werden kleinste (§ 267a Abs. 1 HGB), kleine (§ 267 Abs. 1 HGB), mittelgroße (§ 267 Abs. 2 HGB) und große (§ 267 Abs. 3 HGB) Gesellschaften unterschieden, wobei die Kleinstgesellschaft eine Untergruppe der kleinen Gesellschaft darstellt. Welcher Größenklasse eine Gesellschaft zuzuordnen ist, richtet sich danach, ob sie an zwei aufeinanderfolgenden Stichtagen mindestens zwei der drei in den §§ 267 und 267a HGB genannten Größenkriterien überschreitet.

Die Übersicht 2-2 gibt einen Überblick über die verschiedenen Größenkriterien.

Größenklasse	Bilanzsumme (in Mio. €)	Umsatzerlöse (in Mio. €)	Zahl der Arbeitnehmer
Kleinstkapitalgesellschaft	BS ≤ 0,35	UE ≤ 0,7	AN ≤ 10
Kleine Gesellschaft	BS ≤ 6	UE ≤ 12	AN ≤ 50
Mittelgroße Gesellschaft	6 < BS ≤ 20	12 < UE ≤ 40	50 < AN ≤ 250
Große Gesellschaft	BS > 20	UE > 40	AN > 250
Legende: UE ≙ Umsatzerlöse	BS ≙ Bilanzsumme AN ≙ Arbeitnehmerzahl (Quartalsdurchschnitt)		

Übersicht 2-2: *Größenkriterien für Kapitalgesellschaften und haftungsbeschränkte Personenhandelsgesellschaften nach den §§ 267 und 267a HGB*

Die Unternehmen Alpha-AG, Beta-GmbH & Co. KG, Gamma-AG und Delta-GmbH sind entsprechend ihren Merkmalsausprägungen für das Geschäftsjahr 02 den folgenden Größenklassen zuzuordnen:

- Die **Alpha-AG** ist eine **kleine Kapitalgesellschaft** i. S. d. § 267 Abs. 1 HGB, da sie an zwei aufeinanderfolgenden Stichtagen nicht mindestens zwei der drei in der vorangestellten Übersicht 2-2 genannten Größenkriterien für kleine Kapitalgesellschaften überschreitet.
- Auf die **Beta-GmbH & Co. KG** sind gemäß § 264a HGB die Vorschriften für Kapitalgesellschaften anzuwenden. Die Beta-GmbH & Co. KG liegt an den Bilanzstichtagen 01 und 02 bei den Größenmerkmalen Umsatzerlöse und Arbeitnehmerzahl oberhalb der Merkmale, die für kleine Gesellschaften gelten. Sie überschreitet aber bei keinem Merkmal die Untergrenzen für große Gesellschaften, so dass sie als **mittelgroße Gesellschaft** i. S. d. § 267 Abs. 2 HGB einzustufen ist.
- Die **Gamma-AG** erfüllt die Kriterien für die Einstufung als **große Kapitalgesellschaft** i. S. d. § 267 Abs. 3 HGB, da sie an zwei aufeinanderfolgenden Stichtagen mindestens zwei der drei in der vorangestellten Übersicht 2-2 genannten Größenkriterien für mittelgroße Kapitalgesellschaften (Bilanzsumme und Umsatzerlöse für die Geschäftsjahre 01 und 02) überschreitet. Zudem ist die Gamma-AG gemäß Sachverhalt kapitalmarktorientiert. Kapitalmarktorientierte Kapitalgesellschaften gelten gemäß § 267 Abs. 3 Satz 2 HGB stets als große Kapitalgesellschaften. Gemäß § 264d HGB gilt eine Kapitalgesellschaft als kapitalmarktorientiert, wenn sie einen organisierten Markt i. S. d. § 2 Abs. 5 WpHG durch von ihr ausgegebene Wertpapiere i. S. d. § 2 Abs. 1 WpHG in Anspruch nimmt oder die Zulassung solcher Wertpapiere zum Handel an einem organisierten Markt beantragt hat.
- Die **Delta-GmbH** ist wie die Alpha-AG eine **kleine Kapitalgesellschaft** i. S. d. § 267 Abs. 1 HGB, da sie an zwei aufeinanderfolgenden Stichtagen nicht mindestens zwei der drei in der vorangestellten Übersicht 2-2 genannten Größenkriterien für kleine Kapitalgesellschaften überschreitet. Darüber hinaus unterschreitet die Delta-GmbH die Größenkriterien des ergänzenden § 267a Abs. 1 HGB und gilt damit zugleich als **Kleinstkapitalgesellschaft**.

Lösung zu Teilaufgabe (b)

Grundsätzlich ist jeder Kaufmann gemäß § 242 Abs. 2 HGB zur jährlichen Aufstellung einer GuV verpflichtet, die zusammen mit der Bilanz seinen Jahresabschluss bilden (§ 242 Abs. 3 HGB). Von der Pflicht ausgenommen sind lediglich Einzelkaufleute, die in zwei aufeinander folgenden Geschäftsjahren nicht mehr als jeweils € 600.000 Umsatzerlöse und jeweils € 60.000 Jahresüberschuss erwirtschaften (§ 241a HGB).

Gemäß § 275 Abs. 1 HGB ist die GuV grundsätzlich in Staffelform nach dem Gesamtkostenverfahren oder dem Umsatzkostenverfahren aufzustellen, wobei die in den Absätzen 2 und 3 bezeichneten Posten in der angegebenen Reihenfolge auszuweisen sind. Abhängig davon, in welche Größenklasse eine Gesellschaft fällt, gelten für die Darstellung der GuV bestimmte Erleichterungen.

Für die als **mittelgroße haftungsbeschränkte Personenhandelsgesellschaft** eingestufte **Beta-GmbH & Co. KG** bestehen gemäß § 276 Satz 1 HGB größenabhängige Erleichterungen. Mittelgroße Gesellschaften dürfen demnach die Posten § 275 Abs. 2 Nr. 1 bis 5 oder Abs. 3 Nr. 1 bis 3 und 6 HGB zu einem Posten unter der Bezeichnung „Rohergebnis" zusammenfassen. Die gleichen Erleichterungen gelten für **kleine Gesellschaften**.

Die **Gamma-AG** hat als **große Kapitalgesellschaft** bei der Aufstellung der GuV die Vorschriften für die Gliederung gemäß § 275 Abs. 1 bis 4 HGB zu befolgen. Für große Kapitalgesellschaften bestehen im Hinblick auf die GuV keine größenabhängigen Erleichterungen.

Für die **Delta-GmbH** gelten als **kleine Kapitalgesellschaft** in der Form der Kleinstkapitalgesellschaft grundsätzlich auch die Erleichterungen des § 276 HGB. Gemäß § 276 Satz 2 HGB sind diese Erleichterungen allerdings ausgeschlossen, sofern bereits von der Regelung des § 275 Abs. 5 HGB Gebrauch gemacht wird. Hierbei handelt es sich um eine spezielle Erleichterung für **Kleinstkapitalgesellschaften**, zu denen auch die Delta GmbH gehört. Die Norm ermöglicht eine vereinfachte Staffelung der GuV, die alternativ zu den Staffelungen nach den Absätzen 2 und 3 verwendet werden darf.

Lösung zu Teilaufgabe (c)

Analog zur Aufstellung der GuV hat gemäß § 242 Abs. 1 HGB jeder Kaufmann, mit Ausnahme der Einzelkaufleute i. S. d. § 242 Abs. 4 HGB, zu Beginn seines Handelsgewerbes und für den Schluss eines jeden Geschäftsjahrs eine Bilanz aufzustellen. Für die Gliederung der Bilanz sind die Vorschriften des § 266 HGB hinsichtlich der Angaben der Aktiv- und Passivseite anzuwenden.

Die Alpha-AG darf gemäß § 266 Abs. 1 Satz 3 HGB als **kleine Kapitalgesellschaft** eine verkürzte Bilanz aufstellen. Es gelten Beschränkungen des gesonderten Ausweises auf die mit Buchstaben und römischen Zahlen bezeichneten Posten des § 266 Abs. 2 und 3 HGB für die Aktiv- und Passivseite. Außerdem darf zufolge des § 274a HGB der Ansatz latenter Steuern nach § 274 HGB entfallen.

Als **mittelgroße haftungsbeschränkte Personenhandelsgesellschaft** hat die Beta-GmbH & Co. KG die Bilanz gemäß § 266 Abs. 1 Satz 2 HGB aufzustellen und in die Posten i. S. d. § 266 Abs. 2 und 3 HGB zu untergliedern. Es bestehen keine größenabhängigen Erleichterungen für die Aufstellung der Bilanz. Für **große Gesellschaften** gelten die gleichen Regelungen.

Die **Kleinstkapitalgesellschaft** Delta-GmbH darf sich bei der Aufstellung der Bilanz gemäß § 266 Abs. 1 Satz 4 HGB auf den Ausweis der mit Buchstaben bezeichneten Posten beschränken. Anders als bei kleinen Gesellschaften, die keine Kleinstgesellschaften sind, kann somit zusätzlich auf den Ausweis der mit römischen Zahlen bezeichneten Posten verzichtet werden. Der Ansatz latenter Steuern darf gemäß § 274a HGB ebenfalls entfallen.

Lösung zu Teilaufgabe (d)

Der § 264 HGB enthält ergänzend zur Pflicht zur Aufstellung des Jahresabschlusses gemäß § 242 HGB weitere Vorschriften für Kapitalgesellschaften und haftungsbeschränkte Personenhandelsgesellschaften. Diese Gesellschaften haben die Bilanz und GuV grundsätzlich um einen Anhang zu erweitern.

Die Alpha-AG muss einen Anhang gemäß § 264 HGB aufstellen, aber wird als **kleine Kapitalgesellschaft** gemäß § 274a HGB von der Pflicht zur Erläuterung bestimmter Forderungen gemäß § 268 Abs. 4 Satz 2 HGB, bestimmter Verbindlichkeiten gemäß § 268 Abs. 5 Satz 3 HGB sowie der Rechnungsabgrenzungsposten gemäß § 266 Abs. 6 HGB befreit. Des Weiteren dürfen gemäß § 288 Abs. 1 HGB Angaben und Erläuterungen nach § 264c Abs. 2 Satz 9 HGB, § 265 Abs. 4 Satz 2 HGB, § 284 Abs. 2 Nr. 3 und Absatz 3 HGB und § 285 Nr. 2, 3, 4, 8, 9 a) und b), 10-12, 14, 15, 15a, 17-19, 21, 22, 24, 26-30, 32-34 HGB entfallen bzw. gemäß § 285 Nr. 7 und 14a HGB eingeschränkt werden.

Die Delta-GmbH darf als **Kleinstkapitalgesellschaft** gemäß § 264 Abs. 1 Satz 5 HGB auf die Erstellung eines Anhangs verzichten, wenn die Angaben gemäß § 268 Abs. 7 und § 285 Nr. 9 c) HGB unter der Bilanz gemacht werden. Sofern besondere Umstände dazu führen, dass der Jahresabschluss nicht unter der Beachtung der Grundsätze ordnungsmäßiger Buchführung ein den tatsächlichen Verhältnissen entsprechendes Bild der Vermögens-, Finanz- und Ertragslage vermittelt, so sind diesbezüglich gemäß § 264 Abs. 2 Satz 5 HGB zusätzliche Angaben unter der Bilanz zu machen.

Lösung zu Teilaufgabe (e)

Kapitalgesellschaften und haftungsbeschränkte Personenhandelsgesellschaften müssen gemäß § 264 Abs. 1 Satz 1 HGB grundsätzlich einen Lagebericht erstellen. Dieser stellt einen eigenständigen Berichtsteil dar und ist somit im Gegensatz zum Anhang kein Bestandteil des Jahresabschlusses. Gemäß § 264 Abs. 1 Satz 4 HGB entfällt die Pflicht zur Aufstellung des Lageberichts für kleine Kapitalgesellschaften, wie die Alpha-AG, und betrifft folglich nur mittelgroße Gesellschaften, wie die Beta-GmbH & Co. KG, sowie große Gesellschaften. Größenabhängige Erleichterungen für den Anhang mittelgroßer Gesellschaften gibt es nicht.

Die für die Aufgabenteile b) bis e) relevanten größenabhängigen Erleichterungen werden in Übersicht 2-3 zusammengefasst.

Unterlagen	Erleichterungen für					
	Kleinstkapitalgesellschaften und gleich große haftungsbeschränkte PHG		kleine KapGes und kleine haftungsbeschränkte PHG		mittelgroße KapGes und mittelgroße haftungsbeschränkte PHG	
	Rechtsgrundlage	Art der Erleichterung	Rechtsgrundlage	Art der Erleichterung	Rechtsgrundlage	Art der Erleichterung
Bilanz	§ 266 Abs. 1 Satz 4	Beschränkung des gesonderten Ausweises auf die mit Buchstaben bezeichneten Posten	§ 266 Abs. 1 Satz 3	Beschränkung des gesonderten Ausweises auf die mit Buchstaben und römischen Zahlen bezeichneten Posten	–	–
	§ 274a	Der Ansatz latenter Steuern gemäß § 274 darf entfallen.	§ 274a	Der Ansatz latenter Steuern gemäß § 274 darf entfallen.		
GuV	§ 275 Abs. 5	Vereinfachtes Gliederungsschema für das Gesamtkostenverfahren	§ 276 Satz 1	Zusammenfassung bestimmter Posten zum Rohergebnis	§ 276 Satz 1	Zusammenfassung bestimmter Posten zum Rohergebnis
Anhang	§ 264 Abs. 1 Satz 5	Auf einen Anhang darf verzichtet werden, wenn die Angaben gemäß § 268 Abs. 7, § 285 Nr. 9 c) und im Falle einer Aktiengesellschaft die Angaben gemäß § 160 Abs. 3 Satz 2 AktG unter der Bilanz gemacht werden. Voraussetzung ist, dass der Abschluss der Generalnorm des § 264 Abs. 2 Satz 1 genügt (§ 264 Abs. 2 Satz 4 und 5)	§ 274a	Angaben und Erläuterungen gemäß § 268 Abs. 4 Satz 2, Abs. 5 Satz 3 und Abs. 6 dürfen entfallen.	§ 288 Abs. 2	Angaben gemäß § 285 Nr. 4, 29 und 32 dürfen entfallen; Angaben gemäß § 285 Nr. 17 und 21 dürfen bedingt entfallen.
			§ 288 Abs. 1	Angaben und Erläuterungen gemäß § 264c Abs. 2 Satz 9, § 265 Abs. 4 Satz 2, § 284 Abs. 2 Nr. 3, Abs. 3, § 285 Nr. 2, 3, 4, 8, 9 a) und b), Nr. 10-12, 14, 15, 15a, 17-19, 21, 22, 24, 26-30, 32-34 dürfen entfallen; Angaben gemäß § 285 Nr. 7 und § 285 Nr. 14a dürfen eingeschränkt werden.		
Lagebericht	§ 264 Abs. 1 Satz 4	Keine Aufstellung des Lageberichtes	§ 264 Abs. 1 Satz 4	Keine Aufstellung des Lageberichtes	–	–

Übersicht 2-3: *Erleichterungen sowohl für Kleinstkapitalgesellschaften, kleine und mittelgroße Kapitalgesellschaften als auch gleich große haftungsbeschränkte Personenhandelsgesellschaften bei der Aufstellung von Jahresabschluss und Lagebericht*

Lösung zu Teilaufgabe (f)

Grundsätzlich müssen die gesetzlichen Vertreter von Kapitalgesellschaften gemäß § 325 Abs. 1 HGB den Jahresabschluss sowie den Lagebericht in deutscher Sprache offenlegen und elektronisch beim Betreiber des Bundesanzeigers einreichen. Für kleine Kapitalgesellschaften und Kleinstkapitalgesellschaften gelten bei der Offenlegung die größenabhängigen Erleichterungen des § 326 HGB.

Kleine Kapitalgesellschaften, wie die Alpha-AG, haben lediglich die Bilanz und den Anhang einzureichen, wobei der Anhang die die GuV betreffenden Angaben gemäß § 326 Abs. 1 HGB nicht zu enthalten braucht.

Die gesetzlichen Vertreter von Kleinstkapitalgesellschaften, wie der Delta-GmbH, können die Offenlegungspflichten auch dadurch erfüllen, dass sie gemäß § 326 Abs. 2 HGB die Bilanz in elektronischer Form zur dauerhaften Hinterlegung beim Betreiber des Bundesanzeigers einreichen und einen Hinterlegungsauftrag erteilen.

Lösung zu Teilaufgabe (g)

Ob Unternehmen prüfungspflichtig sind, ist in § 316 HGB geregelt. Gemäß § 316 Abs. 1 HGB sind der Jahresabschluss und der Lagebericht großer und mittelgroßer Kapitalgesellschaften durch einen Abschlussprüfer zu prüfen. Kleine Kapitalgesellschaften sind von der Prüfungspflicht befreit (§ 316 Abs. 1 Satz 1 HGB). Für haftungsbeschränkte Personenhandelsgesellschaften ergibt sich die Prüfungspflicht aus dem Verweis in § 264a Abs. 1 HGB.

Für die Mandanten des Herrn Meier ergeben sich daraus für das Geschäftsjahr 02 folgende Konsequenzen:

- Die Alpha-AG ist – wie auch im Vorjahr – eine kleine Kapitalgesellschaft und bleibt demnach gemäß § 316 Abs. 1 Satz 1 HGB von der Prüfungspflicht befreit.
- Die Beta-GmbH & Co. KG ist gemäß § 267 Abs. 2 HGB i. V. m. § 264a Abs. 1 HGB eine mittelgroße haftungsbeschränkte Personenhandelsgesellschaft und muss gemäß § 316 Abs. 1 HGB den Jahresabschluss und den Lagebericht durch einen Abschlussprüfer prüfen lassen.
- Die Gamma-AG ist eine große Kapitalgesellschaft i. S. d. § 267 Abs. 3 HGB und muss gemäß § 316 Abs. 1 HGB den Jahresabschluss und den Lagebericht durch einen Abschlussprüfer prüfen lassen.
- Die Delta-GmbH ist eine Kleinstkapitalgesellschaft i. S. d. §267a Abs. 1 HGB und ist demnach gemäß § 316 Abs. 1 Satz 1 HGB von der Prüfungspflicht befreit, da die Erleichterungen für kleine Gesellschaften auch für Kleinstkapitalgesellschaften gelten (§ 267a Abs. 2 HGB).

Übung 3: Inventurverfahren und Bewertungsvereinfachungsverfahren nach HGB

Sachverhalt

Das Jahr 01 war sehr erfolgreich für die Boom AG. Seit vielen Wochen besteht die einzige Sorge des Vertriebsvorstandes nur noch darin, in der Auftragsflut nicht unterzugehen. Ehrliches Entsetzen spiegelt sich in seinen Augen, als ihm der Leiter des Rechnungswesens mitteilt, dass wegen der anstehenden Inventur mindestens ein Produktionstag ausfallen müsse.

Nach zwei schlaflosen Nächten bestellt der Vertriebsvorstand den Leiter des Rechnungswesens in sein Büro und schlägt eine Reihe von Maßnahmen vor, um den Produktionsausfall einzugrenzen.

Aufgaben

(a) Beurteilen Sie die Idee des Vertriebsvorstandes, sämtliche Gegenstände, deren Buchwert weniger als € 1.000 pro Stück beträgt, nicht mehr ins Inventar aufzunehmen (Der Vertriebsvorstand hatte etwas über den Grundsatz der Wesentlichkeit gelesen).

(b) Was ist von dem Vorschlag des Vertriebsvorstandes zu halten, die schlichten Schränke und Tische in den Meisterbüros, deren Anschaffungskosten jeweils über € 800 betrugen, mit Festwerten zu bewerten?

(c) Trotz seiner hervorragenden Auffassungsgabe war der Vertriebsvorstand nicht sicher, wie und unter welchen Voraussetzungen

- die Gruppenbewertung,
- eine permanente Inventur und
- vor- und/oder nachverlegte Inventuren

anwendbar sind. Er bat den Leiter des Rechnungswesens daher um eine kurze, aber prägnante Darstellung.

Literaturhinweis

BAETGE, JÖRG/KIRSCH, HANS-JÜRGEN/THIELE, STEFAN, Bilanzen, 16. Aufl., Düsseldorf 2021, Kap. I Abschn. 5.

Lösungen

Lösung zu Teilaufgabe (a)

Der Idee des Vertriebsvorstandes kann nicht gefolgt werden. Der Vollständigkeitsgrundsatz gemäß § 246 Abs. 1 HGB besagt, dass grundsätzlich alle Vermögensgegenstände im Jahresabschluss erfasst werden müssen. Dieser Grundsatz wird durch konkrete handelsrechtliche Vorschriften durchbrochen oder ergänzt. So sind bspw. Ausnahmen aufgrund des Wesentlichkeitsgrundsatzes zulässig. Da keine handelsrechtlichen Regelungen den Begriff der Wesentlichkeit konkretisieren, kann auf die steuerbilanziellen Bestimmungen zurückgegriffen werden. Nach § 6 Abs. 2 Satz 1 EStG dürfen Vermögensgegenstände,[1] deren Wert ohne Umsatzsteuer höchstens € 800 beträgt, als geringwertige Wirtschaftsgüter aktiviert und im selben Jahr vollständig abgeschrieben werden (Sofortabschreibung). Geringwertige Wirtschaftsgüter, deren Wert € 250 übersteigt, sind nach § 6 Abs. 2 Satz 4 EStG in einem gesonderten Verzeichnis zu führen. Abweichend von der Sofortabschreibung nach § 6 Abs. 2 Satz 1 EStG, darf nach § 6 Abs. 2a Satz 1 EStG für Vermögensgegenstände, deren Wert zwischen € 250 und € 1.000 liegt, ein Sammelposten gebildet werden. Dieser ist im Jahr der Anschaffung und den folgenden vier Geschäftsjahren jeweils zu einem Fünftel gewinnmindernd aufzulösen.

Lösung zu Teilaufgabe (b)

Der Vorschlag des Vertriebsvorstandes ist zulässig. Die Inventur darf vereinfacht werden, indem Festwerte für Schränke und Tische in den Meisterbüros angesetzt werden, wenn die im Folgenden genannten Voraussetzungen kumulativ erfüllt sind. Allerdings ist in jedem dritten Jahr eine körperliche Bestandsaufnahme der Büromöbel erforderlich.

Gemäß § 256 Satz 2 HGB i. V. m. § 240 Abs. 3 HGB dürfen Vermögensgegenstände unter den folgenden Voraussetzungen mit Festwerten bewertet werden:

- Die Vermögensgegenstände müssen zum Sachanlagevermögen oder zu den Roh-, Hilfs- und Betriebsstoffen zählen.

  Schränke und Tische in den Meisterbüros gehören zum Sachanlagevermögen.

- Nach einem Abgang müssen die Vermögensgegenstände regelmäßig ersetzt werden. Büromöbel werden üblicherweise regelmäßig ersetzt. Es handelt sich um einen geschäftsüblichen und nach einer bestimmten Anzahl von Jahren wiederholten Beschaffungsvorgang.
- Der Gesamtwert der mit Festwerten bewerteten Vermögensgegenstände muss für das Unternehmen von nachrangiger Bedeutung sein.

  Die Möbel in den Meisterbüros dürften im Verhältnis zur Bilanzsumme von nachrangiger Bedeutung sein.

- Der Bestand darf in seiner Größe, seinem Wert und seiner Zusammensetzung nur geringen Schwankungen unterliegen.

  Wert, Größe und Zusammensetzung der Büroausstattung in den Meisterbüros dürften sich auch bei einem Ersatz der Büromöbel nur relativ wenig ändern.

- Eine körperliche Bestandsaufnahme ist i. d. R. alle drei Jahre notwendig.

1 Der handelsrechtliche Begriff „Vermögensgegenstand" entspricht i. d. R. dem im Steuerrecht verwendeten Begriff „Wirtschaftsgut".

Lösung zu Teilaufgabe (c)

Bei der **Gruppenbewertung** (§ 240 Abs. 4 HGB) werden **vereinfachend** gewogene Durchschnittswerte für in Gruppen zusammengefasste Vermögensgegenstände angesetzt. Zu beachten ist, dass es sich dabei um gleichartige Vermögensgegenstände des Vorratsvermögens bzw. andere gleichartige oder annähernd gleichwertige bewegliche Vermögensgegenstände oder Schulden handeln muss. Zudem muss für die Anwendung der Gruppenbewertung der Durchschnittswert je Mengeneinheit konstant oder schätzbar sein.

Bei der **permanenten Inventur** (§ 241 Abs. 2 HGB) besteht die **Vereinfachung** darin, dass die körperliche Bestandsaufnahme der Vermögensgegenstände zu anderen Zeitpunkten als dem Abschlussstichtag erfolgen kann. Um dieses Inventurvereinfachungsverfahren anwenden zu können, müssen die GoB (Vollständigkeit und Richtigkeit der Bestandslisten zum Ende des Geschäftsjahres) eingehalten werden, so dass die Bestände nach Art, Menge und Wert zum Abschlussstichtag feststellbar sind. Dies bedeutet, dass im Laufe des Geschäftsjahres jede Art eines Vermögensgegenstandes einmal körperlich aufgenommen worden sein muss, wobei eine ordnungsmäßige Lagerbuchführung die lückenlose Fortschreibung nach Menge und Wert für jeden einzelnen Vermögensgegenstand zu garantieren hat.

Die mit der **vor- und/oder nachverlegten Inventur** (§ 241 Abs. 3 HGB) erfassten Vermögensgegenstände brauchen zur **Vereinfachung** nicht im Bilanzstichtagsinventar verzeichnet zu werden, wenn die Vermögensgegenstände durch körperliche Bestandsaufnahme oder durch ein anderes zulässiges Verfahren nach Art, Menge und Wert aufgenommen werden. Diese Vermögensgegenstände werden bei diesem Inventurvereinfachungsverfahren in einem besonderen Inventar an einem Tag innerhalb der letzten drei Monate vor oder der ersten beiden Monate nach dem Schluss des Geschäftsjahres erfasst. Wichtig ist, dass ein Fortschreibungs- oder Rückrechnungsverfahren angewandt wird, das den GoB entspricht und damit sicherstellt, dass der am Schluss des Geschäftsjahres vorhandene Bestand dieser Vermögensgegenstände für diesen Zeitpunkt ordnungsgemäß bestimmt und bewertet werden kann.

Kapitel II: Die Zwecke und Grundsätze der externen Rechnungslegung

Übung 4: Zwecke des Jahresabschlusses und Grundsätze ordnungsmäßiger Buchführung nach HGB

Aufgaben

(a) Erläutern Sie, welche Zwecke dem handelsrechtlichen Jahresabschluss zugrunde liegen.

(b) Skizzieren Sie das System der handelsrechtlichen Grundsätze ordnungsmäßiger Buchführung (GoB).

(c) In welchem Zusammenhang stehen die Zwecke des handelsrechtlichen Jahresabschlusses und die GoB?

Literaturhinweis

BAETGE, JÖRG/KIRSCH, HANS-JÜRGEN/THIELE, STEFAN, Bilanzen, 16. Aufl., Düsseldorf 2021, Kap. II Abschn. 1-2.

Lösungen

Lösung zu Teilaufgabe (a)

Die Zwecke des handelsrechtlichen Jahresabschlusses sind Grundlage für die Auslegung einzelner handelsrechtlicher Rechnungslegungsnormen. Sie werden im Gesetz selbst nicht explizit genannt. Dennoch finden sich in den einzelnen handelsrechtlichen Vorschriften Hinweise auf die vom Gesetzgeber intendierten Jahresabschlusszwecke. Durch hermeneutische Auslegung der verschiedenen handelsrechtlichen Rechnungslegungsnormen lassen sich die folgenden **drei Zwecke des handelsrechtlichen Jahresabschlusses** ermitteln:

- Dokumentationszweck,

- Rechenschaftszweck und
- Kapitalerhaltungszweck.

Der **Dokumentationszweck** verlangt vom Kaufmann eine übersichtliche, vollständige und für Dritte nachvollziehbare Aufzeichnung aller Geschäftsvorfälle, also des Datenmaterials, das dem späteren Jahresabschluss zugrunde liegt. Der Dokumentationszweck ist somit unabdingbar für die Erfüllung der beiden weiteren Jahresabschlusszwecke Rechenschaft und Kapitalerhaltung. Einer ordnungsgemäßen Dokumentation der betrieblichen Prozesse kommt unter anderem eine präventive Funktion (z. B. zur Vermeidung von dolosen Handlungen) sowie eine Beweisfunktion (z. B. für eventuelle gerichtliche Auseinandersetzungen) zu.

Gemäß dem **Rechenschaftszweck** sind die Adressaten des Jahresabschlusses vollständig, klar und zutreffend über die Geschäftstätigkeit des Unternehmens zu informieren. Die Adressaten müssen sich aufgrund der veröffentlichten Informationen ein eigenes fundiertes Urteil über die Vermögenslage und die Ertragslage des Unternehmens bilden können. Bei Kapitalgesellschaften handelt es sich dabei wegen der Trennung der Unternehmerfunktion in Gesellschafter bzw. Gläubiger einerseits und Unternehmensleitung andererseits um eine Rechenschaft über die Verwendung der zur Verfügung gestellten (anvertrauten) Mittel. Bei Nicht-Kapitalgesellschaften geht es vornehmlich um eine Rechenschaft des Kaufmanns gegenüber sich selbst.

Mit dem **Kapitalerhaltungszweck** wird der Erhalt des Nominalkapitals und damit die Bestandssicherung des bilanzierenden Unternehmens verfolgt. Der Kapitalerhaltungszweck lässt sich zum einen als Kapitalerhaltung aufgrund von Informationen bzw. Kapitalverminderungskontrolle interpretieren, wie sie vor allem für Nicht-Kapitalgesellschaften relevant ist. Bei diesen Gesellschaften kann die Unternehmensleitung durch den Jahresabschluss erkennen, ab wann sie innerhalb des gesetzlich zulässigen Rahmens anfängt, über den vorsichtig ermittelten Jahreserfolg hinaus Kapital zu entnehmen und damit die Haftungsmasse des Unternehmens zu schmälern. Zum anderen schützen darüber hinaus bei Kapitalgesellschaften zusätzliche Ausschüttungsregelungen vor überhöhten Gewinnausschüttungen an die Anteilseigner und einer damit verbundenen Verringerung des Haftungspotentials des bilanzierenden Unternehmens.

Die drei Jahresabschlusszwecke Dokumentation, Rechenschaft und Kapitalerhaltung bilden ein **Zwecksystem**. Der Dokumentationszweck als grundlegender Buchführungszweck ist die Voraussetzung für die Erfüllung der Jahresabschlusszwecke Rechenschaft und Kapitalerhaltung. In den einzelnen handelsrechtlichen Vorschriften steht teilweise jeweils einer der beiden letztgenannten Zwecke im Vordergrund. Dennoch besteht insgesamt – d. h. unter Würdigung der Gesamtheit aller handelsrechtlichen Vorschriften – keine Dominanz des Rechenschaftszweckes oder des Kapitalerhaltungszweckes. Vielmehr hat der Gesetzgeber einen Ausgleich der divergierenden Interessen und somit einen relativierten Schutz aller Adressaten des Jahresabschlusses bezweckt (sog. Interessenregelung). Die Divergenz der Adressateninteressen kommt bspw. darin zum Ausdruck, dass die Anteilseigner (kurzfristig) an einer höheren Ausschüttung interessiert sein könnten, als es den Gläubigern recht wäre. Die Gläubiger könnten demgegenüber die Kapitalerhaltung als dominant gegenüber der Rechenschaft ansehen und daher im Kontrast zu den Anteilseignern auch nach unten verzerrte Periodenerfolge in Kauf nehmen, wenn dies zu einer Stärkung der Kapitalerhaltung führt. Die Interessenregelung soll diese Adressateninteressen ausgleichen.

Lösung zu Teilaufgabe (b)

Bei den **handelsrechtlichen GoB** handelt es sich um einen unbestimmten Rechtsbegriff. Durch die GoB zwingt der Gesetzgeber den Bilanzierenden, die durch Detailvorschriften im Gesetz nicht erfassbare Vielzahl von zu bilanzierenden Einzelsachverhalten im Jahresabschluss – auch bei Fehlen einer Detailvorschrift – zweckgerecht abzubilden. Ferner erlauben die GoB eine angemessene zeitnahe Bilanzierung von in der Wirtschaftspraxis neu auftretenden Sachverhalten, die der Gesetzgeber gewöhnlich nicht unverzüglich durch gesetzliche Vorschriften regeln kann. Der in den Vorschriften des HGB zu findende Verweis auf die GoB stellt somit keine Gesetzeslücke dar. Er ist vielmehr ein planvoller Verweis auf die kodifizierten sowie auf die nichtkodifizierten GoB, die von allen Kaufleuten bei der Rechnungslegung zu beachten sind.

Durch Anwendung der juridischen Methodenlehre der Hermeneutik lässt sich ein System von handelsrechtlichen GoB ermitteln. Dieses **GoB-System** besteht aus inhaltlich zusammenhängenden Gruppen von Grundsätzen, die in Übersicht 4-1 visualisiert werden.

Die **Dokumentationsgrundsätze** (vgl. §§ 238, 239 HGB) sind maßgeblich für die Buchführung des Kaufmanns. Nach dem Grundsatz des systematischen Aufbaus der Buchführung muss die Buchführung auf einem systematischen Kontenplan basieren, der aus einem Kontenrahmen abzuleiten ist. Der Grundsatz der Sicherung der Vollständigkeit der Konten fordert einen ausreichenden Schutz vor Datenverlust und Manipulation. Gemäß dem Grundsatz der vollständigen und verständlichen Aufzeichnung ist jeder Geschäftsvorfall chronologisch zu buchen, Aufzeichnungen müssen leserlich sein und in deutscher Sprache (Zahlenangaben in €) vorgenommen werden. Der Beleggrundsatz verlangt zu jeder Buchung einen entsprechenden Buchungsbeleg. Nach dem Grundsatz der Einhaltung der Aufbewahrungs- und Aufstellungsfristen sind die gesetzlichen Fristen einzuhalten. Ferner fordern der Grundsatz der Sicherung der Zuverlässigkeit und Ordnungsmäßigkeit des Rechnungswesens durch ein der Art und Größe des Unternehmens angemessenes Internes Überwachungssystem sowie der Grundsatz der Dokumentation und Sicherung des Internen Überwachungssystems die Installation, Dokumentation und Überwachung eines in die betrieblichen Prozesse integrierten Überwachungssystems.

Die **Rahmengrundsätze** legen grundsätzliche Anforderungen an die Informationsvermittlung im Jahresabschluss fest:

- Nach dem **Grundsatz der Richtigkeit** müssen die in Buchführung und Jahresabschluss festgehaltenen realen Sachverhalte sowohl objektiv, i. S. v. intersubjektiv nachprüfbar, als auch bei vorhandenen Ermessensspielräumen willkürfrei dargestellt werden.

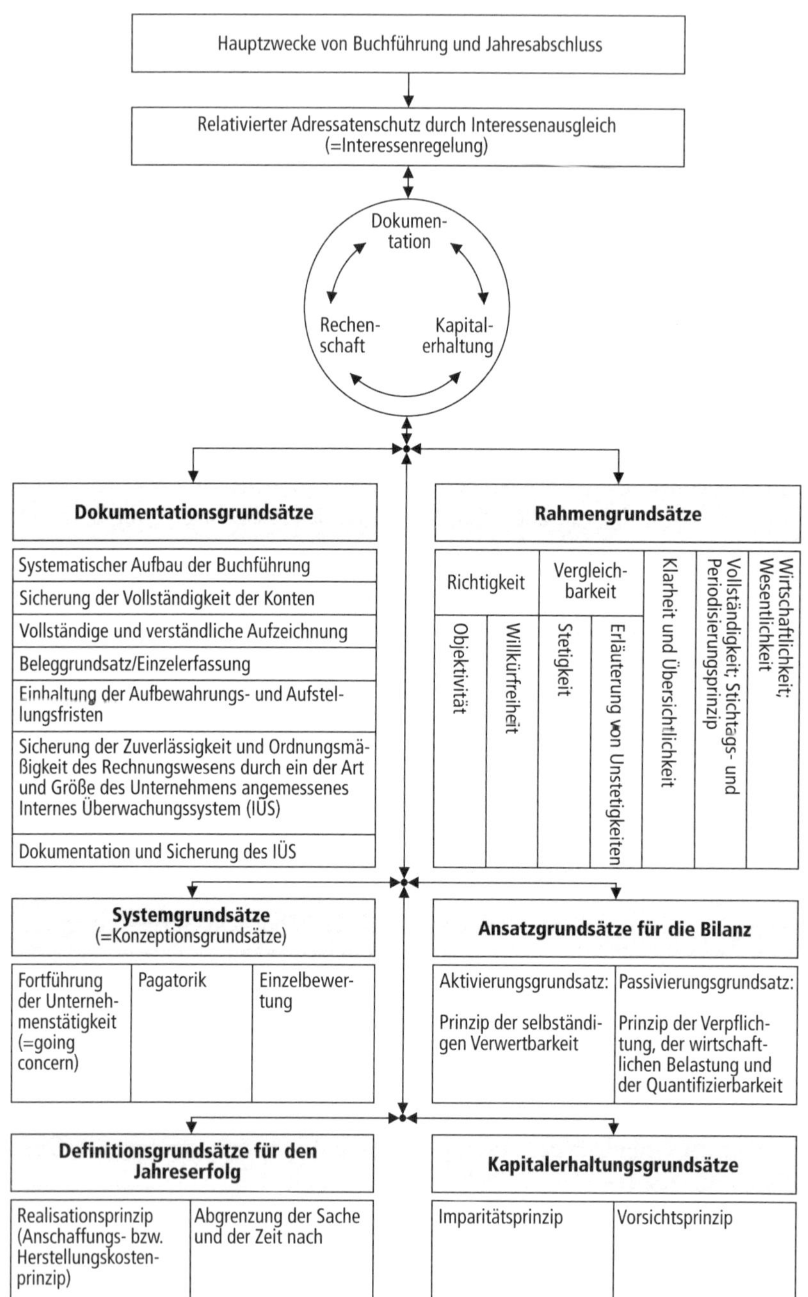

Übersicht 4-1: *Das System der handelsrechtlichen GoB als Ergebnis und Grundlage der Zwecke von Buchführung und Jahresabschluss*

- Der **Grundsatz der Vergleichbarkeit** verlangt zum einen eine formelle Stetigkeit von Buchführung und Jahresabschluss, d. h. die Identität von Schluss- und Eröffnungsbilanz (§ 252 Abs. 1 Nr. 1 HGB) sowie die Stetigkeit der Gliederung, der Bezeichnungen und des Ausweises (§ 243 Abs. 2 HGB, § 265 Abs. 1 und 2 HGB). Zum anderen ist eine materielle Stetigkeit in Bezug auf den Ansatz und die Bewertung von Vermögensgegenständen und Schulden gefordert. Der Grundsatz der Ansatzstetigkeit (§ 246 Abs. 3 HGB) besagt, dass die auf den vorhergehenden Jahresabschluss angewendeten Ansatzmethoden beizubehalten sind, wenn über den Ansatz gleichartiger Sachverhalte zu entscheiden ist. Der Grundsatz der Bewertungsstetigkeit (§ 252 Abs. 1 Nr. 6 HGB) besagt, dass gleichartige Vermögensgegenstände und Schulden nach gleichen Methoden zu bewerten sind. Von der Ansatz- und der Bewertungsstetigkeit darf nur in Ausnahmefällen abgewichen werden (§ 252 Abs. 2 HGB). Eventuelle Unstetigkeiten im Ansatz oder in der Bewertung sind nach § 252 Abs. 2 HGB i. V. m. § 284 Abs. 2 Nr. 2 HGB entsprechend zu erläutern.
- Gemäß dem **Grundsatz der Klarheit** (§ 243 Abs. 2 HGB) sind die einzelnen Posten in Buchführung und Jahresabschluss eindeutig zu bezeichnen und übersichtlich zu ordnen.
- Der **Grundsatz der Vollständigkeit** (§ 239 Abs. 2 HGB, § 246 Abs. 1 HGB) verlangt die Aufnahme aller Geschäftsvorfälle in die Buchführung sowie aller Vermögensgegenstände und Schulden in die Bilanz und aller Aufwendungen und Erträge in die GuV. Dabei sind auch alle erkennbaren Risiken zu berücksichtigen (Inventur der Risiken).
- Nach dem **Stichtagsprinzip** (§ 252 Abs. 1 Nr. 3 HGB i. V. m. Nr. 4 HGB) sind alle Geschäftsvorfälle gemäß den Informationen, die am Bilanzstichtag vorliegen, abzubilden. Wertaufhellende Informationen, die zwischen dem Bilanzstichtag und der Bilanzaufstellung bekannt werden, aber auf Gegebenheiten des vergangenen Geschäftsjahres beruhen, sind ebenfalls zu beachten.
- Das **Periodisierungsprinzip** (§ 252 Abs. 1 Nr. 5 HGB) fordert, dass sämtliche Einzahlungen und Auszahlungen unter Berücksichtigung der Definitionsgrundsätze für den Jahreserfolg sowie der Ansatzgrundsätze für die Bilanz dem jeweiligen Geschäftsjahr zugerechnet werden. Zusammen mit dem Stichtagsprinzip ergänzt das Periodisierungsprinzip den Vollständigkeitsgrundsatz.
- Nach dem Grundsatz der Wirtschaftlichkeit soll der bewertete Nutzen einer zusätzlichen Information des Jahresabschlusses eigentlich stets größer sein als die mit dieser Information verbundenen (zusätzlichen) Kosten. Aufgrund der mit einer solchen Kosten-Nutzen-Analyse verbundenen Ermittlungsschwierigkeiten ist stattdessen gemäß dem **Grundsatz der Wesentlichkeit** (materiality) vom Bilanzierenden einzuschätzen, ob die übrigen Rahmengrundsätze im Einzelfall zu beachten oder zu vernachlässigen sind.

Aufgabe der **Systemgrundsätze** ist es, die Einheitlichkeit, die Folgerichtigkeit und die einheitliche Bezugsbasis des GoB-Systems zu gewährleisten:

- Nach dem **Grundsatz der Fortführung der Unternehmenstätigkeit** (going concern) (§ 252 Abs. 1 Nr. 2 HGB) muss bei der Bewertung im Jahresabschluss der Fortbestand des Unternehmens angenommen werden, sofern diese Prämisse nicht widerlegt ist. Zweifel am going concern reichen nicht aus. Ist die Going-concern-Prämisse widerlegt, ist ein Liquidationsstatus zu erstellen.
- Der **Grundsatz der Pagatorik** (§ 252 Abs. 1 Nr. 5 HGB) verlangt, dass die im Jahresabschluss verdichteten Geschäftsvorfälle stets auf Zahlungen beruhen müssen und daher – anders als in der Kostenrechnung – rein kalkulatorische Elemente ohne korrespondierende Ein- oder Auszahlungen nicht berücksichtigt werden dürfen.
- Dem **Grundsatz der Einzelbewertung** (§ 252 Abs. 1 Nr. 3 HGB) folgend, sind – abgesehen von gesetzlich kodifizierten Bewertungsvereinfachungsregeln – alle Vermögensgegenstände und Schulden im Jahresabschluss einzeln zu bewerten. Eine Unternehmensgesamtbewertung kommt demnach für die handelsrechtliche Rechnungslegung aufgrund des Grundsatzes der Einzelbewertung sowie darüber hinaus aufgrund von Objektivierungserfordernissen nicht in Betracht.

Die **Definitionsgrundsätze für den Jahreserfolg** bestimmen, wann Einzahlungen und Auszahlungen erfolgswirksam in der GuV (oder entsprechend den Ansatzgrundsätzen erfolgsneutral in der Bilanz) zu erfassen sind. Gemäß dem **Realisationsprinzip** (§ 252 Abs. 1 Nr. 4 Halbsatz 2 HGB) werden selbsterstellte oder erworbene Güter und Leistungen so lange mit den Anschaffungs- oder Herstellungskosten bewertet, bis sie den Sprung zum Absatzmarkt und damit die Wertsteigerung zum Verkaufspreis erreicht haben. Erst zu diesem Zeitpunkt können Einzahlungen und die positiven Erfolgsbeiträge aus dem einzelnen Geschäft als realisiert angesehen werden. Der Realisationszeitpunkt beim Verkauf von Gütern ist dann gegeben, wenn ein Kaufvertrag geschlossen wurde und der Verkäufer seine (Haupt-)Leistungspflicht, also die Lieferung der Kaufsache, erbracht hat. Zu diesem Zeitpunkt hat das Gut typischerweise den Verfügungs- bzw. Verwertungsbereich des Verkäufers verlassen. Ab diesem Zeitpunkt trägt der Käufer die Gefahr eines zufälligen Untergangs oder einer Verschlechterung des Gutes (Gefahrenübergang). In der Praxis vereinbaren die Vertragsparteien den Gefahrenübergang meist mit Hilfe von internationalen Handelsklauseln, sog. Incoterms (International Commercial Terms).

Das Realisationsprinzip wird durch den **Grundsatz der Abgrenzung der Sache nach** ergänzt. Danach sind den realisierten Erträgen die entsprechenden Aufwendungen gegenüberzustellen, d. h. die Aufwendungen werden als Mittel zur Erzielung der entsprechenden Erträge angesehen (Finalprinzip). Die Zurechnung von Einzelkosten zu den entsprechenden Erträgen stellt i. d. R. kein Problem dar. Demgegenüber ist die Zurechnung von zeitproportionalen sowie von einzelnen Leistungseinheiten nicht direkt zurechenbaren Aufwendungen zu den Erträgen problematisch. Diese Aufwendungen müssen gemäß dem Durchschnitts(kosten)prinzip auf die realisierten und unrealisierten Erträge aufgeteilt werden.

Darüber hinaus sind nach dem **Grundsatz der Abgrenzung der Zeit nach** zeitraumbezogene Ausgaben bzw. Einnahmen als Aufwendungen oder Erträge zu erfassen und zeitanteilig (pro rata temporis) auf die einzelnen Geschäftsjahre zu verteilen. Periodenfremde Aufwendungen und Erträge müssen in dem Geschäftsjahr erfasst werden, in dem sie als solche erkannt worden sind bzw. anfallen.

Durch die **Ansatzgrundsätze für die Bilanz** wird festgelegt, welche Zahlungen als Vermögensgegenstände bzw. Schulden vorbehaltlich gesetzlich kodifizierter Ansatzwahlrechte oder Ansatzverbote grundsätzlich in der Bilanz zu aktivieren oder zu passivieren sind. Es geht demnach um die Prüfung der abstrakten Aktivierungsfähigkeit bzw. der abstrakten Passivierungsfähigkeit. Nach dem **Aktivierungsgrundsatz** ist ein Gut nur dann in der Bilanz zu aktivieren, wenn es selbständig verwertbar ist und damit geeignet ist, zur Deckung der Schulden des bilanzierenden Unternehmens beizutragen. Demgegenüber sind grundsätzlich alle Schulden in der Bilanz zu erfassen. Eine Schuld liegt gemäß dem **Passivierungsgrundsatz** dann vor, wenn

- eine rechtliche oder wirtschaftliche Verpflichtung oder eine objektivierbare pflichtähnliche Notwendigkeit aus dem betreffenden Sachverhalt resultiert,
- die Verpflichtung eine wirtschaftliche Belastung bedeutet, die künftig zu einer Bruttovermögensminderung führen wird, und
- die Verpflichtung zumindest in einer Bandbreite quantifizierbar ist.

Ist die Verpflichtung sicher und deren Höhe eindeutig quantifizierbar, handelt es sich um eine Verbindlichkeit. Ist die Verpflichtung nicht sicher, aber wahrscheinlich (es spricht mehr dafür als dagegen) und/oder nicht punktuell, sondern nur in einer Bandbreite quantifizierbar, ist eine Rückstellung zu bilanzieren.

Die **Kapitalerhaltungsgrundsätze** sorgen für die Erhaltung des Nominalkapitals und damit für die Sicherung der Bestandsfestigkeit des bilanzierenden Unternehmens. Gemäß dem **Imparitätsprinzip** (§ 252 Abs. 1 Nr. 4 HGB) sind alle vorhersehbaren Risiken und Verluste, die bis zum Abschlussstichtag entstanden sind, zu berücksichtigen, selbst wenn diese erst zwischen dem Abschlussstichtag und dem Tag der Aufstellung des Jahresabschlusses bekanntgeworden sind. Künftige unrealisierte „Verluste" (negative Erfolgsbeiträge) aus bereits eingeleiteten, abgrenzbaren Geschäften sind schon im Jahresabschluss des abgelaufenen Geschäftsjahres zu berücksichtigen, d. h. unrealisierte negative Erfolgsbeiträge der folgenden Geschäftsjahre werden – anders als nach dem Realisationsprinzip – bereits in der abzuschließenden Periode und damit im Jahr der Verlustentstehung antizipiert. Der **Grundsatz der Vorsicht** (§ 252 Abs. 1 Nr. 4 HGB) gebietet dem Kaufmann, seine Vermögensgegenstände und Schulden vorsichtig zu bewerten. Bestehen bei dieser Bewertung Schätzunsicherheiten, ist aus der Bandbreite künftig möglicher Werte tendenziell eine etwas pessimistischere als die wahrscheinlichste Möglichkeit zu wählen. Dies darf allerdings nicht dazu führen, dass durch eine bewusste Unterbewertung von Aktiva und/oder Überbewertung von Passiva stille Reserven gelegt werden.

Die einzelnen GoB sind innerhalb des GoB-Systems gleichwertig. Sie stehen in einer gegenseitigen Wechselbeziehung und dürfen daher nicht isoliert betrachtet werden. Die wechselseitige inhaltliche Konkretisierung, Erweiterung oder Beschränkung und die fehlende Dominanz eines GoB wird auch als **Eiffelturm-Prinzip** bezeichnet. Dies bedeutet, dass die GoB wie die einzelnen Elemente das Konstrukt des Jahresabschlusses tragen und dass die Geschlossenheit und Tragfähigkeit des GoB-Systems „als Eiffelturm" nur gesichert ist, wenn sich einzelne GoB auf (alle) andere(n) GoB stützen können und wenn auf kein wesentliches Element verzichtet werden kann.

Lösung zu Teilaufgabe (c)

Die drei Zwecke von Buchführung und Jahresabschluss (Dokumentation, Rechenschaft und Kapitalerhaltung) sind die Basis für die Ermittlung von nicht-kodifizierten und die Auslegung von im Gesetz genannten oder kodifizierten GoB. Die Zwecke des Jahresabschlusses stellen das wesentliche Kriterium bei der Auslegung der gesetzlichen Vorschriften bzw. der GoB nach der hermeneutischen Methode dar. Ein nach der hermeneutischen Methode ausgelegtes und gewonnenes handelsrechtliches GoB-System wird der Ausgewogenheit der Jahresabschlusszwecke und damit dem vom Gesetzgeber intendierten Ausgleich der divergierenden Interessen der Jahresabschlussadressaten gerecht. Das GoB-System gewährleistet somit, dass Sachverhalte, für die keine gesetzliche Einzelvorschrift existiert, zweckgerecht im Jahresabschluss abgebildet werden.

Übung 5: Imparitätsprinzip nach HGB

Sachverhalt

Die Tanker GmbH hat im November 01 einen Kaufvertrag über den Bezug von 1.000 Barrel Rohöl abgeschlossen. Das Rohöl soll am 13.01.02 geliefert und bezahlt werden (insgesamt 25.000 GE). Am 30.12.01 wird der Geschäftsführer von der Nachricht überrascht, dass sein geplanter Wiederverkaufspreis von 30.000 GE wegen eines plötzlichen Preisverfalls unrealistisch geworden ist. Voraussichtlich können 22.000 GE erzielt werden, teilt ihm sein Handlungsbevollmächtigter aus Rotterdam mit.

Aufgaben

(a) Welchen Einfluss hat der Preisverfall von Rohöl auf den Jahresabschluss der Tanker GmbH zum 31.12.01? Erläutern Sie in diesem Zusammenhang das Imparitätsprinzip.

(b) Welche Änderungen ergeben sich im Jahresabschluss zum 31.12.01, wenn im Gegensatz zu Teilaufgabe (a) das Rohöl bereits am 13.12.01 geliefert und bezahlt wird (insgesamt 25.000 GE)? Wie wirkt das Imparitätsprinzip hier?

Literaturhinweis

BAETGE, JÖRG/KIRSCH, HANS-JÜRGEN/THIELE, STEFAN, Bilanzen, 16. Aufl., Düsseldorf 2021, Kap. II Abschn. 232.52.

Lösungen

Lösung zu Teilaufgabe (a)

Der Kaufvertrag über 1.000 Barrel Rohöl ist als schwebendes Geschäft nicht in der Bilanz der Tanker GmbH zu erfassen, d. h. das Rohöl ist nicht aktivierungsfähig. Eine Verbindlichkeit aus diesem Vertrag besteht für die Tanker GmbH zum Jahresende gleichfalls nicht. Nach dem **Imparitätsprinzip** (§ 252 Abs. 1 Nr. 4 HGB) sind indes „alle vorhersehbaren Risiken und Verluste, die bis zum Abschlussstichtag entstanden sind, zu berücksichtigen". Über das Imparitätsprinzip soll sichergestellt werden, dass künftige „Verluste" (genauer: künftige negative Erfolgsbeiträge), die ansonsten erst in späteren Berichtsperioden erfasst würden, zum Zwecke der Kapitalerhaltung bereits der laufenden Periode zugeordnet werden. Spätere Berichtsperioden werden dadurch „verlustfrei" gestellt, so dass auch von „verlustfreier Bewertung" gesprochen wird.

Im Sachverhalt droht der Tanker GmbH ein negativer Erfolgsbeitrag von 3.000 GE (= Absatzpreis – Beschaffungspreis = 22.000 GE – 25.000 GE) aus einem schwebenden Geschäft. Aufgrund des Imparitätsprinzips ist dieser Betrag bereits im Jahresabschluss für das Jahr 01 erfolgswirksam zu erfassen. In der Bilanz der Tanker GmbH ist daher eine Rückstellung für drohende Verluste aus schwebenden Geschäften zu bilden (§ 249 Abs. 1 Satz 1 HGB). Die sog. Drohverlustrückstellungen (Kurzform für: Rückstellungen für drohende Verluste aus schwebenden Geschäften) resultieren dabei aus dem **Imparitätsprinzip**, das in § 252 Abs. 1 Nr. 4 HGB kodifiziert ist.

Lösung zu Teilaufgabe (b)

Der Kaufvertrag über 1.000 Barrel Rohöl ist erfüllt, d. h. ein schwebendes Geschäft besteht nicht mehr. Das Rohöl ist daher in der Bilanz der Tanker GmbH zu aktivieren.

Das **Imparitätsprinzip** wird durch die Niederstwertvorschriften des § 253 Abs. 3 HGB für das Anlagevermögen und des § 253 Abs. 4 HGB für das Umlaufvermögen konkretisiert und ergänzt. Da im Sachverhalt das Rohöl eine im Umlaufvermögen aktivierungspflichtige Ware darstellt, ist die sog. **strenge Niederstwertvorschrift** (§ 253 Abs. 4 HGB) maßgebend. Nach § 253 Abs. 4 Satz 1 HGB sind Abschreibungen auf das Rohöl vorzunehmen, wenn sich ein niedrigerer Wert als die (fortgeführten) Anschaffungs- oder Herstellungskosten ergibt und zwar aus:

(1) dem Börsenpreis,

(2) dem Marktpreis oder

(3) dem beizulegenden Wert.

Bei der Prüfung des Niederstwertes ist zunächst festzustellen, ob ein Börsenpreis danach, ob ein Marktpreis und danach, ob ein beizulegender Wert für die niedrigere Bewertung herangezogen werden kann.

Im Sachverhalt gibt es keine Hinweise auf einen Börsenpreis. Allerdings existiert ein Marktpreis für das Rohöl. Damit ist gemäß § 253 Abs. 4 Satz 1 HGB auf den Wert abzuschreiben, der sich aus dem Marktpreis ergibt. Dies bedeutet, dass zur Gewährleistung einer Bewertung, die folgende Berichtsperioden verlustfrei hält, vom Marktpreis alle ggf. noch anfallenden Ausgaben abzuziehen sind, z. B. für Transport oder Vertrieb. Da der Sachverhalt keine Anhaltspunkte für derartige Ausgaben gibt, ist der erwartete Veräußerungserlös relevant. In der Bilanz ist somit der niedrigere der zwei folgenden Werte anzusetzen:

- Anschaffungskosten des Rohöls (25.000 GE);
- erwarteter Veräußerungserlös (22.000 GE).

Das Rohöl ist also nach der strengen Niederstwertvorschrift mit dem erwarteten Veräußerungserlös von 22.000 GE zu bewerten. Das heißt, sowohl bei der Lieferung im nächsten Jahr (Teilaufgabe (a)) als auch bei der Lieferung im laufenden Jahr (Teilaufgabe (b)) muss die Tanker GmbH jeweils einen negativen Erfolgsbeitrag von 3.000 GE im Abschluss zum 31.12.01 erfassen. Bei Teilaufgabe (a) (schwebendes Geschäft) wird eine Drohverlustrückstellung gebucht, bei Teilaufgabe (b) entsteht der Aufwand durch die Abschreibung des Rohölbestandes um 3.000 GE.

Kapitel III: Allgemeine Ansatzregeln

Übung 6: Aktivierungs- und Passivierungsgrundsatz nach HGB

Sachverhalt

Die Sportfreunde GmbH kauft am 28.12.01 von der Nähfein AG 100 rote Fußballhosen des Modells „Weltmeister“ für insgesamt 800 GE auf Ziel, zahlbar ohne Abzug am 07.01.02. Die Fußballhosen werden taggleich am 28.12.01 geliefert und sind am 31.12.01 noch vorrätig.

Aufgaben

(a) Wie ist der Geschäftsvorfall (unter Vernachlässigung der Umsatzsteuer) am 31.12.01 bei der Sportfreunde GmbH zu bilanzieren? Erläutern Sie die relevanten GoB.

(b) Wie sind die 100 Fußballhosen bilanziell zu behandeln, wenn sie von der Sportfreunde GmbH noch am 28.12.01 vollständig zum Gesamtbetrag von 1.250 GE (12,50 GE je Hose) auf Ziel (zahlbar am 08.01.02) verkauft wurden?

(c) Wie wirkt es sich auf den Jahresabschluss zum 31.12.01 aus, wenn der Kaufvertrag zwar zum 28.12.01 abgeschlossen wird, die Fußballhosen aber erst am 07.01.02 an die Sportfreunde GmbH geliefert werden und auch dann erst bezahlt werden sollen?
Welche grundsätzlichen bilanziellen Konsequenzen ergeben sich, wenn die Nähfein AG der Sportfreunde GmbH am 31.12.01 mitteilt, dass sie aufgrund der zwischen beiden Vertragsparteien vereinbarten Änderungsklausel bezüglich der Konditionen die Verkaufspreise an Wiederverkäufer ab 01.01.02 auf

- 700 GE je 100 Hosen senken wird?
- 1.200 GE je 100 Hosen erhöhen wird?

Der geplante Verkaufspreis der Sporthosen bei der Sportfreunde GmbH beträgt weiterhin 12,50 GE pro Sporthose.

(d) Wie ändert sich Ihre Beurteilung des schwebenden Geschäftes in Teilaufgabe (c), wenn die Sportfreunde GmbH (aus Wettbewerbsgründen) den Ladenverkaufspreis von geplanten 12,50 GE pro Hose auf 7 GE zurücksetzen muss?

Literaturhinweis

BAETGE, JÖRG/KIRSCH, HANS-JÜRGEN/THIELE, STEFAN, Bilanzen, 16. Aufl., Düsseldorf 2021, Kap. III Abschn. 2-3 und Kap. IX Abschn. 52 und 6.

HFA DES IDW, Stellungnahme zur Rechnungslegung: Zweifelsfragen zum Ansatz und zur Bewertung von Drohverlustrückstellungen (IDW RS HFA 4), in: IDW Fachnachrichten 2010, S. 298-304.

Lösungen

Lösung zu Teilaufgabe (a)

Zunächst ist zu prüfen, ob die erhaltenen Sporthosen in der Bilanz der Sportfreunde GmbH angesetzt werden dürfen bzw. müssen, ob also das Kriterium des **Aktivierungsgrundsatzes** (abstrakte Aktivierungsfähigkeit) erfüllt ist. Ein Gut ist abstrakt aktivierungsfähig, wenn es **selbständig verwertbar** ist.

Die Fußballhosen sind geliefert worden und in das Eigentum der Sportfreunde GmbH übergegangen. Die GmbH kann die Hosen an Dritte verkaufen („verwerten"), so dass „ein wirtschaftlich nutzbares Potential zur Deckung von Schulden" vorhanden ist.

Da das Kriterium des Aktivierungsgrundsatzes erfüllt ist, sind die Sporthosen **abstrakt aktivierungsfähig**. Sofern der abstrakten Aktivierungsfähigkeit kein Aktivierungswahlrecht oder Aktivierungsverbot entgegensteht – wie in diesem Fall –, müssen die Sporthosen aktiviert werden (sog. **konkrete Aktivierungsfähigkeit**). Die Buchung lautet:

Waren	800 GE	an	Verbindlichkeiten aus Lieferungen und Leistungen	800 GE

Die konkret aktivierungsfähigen und -pflichtigen Sporthosen sind gemäß § 255 Abs. 1 HGB mit ihren Anschaffungskosten zu bewerten. Dabei werden die Anschaffungskosten durch den zu zahlenden Kaufpreis festgelegt (**Grundsatz der Pagatorik**). Der Zahlungszeitpunkt ist unerheblich.

Die mit ihren Anschaffungskosten von 800 GE bewerteten Sporthosen sind gemäß § 266 Abs. 2 B. I. 3. HGB als „fertige Erzeugnisse und Waren" in der Bilanz auszuweisen. Die Sportfreunde GmbH hat die Handelswaren am Bilanzstichtag noch nicht bezahlt. Im Folgenden ist zu prüfen, ob die drei **Kriterien des Passivierungsgrundsatzes** erfüllt sind, die zum Ansatz einer Schuld in der Bilanz der Sportfreunde GmbH führen würden:

- **Vorliegen einer Verpflichtung**

  Wird ein Vertrag zwischen zwei Geschäftspartnern (hier zwischen der Sportfreunde GmbH und der Nähfein AG) geschlossen, so liegt eine bürgerlichrechtliche Verpflichtung vor.

- **Wirtschaftliche Belastung**

  Bei Außenverpflichtungen (wie bei einer bürgerlich-rechtlichen Verpflichtung) besteht die wirtschaftliche Belastung (eine künftige Bruttovermögensminderung) i. d. R. darin, dass der Schuldner eine Geld-, Sach- oder Dienstleistung erbringen muss. Im Sachverhalt ist die Bezahlung des Kaufpreises wirtschaftlich belastend.

- **Quantifizierbarkeit**

  Eine Schuld ist quantifizierbar, wenn die Höhe der Verpflichtung am Bilanzstichtag entweder punktuell oder in einer Bandbreite angegeben werden kann. Im Sachverhalt besteht eine Zahlungsverpflichtung in Höhe von 800 GE.

Da die drei Kriterien des Passivierungsgrundsatzes erfüllt sind, ist die Zahlungsverpflichtung abstrakt passivierungsfähig. Ein Passivierungswahlrecht oder Passivierungsverbot besteht nicht, so dass eine Schuld in der Bilanz angesetzt werden muss (sog. **konkrete Passivierungsfähigkeit**). Da die Höhe der Schuld bekannt und der Eintritt der Schuld sicher ist, handelt es sich um eine zu passivierende Verbindlichkeit, die gemäß § 253 Abs. 1 Satz 2 HGB mit ihrem Erfüllungsbetrag zu bewerten ist. Nach § 266 Abs. 3 C. 4. HGB ist die Schuld unter dem Posten „Verbindlichkeiten aus Lieferungen und Leistungen" auszuweisen.

Lösung zu Teilaufgabe (b)

Da die Sporthosen vor dem Bilanzstichtag vollständig verkauft wurden, darf keine der Hosen mehr in der Bilanz aktiviert werden. Indes bleibt die Verbindlichkeit gegenüber der Nähfein AG bestehen, bis sie am 07.01.02 beglichen wird.

Die Sportfreunde GmbH muss eine **Forderung** in Höhe von 1.250 GE aktivieren, da die Forderung **selbständig verwertbar** ist (sie kann z. B. durch Factoring übertragen werden). Aktivierungswahlrechte oder -verbote bestehen nicht. Die Forderung wird zu Anschaffungskosten bewertet und unter dem Posten „Forderungen aus Lieferungen und Leistungen" (§ 266 Abs. 2 B. II. 1. HGB) in der Bilanz ausgewiesen.

Nach dem **Realisationsprinzip** (§ 252 Abs. 1 Nr. 4 Halbsatz 2 HGB) dürfen Gewinne erst dann im Jahresabschluss berücksichtigt werden, wenn diese realisiert sind. Es stellt sich daher die Frage nach dem handelsrechtlichen Realisationszeitpunkt des Verkaufsgeschäftes. Dies ist der Zeitpunkt, zu dem die Güter den Wertsprung zum Absatzmarkt schaffen. Ein Vermögensgegenstand gilt als verkauft, wenn ein Kaufvertrag geschlossen wurde und die (Haupt-)Leistungspflicht, also die Lieferung der Kaufsache, erbracht wurde. Das verkaufte Gut hat typischerweise zu diesem Zeitpunkt den Verfügungs- bzw. Verwertungsbereich des Verkäufers verlassen. Danach ist die Abrechnungsfähigkeit des Gutes gegeben. Zumindest muss aber die Preisgefahr auf den Käufer übergegangen sein.

Diese Bedingungen sind im vorliegenden Fall sämtlich erfüllt, so dass die Erträge aus dem Verkauf der Fußballhosen realisiert sind. Zu beachten ist, dass der Realisationszeitpunkt ohne Weiteres vor dem Zahlungszeitpunkt liegen kann und damit auch nicht den „vorsichtigsten" Zeitpunkt darstellt. Der **Grundsatz der Abgrenzung der Sache nach** ergänzt das Realisationsprinzip. Er verlangt, den realisierten Erträgen die ihnen zurechenbaren Aufwendungen gegenüberzustellen (im Sachverhalt: Die Anschaffungskosten der Hosen). Unabhängig von dem Zeitpunkt, an dem die Sportfreunde GmbH die Fußballhosen gekauft hat, sind die Aufwendungen erst dann anzusetzen, wenn die Fußballhosen verkauft werden. Die Aufwendungen können somit als Mittel angesehen werden, um Erträge zu erzielen. Die entsprechenden Buchungssätze lauten:

Forderungen	1.250 GE	an	Umsatzerlöse	1.250 GE

Materialaufwand	800 GE	an	Waren	800 GE

Lösung zu Teilaufgabe (c)

Aus Sicht der Sportfreunde GmbH besteht am 31.12.01 ein Beschaffungsvertrag mit der Nähfein AG, der von den Vertragspartnern noch nicht erfüllt ist. Solche **zweiseitig unerfüllten Verträge** werden als **schwebende Geschäfte** bezeichnet (vgl. IDW RS HFA 4, vor allem Tz. 2-14 zum Begriff des schwebenden Geschäftes).

Schwebende Geschäfte sind **bilanziell grundsätzlich nicht zu erfassen**, da sie weder einen Vermögensgegenstand noch eine Schuld i. S. d. Grundsatzes der Vollständigkeit (§ 246 Abs. 1 HGB) darstellen. Eine Erhöhung oder Verringerung der Verkaufspreise an Wiederverkäufer nach dem Vertragsabschluss hat keine Konsequenzen für den Jahresabschluss der Sportfreunde GmbH.

Lösung zu Teilaufgabe (d)

Hier entsteht der Fall, dass nach den GoB schwebende Geschäfte in der Bilanz zu erfassen sind: Negative Erfolgsbeiträge aus schwebenden Geschäften (der Verkaufspreis für eine Sporthose droht von 12,50 GE auf 7 GE und damit unter den Beschaffungspreis von 8 GE zu fallen) werden antizipiert, die i. S. d. Imparitätsprinzips durch eine **Drohverlustrückstellung** nach § 249 Abs. 1 Satz 1 HGB zu berücksichtigen sind (vgl. IDW RS HFA 4, vor allem Tz. 15 f. zum Begriff des drohenden Verlustes). Die Drohverlustrückstellung ist gemäß § 253 Abs. 1 Satz 2 HGB mit einem Betrag in Höhe von 100 GE (= 100 · (8 GE – 7 GE)) zu bewerten und nach § 266 Abs. 3 B. 3. HGB unter dem Posten „sonstige Rückstellungen" in der Bilanz auszuweisen.

Übung 7: Einzelfragen der Aktivierung

Sachverhalt

Der Geschaftsführer der aus Übung 6 bekannten Sportfreunde GmbH bittet den Rechnungswesenleiter seines Unternehmens, die folgenden Sachverhalte bilanzrechtlich zu beurteilen:

- Die Sportfreunde GmbH hat eine neue Textilqualität namens „Sweatfree" entwickelt, die durch einen atmungsaktiven Stoff das Schwitzen minimieren kann. Die neu entwickelte Textilqualität hat sich das Unternehmen patentieren lassen.
- Um den Absatz des Unternehmens zu steigern, hat der Geschäftsführer der Sportfreunde GmbH entschieden, die Produktpalette stärker zu differenzieren. Dafür hat das Unternehmen die Sub-Marke „Sportfreundin" entwickelt, für die erhebliche Kosten in der eigenen Marketing Abteilung des Unternehmens angefallen sind.
- Im Rahmen der stärkeren Produktdifferenzierung hat das Unternehmen ebenfalls beschlossen, die Mitarbeiter im Verkauf zu schulen, damit die kundenorientierte Beratung in den Läden vor Ort allgemein verbessert wird. Die Sportfreunde GmbH organisiert dafür einerseits unternehmensinterne Schulungstermine. Andererseits müssen die Mitarbeiter im Verkauf auch verpflichtend an Schulungen durch einen Drittanbieter teilnehmen.
- Um auch den Online-Auftritt des Unternehmens an die stärkere Produktdifferenzierung anzupassen, schließt die Sportfreunde GmbH einen Werkvertrag über die Programmierung eines neuen Online-Shops mit einem EDV-Dienstleister. Obwohl die Kosten für die Erstellung des Online-Shops enorm sind, zeigt sich der Geschäftsführer der Sportfreunde GmbH mit dem Ergebnis sehr zufrieden.

Aufgabe

Helfen Sie dem Rechnungswesenleiter der Sportfreunde GmbH bei der handelsrechtlichen Beurteilung der bilanziellen Konsequenzen, die sich aus den oben genannten Sachverhalten ergeben.

Literaturhinweis

BAETGE, JÖRG/KIRSCH, HANS-JÜRGEN/THIELE, STEFAN, Bilanzen, 16. Aufl., Düsseldorf 2021, Kap. III Abschn. 2 und Kap. V Abschn. 2.

Lösung

Bei den genannten Sachverhalten stellt sich die Frage, ob die jeweils geschaffenen Güter bzw. wirtschaftlichen Vorteile aktiviert werden dürfen oder müssen. Zur Beurteilung dieser Frage ist zum einen auf die abstrakte Aktivierungsfähigkeit abzustellen, der zufolge grundsätzlich alle Sachverhalte zu aktivieren sind, wenn diese die Eigenschaft eines Vermögensgegenstands erfüllen, also außerhalb des eigenen Unternehmens gegenüber Dritten verwertet und dadurch in Geld umgewandelt werden können. Zum anderen wird die Aktivierung durch die Regelungen der konkreten Aktivierungsfähigkeit bestimmt, womit alle Vorschriften gemeint sind, die für bestimmte Güter oder wirtschaftliche Vorteile eine Aktivierung verbieten, erlauben oder verlangen.

Hinsichtlich des ersten Sachverhalts stellt sich die Frage, ob das **selbst geschaffene Patent** aktivierungsfähig ist. Das Patent für die neu entwickelte Textilqualität kann beispielsweise an andere Unternehmen veräußert werden, so dass dieses selbstständig verwertbar und abstrakt aktivierungsfähig ist. Da ein Patent nicht körperlich fassbar ist und das Patent dem Unternehmen über einen längeren Zeitraum einen Nutzen stiften soll, handelt es sich bei dem Patent um einen selbst geschaffenen immateriellen Vermögensgegenstand des Anlagevermögens. Für selbst geschaffene immaterielle Vermögensgegenstände des Anlagevermögens formuliert § 248 Abs. 2 Satz 1 HGB ein Aktivierungswahlrecht, wobei die in § 248 Abs. 2 Satz 2 HGB genannten selbstgeschaffenen immateriellen Vermögensgegenstände des Anlagevermögens einem Aktivierungsverbot unterliegen. Da ein selbst geschaffenes Patent nicht unter das Aktivierungsverbot des § 248 Abs. 2 Satz 2 HGB fällt, darf die Sportfreunde GmbH im vorliegenden Fall entscheiden, ob das Patent aktiviert wird oder ob die angefallenen Ausgaben als Aufwand behandelt werden.

Auch bei der **Sub-Marke** „Sportfreundin“ handelt es sich um einen selbst geschaffenen immateriellen Vermögensgegenstand des Anlagevermögens. Dieser ist selbstständig verwertbar, da eine Sub-Marke im Regelfall auch an andere Unternehmen veräußert werden kann. Infolgedessen ist eine abstrakte Aktivierungsfähigkeit zu bejahen. Im Gegensatz zum selbst geschaffenen Patent fällt die selbst geschaffene Sub-Marke allerdings unter das Aktivierungsverbot des § 248 Abs. 2 Satz 2 HGB. Demnach ist eine Marke nicht konkret aktivierungsfähig und ein Ansatz in der Bilanz der Sportfreunde GmbH ist unzulässig. Die für die Entwicklung der Sub-Marke angefallenen Ausgaben sind aufwandswirksam zu erfassen.

Im dritten Sachverhalt ist fraglich, ob die **Ausgaben für die interne und externe Schulung** aktivierungsfähig sind. Eine abstrakte Aktivierungsfähigkeit ist allerdings zu verneinen, da die Schulungsausgaben bzw. das daraus resultierende zusätzliche Know-How der Mitarbeiter nicht selbstständig verwertbar ist. Hinsichtlich der konkreten Aktivierungsfähigkeit bestehen keine handelsrechtlichen Vorschriften, die explizit die Aktivierung von Schulungsausgaben regeln. Denkbar wäre jedoch eine Aktivierung der Schulungsausgaben als Teil der Anschaffungskosten, wenn die Schulung mit dem Erwerb eines anderen Vermögensgegenstands im Zusammenhang steht und für dessen Anwendung bzw. Bedienung eine Schulung erforderlich wäre. Dies lässt sich aus dem gegebenen Sachverhalt jedoch nicht ableiten. Darüber hinaus besteht somit auch keine konkrete Aktivierungsfähigkeit. Die Ausgaben für die interne und externe Schulung sind also als Aufwand zu erfassen.

Der in **Auftrag gegebene Online-Shop** kann prinzipiell an Dritte veräußert werden, so dass eine selbstständige Verwertbarkeit vorliegt und eine abstrakte Aktivierungsfähigkeit gegeben ist. In Bezug auf die konkrete Aktivierungsfähigkeit des Online-Shops lässt sich indes aus dem Wortlaut des § 248 Abs. 2 Satz 2 HGB schließen, dass sich das dort formulierte Aktivierungsverbot nur auf „selbst geschaffene" immaterielle Vermögensgegenstände des Anlagevermögens bezieht. Das bedeutet im Umkehrschluss, dass Vermögensgegenstände, die entgeltlich erworben wurden, vom Aktivierungsverbot nicht erfasst werden. Stattdessen unterliegen entgeltlich erworbene immaterielle Vermögensgegenstände des Anlagevermögens einer Aktivierungspflicht. Ein entgeltlicher Erwerb liegt dann vor, wenn Ausgaben oder Ausgabenäquivalente als Gegenleistung für den Übergang des immateriellen Anlagegutes aus dem Vermögen eines Dritten in das Vermögen des bilanzierenden Unternehmens geleistet worden sind. Dies ist dann der Fall, wenn die Verfügungsmacht über den immateriellen Vermögensgegenstand des Anlagevermögens von einem Dritten auf das bilanzierende Unternehmen aufgrund der Zahlung eines Kaufpreises übergeht. Im Rahmen eines Werkvertrages liegt die Verfügungsmacht und somit das wirtschaftliche Risiko gemäß § 631 BGB bis zum Übergang des Vermögensgegenstands an dem Erwerber beim Ersteller, so dass bei einem Werkvertrag grundsätzlich von einem entgeltlichen Erwerb ausgegangen wird. Demnach handelt es sich im hier vorliegenden Sachverhalt um den entgeltlichen Erwerb eines immateriellen Vermögensgegenstands des Anlagevermögens, woraus eine Aktivierungspflicht resultiert.

Kapitel IV: Allgemeine Bewertungsregeln

Übung 8: Umfang der Anschaffungskosten

Sachverhalt

Die münsterische On-Off AG plant den Bau eines neuen Erdgaskraftwerkes mit einer Leistung von 600 Megawatt, der von einem Generalunternehmer durchgeführt werden soll. Die Baukosten betragen 480 Mio. GE netto. Weil das Kraftwerk als besonders umweltfreundlich gilt, wird der Bau mit einem nicht rückzahlbaren Investitionszuschuss von 100 Mio. GE von der Landesregierung gefördert. Die verbleibenden Kosten finanziert die On-Off AG aus Eigenmitteln. Der Bau und der Betrieb eines Kraftwerkes sieht eine behördliche Genehmigung vor, die neben einer Demontage des Kraftwerkes nach Ende der Nutzung auch die Sanierung des Grundstücks verlangt. Aufgrund früherer Erfahrungen lassen sich die mit diesen Auflagen verbundenen Ausgaben relativ zuverlässig mit 10 Mio. GE beziffern, wobei 8 Mio. GE auf den Abbruch des Kraftwerkes und 2 Mio. GE auf die Sanierung des Grundstücks entfallen. Die On-Off AG plant, das Kraftwerk über einen Zeitraum von 20 Jahren zu betreiben. Danach ist der Verkauf der Anlagen an ein vietnamesisches Energieunternehmen für 30 Mio. GE geplant.

Aufgaben

(a) Wie hoch sind die Anschaffungskosten des Kraftwerkes nach HGB? Gehen Sie dabei von einem risiko-adjustierten Zinssatz in Höhe von 5 % p. a. aus.

(b) Wie hoch sind die Anschaffungskosten nach IFRS? Gehen Sie dabei von einem risiko-adjustierten Zinssatz in Höhe von 5 % p. a. aus.

Literaturhinweis

BAETGE, JÖRG/KIRSCH, HANS-JÜRGEN/THIELE, STEFAN, Bilanzen, 16. Aufl., Düsseldorf 2021, Kap. IV Abschn. 21 und 521.

Lösungen

Lösung zu Teilaufgabe (a)

Die On-Off AG hat die **handelsrechtlichen Anschaffungskosten nach § 255 Abs. 1 HGB** zu ermitteln. Diese setzen sich aus dem Anschaffungspreis, den Anschaffungsnebenkosten, den Anschaffungspreisminderungen sowie den nachträglichen Anschaffungskosten zusammen.

Der Anschaffungspreis beträgt 480 Mio. GE netto. Der Investitionszuschuss kann entweder in einen besonderen Passivposten eingebracht werden oder alternativ als Anschaffungspreisminderung behandelt werden, so dass sich die Anschaffungskosten um 100 Mio. GE auf 380 Mio. GE reduzieren.

Für die Demontage des Kraftwerkes sowie die Grundstückssanierung ist zu prüfen, ob eine Rückstellung für ungewisse Verbindlichkeiten gemäß § 249 Abs. 1 Satz 1 HGB zu bilden ist. Der Aufwand einer Rückstellungsbildung ist erfolgswirksam (verteilt über die voraussichtliche Nutzungsdauer) in der GuV zu erfassen. Die künftigen Ausgaben für Demontage und Sanierung wirken sich also auf die Höhe der Anschaffungskosten nicht aus (anders als nach IFRS).

Der Erlös aus dem Verkauf der Kraftwerkanlagen an das vietnamesische Energieunternehmen mindert nicht die Anschaffungskosten. Der Erlös aus dem geplanten Verkauf wird über den Restwert bei der Abschreibungsermittlung berücksichtigt und mindert dadurch die jährlichen Abschreibungsbeträge.

Die handelsrechtlichen Anschaffungskosten betragen somit 380 Mio. GE.

Lösung zu Teilaufgabe (b)

Für die Ermittlung der Anschaffungskosten nach IFRS hat die On-Off AG den **für Sachanlagen einschlägigen IAS 16 (Sachanlagen)** heranzuziehen. Auch nach diesem setzten sich die Anschaffungskosten aus dem Anschaffungspreis, den Anschaffungspreisminderungen, den Anschaffungsnebenkosten sowie den nachträglichen Anschaffungskosten zusammen. Da Investitionszuschüsse auch nach IAS 16.28 i. V. m. IAS 20.27 alternativ zu einer Berücksichtigung in einem Passivposten als Anschaffungspreisminderungen erfasst werden dürfen und beide Methoden gleichwertig sind (IAS 20.25), unterscheidet sich die Ermittlung der Anschaffungskosten nur darin, dass im Gegensatz zum HGB nach IAS 16.16 (c) die erstmalig geschätzten Kosten der Demontage und Grundsanierung zu aktivieren sind, wenn dafür eine Rückstellung zu bilden ist (IAS 16.18). Eine Rückstellungsbildung setzt nach IAS 37.14 voraus,

- dass dem bilanzierenden Unternehmen aus vergangenen Ereignissen eine rechtliche oder faktische Verpflichtung entstanden ist,
- die wahrscheinlich einen Abfluss von Ressourcen mit wirtschaftlichem Nutzen zur Erfüllung der Verpflichtung bedingt und

- deren Höhe verlässlich geschätzt werden kann.

Sämtliche Ansatzkriterien sind gemäß der Sachverhaltsbeschreibung für den Abbruch der Anlagen und die Sanierung des Grundstücks erfüllt. Die bestmögliche Schätzung der Abbruchkosten und der Grundstückssanierung (IAS 37.36) sind mit 8 Mio. GE bzw. 2 Mio. GE angegeben. Da IAS 37.45 den Ansatz der Rückstellung mit dem Barwert verlangt, sind die geschätzten Kosten in Höhe von 10 Mio. GE mit dem risiko-adjustierten Zinssatz (IAS 37.47) von 5 % p. a. und einer geplanten Nutzungsdauer von 20 Jahren mit rund 3,8 Mio. GE zu passivieren. In gleicher Höhe sind gemäß IAS 16.16 (c) Anschaffungsnebenkosten zu aktivieren. Durch die Aktivierung werden die Beseitigungskosten im Rahmen der erhöhten Abschreibung auf die Nutzungsdauer des Vermögenswertes verteilt. In der Folgezeit ist die Rückstellung in jeder Periode anzupassen. Wie Änderungen der Bewertungsparameter der Beseitigungskosten zu behandeln sind, ist in IFRIC 1 (Änderungen bestehender Rückstellungen für Entsorgungs-, Wiederherstellungs- und ähnliche Verpflichtungen) geregelt.

Die Anschaffungskosten nach IFRS betragen somit 383,8 Mio. GE.

Übung 9: Anschaffungsnebenkosten

Sachverhalt

Die Übergroß AG erwirbt für einen bestimmten Einsatzzweck eine Maschine im Wert von 10.000 GE netto, für die vor Aufstellung noch entsprechende Fundamente erstellt werden müssen. Die Arbeiten am Fundament werden (alternativ)

- durch eine Fremdfirma durchgeführt, die einschließlich der Kosten für den gelegentlich zur Überwachung eingesetzten Meister der Fremdfirma einen Betrag von 1.000 GE netto in Rechnung stellt, oder
- durch eigenes Personal der Übergroß AG durchgeführt. Die direkt zurechenbaren Kosten belaufen sich auf 700 GE, der auf den gelegentlich eingesetzten Meister der Übergroß AG entfallende Gehaltsanteil beträgt 100 GE.

Nach Fertigstellung der Arbeiten stellt sich heraus, dass die Fundamente für die Maschine deutlich überdimensioniert und damit zu aufwendig sind.

Vor dem ersten Probelauf werden an der Maschine einige Umrüstungen vorgenommen, um sie besser in einen bestimmten Produktionsablauf einzupassen. Dafür fallen Ausgaben in Höhe von 500 GE netto an.

Nach einem Jahr wird die Maschine produktionstechnisch stark umgerüstet, um nunmehr andere, wenn auch vergleichbare Güter produzieren zu können. Für den Umbau fallen Materialausgaben in Höhe von 5.000 GE netto an. Die Arbeiten werden durch eigenes Personal durchgeführt.

Aufgaben

(a) Zählen die Kosten für die Fundamente, für den Probelauf und für die Umrüstungen zu den Anschaffungskosten der Maschine, wenn die Übergroß AG nach HGB bilanziert?

(b) Würden sich Unterschiede ergeben, wenn die Übergroß AG nach IFRS Rechnung legen würde?

(c) Angenommen, durch die Fundamentierungsarbeiten erstreckt sich die Beschaffung der Maschine über den Bilanzstichtag hinaus. Bis zum 31.12.01 haben die Fundamentierungsarbeiten bereits ein halbes Jahr in Anspruch genommen. Die Übergroß AG musste indes schon am 01.07.01 eine Anzahlung auf den Kaufpreis der Maschine in Höhe von 5.000 GE netto leisten. Zur Finanzierung dieser Anzahlung wurde am 01.07.01 ein Kredit aufgenommen, für den Zinsen in Höhe von 6 % p. a. anfallen. Am 31.03.02 wird die Maschine in einen betriebsbereiten Zustand versetzt. Wie würden sich die Finanzierungskosten auf die Höhe der Anschaffungskosten im HGB- und im IFRS-Abschluss auswirken?

Literaturhinweis

BAETGE, JÖRG/KIRSCH, HANS-JÜRGEN/THIELE, STEFAN, Bilanzen, 16. Aufl., Düsseldorf 2021, Kap. IV Abschn. 21 und 521.

HFA des IDW, Stellungnahme zur Rechnungslegung: Einzelfragen zur Bilanzierung von Fremdkapitalkosten nach IAS 23 (IDW RS HFA 37), in: IDW Fachnachrichten 2010, S. 490-495.

Lösungen

Lösung zu Teilaufgabe (a)

Um zu entscheiden, ob die genannten Kosten den Anschaffungskosten hinzuzurechnen sind, muss die Übergroß AG beurteilen, ob es sich bei diesen um **Anschaffungsnebenkosten** handelt. Zu den Anschaffungskosten zählen laut § 255 Abs. 1 HGB als Teil der Anschaffungsnebenkosten auch die Ausgaben, die nötig sind, um einen Vermögensgegenstand in einen betriebsbereiten Zustand zu versetzen, soweit diese dem Vermögensgegenstand einzeln zugerechnet werden können.

Die Aufwendungen im Zusammenhang mit den **Fundamentierungsarbeiten** sind als Anschaffungsnebenkosten zu qualifizieren, da der Einsatz der beschafften Maschine die Errichtung von Fundamenten voraussetzt. Allerdings dürfen nur direkt zurechenbare Kosten (Objekteinzelkosten) den Anschaffungskosten zugerechnet werden. Die Höhe der im vorliegenden Fall zu aktivierenden Anschaffungsnebenkosten hängt davon ab, wer die Fundamentierungsarbeiten durchführt. Werden die Fundamentierungsarbeiten fremd vergeben, so ist der von der Fremdfirma in Rechnung gestellte Gesamtbetrag netto einschließlich der Gemeinkosten zur **Überwachung durch den Meister** bei der bilanzierenden Übergroß AG als Einzelkosten und zwar als Anschaffungsnebenkosten zu behandeln. Würden die Fundamente dagegen durch Personal der Übergroß AG erstellt, wären die anteiligen Aufwendungen des zur Überwachung eingesetzten Meisters als Gemeinkosten der bilanzierenden Übergroß AG einzustufen und damit kein Bestandteil der Anschaffungsnebenkosten. Die Anschaffungsnebenkosten würden somit bei Fremdvergabe 1.000 GE, bei Durchführung durch eigenes Personal 700 GE betragen.

Auch wenn sich nach der Fertigstellung der Fundamente herausstellt, dass diese deutlich überdimensioniert und damit zu aufwendig sind, beeinflusst dies nicht die Höhe der Anschaffungsnebenkosten, denn § 255 Abs. 1 Satz 1 HGB verlangt nicht, dass es sich bei den Anschaffungsnebenkosten um notwendige Ausgaben handeln muss.

Der **Zeitraum des Anschaffungsvorganges** endet, wenn der Vermögensgegenstand in einen betriebsbereiten Zustand versetzt worden ist. Dabei wird unterschieden zwischen einer prinzipiellen Betriebsbereitschaft, d. h., es besteht die Möglichkeit, Probeläufe durchzuführen, und einer tatsächlichen Betriebsbereitschaft, d. h., Probeläufe wurden bereits durchgeführt. Umrüsteinzelkosten (hier in Höhe von 500 GE), die vor dem ersten Probelauf angefallen sind, sind danach als Anschaffungsnebenkosten zu aktivieren. Ob die Kosten für die Probeläufe selbst auch Bestandteil der Anschaffungsnebenkosten sind, ist dagegen strittig. Wird eine tatsächliche Betriebsbereitschaft vorausgesetzt, dann müssen die Kosten der Testläufe den Anschaffungsnebenkosten zugerechnet werden. Bei einer prinzipiellen Betriebsbereitschaft fallen die Kosten der Probeläufe dagegen bereits außerhalb des Zeitraumes des Anschaffungsvorganges an und sind demnach nicht zu aktivieren.

Nach § 255 Abs. 1 Satz 2 HGB gehören auch **nachträgliche Ausgaben** zu den Anschaffungskosten, allerdings müssen diese in einem sachlichen – indes nicht zeitlichen – Zusammenhang mit der Anschaffung stehen. Anders formuliert: Nachträgliche Anschaffungskosten sind dadurch gekennzeichnet, dass sie als Teil des Anschaffungspreises oder als Anschaffungsnebenkosten qualifiziert worden wären, wenn sie im Anschaffungszeitpunkt des Vermögensgegenstandes bekannt gewesen wären.

Von einem derartigen, ursächlichen Zusammenhang ist bei der **Umrüstung der Maschine nach einem Jahr** indes nicht auszugehen. Eine Behandlung der 5.000 GE als nachträgliche Anschaffungskosten ist damit abzulehnen. Indes handelt es sich bei den Umrüstkosten um aktivierungspflichtige Herstellungskosten, da durch die starken produktionstechnischen Veränderungen die Nutzungsmöglichkeiten der vorhandenen Maschine erweitert wurden. Wird bei einem vorhandenen Vermögensgegenstand die Kapazität erweitert und werden nicht lediglich Teile erneuert oder nur die Funktionsfähigkeit erhalten, dann handelt es sich nach § 255 Abs. 2 Satz 1 HGB um aktivierungspflichtige Herstellungskosten.

Lösung zu Teilaufgabe (b)

Die Abbildung des Sachverhaltes nach IFRS würde bei der Übergroß AG nur zu geringen Abweichungen führen. Im Wesentlichen gleicht die Abbildung der des HGB:

- Nach IAS 16.16 (b) sind nur alle direkt zurechenbaren Kosten, die anfallen, um einen Vermögenswert in einen betriebsbereiten Zustand zu versetzen, den Anschaffungskosten zuzuordnen. Die Kosten für Überwachung durch den Meister der Übergroß AG bei Durchführung der Fundamentierungsarbeiten durch eigenes Personal sind daher nicht aktivierbar.
- Umrüstkosten von 500 GE, die noch vor dem ersten Probelauf anfallen, sind zu aktivieren, da sie erforderlich sind, um die Maschine in den vom Management beabsichtigten betriebsbereiten Zustand zu versetzen (IAS 16.16 (b)).
- Kosten für Probeläufe sind den Anschaffungskosten zuzuordnen, allerdings vermindert um die Erlöse aus dem Verkauf der aus dem Probelauf entstehenden Produkte (IAS 16.17 (e)).
- Kosten, die nach dem Erwerbsvorgang anfallen, müssen als nachträgliche Anschaffungskosten aktiviert werden, wenn die Wahrscheinlichkeit besteht, dass der zukünftige wirtschaftliche Nutzen der Sachanlage erhöht wird (IAS 16.13). Insofern gilt für nachträgliche Anschaffungskosten eine identische Ansatz- und Bewertungsdefiniton wie für die erstmaligen Anschaffungskosten: Sämtliche Ausgaben, denen nach dem matching principle künftige Mehrerlöse zugerechnet

werden können, sind zu aktivieren. Da eine wie im Sachverhalt beschriebene Produktionsumstellung i. d. R. durchgeführt wird, um wahrscheinliche wirtschaftliche Vorteile gegenüber der Ausgangssituation zu realisieren, d. h. den wirtschaftlichen Nutzen der Maschine zu erhöhen, sind nach IFRS die Umrüstkosten nach einem Jahr in Höhe von 5.000 GE als nachträgliche Anschaffungskosten zu aktivieren.

Lösung zu Teilaufgabe (c)

Nach HGB dürfen Kosten der Fremdfinanzierung nicht in die Anschaffungskosten einbezogen werden, so dass im vorliegenden Fall die während des Anschaffungszeitraumes anfallenden Fremdkapitalzinsen von der Übergroß AG als Aufwand zu behandeln sind. Das in § 255 Abs. 3 Satz 2 HGB geregelte Einbeziehungswahlrecht für Fremdkapitalzinsen gilt nur bei der Bestimmung von Herstellungskosten, nicht aber bei der Ermittlung von Anschaffungskosten.

Für den IFRS-Abschluss ist die bilanzielle Behandlung von Fremdkapitalkosten (borrowing costs) im Zusammenhang mit dem Erwerb oder der Herstellung eines Vermögenswertes in IAS 23 (Fremdkapitalkosten) geregelt. Unter Fremdkapitalkosten werden Zinsen und weitere im Zusammenhang mit der Aufnahme von Fremdkapital angefallene Kosten eines Unternehmens verstanden (IAS 23.5; vgl. auch IDW RS HFA 37, Tz. 7-10). Bei Erwerbsvorgängen sind die Fremdkapitalkosten als Teil der Anschaffungskosten zu aktivieren, sofern sie direkt dem **Erwerb eines qualifizierten Vermögenswertes (qualifying asset)** zugeordnet werden können, einen künftigen wirtschaftlichen Nutzen versprechen und verlässlich ermittelt werden können (IAS 23.9). Ein qualifizierter Vermögenswert ist dadurch gekennzeichnet, dass ein beträchtlicher Zeitraum erforderlich ist, um den Vermögenswert in seinen vorgesehenen Zustand zu versetzen (IAS 23.5). Zu aktivieren sind alle Fremdkapitalkosten, die auf den Zeitraum der Anschaffung entfallen. Dieser Zeitraum beginnt, wenn erstmalig Ausgaben für den qualifizierten Vermögenswert und die Finanzierung angefallen sind sowie mit den Arbeiten begonnen wurde, die notwendig sind, um den Vermögenswert in seinen bestimmungsgemäßen Zustand zu versetzen (IAS 23.17; vgl. auch IDW RS HFA 37, Tz. 25-27). Der Anschaffungszeitraum endet, wenn der Vermögenswert im Wesentlichen in seinen bestimmungsgemäßen Zustand versetzt worden ist (IAS 23.22).

Da im vorliegenden Fall bis zur Herstellung der Betriebsbereitschaft und damit bis zum Abschluss des Anschaffungsvorganges ein beträchtlicher Zeitraum verstreicht, ist bei der Maschine von einem qualifizierten Vermögenswert auszugehen, so dass die Übergroß AG die direkt mit dem Erwerb im Zusammenhang stehenden Fremdkapitalkosten (auch Nebenkosten der Fremdkapitalbeschaffung) aktivieren muss. Daher sind im vorliegenden Fall die auf den Anschaffungszeitraum (neun Monate) entfallenden Zinsen in die Anschaffungskosten einzubeziehen. Für den Kredit von 5.000 GE sind dies 225 GE (= 5.000 GE · 0,06 · 0,75). Die Anschaffungskosten der Maschine erhöhen sich folglich im IFRS-Abschluss durch die Fremdfinanzierung der Anzahlung um 225 GE.

Übung 10: Anschaffungskosten und nachträgliche Herstellungskosten

Sachverhalt

Die nach HGB bilanzierende Bauunternehmung Groß GmbH hat im September des Jahres 01 einen Bagger gekauft, für den sie 238.000 GE inkl. 19 % Umsatzsteuer, die der Vorsteuer abzugsfähig ist, bezahlt hat.

Vom Staat erhält die Groß GmbH für den Bagger einen nicht rückzahlbaren Investitionszuschuss in Höhe von 23.200 GE. Außerdem hat der Baumaschinenverkäufer zugesagt, wegen der hohen Jahresumsätze (die Groß GmbH kaufte im Geschäftsjahr 01 acht Bagger) einen Bonus von 12.000 GE für die acht Bagger zu gewähren.

Die Transportversicherung in Höhe von 250 GE muss die Groß GmbH selbst tragen.

Nach dreimonatiger Nutzung des Baggers erhält die technische Leiterin der Groß GmbH ein Angebotsschreiben:

Durch den Einbau zweier zusätzlicher Motorteile und einer neuen Hydraulikeinheit (Kosten: 1.200 GE netto zuzüglich 300 GE Nutzungsausfall) kann die Leistung des Baggers um 30 % erhöht werden. Die technische Leiterin ist von dem Angebot begeistert und bestellt die zusätzlichen Teile. Als die Teile am 28.12.01 geliefert werden, beauftragt die technische Leiterin einen ihrer Mitarbeiter, die Motorteile und die Hydraulikeinheit in den Bagger einzubauen. Dieser benötigt für den Umbau des Baggers zwei Arbeitstage. Die auf die Nachrüstung des Baggers entfallenden Personalkosten betragen 200 GE.

Kurze Zeit später wird während eines besonders heiklen Einsatzes des Baggers die Baggerschaufel schwer beschädigt, so dass diese ersetzt werden muss. Die neue baugleiche Baggerschaufel im Wert von 16.000 GE wird am 20.01.02 geliefert und in Betrieb genommen.

Aufgaben

(a) Wie hoch sind die nach Lieferung des Baggers (September 01) zu bestimmenden Anschaffungskosten nach HGB?

(b) Wie ändern sich durch den Einbau der zwei zusätzlichen Motorteile und der Hydraulikeinheit die Anschaffungs- oder Herstellungskosten des Baggers im handelsrechtlichen Jahresabschluss zum 31.12.01?

(c) Wie ist der Ersatz der Baggerschaufel nach HGB zu bilanzieren?

(d) Wie wären die Teilaufgaben (a) bis (c) zu lösen, wenn die Groß GmbH einen IFRS-Abschluss erstellen müsste?

Literaturhinweis

BAETGE, JÖRG/KIRSCH, HANS-JÜRGEN/THIELE, STEFAN, Bilanzen, 16. Aufl., Düsseldorf 2021, Kap. IV Abschn. 21-22 und 52.

HFA DES IDW, Rechnungslegungshinweis: Handelsrechtliche Zulässigkeit einer komponentenweisen planmäßigen Abschreibung von Sachanlagen (IDW RH HFA 1.016), in: IDW Fachnachrichten 2009, S. 362-363.

Lösungen

Lösung zu Teilaufgabe (a)

Für die Berechnung der Anschaffungskosten gilt gemäß § 255 Abs. 1 HGB folgendes Schema:

	Anschaffungspreis
+	Anschaffungsnebenkosten
+	Nachträgliche Anschaffungskosten
–	Anschaffungspreisminderungen
=	Anschaffungskosten

Übersicht 10-1: *Die Ermittlung der Anschaffungskosten*

Da die Groß GmbH zum **Abzug der Vorsteuer** berechtigt ist, stellt der Umsatzsteueranteil (19 / 119 der 238.000 GE, d. h. 38.000 GE) der Anschaffungsauszahlung einen durchlaufenden Posten dar. Die in der Anschaffungsauszahlung enthaltene Umsatzsteuer ist daher kein Bestandteil der Anschaffungskosten.

Die Auszahlung für die **Transportversicherung** in Höhe von 250 GE erhöht dagegen als Anschaffungsnebenkosten die Anschaffungskosten, da sie dem Vermögensgegenstand einzeln zugeordnet werden kann.

Soweit bei **Boni** kein Zusammenhang zu einem bestimmten Kauf hergestellt werden kann, mindern sie die Anschaffungskosten nicht (Buchung als sonstiger betrieblicher Ertrag). Im Schrifttum werden indes auch andere Auffassungen vertreten.

Bei der Behandlung des **staatlichen Investitionszuschusses** kann die GmbH ein Wahlrecht ausüben, da der Staat keine Bedingungen an die Zuschussgewährung geknüpft hat. Der Investitionszuschuss darf

- als Anschaffungspreisminderung gebucht werden (so dass sich die späteren jährlichen Abschreibungen vermindern) oder
- in einen besonderen Passivposten eingestellt werden, der über die Nutzungsdauer des Vermögensgegenstandes ratierlich aufzulösen ist (z. B. „Sonderposten für Investitionszuschüsse“).

Wird der Zuschuss als Anschaffungspreisminderung behandelt, dann betragen die Anschaffungskosten des Baggers 177.050 GE, wie folgende Berechnung zeigt:

	Anschaffungspreis	200.000 GE
+	Anschaffungsnebenkosten (Transportversicherung)	250 GE
–	Anschaffungspreisminderungen (Investitionszuschuss)	– 23.200 GE
=	Anschaffungskosten	177.050 GE

Lösung zu Teilaufgabe (b)

Nach dem Einbau der beiden zusätzlichen Motorteile und der Hydraulikeinheit hat die Groß GmbH zu prüfen, ob es sich bei den Kosten um sog. nachträgliche Anschaffungs- oder Herstellungskosten handelt. Die handelsrechtlichen Anschaffungs- oder Herstellungskosten müssen nicht in einem engen zeitlichen Zusammenhang mit dem Anschaffungs- bzw. Herstellungszeitpunkt stehen, sondern können auch später anfallen.

Bei **nachträglichen Herstellungskosten** handelt es sich um Ausgaben, durch die ein Vermögensgegenstand über seinen ursprünglichen Zustand hinaus erweitert oder wesentlich verbessert wird (§ 255 Abs. 2 Satz 1 HGB). Diese sind zu unterscheiden von reinen Instandhaltungsmaßnahmen, welche nicht aktiviert werden dürfen. Da sich laut Sachverhalt die Leistung des Baggers um 30 % erhöht, ist die Bedingung der wesentlichen Verbesserung gegeben. Die Nachrüstung entspricht daher keiner reinen Instandhaltungsmaßnahme. Nach § 255 Abs. 2 Satz 2 HGB sind sowohl die Kosten der zusätzlichen Einbauteile von 1.200 GE als auch die auf die Nachrüstung entfallenden Personalkosten von 200 GE als nachträgliche Herstellungskosten zu aktivieren.

Nach dem Grundsatz der Pagatorik müssen Anschaffungs- bzw. Herstellungskosten stets auf Zahlungen beruhen. Der Nutzungsausfall ist dagegen kalkulatorisch, so dass er nicht zu den nachträglichen Herstellungskosten zählt.

Danach setzen sich die Anschaffungs- bzw. Herstellungskosten des Baggers zum 31.12.01 wie folgt zusammen:

	Anschaffungspreis	200.000 GE
+	Anschaffungsnebenkosten (Transportversicherung)	250 GE
–	Anschaffungspreisminderungen (Investitionszuschuss)	– 23.200 GE
=	Anschaffungskosten	177.050 GE
+	Nachträgliche Herstellungskosten	1.400 GE
=	Anschaffungskosten/Herstellungskosten zum 31.12.01	178.450 GE

Lösung zu Teilaufgabe (c)

Der Ersatz der Baggerschaufel ist eine reine Reparaturmaßnahme, die lediglich der **Instandhaltung** dient, also der Erhaltung der Funktionsfähigkeit des Baggers. Mit dem Ersatz der defekten Baggerschaufel wird der Bagger nicht über seinen ursprünglichen Zustand hinaus verbessert. Der mit dem Ersatz verbundene Erhaltungsaufwand darf mithin nicht als Bestandteil der Anschaffungs- bzw. Herstellungskosten aktiviert werden, sondern ist direkt erfolgswirksam in der GuV zu erfassen.

Gemäß IDW RH HFA 1.016 darf bei der planmäßigen Abschreibung abnutzbarer Vermögensgegenstände des Sachanlagevermögens auch eine **komponentenweise Abschreibung** vorgenommen werden. Hierbei wird ein Vermögensgegenstand gedanklich in seine wesentlichen, physisch separierbaren Komponenten mit unterschiedlicher Nutzungsdauer zerlegt. Die physische Separierbarkeit und die Wesentlichkeit der Komponenten stellen die Voraussetzungen für den Komponentenansatz nach HGB dar. Diese können bei der Baggerschaufel als gegeben betrachtet werden. Die Groß GmbH könnte somit bei separater Abschreibung der Komponente „Schaufel" einen Teilabgang/-verbrauch und deren Ersatz als Teilzugang wesentlicher physischer Substanz interpretieren und die neue Schaufel aktivieren.

Lösung zu Teilaufgabe (d)

Im Gegensatz zum HGB sind die Bestandteile der Anschaffungskosten nach IFRS nicht gemeinsam für alle Vermögenswerte geregelt, sondern in unterschiedlichen Standards für jeweils eine bestimmte Gruppe von Vermögenswerten.

Für das Sachanlagevermögen ist IAS 16 (Sachanlagen) einschlägig, in dem die Bestimmung der Anschaffungskosten wie folgt geregelt ist:

	Anschaffungspreis (IAS 16.16)
+	Anschaffungsnebenkosten (IAS 16.16)
+	Nachträgliche Anschaffungskosten (IAS 16.12-14)
–	Anschaffungspreisminderungen (IAS 16.16 i. V. m. IAS 16.28)
=	Anschaffungskosten

Übersicht 10-2: *Die Ermittlung der Anschaffungskosten nach IAS 16*

Der oben geschilderte Sachverhalt ist von der Groß GmbH nach IFRS wie folgt zu bilanzieren:

- **Vorsteuer:** Die Umsatzsteuer ist gemäß IAS 16.16 kein Bestandteil der Anschaffungskosten.
- **Transportversicherung:** IAS 16.16 (b) verlangt, dass alle direkt zurechenbaren Kosten, die anfallen, um den Vermögenswert (in diesem Fall den Bagger) zu dem Standort und in einen betriebsbereiten Zustand zu bringen, als Anschaffungskosten erfasst werden. Dazu zählt auch die Auszahlung für die Transportversicherung.
- **Investitionszuschüsse:** Für die Berücksichtigung von Investitionszuschüssen besteht auch nach IFRS ein Wahlrecht. IAS 16.28 verweist diesbezüglich auf IAS 20. Danach dürfen öffentliche Zuwendungen entweder als passiver Bilanzposten (IAS 20.26) oder als Anschaffungspreisminderung (IAS 20.27) berücksichtigt werden. Beide Methoden sind nach IAS 20.25 als gleichwertig zu betrachten.

- **Boni:** Entgegen der hier nach HGB vertretenen Auffassung ist nach IAS 16.16 (a) der Anschaffungspreis neben Rabatten und Skonti auch um Boni zu mindern. Wird bspw. unterstellt, dass der gewährte Bonus in Höhe von 12.000 GE gleichmäßig auf die acht im Jahr 01 beschafften Bagger verteilt wird, sind die Anschaffungskosten des achten Baggers um 1.500 GE zu mindern.
- **Motorteile und Hydraulikeinheit:** Nach IAS 16.13 erhöhen nachträgliche Aufwendungen den Buchwert einer bereits aktivierten Sachanlage, wenn es wahrscheinlich ist, dass der künftige wirtschaftliche Nutzen der Sachanlage erhöht wird. Da im vorliegenden Sachverhalt durch die Nachrüstungen (Motorteile und Hydraulikeinheit) die Leistung des Baggers wesentlich erhöht worden ist, erhöhen die Nachrüstungen als Herstellungsaufwand den Buchwert der Sachanlage um 1.400 GE. Der Nutzungsausfall ist indes nicht aktivierbar, da es sich nicht um Ausgaben, sondern um einen entgangenen Gewinn handelt.
- **Baggerschaufel:** Die Baggerschaufel ist entsprechend des in IAS 16 vorgesehenen Komponentenansatzes als einzelne Komponente des Baggers aufzufassen, da ihr Anschaffungswert im Verhältnis zum Gesamtwert des Baggers bedeutsam ist (IAS 16.43). Zudem weicht die voraussichtliche Nutzungsdauer der Baggerschaufel i. d. R. von der des Baggers ab. Entsprechend wird bei deren Ersatz der anteilige Buchwert der beschädigten Baggerschaufel ausgebucht (IAS 16.70). Im Gegenzug werden die Anschaffungskosten der Ersatzschaufel im Buchwert des Baggers erfasst und über die voraussichtliche Nutzungsdauer der Baggerschaufel abgeschrieben.

Übung 11: Anschaffungskosten bei Erwerben in Fremdwährung nach HGB

Sachverhalt

Die Weber AG (Frankfurt am Main) bestellt am 02.01.01 bei der Smith-Inc. in den USA eine Maschine zum Festpreis von 3 Mio. $ inkl. Lieferung und Montage, die am 30.07.01 erfolgt. Folgende Zahlungsbedingungen sind vereinbart:

- 1 Mio. $ bei Vertragsabschluss (02.01.01),
- 1 Mio. $ bei Lieferung (30.07.01),
- 1 Mio. $ nach Ablauf der Gewährleistungsfrist von zwölf Monaten.

Die Umrechnungskurse sind in der folgenden Übersicht dargestellt:

Datum	Kassa			Termin 6 Monate	
	Geld	Brief	Mittel	Geld	Brief
02.01.01	1,265 $/€	1,268 $/€	1,267 $/€	1,267 $/€	1,285 $/€
30.07.01	1,302 $/€	1,308 $/€	1,306 $/€	1,284 $/€	1,292 $/€
31.12.01	1,310 $/€	1,314 $/€	1,311 $/€	1,315 $/€	1,323 $/€

Aufgaben

(a) Mit welchen Beträgen sind die Zahlungen des Jahres 01 im Buchwerk der Weber AG zu erfassen?

(b) Wie hoch sind die Anschaffungskosten der Maschine in €?

(c) Mit welchem Wert ist die Verbindlichkeit aus der Lieferung am 31.12.01 in der Bilanz der Weber AG auszuweisen?

(d) Welche Werte ergeben sich in den Teilaufgaben (a), (b) und (c), wenn die Weber AG sämtliche Zahlungen aus eigenen $-Beständen leistet, die am 02.01.01 mit 1,250 $/€ zu Buche stehen? Begründen Sie Ihre Antwort.

Literaturhinweis

BAETGE, JÖRG/KIRSCH, HANS-JÜRGEN/THIELE, STEFAN, Bilanzen, 16. Aufl., Düsseldorf 2021, Kap. IV Abschn. 21 und Kap. VIII Abschn. 35.

Lösungen

Lösung zu Teilaufgabe (a)

Die zur Zahlung jeweils zu beschaffenden Devisen sind von der Weber AG zum **Geldkurs** zu kaufen (Verkauf von € gegen den Erhalt von $). Daher sind die geleisteten Anzahlungen mit dem jeweiligen Geldkurs des Zahlungstages umzurechnen:

	$ 1.000.000 / 1,265 $/€ (02.01.01)	€ 790.514
+	$ 1.000.000 / 1,302 $/€ (30.07.01)	€ 768.049
=	Summe	€ 1.558.563

Lösung zu Teilaufgabe (b)

Die Anschaffungskosten setzen sich aus den geleisteten Anzahlungen in € und dem Betrag der Restverbindlichkeit, umgerechnet zum Stichtagskurs der Lieferung (Geldkurs am Einbuchungstag), zusammen:

	Anzahlungen	€ 1.558.563
+	Restverbindlichkeit am 30.07.01 ($ 1.000.000 / 1,302 $/€)	€ 768.049
=	Anschaffungskosten	€ 2.326.612

Lösung zu Teilaufgabe (c)

Bei der Folgebewertung hat die Weber AG zwischen Verbindlichkeiten mit einer Restlaufzeit von mehr als einem Jahr und von höchstens einem Jahr zu unterscheiden.

Beträgt die Restlaufzeit der Verbindlichkeit mehr als ein Jahr, so sind zu jedem Bilanzstichtag der Geldkurs des Einbuchungstages und der Devisenkassamittelkurs am Bilanzstichtag zu vergleichen. Grundsätzlich ist der Geldkurs des Einbuchungstages maßgeblich, sofern der Devisenkassamittelkurs am Bilanzstichtag nicht zu einer höheren Verbindlichkeit führt (Höchstwertprinzip).

Fremdwährungsverbindlichkeiten mit einer Restlaufzeit von einem Jahr oder weniger sind gemäß § 256a Satz 2 HGB – unabhängig vom Einbuchungskurs – mit dem Devisenkassamittelkurs am Bilanzstichtag umzurechnen. Im vorliegenden Fall hat die Verbindlichkeit zum 31.12.02 noch eine Restlaufzeit von sechs Monaten. Sie ist folglich zum Kurs von 1,311 $/€ umzurechnen und mit € 762.777 (= $ 1.000.000 / 1,311 $/€) in der Bilanz zu bewerten.

Lösung zu Teilaufgabe (d)

Die geleisteten Anzahlungen der Weber AG sind mit dem Buchkurs der verwendeten $-Bestände umzurechnen. Danach ergibt sich für Teilaufgabe (a) ein Betrag von € 1,6 Mio. (= 2 Mio. $ / 1,250 $/€). Da auch die letzte Zahlung aus den Beständen geleistet wird, betragen die Anschaffungskosten der Maschine insgesamt 2,4 Mio. € (= 1,6 Mio. € + 1 Mio. $ / 1,250 $/€) (Teilaufgabe (b)). Die am 31.12.01 noch bestehende Verbindlichkeit in Höhe von 0,8 Mio. € (= 1 Mio. $ / 1,250 $/€) (Teilaufgabe (c)) kann mit den entsprechenden $-Beständen gemäß § 254 HGB zu einer geschlossenen Position zusammengefasst und als Einheit bewertet werden, wenn dies entsprechend dokumentiert wird. In diesem Fall wäre die Verbindlichkeit mit dem Sicherungskurs von 1,250 $/€ umzurechnen und mit € 800.000 in der Bilanz auszuweisen.

Übung 12: Wahlrechte bei der Ermittlung der Herstellungskosten

Sachverhalt

Die Meister Fix GmbH produziert im Jahr 04 ausschließlich zwei Arten von Flaschenöffnern, und zwar das Produkt A (100.000 ME p. a.) und die luxuriösere Ausstattungsvariante B (30.000 ME p. a.).

Zur Herstellung des Produktes A sind etwa 100 g/ME Edelstahl notwendig. Zur Herstellung des Produktes B werden 200 g/ME Edelstahl sowie 20 g/ME Buchenholz benötigt. Der Edelstahl wird günstig zu einem Preis von 7,50 GE/kg netto bei einer nahegelegenen Schmiede erworben, die den Edelstahl frei Haus und „just-in-time" anliefert. Das Holz kostet, da es sich um eine besonders feste Buchenart handelt, 10 GE/kg netto. Der Rentner P. Ensionär verdient sich im Monat 900 GE zu seiner bescheidenen Rente hinzu und beaufsichtigt das Holzlager der Meister Fix GmbH. Mit der Herstellung des Produktes A sind zwei Hilfsarbeiter beschäftigt, die zusammen pro hergestelltem Produkt A 0,50 GE erhalten.

Aufgrund der luxuriöseren Ausstattung sind mit der Produktion des Produktes B drei Facharbeiter beschäftigt: Zwei Facharbeiter drehen das Metall und erhalten dafür zusammen 1 GE/ME; ein Facharbeiter dreht den Handgriff aus Holz und fixiert ihn an dem Metallteil des Flaschenöffners, wofür er 1,50 GE/ME erhält.

Weiterhin sind für das Design beider Modelle an einen Konkurrenten Lizenzgebühren von 0,30 GE/ME zu zahlen.

Zur Behandlung des Metalls werden zwei Aggregate verwendet: Maschine A für Produkt A, Maschine B für Produkt B. Aggregat A wurde Anfang 01 für 10.000 GE beschafft und soll Ende 04 verschrottet werden. Aggregat B wurde erst am 02.01.03 erworben. Die Anschaffungskosten betrugen 12.000 GE; die voraussichtliche Nutzungsdauer beträgt vier Jahre. Bei beiden Maschinen wird damit gerechnet, dass die Verschrottungskosten dem jeweiligen Restbuchwert der Höhe nach entsprechen. Die Aggregate werden linear abgeschrieben. Maschine B ist – da der Absatz bei Produkt B wider Erwarten etwas schleppend verläuft – nur zu 50 % der normalen Kapazität ausgelastet.

Der Alleingesellschafter, Meister Fix, beaufsichtigt ausschließlich die Produktion. Weil er damit vollständig ausgelastet ist, gewährt er sich ein jährliches Salär in Höhe von 130.000 GE. Für die kaufmännischen Belange und für das leibliche Wohl seiner Mitarbeiter hat der Meister eine buchhalterisch begabte Köchin, Frau Erbse, beschäftigt. Sie erhält ein monatliches Gehalt in Höhe von 2.600 GE, davon erhält sie 600 GE für ihre Dienste als Köchin, 1.350 GE für die Jahresabschlusserstellung, Budgeterstellung und Finanzplanung sowie 650 GE für die Lohn- und Gehaltsabrechnung sowie Rechnungsprüfung. Weihnachtsgeld oder ein 13. Monatsgehalt werden auf Anweisung des Chefs nicht gezahlt. In den angegebenen Löhnen und Gehältern sind die Lohnnebenkosten bereits enthalten.

Die Kosten für das im Büro benötigte Druckerpapier werden auf die Fertigerzeugnisse geschlüsselt. Diese betragen 0,1 GE/ME.

Außerdem ist in dem Unternehmen noch ein Lkw-Fahrer, F. Steiner, beschäftigt, der die fertigen Flaschenöffner an die Einzelhändler ausliefert. Da der Fahrer zugleich als Vertreter auftritt, erhält er dafür eine Provision in Höhe von 10 % des Verkaufswertes, darüber hinaus erhält der Lkw-Fahrer keinen Lohn. Produkt A wird netto für 10 GE/ME und Produkt B für 30 GE/ME verkauft. Da der Lkw im ganzen Jahr gleichmäßig in Betrieb ist, wird er linear abgeschrieben. Der Abschreibungsbetrag im betrachteten Jahr beträgt 10.000 GE.

Am Ende des Jahres 04 liegen noch 20.000 ME von Produkt A und 10.000 ME von Produkt B auf Lager; das Rohstofflager ist vollständig aufgezehrt. Zu Beginn des Jahres 04 hatte das Unternehmen keinen Vorratsbestand.

Aufgaben

(a) Wie hoch ist der Wertansatz im Jahresabschluss der Meister Fix GmbH für die Ende 04 noch auf Lager liegenden Fertigerzeugnisbestände, wenn sie

- zur handelsrechtlichen Herstellungskostenuntergrenze oder
- zur handelsrechtlichen Herstellungskostenobergrenze

bewertet werden? Erstellen sie zunächst eine Tabelle mit den Bestandteilen der Herstellungskosten nach HGB, EStR und IFRS.

(b) Wie hoch ist der Wertansatz im Jahresabschluss der Meister Fix GmbH für die Ende 04 noch auf Lager liegenden Fertigerzeugnisbestände, wenn sie nach IFRS angesetzt werden? Erläutern Sie die Unterschiede zum Wertansatz nach HGB.

Literaturhinweis

BAETGE, JÖRG/KIRSCH, HANS-JÜRGEN/THIELE, STEFAN, Bilanzen, 16. Aufl., Düsseldorf 2021, Kap. IV Abschn. 22 und 522.

HFA DES IDW, Stellungnahme zur Rechnungslegung: Aktivierung von Herstellungskosten (IDW RS HFA 31 n.F.), in: IDW Life 2018, S. 273-275.

Lösungen

Lösung zu Teilaufgabe (a)

Die handelsrechtliche Herstellungskostenuntergrenze ist durch § 255 Abs. 2 Satz 2 HGB festgelegt. Danach besteht eine Pflicht, die Materialeinzelkosten, die Fertigungseinzelkosten und die Sondereinzelkosten der Fertigung in die Herstellungskosten einzubeziehen. Ebenso müssen alle Materialgemeinkosten und alle Fertigungsgemeinkosten sowie der Werteverzehr des Anlagevermögens in die Berechnung der Herstellungskosten einbezogen werden, soweit diese durch die Fertigung veranlasst sind. Für allgemeine Verwaltungskosten und Aufwendungen für soziale Einrichtungen des Betriebes, für freiwillige soziale Leistungen und für betriebliche Altersversorgung besteht ein Einbeziehungswahlrecht. Für Forschungs- und Vertriebskosten besteht ein Einbeziehungsverbot, so dass die **Herstellungskostenuntergrenze** durch die Einzelkosten (ohne Vertriebseinzelkosten) und die funktional dem Fertigungsbereich zurechenbaren Gemeinkosten bestimmt wird.

Bei der Ermittlung der **steuerrechtlichen Herstellungskostenuntergrenze** hat die Meister Fix GmbH § 5 Abs. 1 Satz 1 EStG i. V. m. 255 Abs. 2 HGB, die Regelungen der Einkommensteuerrichtlinie 2012 (R 6.3 EStR 2012) sowie das Einbeziehungswahlrecht des § 6 Abs. 1 Nr. 1b EStG für angemessene Teile der Kosten der allgemeinen Verwaltung sowie für angemessene Aufwendungen für soziale Einrichtungen des Betriebs, für freiwillige soziale Leistungen und für die betriebliche Altersversorgung zu berücksichtigen. Das steuerrechtliche Einbeziehungswahlrecht ist entsprechend dem handelsrechtlichen Wahlrecht auszuüben. Dies gilt analog für die Berücksichtigung von Fremdkapitalzinsen in der steuerrechtlichen Herstellungskostenuntergrenze.

Die **Herstellungskosten nach IFRS** der bei der Meister Fix GmbH auf Lager liegenden Fertigerzeugnisbestände sind nach IAS 2 (Vorräte) zu ermitteln. Die IFRS sehen keine Wahlrechte bei der Ermittlung der Herstellungskosten vor, sondern fordern die Einbeziehung aller Kosten, die dem betrieblichen Funktionsbereich zugeordnet wurden.

In der folgenden Übersicht 12-1 sind die Herstellungskostenbestandteile nach Handelsrecht, Steuerrecht und IFRS aufgeführt:

	HGB		Steuerrechtliche Regelungen		IFRS	
Einzelkosten						
Materialeinzelkosten Fertigungseinzelkosten Sondereinzelkosten der Fertigung	§ 255 Abs. 2 Satz 2 HGB	**Pflicht**	§ 5 Abs. 1 Satz 1 EStG i. V. m. § 255 Abs. 2 Satz 2 HGB	**Pflicht**	IAS 2.12	**Pflicht**
Gemeinkosten						
Materialgemeinkosten Fertigungsgemeinkosten Abschreibungen	§ 255 Abs. 2 Satz 2 HGB	**Pflicht**	R 6.3 Abs. 1, 2 und 4 EStR	**Pflicht**	IAS 2.12	**Pflicht**
Allgemeine Verwaltungskosten	§ 255 Abs. 2 Satz 3 HGB	Wahlrecht	§ 6 Abs. 1 Nr. 1b EStG	Wahlrecht	IAS 2.16 (c)	Verbot
Kosten für freiwillige soziale Leistungen, soziale Einrichtungen und betriebliche Altersvorsorge					IAS 2.12	Verbot
Fremdkapitalzinsen	§ 255 Abs. 3 HGB	Wahlrecht	R 6.3 Abs. 5 EStR	Wahlrecht	IAS 2.17 i. V. m. IAS 23	Pflicht/ Verbot[1]
Forschungs- und Vertriebskosten	§ 255 Abs. 2 Satz 4 HGB	Verbot	§ 5 Abs. 1 Satz 1 EStG i. V. m. § 255 Abs. 2 Satz 4 HGB	Verbot	IAS 2.15, 2.16 (d)	Verbot
Sonstige Kosten						
Leerkosten	§ 255 Abs. 2 Satz 2 HGB	Verbot	R 6.3 Abs. 7 EStR	Verbot	IAS 2.13	Verbot

1 Eine Pflicht zur Aktivierung von Fremdkapitalzinsen besteht nur für qualifizierte Vermögenswerte i. S. d. IAS 23. Bei allen anderen Vermögenswerten besteht ein Aktivierungsverbot für Fremdkapitalzinsen.

Übersicht 12-1: *Bestandteile nach Handelsrecht, Steuerrecht und IFRS*

Bei Produkt A fallen **Materialeinzelkosten** nur durch den verbrauchten Edelstahl an. Der Materialpreis beträgt 7,50 GE/kg. Der Verbrauch beträgt 0,1 kg/ME. Somit gilt:

$$7{,}50 \text{ GE/kg} \cdot 0{,}1 \text{ kg/ME} = 0{,}75 \text{ GE/ME}$$

Fertigungseinzelkosten fallen in Höhe der Löhne für die Hilfsarbeiter an. Sie betragen insgesamt 0,50 GE/ME. Wenn Lizenzgebühren stückbezogen entstehen, können sie als Einzelkosten direkt zugerechnet werden. Die Lizenzgebühren in Höhe von 0,30 GE/ME sind daher als **Sondereinzelkosten der Fertigung** handelsrechtlich verpflichtend einzubeziehen.

Die **gesamten Einzelkosten** bei Produkt A betragen 1,55 GE/ME (= 0,75 GE/ ME + 0,50 GE/ME + 0,30 GE/ME). Der Lagerbestand in Höhe von 20.000 ME ist daher mit 1,55 GE/ME zu bewerten:

1,55 GE/ME · 20.000 ME = 31.000 GE

Bei Produkt B fallen **Materialeinzelkosten** durch den Verbrauch des Edelstahls und des Holzes an. Der Materialpreis des Edelstahls beträgt 7,50 GE/kg, der Verbrauch beträgt 0,2 kg/ME, so dass sich die folgenden Edelstahlkosten pro Fertigerzeugniseinheit ergeben:

7,50 GE/kg · 0,2 kg/ME = 1,50 GE/ME

Für eine Fertigerzeugniseinheit von Produkt B werden 20 g Holz benötigt, wofür Materialeinzelkosten in Höhe von 10 GE/kg anfallen. Die Holzkosten betragen pro Fertigerzeugniseinheit:

10 GE/kg · 0,02 kg/ME = 0,20 GE/ME

Fertigungseinzelkosten fallen in Höhe der Löhne für die Facharbeiter an. Sie betragen insgesamt 2,50 GE/ME (= 1 GE/ME + 1,50 GE/ME). Auch hier sind die Lizenzgebühren in Höhe von 0,30 GE pro ME als **Sondereinzelkosten der Fertigung** einbeziehungspflichtig.

Die **gesamten Einzelkosten** des Produktes B betragen 4,50 GE/ME (= 1,50 GE/ME + 0,20 GE/ME + 2,50 GE/ME + 0,30 GE/ME), zu denen der Lagerbestand bewertet wird:

4,50 GE/ME · 10.000 ME = 45.000 GE

Da gemäß § 255 Abs. 2 Satz 6 HGB ein **Verbot** für die **Einbeziehung von Vertriebskosten** besteht, dürfen die Kosten für den Lkw-Fahrer und die Kosten des Lkw nicht in die Herstellungskosten eingerechnet werden. Sie werden im Folgenden nicht mehr berücksichtigt.

Materialgemeinkosten treten nur für den Holzlageraufseher, den Rentner P. Ensionär, auf. Mit diesen Kosten wird das Produkt B zu 100 % belastet. Da dieses Produkt nur zu 66 % (Produktion von insgesamt 30.000 ME, davon liegen noch 10.000 ME auf Lager) abgesetzt werden konnte, entfallen die 10.800 GE (900 GE · 12 Monate) Materialgemeinkosten zu 33 % auf den noch Ende 04 auf Lager liegenden Bestand an Produkt B:

10.800 GE · 0,3333 = 3.600 GE

Das Anlagevermögen ist entsprechend der Abnutzung der Maschinen in der Produktion abzuschreiben. Beide Aggregate werden linear **abgeschrieben**. Bei Aggregat A beträgt die Abschreibung 2.500 GE p. a. (= 10.000 GE / 4 Jahre). Dieses Aggregat wird ausschließlich für die Produktion des Produktes A verwendet, von dem 20 % nicht abgesetzt werden konnten. 20 % der jährlichen Abschreibungen müssen daher bei dem Bestand von A-Fertigerzeugnissen aktiviert werden:

2.500 GE · 0,2 = 500 GE

Bei Aggregat B fallen **Abschreibungen** in Höhe von 3.000 GE p. a. an. Da die Maschine im Jahr 04 aber nur zu 50 % ausgelastet war, müssen die **Leerkosten** herausgerechnet werden. Diese Leerkosten dürfen nicht aktiviert werden, denn in § 255 Abs. 2 Satz 2 HGB heißt es, dass – entsprechend dem Grundsatz der Abgrenzung der Sache nach – nur angemessene Teile des Werteverzehrs des Anlagevermögens (**Nutzkosten**) in die Herstellungskosten einbezogen werden dürfen, sofern dieser durch die Fertigung veranlasst ist. Leerkosten müssen bei einer Kapazitätshöchstauslastung deutlich unter der normalen Auslastung eliminiert werden (vgl. IDW RS HFA 31 n.F., Tz. 20 f.). Infolgedessen sind nur 50 % der Abschreibungen des Aggregats B zu berücksichtigen:

3.000 GE · 0,5 = 1.500 GE

Zu einem Drittel wurde indes auf Lager produziert, so dass von den Nutzkosten von 1.500 GE nur 33,33 % den Einzelkosten des Produktes B hinzugerechnet werden dürfen:

1.500 GE · 0,3333 = 500 GE

Der Meister Fix verursacht **Fertigungsgemeinkosten** in Höhe von 130.000 GE (Kosten für die Geschäftsleitung). Diese Fertigungsgemeinkosten werden nach dem Durchschnittskostenprinzip auf die beiden Produkte aufgeteilt. Bei einer Aufteilung dieser Fertigungsgemeinkosten nach Stück (es werden 100.000 ME von Produkt A und 30.000 ME von Produkt B produziert) werden auf jede produzierte Einheit 1 GE Fertigungsgemeinkosten verrechnet:

1 GE/ME · 20.000 ME = 20.000 GE (A) 1 GE/ME · 10.000 ME = 10.000 GE (B)

Da die Auslastung des Aggregates B nur zu 50 % gegeben war, müssen auch hier die Leerkosten aus den Kosten für Meister Fix beim Produkt B herausgerechnet werden:

10.000 GE · 50 % = 5.000 GE (B)

Darüber hinaus verursacht Frau Erbse Fertigungsgemeinkosten in Höhe von 650 GE (Kosten für die Durchführung der Lohn- und Gehaltsabrechnung). Diese Kosten sind von ihrem jährlichen Gehalt 7.800 GE (= 650 GE · 12 Monate) nach dem Durchschnittskostenprinzip zu verteilen:

7.800 GE / 130.000 ME = 0,06 GE/ME

Jeder Fertigerzeugniseinheit im Lager müsste daher zusätzlich ein Betrag von 0,06 GE hinzugerechnet werden:

0,06 GE/ME · 20.000 ME = 1.200 GE (A) 0,06 GE/ME · 10.000 ME = 600 GE (B)

Indes sind auch hier die Leerkosten aus der Unterbeschäftigung herauszurechnen:

600 GE · 50 % = 300 GE (B)

Frau Erbse verursacht außerdem **allgemeine Verwaltungsgemeinkosten** und **Aufwendungen für freiwillige soziale Leistungen**. Da die freiwilligen sozialen Leistungen für ihre Dienste als Köchin nicht dem Produktionsbereich zurechenbar sind, dürfen diese nicht angesetzt werden (600 GE). Die Kosten, die durch die Erstellung des Jahresabschlusses sowie der Budget- und Finanzplanung entstehen (1.350 GE), stellen allgemeine Verwaltungsgemeinkosten dar und dürfen daher den Herstellungskosten nicht zugerechnet werden.

Eine Bewertung der Fertigerzeugnisbestände (A und B) zur **Herstellungskostenuntergrenze** führt demnach bei Produkt A zu einem Wertansatz von 52.700 GE (= 31.000 GE + 500 GE + 20.000 GE + 1.200 GE) und bei Produkt B zu einem Wertansatz von 54.400 GE (= 45.000 GE + 3.600 GE + 500 GE + 5.000 GE + 300 GE). Der Wert des Lagerbestandes Ende des Jahres 04 beträgt somit insgesamt 107.100 GE.

Für die Ermittlung der **Herstellungskostenobergrenze** sind die Wahlrechtsbestandteile zusätzlich zu den Pflichtbestandteilen in die Herstellungskosten einzubeziehen.

Die nicht in die Herstellungskostenuntergrenze einbezogenen **allgemeinen Verwaltungsgemeinkosten** von Frau Erbse für die Erstellung des Jahresabschlusses und der Budget- und Finanzplanung sowie die von ihr verursachten **Aufwendungen für freiwillige soziale Leistungen** werden ebenfalls nach dem Durchschnittskostenprinzip (mengenbezogen) auf die beiden Produkte verteilt:

23.400 GE / 130.000 ME = 0,18 GE/ME

Jeder Fertigerzeugniseinheit im Lager darf daher zusätzlich ein Betrag von 0,18 GE hinzugerechnet werden:

0,18 GE/ME · 20.000 ME = 3.600 GE (A) 0,18 GE/ME · 10.000 ME = 1.800 GE (B)

Auch hier sind wiederum die Leerkosten bei Produkt B herauszurechnen:

1.800 GE · 50 % = 900 GE (B)

Das Druckerpapier im Büro zählt zu den **allgemeinen Verwaltungskosten,** für die handelsrechtlich ein Einbeziehungswahlrecht besteht. Andere Beispiele für allgemeine Verwaltungskosten sind Aufwendungen für die Buchführung, das Sekretariat oder das Personalbüro. Somit werden die Kosten für das Druckerpapier mit 0,10 GE/ME einbezogen:

0,10 GE/ME · 20.000 ME = 2.000 GE (A) 0,10 GE/ME · 10.000 ME = 1.000 GE (B)

Auch hier sind wiederum die Leerkosten für Produkt B zu eliminieren:

1.000 GE · 50 % = 500 GE (B)

In der folgenden Übersicht 12-2 werden die Bestandteile der **handelsrechtlichen Herstellungskostenobergrenze** des Fertigerzeugnislagers der Meister Fix GmbH zusammenfassend dargestellt:

Kostenbestandteile nach HGB	Produkt A (in GE)	Produkt B (in GE)
Materialeinzelkosten	15.000	17.000
Fertigungseinzelkosten	10.000	25.000
Sondereinzelkosten der Fertigung	6.000	3.000
Materialgemeinkosten	0	3.600
Fertigungsgemeinkosten	21.200	5.300
Abschreibungen	500	500
Herstellungskostenuntergrenze	52.700	54.400
Kosten der allgemeinen Verwaltung	2.000	500
Aufwendungen für freiwillige soziale Leistungen	3.600	900
Fremdkapitalkosten	0	0
Herstellungskostenobergrenze	58.300	55.800

Übersicht 12-2: *Bestandteile der handelsrechtlichen Herstellungskostenobergrenze des Fertigerzeugnislagers der Meister Fix GmbH*

Der Lagerbestand A darf maximal mit 58.300 GE und der Lagerbestand B maximal mit 55.800 GE bewertet werden. Ein etwas anderes Ergebnis mag ebenfalls zutreffend sein, wenn die angefallenen Aufwendungen – anders als nach Stückzahl – nach einer anderen plausiblen Methode auf die beiden Produkte verteilt werden. Dabei kommt dem Stetigkeitsgrundsatz entscheidende Bedeutung zu, d. h., dass sowohl in zeitlicher als auch in sachlicher Hinsicht die Stetigkeit gewährleistet werden muss (vgl. IDW RS HFA 38, vor allem Tz. 14 f. zum Stetigkeitsgebot und dessen Durchbrechung).

Lösung zu Teilaufgabe (b)

Gemäß IAS 2.12-14 hat die Meister Fix GmbH im Gegensatz zu den handelsrechtlichen Vorschriften keine Wahlrechte, die Höhe der Herstellungskosten zu bestimmen. Um die Herstellungskosten zu ermitteln, sind **nach IFRS alle produktionsbezogenen Vollkosten** anzusetzen. Neben den Einzelkosten sind daher auch die Produktionsgemeinkosten verpflichtend einzubeziehen. Für die allgemeinen Verwaltungskosten, die Vertriebskosten und die Kosten aufgrund von Fehlarbeiten besteht hingegen ein Einbeziehungsverbot. Fremdkapitalkosten sind gemäß IAS 2.17 nur dann Bestandteil der Herstellungskosten, wenn sie nach IAS 23.10 einem qualifizierten Vermögenswert direkt zugeordnet werden können.

Die gesamten Einzelkosten, Produktionsgemeinkosten sowie die Abschreibungen für die Produkte A und B ergeben sich analog zur Vorgehensweise in Teilaufgabe (a). Anders als nach HGB dürfen die von Frau Erbse verursachten Kosten für die Erstellung des Jahresabschlusses und der Budget- und Finanzplanung sowie die von ihr verursachten Aufwendungen für ihre Dienste als Köchin nicht in die Herstellungskosten nach IFRS einbezogen werden. Das Druckerpapier im Büro zählt zu den allgemeinen Verwaltungskosten und darf daher nach IFRS nicht einbezogen werden.

In der folgenden Übersicht wird die Ermittlung der Herstellungskosten der Fertigerzeugnisse der Meister Fix GmbH zusammenfassend dargestellt:

Kostenbestandteile nach IFRS	Produkt A (in GE)	Produkt B (in GE)
Materialeinzelkosten	15.000	17.000
Fertigungseinzelkosten	10.000	25.000
Sondereinzelkosten der Fertigung	6.000	3.000
Summe der Einzelkosten	31.000	45.000
Materialgemeinkosten	0	3.600
Fertigungsgemeinkosten	21.200	5.300
Abschreibungen	500	500
Fremdkapitalkosten	0	0
Herstellungskosten	52.700	54.400

Übersicht 12-3: *Bestandteile der Herstellungskosten nach IFRS des Fertigerzeugnislagers der Meister Fix GmbH*

Der Lagerbestand A ist mit 52.700 GE und der Lagerbestand B mit 54.400 GE zu bewerten.

Übung 13: Herstellungskosten und Sondereinzelkosten des Vertriebs nach HGB

Sachverhalt

Die im Anlagenbau spezialisierte Hyperbau GmbH beteiligt sich an der Ausschreibung eines Auftrages für die Erstellung einer Fabrik in Tunesien. In diesem Zusammenhang fallen unter anderem Kosten für folgende Tätigkeiten an:

- Reisen (10 GE),
- Erstellen von vorbereitenden Planungsunterlagen und Angeboten (70 GE) und
- Provisionen (einschließlich nützlicher Abgaben 20 GE).

Die Hyperbau GmbH erhält den Auftrag. Wie der obigen Auflistung zu entnehmen ist, belaufen sich die Kosten bis zur Erteilung des Auftrages auf 100 GE.

Aufgabe

Darf die Hyperbau GmbH diese Kosten nach den handelsrechtlichen Vorschriften aktivieren?

Literaturhinweis

BAETGE, JÖRG/KIRSCH, HANS-JÜRGEN/THIELE, STEFAN, Bilanzen, 16. Aufl., Düsseldorf 2021, Kap. IV Abschn. 222.

Lösung

Die oben aufgeführten Kosten der Hyperbau GmbH gehören zu den **Sondereinzelkosten des Vertriebs**. Vertriebskosten dürfen gemäß § 255 Abs. 2 Satz 4 HGB nicht in die Herstellungskosten einbezogen werden. Dieses Einbeziehungsverbot gilt auch für die Sondereinzelkosten des Vertriebs.

Allerdings fallen Vertriebskosten bei langfristiger Auftragsfertigung – hier Herstellung einer Fabrik in Tunesien – meist schon vor dem Beginn der Fertigung an und dienen somit der Erlangung und Vorbereitung des Auftrages. Akquisitions- und Projektierungskosten sind dem einzelnen Auftrag einzeln zuordenbar. Solche Kosten sind nach ihrem Charakter Vertriebskosten. Oft ist allerdings eine genaue Abgrenzung der Sondereinzelkosten des Vertriebs von den Fertigungs- oder Verwaltungskosten kaum möglich. Beispielsweise können Auftragserlangungskosten gleichzeitig Fertigungsplanungskosten sein, die als Sondereinzelkosten der Fertigung in die Herstellungskosten einbezogen werden müssen. Projektierungskosten für die Fabrik in Tunesien können z. B. als Fertigungseinzelkosten interpretiert werden, wenn die Ausgaben für die Auftragserlangung zugleich der Fertigungsvorbereitung dienen, d. h., dass sie nach der Auftragserlangung bei der konkreten Planung verwendet werden können. Nach Erhalt des Auftrages anfallende Kosten für die Auftragsvorbereitung sind den Fertigungskosten zuzuordnen, auch wenn sie in der Akquisitionsphase noch den Sondereinzelkosten des Vertriebs zugerechnet wurden. Im Folgenden wird beurteilt, ob die Reisekosten, die Kosten der vorbereitenden Planungsunterlagen und Angebote und die Provisionen in die Herstellungskosten einzubeziehen sind, sofern der Auftrag später erlangt wird:

- Die **Reisekosten** der Hyperbau GmbH dürfen nicht in die Herstellungskosten einbezogen werden, da sie eindeutig Vertriebskosten darstellen.
- **Provisionen** (und nützliche Abgaben), wenn sie umsatzabhängig oder anderweitig dem Verkauf zugeordnet werden können, gehören auch bei langfristiger Fertigung grundsätzlich zu den Vertriebskosten und dürfen nicht in die Herstellungskosten einbezogen werden.
- Das Erstellen von **vorbereitenden Planungsunterlagen** und Angeboten ist indes differenzierter zu betrachten. Hat die Hyperbau GmbH den Auftrag zum Bau der Fabrik zum Zeitpunkt der Bilanzierung schon erhalten, ist eine der Bedingungen erfüllt, die dazu führen könnte, dass die Kosten für die Planungsunterlagen und Angebote als Sondereinzelkosten der Fertigung angesetzt werden. Da die Überlegungen aus den vorbereiteten Planungsunterlagen wahrscheinlich in die eigentliche Bau-Planung übernommen und bei der Herstellung weiter genutzt werden können, stellen die Kosten für die Planungsunterlagen und Angebote Herstellungskosten dar. Somit sind 70 GE in die Herstellungskosten einzubeziehen.

Übung 14: Herstellungskosten bei Unterbeschäftigung

Sachverhalt

Stefan Schmidt, Buchhalter in der neu gegründeten Zubehör AG, diskutiert mit seinem Abteilungsleiter, wie die Herstellungskosten der Fertigerzeugnisse ermittelt werden. Im gerade abgeschlossenen Geschäftsjahr 01 wurden 1.000 ME Bezüge für Autositze gefertigt, die sich am 31.12.01 noch alle auf Lager befinden. Dabei sind 30.000 GE an Einzelkosten und 20.000 GE an Fertigungsgemeinkosten angefallen.

Der Abteilungsleiter informiert Stefan Schmidt, dass die derzeitige Kapazitätsauslastung von 45 % deutlich unter der voraussichtlichen Normalauslastung von 80 % liegt. Stefan Schmidt stellt die Frage, ob die tatsächliche Kapazitätsauslastung für die Bewertung der Autositzbezüge relevant sei.

Aufgaben

(a) Helfen Sie Stefan Schmidt, diesen Sachverhalt nach den handelsrechtlichen Vorschriften zu beurteilen.

(b) Die Zubehör AG stellt aufgrund ihrer internationalen Expansionsbemühungen auch einen IFRS-Abschluss auf. Bitte erläutern Sie, wie der geschilderte Sachverhalt gemäß IFRS zu behandeln ist.

Literaturhinweis

BAETGE, JÖRG/KIRSCH, HANS-JÜRGEN/THIELE, STEFAN, Bilanzen, 16. Aufl., Düsseldorf 2021, Kap. IV Abschn. 22.

HFA DES IDW, Stellungnahme zur Rechnungslegung: Aktivierung von Herstellungskosten (IDW RS HFA 31 n.F.), in: IDW Life 2018, S. 273-275.

Lösungen

Lösung zu Teilaufgabe (a)

Für die Beurteilung muss Stefan Schmidt die **handelsrechtliche Definition der Herstellungskosten** heranziehen. Nach § 255 Abs. 2 HGB umfassen die Herstellungskosten unter anderem „angemessene Teile der Materialgemeinkosten, der Fertigungsgemeinkosten und des Werteverzehrs des Anlagevermögens, soweit dieser durch die Fertigung veranlasst ist." Durch das Adjektiv „angemessen" wird Folgendes festgelegt:

- Betriebsfremder und außergewöhnlicher Werteverzehr gehört nicht zu den Herstellungskosten, z. B. Abschreibungen in Katastrophenfällen oder die Kosten stillgelegter Produktionsanlagen.

- Nur der Teil der Gemeinkosten, der auf die genutzte Kapazität (Nutzkosten) entfällt, darf in die Herstellungskosten einbezogen werden (vgl. IDW RS HFA 31 n.F., Tz. 20 f.). Durch Unterbeschäftigung entstandene Leerkosten dürfen nicht einbezogen werden, denn die Gemeinkosten verteilen sich bei niedriger Beschäftigung nur auf eine geringere Produktionsmenge, so dass bei Unterbeschäftigung hergestellte Vermögensgegenstände mit einem höheren Betrag an anteiligen Gemeinkosten belastet würden als ein gleichartiger Vermögensgegenstand, der bei Vollbeschäftigung produziert wird.
- Kosten für Anlagen, die während des Geschäftsjahres nicht in der Produktion eingesetzt waren und auch keine notwendigen Reserveanlagen darstellen (sog. Leerkosten), dürfen nicht einbezogen werden.

Sofern nur **kurzfristige Beschäftigungsschwankungen** (z. B. saisonbedingt) vorliegen, sind die Leerkosten nicht eliminierungspflichtig. Nur wenn eine längerfristige mangelnde Kapazitätsauslastung vorliegt und das Unternehmen dauerhaft mit dieser geringeren Kapazität auskommen kann, müssen die Leerkosten herausgerechnet werden.

Bis zu welcher **Kapazitätsauslastung** eine Unterbeschäftigung vorliegt und Leerkosten entstehen, ist fraglich. Als Grenze können die optimale, die maximale und die normale Beschäftigung angesehen werden. Da die optimale und die maximale Beschäftigung eher theoretischer Natur sind, sind die Leerkosten anhand der Normalbeschäftigung zu bestimmen. Die Normalbeschäftigung ist die Leistung, die über einen längeren Zeitraum beibehalten werden kann und einer normalen, praktisch realisierbaren Kapazität entspricht (vgl. IDW RS HFA 31 n.F., Tz. 20 f.). Die Leerkosten sind nach überwiegender Meinung nicht zu eliminieren, wenn die tatsächliche Beschäftigung 70 % der normal erreichbaren Kapazität übersteigt.

Bei der erforderlichen Gegenüberstellung von tatsächlicher Beschäftigung (hier: Istbeschäftigung von 45 %) und einer Sollbeschäftigung wird üblicherweise die Normalbeschäftigung als Intervallgröße verwendet (hier vereinfachend: Punktschätzung von 80 %):

$$\frac{45\ \%}{80\ \%} = 56\ \%$$

Die tatsächliche Beschäftigung liegt unter 70 % der normal erreichbaren Kapazität. Dementsprechend dürfen die Leerkosten nicht in die Herstellungskosten einbezogen werden. Die einbeziehungspflichtigen Fertigungsgemeinkosten berechnen sich wie folgt:

$$20.000\text{ GE} \cdot \frac{45\ \%}{80\ \%} = 11.250\text{ GE}$$

Nur 11.250 GE der gesamten Fertigungsgemeinkosten in Höhe von 20.000 GE dürfen daher als Nutzkosten bei der Ermittlung der Herstellungskosten berücksichtigt werden. Die verbleibenden 8.750 GE stellen Leerkosten dar. Sie dürfen nicht aktiviert werden und sind im Jahr ihrer Entstehung als Aufwand zu buchen. Die Herstellungskosten der Autositzbezüge sind daher wie folgt zu berechnen:

	Einzelkosten	30.000 GE
+	Handelsrechtlich einbeziehungspflichtige Fertigungsgemeinkosten	11.250 GE
=	Herstellungskosten der Autositzbezüge	41.250 GE

Die Summe der einbeziehungspflichtigen Herstellungskosten der 1.000 ME Autositzbezüge beträgt 41.250 GE. Je Bezug sind daher 41,25 GE in der Bilanz zum 31.12.01 der Zubehör AG zu aktivieren. Die Bezüge sind als fertige Erzeugnisse in der Bilanz auszuweisen (§ 266 Abs. 2 B. I. 3. HGB).

Lösung zu Teilaufgabe (b)

Nach IAS 2.13 hat die Zubehör AG von einer **Normalauslastung der Kapazitäten** bei Verrechnung der fixen und variablen Produktionsgemeinkosten auszugehen. In IAS 2.13 wird die Normalauslastung als Produktionsvolumen definiert, das im Durchschnitt über mehrere Perioden unter normalen Umständen und unter Berücksichtigung von Ausfällen aufgrund planmäßiger Instandhaltungen erwartet wird. Dabei kann auch das tatsächliche Produktionsvolumen zugrunde gelegt werden, wenn es der Normalauslastung nahe kommt. Somit wird gewährleistet, dass sich die zu aktivierenden fixen Gemeinkosten pro Stück durch eine niedrigere Auslastung oder einen Stillstand der Betriebseinheit nicht erhöhen. Eine Berücksichtigung von Leerkosten in den Herstellungskosten ist nach IAS 2.13 prinzipiell ausgeschlossen. Die aus der Unterbeschäftigung entstandenen nicht zurechenbaren Gemeinkosten sind in der Periode als Aufwand zu erfassen. Als Herstellungskosten ergeben sich nach IFRS und somit analog zum HGB 41.250 GE. Die Leerkosten in Höhe von 8.750 GE sind als Aufwand der Periode erfolgswirksam zu behandeln.

Übung 15: Charakter von Verpackungskosten nach HGB

Sachverhalt

In dem Zementwerk Ziegler wird Zement hergestellt und nach einer Zwischenlagerung in Silos sowohl in loser Form durch Silofahrzeuge als auch in verpackter Form (in Säcken) verkauft.

Zur Erleichterung des Transports an den Zwischenhändler werden die Säcke auf eine Palette gestapelt und palettenweise abgegeben.

Aufgabe

Zählen die unterschiedlichen Verpackungsarten (Säcke, Paletten) zu den aktivierungspflichtigen Herstellungskosten oder zu den Vertriebskosten?

Literaturhinweise

KAHLE, HOLGER/HAAS, MARTIN/SCHULZ, SEBASTIAN, § 255 HGB Bewertungsmaßstäbe, in: Baetge, Jörg/Kirsch, Hans-Jürgen/Thiele, Stefan, Bilanzrecht, Loseblatt, Bonn/Berlin 2002 ff.

KNOP, WOLFGANG/KÜTING, PETER/KNOP, NORMAN/ELLMANN, DAVID/SCHARPF, PAUL/SCHABER, MATHIAS/MÄRKL, HELMUT, § 255 HGB Bewertungsmaßstäbe, in: Handbuch der Rechnungslegung – Einzelabschluss, Loseblatt, hrsg. v. Küting, Karlheinz/Pfitzer, Norbert/Weber, Claus-Peter, 5. Aufl., Stuttgart 2002 ff.

Lösung

Zu den Herstellungskosten des Zements gehören alle Aufwendungen, die geleistet werden, um einen Vermögensgegenstand herzustellen, zu erweitern oder über seinen ursprünglichen Zustand hinaus wesentlich zu verbessern (§ 255 Abs. 2 Satz 1 HGB). Vertriebskosten, die i. d. R. nach Beendigung des Herstellungsprozesses anfallen, gehören gemäß § 255 Abs. 2 Satz 4 HGB grundsätzlich nicht zu den Herstellungskosten.

Verpackungskosten sind grundsätzlich nicht dazu notwendig, einen Vermögensgegenstand ge- oder verbrauchsfähig zu machen. Sie zählen zu den typischen Vertriebskosten. Eine Sonderstellung nehmen indes Innenverpackungen ein, die im Gegensatz zu Außenverpackungen nicht zu den Vertriebskosten zählen, sondern den Herstellungskosten zugerechnet werden. Es handelt sich dabei um Innenverpackungen solcher Produkte, die erst durch die Verpackung verkaufsfähig respektive ge- oder verbrauchsfähig werden. Als Beispiele für Vermögensgegenstände, die erst durch eine Innenverpackung verkehrsfähig sind, zählen z. B. Milch, Waschpulver oder Zahnpasta. Die Innenverpackung ist bei diesen Vermögensgegenständen technisch notwendig und i. w. S. ein Bestandteil des Vermögensgegenstandes. Die Kosten der Innenverpackung sind damit als Einzelkosten den Herstellungskosten zuzurechnen. Die Außenverpackung hingegen dient ausschließlich dem Vertrieb des Vermögensgegenstandes auf dem Weg zum Endverbraucher und zählt damit zu den nicht aktivierungsfähigen Vertriebskosten.

Im Fall des sackweise zu verkaufenden Zements sind die Säcke als Innenverpackung anzusehen und zählen damit zu den aktivierungspflichtigen Herstellungskosten. Es handelt sich um ein deutlich anderes Produkt im Vergleich zum losen Zement, da die Verpackung den Verkauf ohne Silofahrzeuge ermöglicht.

Die Paletten dienen indes lediglich dem leichteren Transport des Produktes. Sie tragen nicht dazu bei, das Gut ge- oder verbrauchsfähig zu machen. Damit zählen sie zu den Außenverpackungen. Die Ausgaben für die Paletten sind Vertriebskosten und unterliegen dem Einbeziehungsverbot gemäß § 255 Abs. 2 Satz 4 HGB.

Übung 16: Abgrenzung zwischen Herstellungskosten und Aufwand nach HGB

Sachverhalt

Das Speditionsunternehmen Hoffmann hatte das Bauunternehmen Schmidt mit der Errichtung einer Lagerhalle beauftragt. Für den Bauauftrag leistete das Speditionsunternehmen Hoffmann eine Vorauszahlung. Das Bauunternehmen Schmidt wurde indes vor Beginn der Errichtung des Gebäudes insolvent, ohne damit die vereinbarte Gegenleistung erbracht zu haben. Das Insolvenzverfahren wurde kurz darauf mangels Masse eingestellt. Infolgedessen musste das Speditionsunternehmen Hoffmann ein neues Bauunternehmen mit der Errichtung der Lagerhalle beauftragen. Das neue Bauunternehmen verlangte allerdings neben einem höheren Baupreis zusätzlich auch Schnellbauzuschüsse, um die rechtzeitige Fertigstellung der Lagerhalle, trotz der Zeitverzögerungen durch die Insolvenz des erstbeauftragten Bauunternehmens, gewährleisten zu können.

Aufgabe

Gehören die vergeblichen Vorauszahlungen zu den Herstellungskosten der Lagerhalle oder zum laufenden Aufwand der Spedition? Wie sind in diesem Kontext der höhere Baupreis und die Schnellbauzuschüsse bilanziell zu behandeln (als Herstellungskosten oder als Aufwand)?

Literaturhinweise

BAETGE, JÖRG/KIRSCH, HANS-JÜRGEN/THIELE, STEFAN, Bilanzen, 16. Aufl., Düsseldorf 2021, Kap. I Abschn. 33, Kap. IV Abschn. 221-222 und Kap. V Abschn. 12.

KAHLE, HOLGER/HAAS, MARTIN/SCHULZ, SEBASTIAN, § 255 HGB Bewertungsmaßstäbe, in: Bilanzrecht, hrsg. v. Baetge, Jörg/Kirsch, Hans-Jürgen/Thiele, Stefan, Loseblatt, Bonn/Berlin 2002 ff.

Lösung

Das Speditionsunternehmen Hoffmann muss für die Beurteilung der verschiedenen Kosten abgrenzen, ob es sich bei diesen um Aufwand oder um Herstellungskosten handelt, die gemäß § 255 Abs. 2 Satz 1 HGB definiert sind, als

> „[...] die Aufwendungen, die durch den Verbrauch von Gütern und die Inanspruchnahme von Diensten für die Herstellung eines Vermögensgegenstandes [...] entstehen."

Nach dem Wortlaut des § 255 Abs. 2 Satz 1 HGB gehören zu den Herstellungskosten der Lagerhalle alle Aufwendungen, die auf einer Herstellungsleistung beruhen und die zu einem Verbrauch von Gütern oder zu einer Inanspruchnahme von Dienstleistungen geführt haben.

Herstellungskosten entstehen somit erst mit der **Erbringung von Herstellungsleistungen** – nicht bereits durch Voraus- und/oder Anzahlungen für solche. Geleistete Vorauszahlungen auf noch zu erbringende Werksleistung im Rahmen eines schwebenden Geschäftes sind somit zunächst wie eine Forderung zu aktivieren und in der Bilanz als „geleistete Anzahlung“ auszuweisen, wodurch der Anspruch auf Leistung bzw. Rückzahlung bilanziell abgebildet wird. Erst wenn die erwartete Herstellungsleistung erfolgt ist, werden die geleisteten Anzahlungen im Wege des Aktivtausches gegen den erworbenen Vermögensgegenstand ausgebucht. Wird hingegen die Herstellungsleistung – wie im Falle des Speditionsunternehmens Hoffmann – wegen der Insolvenz des Bauunternehmens Schmidt nicht erbracht, entsteht ein Anspruch auf Rückzahlung der geleisteten Vorauszahlung. Die Vorauszahlung ist auf das Konto „sonstige Vermögensgegenstände“ umzubuchen.

Da laut Sachverhalt das Insolvenzverfahren des Bauunternehmens Schmidt mangels Masse eingestellt wurde, kommt es zu einem Forderungsausfall für das Speditionsunternehmen Hoffmann. Die Forderung muss daher auf einen Wert von Null abgeschrieben werden.

In der Literatur wird allerdings auch die Meinung vertreten, dass Herstellungskosten alle Aufwendungen seien, die mit dem Ziel gemacht würden, durch den Verbrauch von Gütern respektive der Inanspruchnahme von Dienstleistungen einen Vermögensgegenstand herzustellen.[1] Da die vergebliche Vorauszahlung mit dem Ziel der Herstellung der Lagerhalle vorgenommen wurde, wäre auch diese wegen ihres finalen Charakters den Herstellungskosten zuzurechnen.

Die Einbeziehung vergeblich geleisteter **Vorauszahlungen** in die Herstellungskosten widerspricht indes dem mit dem Ansatz der Herstellungskosten verfolgten Zweck, die auf die Herstellung verwendeten und die sich in den Herstellungskosten widerspiegelnden Aufwendungen auf die Nutzungsdauer des hergestellten Vermögensgegenstandes zu verteilen. Für die vergeblich geleistete Vorauszahlung erlangt das Unternehmen gerade keine Gegenleistung; die Vorauszahlungen sind vielmehr wirtschaftlich „verbraucht“, ohne dass durch ihre Zahlung eine Herstellungsleistung erlangt wurde. Vergebliche Vorauszahlungen sind daher erfolgswirksam im Jahresabschluss auszubuchen.

---

1 Vgl. ADLER, HANS/DÜRING, WALTHER/SCHMALTZ, KURT, Rechnungslegung und Prüfung der Unternehmen, Stuttgart, 6. Aufl., 1995-2001, § 255 HGB Rn. 117; DÖLLERER, KURT, Anschaffungskosten und Herstellungskosten nach neuem Aktienrecht unter Berücksichtigung des Steuerrechts, in: Betriebs-Berater 1966, S. 1405-1409; MOXTER, ADOLF, Bilanzrechtsprechung, Tübingen, 6. Aufl., 2007, S. 209.

Im Gegensatz zu den vergeblichen Vorauszahlungen gehören **überhöhte Preise und Schnellbauzuschläge** zu den Herstellungskosten der Lagerhalle, denn Mehraufwendungen und Schnellbauzuschläge beruhen auf einer – wenn auch in ihrer Höhe nicht stets ausgewogenen – Herstellungsleistung, die zum Verbrauch von Gütern und der Inanspruchnahme von Dienstleistungen zur Herstellung der Lagerhalle geführt haben.

Übung 17: Ermittlung der bilanziellen Herstellungskosten auf Basis von Daten der Kostenrechnung nach HGB

Sachverhalt

Die Kurzschluss GmbH hatte im letzten Geschäftsjahr erhebliche Absatzprobleme, so dass von den hergestellten Elektromotoren 200 Stück eingelagert wurden. Für die Ermittlung der zu aktivierenden handelsrechtlichen Herstellungskosten greift Finanzbuchhalter Müller auf die Zuschlagskalkulation der betriebsinternen Kostenrechnung zurück (Übersicht 17-1).

Kostenarten	Kosten	Grad der Beschäftigungsunabhängigkeit der Kosten
Rohstoffe	1.000 GE	0 %
Bezogene Fertigteile	500 GE	0 %
Kosten der Wareneingangskontrolle	50 GE	100 %
Fertigungslöhne	750 GE	0 %
Gesetzlicher Sozialaufwand	300 GE	0 %
Lizenzgebühren	100 GE	0 %
Forschungs- und Entwicklungskosten (davon entfallen 25 % auf die Grundlagenforschung)	400 GE	100 %
Zinsen (davon 30 % kalkulatorisch)	160 GE	0 %
Kosten des Fertigungsbereiches:		
Meistergehalt	500 GE	100 %
Fertigungskontrolle	100 GE	50 %
Miete	300 GE	80 %
Verwaltungskosten (davon entfallen 15 % auf die strategische Planung)	100 GE	100 %
Verpackungskosten	10 GE	0 %

Übersicht 17-1: *Weitere Kostenarteninformationen*

Folgende zusätzliche Informationen sind Herrn Müller bekannt:

- Der Fertigungsbereich war zu 30 % unterbeschäftigt.
- Die Zuschlagskalkulation basiert auf Ist-Kostengrößen.
- Die Fertigungsmaschine wird linear über zehn Jahre abgeschrieben. Die Anschaffungskosten lagen bei 5.000 GE. Die Wiederbeschaffungskosten belaufen sich zurzeit auf 4.000 GE.
- Die Ist-Herstellkosten betragen insgesamt 4.560 GE.

- Nach Ansicht von Herrn Müller besteht ein außerplanmäßiger Abschreibungsbedarf in Höhe von 150 GE. (Hinweis: Eine entsprechende Wertminderung wurde in der Kostenrechnung nicht berücksichtigt.)

Aufgaben

(a) Stellen Sie Herrn Müller kurz die Probleme bei der Übernahme von Kostenrechnungsdaten in die Finanzbuchhaltung dar.

(b) Erläutern und begründen Sie Herrn Müller, welche Korrekturen der im Rahmen einer Kostenträgerzuschlagskalkulation gewonnenen Ist-Selbstkosten auf Vollkostenbasis notwendig sind, um diese als bilanzielle Herstellungskosten im Jahresabschluss zu verwenden.

(c) Die Geschäftsführung überlegt, die bestehende Zuschlagskalkulation in der Kostenrechnung der Kurzschluss GmbH durch eine Prozesskostenrechnung zu ersetzen. Beantworten Sie Herrn Müller, warum sich Unterschiede zu der aktuellen Wertunter- und Wertobergrenze der handelsrechtlichen Herstellungskosten ergeben können, wenn nicht die Zuschlagskalkulation, sondern die Prozesskostenrechnung in der Kostenrechnung der Kurzschluss GmbH verwendet wird.

(d) Herr Müller bittet Sie – vor dem Hintergrund des schlechten Geschäftsergebnisses der Kurzschluss GmbH – die für das Geschäftsergebnis „vorteilhaftesten" Herstellungskosten zu berechnen. Da Herr Müller gerne die nächsten Jahre wenig Zeit mit der Bestimmung der Herstellungskosten verbringen möchte, sollen Herstellungskosten mit Hilfe einer Überleitungsrechnung (siehe Teilaufgabe (b)) aus den Daten der Kostenrechnung ermittelt werden.

Literaturhinweis

BAETGE, JÖRG/KIRSCH, HANS-JÜRGEN/THIELE, STEFAN, Bilanzen, 16. Aufl., Düsseldorf 2021, Kap. IV Abschn. 223.

HFA DES IDW, Stellungnahme zur Rechnungslegung: Aktivierung von Herstellungskosten (IDW RS HFA 31 n.F.), in: IDW Life 2018, S. 273-275.

Lösungen

Lösung zu Teilaufgabe (a)

Die Kostenrechnung und die Finanzbuchhaltung stellen zwei Teilsysteme des betrieblichen Rechnungswesens mit unterschiedlichen Zwecksetzungen dar. Die **Kostenrechnung** dient vor allem der Unterstützung sowie der Kontrolle und Koordination **unternehmensinterner** Entscheidungen (z. B. das Unternehmen durch eine Kostenbudgetierung zu steuern und durch eine Soll-Ist-Abweichungsanalyse zu kontrollieren). Die Unternehmen sind bei der Gestaltung der Kostenrechnung, abgesehen von wenigen Ausnahmen, keinen Vorschriften unterworfen.

Das Ergebnis der **Finanzbuchhaltung**, der Jahresabschluss, dient im Gegensatz zur Kostenrechnung vornehmlich **externen Adressaten**. Mit der Finanzbuchhaltung und dem Jahresabschluss soll die **Dokumentationsfunktion**, die **Rechenschaftsfunktion** gegenüber den Adressaten sowie die **Kapitalerhaltungsfunktion** gegenüber den Gläubigern erfüllt werden. Die Finanzbuchhaltung und der Jahresabschluss sind durch eine Vielzahl von gesetzlichen Vorschriften geregelt.

Die unterschiedlichen Zwecke von Kostenrechnung und Finanzbuchhaltung verlangen unterschiedliche Maßgrößen, Wertansätze und Begriffsdefinitionen. So werden die Begriffe „Herstellungskosten" bzw. „Herstellkosten" in beiden Teilsystemen unterschiedlich definiert. Die **bilanziellen Herstellungskosten** sind in § 255 Abs. 2 und 3 HGB explizit definiert. Danach dürfen gemäß dem Grundsatz der Pagatorik nur Kosten, die auch zu Ausgaben führen, in die bilanziellen Herstellungskosten einbezogen werden (pagatorischer Bezug). Des Weiteren sind nur solche Ausgaben in die Herstellungskosten einzubeziehen, die während des Herstellungszeitraumes angefallen (zeitlicher Bezug) und durch die Fertigung veranlasst bzw. notwendig sind, um den Vermögensgegenstand absatzfähig bzw. nutzbar zu machen (sachlicher Bezug).

In der **Kostenrechnung** werden **Kosten** entsprechend dem wertmäßigen Kostenbegriff als leistungsbedingter, bewerteter Verzehr von Gütern und Diensten definiert. In sie werden neben den pagatorischen Bestandteilen auch nicht-pagatorische kalkulatorische Bestandteile einbezogen. Die Herstellkosten entsprechen der Summe der Material- und Fertigungskosten. Die Selbstkosten enthalten neben den Herstellkosten zusätzlich die Verwaltungs- und Vertriebskosten.

Die unterschiedlichen Definitionen der Herstellungs- bzw. Herstellkosten verdeutlichen, dass sich die Größen aus der Kostenrechnung nicht ohne Weiteres in die Finanzbuchhaltung übernehmen lassen. In der betrieblichen Praxis werden indes die handelsrechtlichen Herstellungskosten i. d. R. aus der betrieblichen Kostenträgerstückrechnung abgeleitet, da es in der Finanzbuchhaltung keine stückbezogene Aufwandsrechnung für die Bewertung von selbst hergestellten Vermögensgegenständen gibt. Die Werte aus der Kostenrechnung sind daher durch entsprechende Korrekturen anzupassen.

Lösung zu Teilaufgabe (b)

Ausgangsbasis zur Ermittlung der bilanziellen Herstellungskosten sind die **Ist-Selbstkosten** der Kostenrechnung auf Vollkostenbasis, die mit Hilfe der Kostenträgerzuschlagskalkulation berechnet werden. Entsprechend dem in Teilaufgabe (a) angegebenen erforderlichen pagatorischen, zeitlichen und sachlichen Bezug der bilanziellen Herstellungskosten sind die **drei folgenden Korrekturen** erforderlich:

- **Korrekturen aufgrund eines teils fehlenden pagatorischen Charakters der Kosten:**

  Die Selbstkosten enthalten neben pagatorischen auch nicht-pagatorische kalkulatorische Kostenbestandteile. Letztere sind zur Ermittlung der bilanziellen Herstellungskosten aus den Selbstkosten zu eliminieren, da die Herstellungskosten nur pagatorische Kosten enthalten dürfen. Bei nicht pagatorischen Kosten sind grundsätzlich Zusatzkosten und Anderskosten zu unterscheiden. Den **Zusatzkosten** stehen **keine Aufwendungen** gegenüber, so dass diese bei der Ermittlung der bilanziellen Herstellungskosten vollständig von den Ist-Selbstkosten zu subtrahieren sind. Bei den Zusatzkosten handelt es sich z. B. um den kalkulatorischen Unternehmerlohn oder die kalkulatorischen Eigenkapitalzinsen. Den **Anderskosten** steht hingegen **Aufwand in anderer Höhe** gegenüber, z. B., wenn die kalkulatorischen Abschreibungen in der Kostenrechnung auf Basis der Wiederbeschaffungspreise, während die bilanziellen Abschreibungen von den (fortgeführten) Anschaffungs- bzw. Herstellungskosten berechnet werden. Die nicht pagatorischen Elemente der Anderskosten sind zur Ermittlung der Herstellungskosten ebenfalls aus den Selbstkosten zu eliminieren. Die Differenz zwischen den Anderskosten und den pagatorischen Aufwendungen kann positiv oder negativ sein. Sind die Anderskosten höher (niedriger) als die Aufwendungen, ist die entsprechende Differenz von den Selbstkosten zu subtrahieren (zu den Selbstkosten zu addieren).

- **Korrekturen aufgrund eines fehlenden zeitlichen Bezuges zur Produktionsperiode:**

  Gemäß § 255 Abs. 2 Satz 3 HGB dürfen nur solche Ausgaben in die Herstellungskosten einbezogen werden, die **während des Herstellungszeitraumes** angefallen sind. Zeitlich nicht zur Produktionsperiode gehörende Aufwendungen müssen von den Selbstkosten subtrahiert werden. Der Herstellungszeitraum beginnt, wenn erstmalig mit den Produkten in Zusammenhang stehende Aufwendungen anfallen und er endet, wenn das Produkt fertiggestellt ist, also die bestimmungsgemäße Verwendung möglich wäre (z. B. Absatzreife; vgl. IDW RS HFA 31 n.F., Tz. 7-12). Ausgaben für nicht auftragsbezogene Forschung und Entwicklung (z. B. Grundlagenforschung) und verschiedene Verwaltungskosten (z. B. Vergütung des Managements, das für die strategische Planung zuständig ist) haben keinen Bezug zur aktuellen Produktion, sondern zu künftigen Produktionen. Diese Ausgaben fallen somit bereits vor Beginn des Herstellungszeitraumes an und sind aus den Selbstkosten zu eliminieren. Auch Finanzierungskosten, die nicht während des Herstellungszeitraumes angefallen sind, sind zur Ermittlung der Herstellungskosten von den Selbstkosten zu subtrahieren.

- **Korrekturen aufgrund eines fehlenden sachlichen Bezuges zur Herstellung:**

  Nur **Aufwendungen, die der Herstellung dienen** bzw. dem Produktionsprozess eindeutig zuzuordnen sind, dürfen in die bilanziellen Herstellungskosten eingerechnet werden. Kosten, die diesen Leistungsbezug nicht erfüllen, sind zur Ermittlung der bilanziellen Herstellungskosten von den Selbstkosten zu subtrahieren. Leerkosten (Anteil der fixen Kosten für ungenutzte Kapazität) fehlt dieser sachliche Bezug, da sie gerade dann anfallen, wenn nicht produziert wird und somit nicht der Produktion dienen (vgl. IDW RS HFA 31 n.F., Tz. 20 f.). Auch Vertriebskosten einschließlich der Sondereinzelkosten des Vertriebs sind prinzipiell zur Ermittlung der Herstellungskosten von den Selbstkosten zu subtrahieren, da sie nicht der Herstellung, sondern dem Absatz eines Produktes dienen. Finanzierungskosten sind von den Selbstkosten zu subtrahieren, wenn sie nicht eindeutig der Fertigung zuzuordnen sind.

Die beiden letztgenannten Korrekturen sind indes nicht unabhängig voneinander, da durch den sachlichen Bezug, also den Bezug zur Leistung (Leistungsbezug), indirekt der zeitliche Bezug, der Herstellungszeitraum, festgelegt wird. So fehlt den Vertriebskosten der sachliche Bezug, da sie nicht der Produktion dienen. Der sachliche Bezug definiert aber auch das Ende des Herstellungszeitraumes, so dass die Vertriebskosten außerhalb des Herstellungszeitraumes anfallen und ihnen somit auch der zeitliche Bezug fehlt. Ähnlich lässt sich z. B. für die Ausgaben der Grundlagenforschung argumentieren, die aufgrund des fehlenden zeitlichen Bezuges zu eliminieren sind. Da der Beginn des Herstellungszeitraumes mit Hilfe des sachlichen Bezuges definiert wird, fehlt den Ausgaben für Grundlagenforschung neben dem zeitlichen Bezug auch der sachliche Bezug.

Aus diesen notwendigen Korrekturen ergibt sich das in der folgenden Übersicht 17-2 dargestellte Schema zur Ermittlung der Herstellungskosten gemäß § 255 HGB aus den Selbstkosten der Kostenrechnung:

	Ist-Selbstkosten
–	Zusatzkosten
–	Positive Differenz zwischen Anderskosten und entsprechenden pagatorischen Aufwendungen
+	Negative Differenz zwischen Anderskosten und entsprechenden pagatorischen Aufwendungen
–	Kosten der Forschung und Entwicklung ohne zeitlichen/sachlichen Bezug zur Produktionsperiode
–	Verwaltungskosten ohne zeitlichen/sachlichen Bezug zur Produktionsperiode
–	Leerkosten
–	Vertriebskosten
–	Finanzierungskosten ohne zeitlichen/sachlichen Bezug zur Produktionsperiode
=	Pagatorische, periodengerechte, auf die Herstellung bezogene Kosten (Ausgaben) auf Vollkostenbasis (= Obergrenze der bilanziellen Herstellungskosten)

Übersicht 17-2: *Ermittlung der bilanziellen Herstellungskostenobergrenze aus den Daten der Kostenrechnung*

Die so ermittelten Herstellungskosten bilden die Obergrenze der bilanziellen Herstellungskosten. Die Obergrenze ist gegebenenfalls um die Wahlbestandteile zu kürzen, falls ein Unternehmen seine selbsterstellten Vermögensgegenstände nicht mit den Vollkosten bewertet, sondern mit den Teilkosten oder einem Wert zwischen den Teil- und Vollkosten.

Lösung zu Teilaufgabe (c)

Die betriebliche Kostenträgerstückrechnung kann auf der Zuschlagskalkulation oder auf der Prozesskostenrechnung beruhen. Die beiden Methoden unterscheiden sich darin, dass bei der Zuschlagskalkulation die Gemeinkosten mit (proportionalen) Verteilungsschlüsseln auf die einzelnen Kostenträger verteilt werden, hingegen werden bei der Prozesskostenrechnung Prozesskostensätze ermittelt, mit deren Hilfe die Komplexität des betrieblichen Leistungsprozesses bei der Verteilung der Kosten berücksichtigt wird.

Die unterschiedlichen Methoden zur Verteilung der Gemeinkosten führen unter anderem dazu, dass im Vergleich zu der Zuschlagskalkulation bei der Prozesskostenrechnung ein geringerer Gemeinkostenteil auf standardisierte Produkte und ein größerer Gemeinkostenteil auf komplexe Produkte verteilt wird (sog. Komplexitätseffekt). Des Weiteren gilt, dass bei der Prozesskostenrechnung teureren Produkten generell ein geringerer Gemeinkostenteil zugeschlagen wird, als günstigeren Produkten (Allokationseffekt), da die Prozesskostenrechnung auf einer Mengenbezugsgröße basiert, anstatt auf einer Wertbezugsgröße wie die Zuschlagskalkulation.

Sind die in der Teilaufgabe (b) genannten Korrekturen an den Ist-Selbstkosten vorgenommen worden, können sich die handelsrechtlichen Herstellungskosten – je nachdem ob die Zuschlagskalkulation oder die Prozesskostenrechnung in der Kostenrechnung eingesetzt wird – unterscheiden.

Lösung zu Teilaufgabe (d)

Gemäß § 255 Abs. 2 und 3 HGB besteht für den Bilanzierenden bei der Ermittlung der handelsrechtlichen Herstellungskosten ein **Einbeziehungswahlrecht für bestimmte Kosten**. Damit hat der Bilanzierende – also die Kurzschluss GmbH – die Möglichkeit, den Vermögensgegenstand entweder zur handelsrechtlichen Herstellungskostenuntergrenze oder in Höhe der handelsrechtlichen Herstellungskostenobergrenze zu aktivieren. Da die Kurzschluss GmbH die für den Ergebnisausweis „vorteilhaftesten" Herstellungskosten im Jahresabschluss ausweisen möchte, sind die Elektromotoren zur handelsrechtlichen Herstellungskostenobergrenze anzusetzen. Dadurch wird in der nach dem Gesamtkostenverfahren aufgestellten GuV der Posten „Erhöhung des Bestandes an fertigen Erzeugnissen" betragsmäßig höher ausgewiesen als bei einer Aktivierung zur handelsrechtlichen Herstellungskostenuntergrenze.

Für die Ermittlung der handelsrechtlichen Herstellungskostenobergrenze der Elektromotoren mit Hilfe der Zuschlagskalkulation muss die in Teilaufgabe (b) dargestellte Überleitungsrechnung (vgl. Übersicht 17-2) angepasst werden, da nicht die Ist-Selbstkosten aus der Kostenrechnungsabteilung weitergegeben wurden, sondern die Ist-Herstellkosten:

	Ist-Herstellkosten
–	Zusatzkosten
–	Positive Differenz zwischen Anderskosten und entsprechenden pagatorischen Aufwendungen
+	Negative Differenz zwischen Anderskosten und entsprechenden pagatorischen Aufwendungen
–	Kosten der Forschung und Entwicklung ohne zeitlichen/sachlichen Bezug zur Produktionsperiode
–	Leerkosten
+	Verwaltungskosten mit zeitlichem/sachlichem Bezug zur Produktionsperiode
=	Pagatorische, periodengerechte, auf die Herstellung bezogene Kosten (Ausgaben) auf Vollkostenbasis (= Obergrenze der bilanziellen Herstellungskosten)

Übersicht 17-3: *Angepasste Überleitungsrechnung*

Anhand der angepassten Überleitungsrechnung können die notwendigen Korrekturen an den Ist-Herstellkosten vorgenommen werden, um die Obergrenze der handelsrechtlichen Herstellungskosten zu erhalten:

I.		Ist-Herstellkosten		4.560,00 GE
II.	–	Zusatzkosten		
II.1		Kalkulatorische Eigenkapitalzinsen	(160 GE · 0,3 =)	48,00 GE
III.	+/–	Differenz von Anderskosten und pagatorischen Aufwendungen		
III.1		+ Abschreibungskorrektur	(500 GE – 400 GE =)	100,00 GE
IV.	–	F & E-Kosten		
IV.1		Kosten der Grundlagenforschung	(400 GE · 0,25 =)	100,00 GE
V.	–	Leerkosten		
V.1		Kosten der Wareneingangskontrolle	(50 GE · 0,3 =)	15,00 GE
V.2		F & E-Leerkosten	(400 GE · 0,75 · 0,3 =)	90,00 GE
V.3		Meistergehalt	(500 GE · 0,3 =)	150,00 GE
V.4		Kosten der Fertigungskontrolle	(100 GE · 0,5 · 0,3 =)	15,00 GE
V.5		Miete	(300 GE · 0,8 · 0,3 =)	72,00 GE
V.6		Werteverzehr des Anlagevermögens	(500 GE · 0,3 =)	150,00 GE
VI.	+	Verwaltungskosten		
VI.1		Allgemeine Verwaltungskosten	(100 GE · 0,85 · 0,7 =)	59,50 GE
VII.	=	Volle Herstellungskosten	=	4.079,50 GE

Übersicht 17-4: *Überleitungsrechnung von Herstellkosten zu Herstellungskosten*

Berechnungshinweise:

- Hinweise zur Überleitungsrechnung:

II.1 Da den Zusatzkosten keine Aufwendungen gegenüberstehen, sind diese vollständig aus den Ist-Herstellkosten herauszurechnen. In diesem Beispiel handelte es sich um kalkulatorische Eigenkapitalzinsen in Höhe von 30 % der Zinskosten.

III.1 Die (kalkulatorischen) Abschreibungen in der Kostenrechnung basieren auf den Wiederbeschaffungswerten, die bilanziellen Abschreibungen hingegen auf (fortgeführten) Anschaffungskosten. In diesem Beispiel ergibt sich eine negative Differenz zwischen den Anderskosten und den entsprechenden pagatorischen Aufwendungen. Diese (absolute) Differenz ist in der Überleitungsrechnung zu den Ist-Herstellkosten hinzuzurechnen.

IV.1 Die Kosten der Grundlagenforschung dürfen nach § 255 Abs. 2 Satz 4 HGB nicht in die Herstellungskosten einbezogen werden, so dass diese Kosten von den Ist-Herstellkosten abzuziehen sind.

V.1 Nur Ausgaben, die der Herstellung dienen respektive dem Produktionsprozess eindeutig zuzuordnen sind, dürfen in die bilanziellen Herstellungskosten eingerechnet werden. Leerkosten fehlt dieser sachliche Bezug, da sie gerade dann anfallen, wenn nicht produziert wird. Aus diesem Grund sind 30 % der Kosten der Wareneingangskontrolle abzuziehen.

V.2 Aus demselben Grund sind bei den Forschungs- und Entwicklungskosten – exklusive den Kosten der Grundlagenforschung (siehe IV.1) – 30 % der Forschungs- und Entwicklungskosten herauszurechnen.

V.3 Vergleiche die Begründung bei V.1.

V.4 Bei der Fertigungskontrolle sind 50 % der angefallenen Kosten variabel. Diese sind vollständig in die Herstellungskosten einzubeziehen. Die anderen 50 %, die fixen Kosten der Fertigungskontrolle, sind indes um den Leerkostenanteil in Höhe von 30 % zu korrigieren.

V.5 Vergleiche die Begründung bei V.4.

V.6 In die Herstellungskosten dürfen nur Aufwendungen mit einem sachlichen Bezug zur Herstellung einbezogen werden. Dem Anteil der Abschreibungen für die ungenutzte Kapazität des Anlagevermögens fehlt es an diesem Bezug, da er gerade dann anfällt, wenn nicht produziert wird (vgl. IDW RS HFA 31 n.F., Tz. 20 f.). Der in den Herstellungskosten zu berücksichtigende Werteverzehr des Anlagevermögens ist deshalb um den Leerkostenanteil in Höhe von 30 % zu korrigieren.

VI.1 Da die Kostenrechnungsabteilung die Ist-Herstellkosten weitergegeben hat, müssen die allgemeinen Verwaltungskosten für die Bestimmung der Obergrenze der handelsrechtlichen Herstellungskosten berücksichtigt werden. Die Kosten für die strategische Planung werden indes nicht berücksichtigt, da diesen der zeitliche Bezug zu der Produktionsperiode fehlt.

- Weitere Hinweise:
  - Außerplanmäßigen Abschreibungen fehlt der Kostencharakter, da sie nicht durch die Fertigung veranlasst wurden; sie sind bei der Berechnung der Herstellungskosten nicht zu berücksichtigen.
  - Nur Aufwendungen, die der Herstellung dienen, dürfen in die bilanziellen Herstellungskosten eingerechnet werden. Vertriebskosten sind daher nicht in die Ermittlung der Herstellungskosten einzubeziehen, da sie nicht der Herstellung, sondern dem Absatz eines Produktes dienen.
  - Vor dem Abschlussstichtag angefallene Aufwendungen für Handlungen zur Herstellungsvorbereitung, die aufgrund unzureichender Konkretisierung des korrespondierenden Vermögensgegenstandes in der abgelaufenen Periode nicht als Herstellungskosten aktiviert wurden, dürfen in den späteren Abschlüssen nicht nachaktiviert werden (vgl. IDW RS HFA 31 n.F., Tz. 8).

Übung 18: Abschreibungen und Zuschreibungen nach HGB

Aufgabe

Die Zangen GmbH ist ein Hersteller von Werkzeugen für den Heimbedarf und stellt ihren Jahresabschluss nach handelsrechtlichen Grundsätzen auf. Erläutern Sie, wie die folgenden Sachverhalte in den jeweiligen HGB-Jahresabschlüssen der Zangen GmbH zu berücksichtigen sind:

- Zu Beginn des Geschäftsjahres 01 hat die Zangen GmbH eine neue Maschine zu einem Listenpreis von 30.000 GE (zzgl. USt) bestellt. Die Transportkosten für die Maschine beliefen sich auf 1.000 GE (zzgl. USt). Zudem hat die Zangen GmbH eine Transportversicherung für die Maschine in Höhe von 595 GE (inkl. 19 % Versicherungssteuer) abgeschlossen. Die Maschine wird im April des Geschäftsjahres 01 geliefert und in Betrieb genommen und soll für einen Zeitraum von zehn Jahren dauerhaft genutzt und entsprechend abgeschrieben werden. Im Dezember des Geschäftsjahres 02 stellt sich jedoch heraus, dass die voraussichtliche wirtschaftliche Nutzungsdauer der Maschine aufgrund einer nicht behebbaren Funktionsstörung lediglich fünf Jahre beträgt.
- Zu Beginn des Geschäftsjahres 01 hat die Zangen GmbH außerdem Wertpapiere erworben, die der langfristigen Kapitalanlage dienen sollen. Der Anschaffungspreis belief sich dabei auf 25.000 GE, wobei zusätzlich Transaktionskosten in Höhe von 1.000 GE angefallen sind. Aufgrund einer kurzfristigen Marktschwankung liegt der beizulegende Zeitwert der Wertpapiere am Ende des Geschäftsjahres 01 bei 23.000 GE. Für das darauffolgende Geschäftsjahr wird jedoch mit an Sicherheit grenzender Wahrscheinlichkeit von einer nachhaltigen Werterholung spätestens im März ausgegangen. Tatsächlich steigt der beizulegende Zeitwert der Wertpapiere im Geschäftsjahr 02 sogar auf 30.000 GE.
- Im Umlaufvermögen der Zangen GmbH befinden sich 50 Tonnen Stahl, die zu 950 GE/Tonne bewertet werden. Zum Ende des Geschäftsjahres 01 fällt der Marktpreis pro Tonne Stahl auf 800 GE, wobei der Bestand des auf Lager liegenden Stahls unverändert geblieben ist. Für das Geschäftsjahr 02 wird jedoch mit einem Preisanstieg auf 1.000 GE/Tonne gerechnet, der auch tatsächlich eintritt.

Literaturhinweis

BAETGE, JÖRG/KIRSCH, HANS-JÜRGEN/THIELE, STEFAN, Bilanzen, 16. Aufl., Düsseldorf 2021, Kap. IV Abschn. 3 und Kap. V Abschn. 322.

Lösung

Die Zugangsbewertung der von der Zangen GmbH erworbenen **Maschine** erfolgt zu Anschaffungskosten. Die Anschaffungskosten umfassen gem. § 255 Abs. 1 HGB sowohl den Anschaffungspreis als auch die Anschaffungsnebenkosten. Im hier vorliegenden Fall werden die Anschaffungskosten wie folgt berechnet:

	Anschaffungspreis	30.000 GE
+	Anschaffungsnebenkosten (Transportkosten)	1.000 GE
+	Anschaffungsnebenkosten (Transportversicherung)	595 GE
=	Anschaffungskosten	31.595 GE

Für die Folgebewertung der Maschine sind die Anschaffungskosten gem. § 253 Abs. 3 Satz 1 HGB um planmäßige Abschreibungen zu vermindern, welche die voraussichtliche Nutzungsdauer der Maschine erfassen. Die Maschine soll dauerhaft über zehn Jahre genutzt werden, so dass sich ein jährlicher Abschreibungsbetrag von 3.159,50 GE (= 31.595 GE / 10 Jahre) ergibt. Da die Maschine erst im April des Jahres 01 geliefert und in Betrieb genommen wird, ist die Abschreibung für das Geschäftsjahr 01 pro rata temporis vorzunehmen, so dass sich ein Abschreibungsbetrag für das Jahr 01 in Höhe von 2.369,63 GE (= 3.159,50 x 0,75) und somit ein Buchwert der Maschine zum 31.12.01 von 29.225,37 GE ergibt.

Im Geschäftsjahr 02 stellt sich heraus, dass der Abschreibungsplan mit einer Nutzungsdauer von zehn Jahren nicht dem tatsächlichen Wertminderungsverlauf entspricht, so dass der Abschreibungsplan nachträglich korrigiert werden muss. Demnach ist der Restbuchwert zum Jahresende 02 so zu ermitteln, als wäre von Beginn an eine Nutzungsdauer von fünf Jahren unterstellt worden. Wird eine Nutzungsdauer von fünf Jahren zugrunde gelegt, ergibt sich ein jährlicher Abschreibungsbetrag von 6.319 GE (= 31.595 GE / 5 Jahre), so dass sich der Restbuchwert der Maschine zum Ende des Geschäftsjahres 02 auf 20.536,75 GE (= 31.595 GE - 1,75 x 6.319 GE) beläuft. Der im Jahresabschluss 02 zu berücksichtigende Abschreibungsbetrag für die Maschine setzt sich folglich aus dem ursprünglich zugrunde gelegten planmäßigen Abschreibungsbetrag und einem außerplanmäßigen Abschreibungsbetrag, der aus der verkürzten Restnutzungsdauer resultiert, zusammen:

	Buchwert Ende 02 (alt)	26.065,87 GE
–	Buchwert Ende 02 (neu)	20.536,75 GE
=	Abschreibungsbetrag 02	5.529,12 GE
	davon planmäßig:	3.159,50 GE
	davon außerplanmäßig:	2.369,62 GE

Die von der Zangen GmbH erworbenen **Wertpapiere** stellen Finanzanlagen dar und sind den Wertpapieren des Anlagevermögens zuzuordnen, da sie der langfristigen Kapitalanlage dienen sollen und keine weiteren Informationen für eine Zuordnung zu den anderen in § 266 Abs. 2 A. III. HGB genannten Posten vorliegen. Die Finanzanlagen werden bei Zugang zu Anschaffungskosten bewertet, wobei auch Anschaffungsnebenkosten zu berücksichtigen sind. Im Zugangszeitpunkt sind die Wertpapiere also mit 26.000 GE zu bewerten.

Die zum Ende des Geschäftsjahres 01 eingetretene Wertminderung der Wertpapiere stellt eine voraussichtlich nicht dauernde Wertminderung dar, da eine Wertaufholung im kommenden Geschäftsjahr mit an Sicherheit grenzender Wahrscheinlichkeit zu erwarten ist. Gemäß § 253 Abs. 3 Satz 6 HGB besteht ein Abschreibungswahlrecht für Finanzanlagen und infolgedessen für die durch die Zangen GmbH erworbenen Wertpapiere. Wird das Abschreibungswahlrecht wahrgenommen, sind die Wertpapiere außerplanmäßig auf 23.000 GE abzuschreiben.

Wurde zum Ende des Geschäftsjahres 01 eine außerplanmäßige Abschreibung auf die Finanzanlagen durchgeführt, darf der niedrigere Wertansatz gemäß § 253 Abs. 5 Satz 1 HGB im Geschäftsjahr 02 nicht beibehalten werden, da deren Wert auf 30.000 GE gestiegen ist und folglich die Gründe für die außerplanmäßige Abschreibung entfallen sind. Infolgedessen sind die Wertpapiere des Anlagevermögens auf Anschaffungskosten von 26.000 GE zuzuschreiben. Eine Zuschreibung darüber hinaus ist nicht zulässig. Wurde das Abschreibungswahlrecht zum Ende des Geschäftsjahres 01 nicht wahrgenommen, sind die Wertpapiere sowohl im Geschäftsjahr 01 als auch im Geschäftsjahr 02 durchgehend mit 26.000 GE zu bewerten.

Der auf Lager liegende **Stahl** ist dem Umlaufvermögen der Zangen GmbH zugeordnet und weist einen Buchwert vor Preisänderung von 47.500 GE (= 50 ME x 950 GE/ME) auf. Auf Vermögensgegenstände des Umlaufvermögens ist bei der Folgebewertung das strenge Niederstwertprinzip gemäß § 253 Abs. 4 HGB anzuwenden. Dementsprechend sind Wertminderungen unabhängig der zu erwartenden Dauer der Wertminderung durch eine außerplanmäßige Abschreibung zu berücksichtigen. Somit ist der Stahl um einen Betrag von 7.500 GE außerplanmäßig abzuschreiben, so dass der Buchwert des auf Lager liegenden Stahls zum Ende des Geschäftsjahres 01 40.000 GE (= 50 ME x 800 GE/ME) beträgt. Die Wertentwicklung im Geschäftsjahr 02 führt dazu, dass der niedrigere Wertansatz gemäß § 253 Abs. 5 Satz 1 HGB nicht mehr beibehalten werden darf. Der Buchwert des auf Lager liegenden Stahls ist somit wieder auf die Anschaffungskosten von 47.500 GE zuzuschreiben. Eine darüberhinausgehende Zuschreibung ist unzulässig.

Kapitel V: Die Bilanzierung der Sachanlagen und des immateriellen Anlagevermögens

Übung 19: Anschaffungskosten und planmäßige Abschreibungen von Maschinen

Sachverhalt

Die Tirol AG mit Sitz in München hat am 28.03.01 eine Maschine zum Rechnungsbetrag von 59.500 GE einschließlich 19 % Umsatzsteuer (USt) gekauft. Bei Zahlung innerhalb von zehn Tagen wird der Tirol AG vom Lieferanten ein Skonto von 3 % gewährt. Die Rechnung wurde bereits am 04.04.01 abzüglich des Skontobetrages beglichen. Die Transportkosten in Höhe von 1.000 GE netto und der Transportversicherungsaufwand in Höhe von 500 GE wurden vom Lieferanten getragen. Die Montage der Maschine verursachte bei der Tirol AG Ausgaben in Höhe von 3.000 GE netto. Die Sicherheitsprüfung zur Herstellung der Betriebsbereitschaft der Maschine am 25.04.01 kostete die Tirol AG 1.785 GE (inkl. 19 % USt). Noch im April konnte die Maschine zur Produktion eingesetzt werden. Die Nutzungsdauer der Maschine wird auf zwölf Jahre geschätzt.

Aufgaben

(a) Nennen Sie die Bestandteile der Anschaffungskosten nach HGB und berechnen Sie anschließend die Anschaffungskosten der Maschine.

(b) Berechnen Sie die lineare Jahresabschreibung der Maschine nach HGB.

(c) Bei der Jahresabschlussprüfung zum 31.12.04 stellt der Wirtschaftsprüfer Hakel im Rahmen seiner Stichprobe im Anlagevermögen fest, dass die Nutzungsdauer der Maschine ohne Grund drei Jahre länger angesetzt wurde als bei anderen vergleichbaren Maschinen der Tirol AG. Die Nutzungsdauer der Maschine muss also durch die Tirol AG noch zum 31.12.04 auf neun Jahre korrigiert werden. Nennen und begründen Sie die Abschreibungsbeträge der Maschine zum 31.12.04 und in den folgenden Geschäftsjahren nach HGB.

(d) Am 28.12.05 wird die Maschine zu einem Preis von 47.600 GE (inkl. 19 % USt) an die Anton AG weiter verkauft. Der Rechnungsbetrag wird am 12.01.06 von der Anton AG überwiesen. Wie ist dieser Sachverhalt in den handelsrechtlichen Jahresabschlüssen der Tirol AG und der Anton AG zum 31.12.05 abzubilden? Nennen Sie die erforderlichen Buchungssätze. Legen Sie der Lösung den Abschreibungsplan aus Teilaufgabe (b) zugrunde.

(e) Wie sind die Teilaufgaben (a) bis (d) zu lösen, wenn die Tirol AG einen IFRS-Abschluss aufstellen würde? Skizzieren Sie die wesentlichen Unterschiede.

Literaturhinweis

BAETGE, JÖRG/KIRSCH, HANS-JÜRGEN/THIELE, STEFAN, Bilanzen, 16. Aufl., Düsseldorf 2021, Kap. IV Abschn. 21, Abschn. 521 und Abschn. 53 sowie Kap. V Abschn. 322.1-322.32 und Abschn. 322.5.

Lösungen

Lösung zu Teilaufgabe (a)

Die Anschaffungskosten eines Vermögensgegenstandes errechnen sich gemäß § 255 Abs. 1 HGB nach folgendem Schema:

	Anschaffungspreis
–	Anschaffungspreisminderungen
+	Anschaffungsnebenkosten
+	Nachträgliche Anschaffungskosten
=	Anschaffungskosten

Übersicht 19-1: *Die Ermittlung der Anschaffungskosten*

Dementsprechend errechnen sich im vorliegenden Sachverhalt die Anschaffungskosten der Maschine wie folgt:

	Anschaffungspreis	50.000 GE
–	Skonto	– 1.500 GE
+	Montage	3.000 GE
+	Sicherheitsüberprüfung	1.500 GE
=	Gesamte Anschaffungskosten	53.000 GE

Das **Skonto** ist die Differenz zwischen Barpreis und Zielpreis einer Lieferung. Es stellt für den Kunden einen Anreiz zur Zahlung des Kaufpreises innerhalb der Skontofrist anstelle der Inanspruchnahme des Lieferantenkredites dar. Nach der hier vertretenen Meinung ist die Behandlung des Skontos davon abhängig, ob die Inanspruchnahme beabsichtigt oder nicht beabsichtigt ist. Da die Zahlung der Rechnung bereits am 04.04.01 – innerhalb der Skontofrist – erfolgte, ist von einer beabsichtigten Inanspruchnahme auszugehen. Der Anschaffungspreis des erworbenen Gegenstandes sowie die korrespondierende Verbindlichkeit sind deshalb zum Zugangszeitpunkt um den Skontobetrag zu kürzen. Falls beim Ausgleich der Verbindlichkeit das Skonto entgegen der ursprünglichen Absicht nicht gezogen wird, müssen die Anschaffungskosten des Vermögensgegenstandes um den Skontobetrag erhöht werden.

Die **Ausgaben für Montage und Sicherheitsüberprüfung** stehen im vorliegenden Sachverhalt im Zusammenhang mit dem Kauf der Maschine und sind dafür erforderlich, die Maschine in einen betriebsbereiten Zustand zu versetzen. Mit ihnen wird die Verwendungsfähigkeit der Maschine hergestellt. Daher sind die Montageausgaben als Nettobetrag (ohne USt) in Höhe von 3.000 GE als Anschaffungsnebenkosten zu behandeln. Von den Ausgaben für die Sicherheitsüberprüfung in Höhe von 1.785 GE ist indes noch die USt abzuziehen, so dass sie in Höhe von 1.500 GE als Anschaffungsnebenkosten zu berücksichtigen sind.

Die **Transportkosten** und der **Transportversicherungsaufwand** sind im vorliegenden Sachverhalt keine Ausgaben der Tirol AG und damit kein Bestandteil der Anschaffungskosten. Müsste die Tirol AG diese Ausgaben tragen, wären sie als Anschaffungsnebenkosten zu addieren.

Lösung zu Teilaufgabe (b)

Bei einer zeitanteiligen Ermittlung der linearen Jahresabschreibung wird der handelsrechtliche Abschreibungsbetrag monatsgenau, wochengenau oder sogar tagesgenau berechnet (pro rata temporis). Im Folgenden wird die zeitanteilige lineare Jahresabschreibung für den Sachverhalt monatsgenau gemäß § 7 Abs. 1 Satz 4 EStG ermittelt, bei der auf volle Monate aufgerundet werden darf. Abschreibungsbeginn ist grundsätzlich der Zeitpunkt, an dem der Vermögensgegenstand in einen betriebsbereiten Zustand versetzt wurde. Steuerrechtlich ist das Wirtschaftsgut bereits bei Übergang der wirtschaftlichen Verfügungsmacht an den Steuerpflichtigen abzuschreiben, wenn dieser die Montage selbst durchführt oder diese selbst veranlasst (R 7.4 Abs. 1 Satz 4 EStR 2012). Im Sachverhalt fallen diese beiden Zeitpunkte auf den April 01. Für die ersten drei Monate des Geschäftsjahres 01 sind somit keine planmäßigen Abschreibungen zu verrechnen. Dementsprechend beträgt die zeitanteilige lineare Jahresabschreibung zum 31.12.01:

$$53.000\text{ GE} \cdot \frac{1}{12} \cdot \frac{9}{12} = 3.312{,}50\text{ GE}$$

Für die Folgejahre 02 bis 12 beträgt die lineare Abschreibung zum Jahresende jeweils:

$$53.000\text{ GE} \cdot \frac{1}{12} = 4.416{,}67\text{ GE}$$

Am Ende des Jahres 13 wird der verbleibende Restbuchwert von 1.104,17 GE abgeschrieben.

Lösung zu Teilaufgabe (c)

Die Prüfungsfeststellung des Wirtschaftsprüfers Hakel führt zu der Erkenntnis, dass die Maschine zum 31.12.04 überbewertet ist. Es liegt eine voraussichtlich dauernde Wertminderung der Maschine i. S. d. § 253 Abs. 3 Satz 5 HGB vor. Der beizulegende Wert der Maschine liegt an jedem Bilanzstichtag der Restnutzungsdauer unterhalb der fortgeführten Anschaffungskosten der Maschine nach bisherigem Abschreibungsplan. Die Maschine muss somit außerplanmäßig abgeschrieben werden.

Der Restbuchwert zum Erkenntniszeitpunkt (31.12.04) beträgt bei linearer Abschreibung auf Basis der ursprünglich zugrunde gelegten Nutzungsdauer von zwölf Jahren 36.437,49 GE. Auf Basis der neuen Nutzungsdauer von neun Jahren beträgt der Restbuchwert zum Erkenntniszeitpunkt (31.12.04) bei linearer Abschreibung 30.916,66 GE (= niedrigerer beizulegender Wert). Die Differenz in Höhe von 5.520,83 GE ist im Geschäftsjahr 04 zusätzlich zur planmäßigen Abschreibung von 4.416,67 GE als außerplanmäßige Abschreibung zu erfassen. In den Folgejahren beträgt die lineare Abschreibung 5.888,89 GE. Im Jahr 10 ist der verbleibende Restbuchwert von 1.472,21 GE abzuschreiben.

Lösung zu Teilaufgabe (d)

Bei planmäßiger linearer Abschreibung über eine Nutzungsdauer von zwölf Jahren ergibt sich zum 28.12.05 ein Restbuchwert der Maschine von 32.020,82 GE:

Jahr	Abschreibungsbetrag (in GE)	Restbuchwert am 31.12. bei einer Nutzungsdauer von zwölf Jahren (in GE)
01	([53.000 / 12] • [9 / 12] =) 3.312,50	49.687,50
02	(53.000 / 12 =) 4.416,67	45.270,83
03	(53.000 / 12 =) 4.416,67	40.854,16
04	(53.000 / 12 =) 4.416,67	36.437,49
05	(53.000 / 12 =) 4.416,67	32.020,82

Übersicht 19-2: *Ermittlung der Restbuchwerte der Jahre 01 bis 05 einer Maschine bei einer Nutzungsdauer von 12 Jahren*

Der Kauf der Maschine ist bei der Anton AG wie folgt zu buchen:

Maschinen	40.000,00 GE			
Vorsteuer	7.600,00 GE	an	Verbindlichkeiten	47.600,00 GE

Zur Bestimmung der Erfolgswirkung aus dem Verkauf der Maschine ist zunächst die USt aus dem Verkaufserlös von 47.600 GE herauszurechnen. Der Nettopreis der Maschine beträgt folglich 40.000 GE. Die positive Differenz zwischen Nettopreis und Buchwert der Maschine ist als sonstiger betrieblicher Ertrag in Höhe von 7.979,18 GE in der GuV zu erfassen. Der Verkauf wird durch den folgenden Buchungssatz bei der Tirol AG erfasst:

Forderungen	47.600,00 GE	an	Maschinen	32.020,82 GE
			Sonstige betriebliche Erträge	7.979,18 GE
			Umsatzsteuer	7.600,00 GE

Lösung zu Teilaufgabe (e)

Die nach IAS 16.16 ermittelten **Anschaffungskosten** unterscheiden sich im vorliegenden Sachverhalt nicht von den Anschaffungskosten gemäß § 255 HGB. Das Skonto ist als Anschaffungskostenminderung zu behandeln. Als Anschaffungsnebenkosten sind nach IAS 16.16 (b) nur direkt zurechenbare Ausgaben zu berücksichtigen, die erforderlich sind, um einen Vermögenswert in den vom Management vorgesehenen, betriebsbereiten Zustand zu versetzen. Im vorliegenden Sachverhalt gehören folglich die Montage und die Sicherheitsprüfung der Maschine zu den Anschaffungsnebenkosten. Da die Transport- und Transportversicherungskosten nicht von der Tirol AG gezahlt werden, sind sie nicht als Anschaffungsnebenkosten aktivierungsfähig. Sowohl nach HGB als auch nach IFRS betragen die Anschaffungskosten also 53.000 GE. Ein Unterschied hätte sich indes dann ergeben, wenn die Anschaffung der Maschine zu Entsorgungs- oder Rekultivierungsverpflichtungen geführt hätte. Diese stellen nach IFRS Bestandteile der Anschaffungskosten dar, dürfen nach HGB aber nicht berücksichtigt werden.

Bei der **Folgebewertung** kann die Tirol AG nach IAS 16.29 zwischen dem Neubewertungsmodell und der Anschaffungskostenmethode wählen. Die Anschaffungskostenmethode entspricht weitgehend der handelsrechtlichen Vorgehensweise. Die Abschreibung beginnt mit der Betriebsbereitschaft und ist vom Zeitpunkt der tatsächlichen Inbetriebnahme unabhängig (IAS 16.55). Da die Maschine im April betriebsbereit ist, wird sie im ersten Jahr über neun Monate (3.312,50 GE) abgeschrieben.

Die **Korrektur der Nutzungsdauer** nach IFRS unterscheidet sich indes von der handelsrechtlichen Vorgehensweise. Die nach HGB im Jahr 04 vorgenommene Abschreibung auf den Wert, der sich ergeben hätte, wenn die kürzere Nutzungsdauer bereits im Jahr 01 bekannt gewesen wäre, ist nicht zulässig. Vielmehr stellt die Verkürzung ein Indiz für eine Wertminderung nach IAS 36 (Wertminderung von Vermögenswerten) dar. Der Vermögenswert ist gegebenenfalls außerplanmäßig auf den erzielbaren Betrag abzuschreiben, wobei der erzielbare Betrag der höhere Wert aus beizulegendem Zeitwert abzüglich der Veräußerungskosten und Nutzungswert ist. Der dann verbleibende Restbuchwert ist über die Restnutzungsdauer abzuschreiben.

Übung 20: Planmäßige Abschreibungen von Sachanlagen

Sachverhalt

Wenn es nach Frau Wagner ginge, würde sie die Multifunktionsbühne ihres Theaters noch mindestens bis zum 31.12.15 einsetzen (und exakt dann wäre die geplante 15-jährige Nutzungsdauer der Bühne beendet gewesen).

Ärgerlicherweise erhielt sie kurz vor Ende des Jahres 11 ein Schreiben, wonach die am 02.01.01 gekaufte Bühne nicht mehr den ab dem 01.01.14 geltenden Sicherheitsvorschriften entsprechen wird. Die immerhin 750.000 GE teure Bühne muss im Herbst des Jahres 13 abgebaut und durch eine neue ersetzt werden, wobei der Restverkaufserlös voraussichtlich genau den Abbruchkosten entsprechen wird.

Aufgaben

(a) Wie sieht der Abschreibungsplan im Jahresabschluss nach HGB aus, den Frau Wagner beim Kauf der Bühne erstellt hat? Gehen Sie davon aus, dass die Multifunktionsbühne zunächst geometrisch-degressiv abgeschrieben werden soll, wobei von vornherein geplant ist, auf die lineare Abschreibung überzugehen, sobald letztere zu höheren jährlichen Abschreibungen führt. Bei der geometrisch-degressiven Abschreibung soll der Abschreibungssatz das 2,5-fache des linearen Abschreibungssatzes, maximal aber 25 % des Restbuchwertes, betragen.[1]

(b) Welche Möglichkeiten hat Frau Wagner nach HGB, die zu lang geschätzte Nutzungsdauer der Bühne zu korrigieren? Gehen Sie hier vereinfachend davon aus, dass ausschließlich lineare Abschreibungen vorgenommen wurden.

(c) Wie sind die oben beschriebenen Sachverhalte zu beurteilen, wenn Frau Wagner einen IFRS-Abschluss aufstellt und das Sachanlagevermögen nach der Anschaffungskostenmethode bewertet wird?

Literaturhinweis

BAETGE, JÖRG/KIRSCH, HANS-JÜRGEN/THIELE, STEFAN, Bilanzen, 16. Aufl., Düsseldorf 2021, Kap. V Abschn. 322.3-322.6 und 532.11-532.12.

Lösungen

Lösung zu Teilaufgabe (a)

Nach dem Aktivierungsgrundsatz ist die Bühne selbständig verwertbar. Sie ist mit den Anschaffungskosten von 750.000 GE unter dem Posten „Technische Anlagen und Maschinen“ (§ 266 Abs. 2 A. II. 2. HGB) auszuweisen, da es sich bei der Bühne

1 In der Steuerbilanz ist die geometrisch-degressive Abschreibung für bewegliche Wirtschaftsgüter zulässig, die nach dem 31.12.2019 und vor dem 01.01.2022 angeschafft oder hergestellt worden sind bzw. hergestellt werden (§ 7 Abs. 2 EStG).

um einen Vermögensgegenstand des Anlagevermögens handelt, der gemäß § 247 Abs. 2 HGB dazu bestimmt ist, dem Unternehmen dauerhaft zu dienen. Nach § 253 Abs. 3 Satz 1 HGB sind Vermögensgegenstände des Anlagevermögens um **planmäßige Abschreibungen** zu vermindern, wenn ihre Nutzung zeitlich begrenzt ist. Im Gegensatz zu Grundstücken, deren Nutzung zeitlich unbegrenzt ist, muss die Bühne daher planmäßig abgeschrieben werden.

Als Abschreibung wird die Verteilung der Anschaffungskosten auf die Perioden der Nutzung bezeichnet. Die in der Praxis am häufigsten verwendete Abschreibungsmethode ist die **lineare Abschreibung**. Sie führt zu im Zeitablauf gleichen Abschreibungsbeträgen.

Darüber hinaus ist auch eine **degressive Abschreibung** möglich. Dabei versteht man unter einer degressiven Abschreibung i. d. R. eine **geometrisch-degressive**[1] **Abschreibung**, bei der die jährlichen Abschreibungsbeträge um einen gleichbleibenden Prozentsatz sinken:

$$\text{Abschreibungsbetrag}_t = \text{Degressionsrate} \cdot \text{Restbuchwert}_{t-1}$$

Laut Sachverhalt darf bei degressiver Abschreibung pro Jahr **das 2,5-fache des linearen Abschreibungssatzes, maximal aber 25 % des Restbuchwertes,** verrechnet werden. Im vorliegenden Sachverhalt beträgt die Nutzungsdauer 15 Jahre, so dass die Degressionsrate, sofern diese geringer als 25 % ist, dem 2,5-fachen linearen Abschreibungssatz (1 / 15 Jahre • 2,5) = 16,67 % entspricht. Im ersten Jahr beträgt die Abschreibung daher 125.000 GE (= 750.000 GE • 16,67 %). In den Folgejahren ist der Restbuchwert ebenfalls um 16,67 % zu vermindern, im zweiten Jahr somit um 104.166,67 GE (= 625.000 GE • 16,67 %).

Der **optimale Übergangszeitpunkt** von der degressiven zur linearen Abschreibung liegt in dem Jahr, in dem der lineare Abschreibungsbetrag erstmals den degressiven Abschreibungsbetrag übersteigt.

Im Beispiel werden zunächst die degressiven Abschreibungen angesetzt, da sie höher als die linearen Abschreibungen sind. Ob der lineare oder der degressive Abschreibungsbetrag höher ist, muss für jedes Jahr berechnet werden. Im vorliegenden Sachverhalt ist im Jahr 11 zur linearen Abschreibung zu wechseln (vgl. Übersicht 20-1). Für die Berechnung der linearen Abschreibung gilt:

$$\text{Linearer Abschreibungsbetrag}_t = \frac{\text{Restbuchwert}_{t-1}}{\text{Restnutzungsdauer}_t}$$

1 Arithmetisch-degressive Abschreibungen sind dadurch gekennzeichnet, dass die jährlichen Abschreibungsbeträge um den gleichen Betrag vermindert werden (arithmetische Folge). In der Bilanzierungspraxis ist die arithmetisch-degressive Abschreibung indes selten anzutreffen. Hier und im Folgenden wird deshalb unter „degressiver Abschreibung" eine geometrisch-degressive Abschreibung verstanden.

Bei der Berechnung des linearen Abschreibungsbetrages ist vom jeweiligen Restbuchwert auszugehen, weil nur noch der Restbuchwert, nicht aber die Anschaffungskosten auf den verbleibenden Abschreibungszeitraum verteilt werden kann. Der vom jeweiligen Restbuchwert abhängige lineare Abschreibungsbetrag ist daher im Zeitablauf nicht konstant (vgl. in der folgenden Übersicht z. B. für das Jahr 01: 50.000 GE und für das Jahr 02: 44.643 GE):

Jahr	Restnutzungsdauer zu Jahresbeginn	Buchwert zu Jahresbeginn (in GE)	Degressive Abschreibung (in GE)	Lineare Abschreibung (in GE)	Verwendete Abschreibungsmethode	Restbuchwert am Jahresende (in GE)
01	15	750.000	125.000	50.000	degressiv	625.000
02	14	625.000	104.167	44.643	degressiv	520.833
03	13	520.833	86.806	40.064	degressiv	434.027
04	12	434.027	72.338	36.169	degressiv	361.689
05	11	361.689	60.282	32.881	degressiv	301.407
06	10	301.407	50.235	30.141	degressiv	251.172
07	9	251.172	41.862	27.908	degressiv	209.310
08	8	209.310	34.885	26.164	degressiv	174.425
09	7	174.425	29.071	24.918	degressiv	145.354
10	6	145.354	24.226	24.226	degressiv	121.128
11	5	121.128	20.188	24.226	linear	96.902
12	4	96.902	16.150	24.226	linear	72.676
13	3	72.676	12.113	24.226	linear	48.450
14	2	48.450	8.075	24.226	linear	24.224
15	1	24.224	4.037	24.224	linear	0

Übersicht 20-1: *Ermittlung des optimalen Zeitpunktes für den Übergang von der degressiven zur linearen Abschreibung*

Für das Jahr 11 ist der lineare Abschreibungsbetrag erstmals größer als der degressive Abschreibungsbetrag. Demnach wird im Jahr 11 planmäßig auf die lineare Abschreibungsmethode übergegangen.

Lösung zu Teilaufgabe (b)

Bei einer **Verkürzung der Nutzungsdauer** (wie im Sachverhalt beschrieben) ist eine Änderung des Abschreibungsplans durch Frau Wagner **zwingend erforderlich**. Würde der Abschreibungsplan nämlich in einem solchen Fall nicht geändert, so würden sowohl die Vermögenslage als auch die Erfolgslage verzerrt dargestellt.[1]

1 Bei einer zu kurz geschätzten Nutzungsdauer ist eine Planänderung nicht zwingend erforderlich, soweit die Vermögens- und Ertragslage nicht verzerrt werden. Eine Zuschreibung ohne vorherige außerplanmäßige Abschreibung ist aufgrund von § 253 Abs. 5 HGB unzulässig.

In der Kostenrechnung bestehen mehr Korrekturmöglichkeiten bei einer Änderung der Nutzungsdauer als im handelsrechtlichen Jahresabschluss. Anders als in der Kostenrechnung ist es im Handelsrecht nicht zulässig, eine „Abschreibung unter Null" vorzunehmen, d. h. der Restbuchwert darf nicht negativ werden. Für kostenrechnerische Zwecke kann es sinnvoll sein, bei falsch geschätzter Nutzungsdauer die Vergangenheitswerte (Abschreibungen der Vorperioden) zu korrigieren. Im Handelsrecht kommt bei nichtigen oder fehlerhaften Jahresabschlüssen zwar eine Bilanzänderung in Betracht, doch sind willkürliche Änderungen gesetzeskonformer Jahresabschlüsse stets unzulässig.

Jahr	Abschreibungsplan vom Jahr 01		Im Jahr 11 geänderter Abschreibungsplan	
	Abschreibungs-betrag (in GE)	Restbuchwert am 31.12. bei einer Nutzungsdauer von 15 Jahren (in GE)	Abschreibungs-betrag (in GE)	Restbuchwert am 31.12. bei einer Nutzungsdauer von 13 Jahren (in GE)
01	50.000	700.000	50.000	700.000
02	50.000	650.000	50.000	650.000
03	50.000	600.000	50.000	600.000
04	50.000	550.000	50.000	550.000
05	50.000	500.000	50.000	500.000
06	50.000	450.000	50.000	450.000
07	50.000	400.000	50.000	400.000
08	50.000	350.000	50.000	350.000
09	50.000	300.000	50.000	300.000
10	50.000	250.000	50.000	250.000
11	50.000	200.000	134.616	115.384
12	50.000	150.000	57.692	57.692
13	50.000	100.000	57.692	0
14	50.000	50.000	0	0
15	50.000	0	0	0

Übersicht 20-2: *Abschreibungsbeträge und Restbuchwerte der Bühne vor und nach Änderung des Abschreibungsplans*

Im Sachverhalt verringert sich wegen der geänderten Sicherheitsvorschriften die geplante Nutzungsdauer von 15 Jahren auf 13 Jahre. Im Erkenntniszeitpunkt, dem 31.12.11, ist die Bühne daher überbewertet. Durch die Gesetzesänderung zum 01.01.14 entsteht eine voraussichtlich **dauernde Wertminderung** der Bühne i. S. d. § 253 Abs. 3 Satz 5 HGB, so dass die Bühne außerplanmäßig abgeschrieben werden muss. Für Frau Wagner besteht daher die Pflicht, die Bühne auf den niedrigeren beizulegenden Wert abzuschreiben (d. h. den Wert, der bei einer geplanten Nutzungsdauer von 13 Jahren am 31.12.11 angesetzt worden wäre). Der Restbuchwert im Erkenntniszeitpunkt (31.12.11) beträgt bei linearer Abschreibung (15 Jahre Nutzungsdauer) 200.000 GE. Bei linearer Abschreibung über die neu zu berücksichtigende Nutzungsdauer von 13 Jahren würde am 31.12.11 ein Restbuchwert von 115.384 GE vorliegen. Die Differenz von 84.616 GE ist im Entstehungsjahr 11 zusätzlich zur planmäßigen Abschreibung von 50.000 GE als außerplanmäßige Abschreibung zu erfassen. In den Jahren 12 und 13 ist jeweils eine planmäßige Abschreibung in Höhe von 57.692 GE/Jahr zu verrechnen.

Lösung zu Teilaufgabe (c)

Gemäß IAS 16.29 kann die Folgebewertung des Sachanlagevermögens des Theaters entweder zu fortgeführten Anschaffungs- oder Herstellungskosten (**Anschaffungskostenmethode**) oder mit den beizulegenden Zeitwerten der Vermögenswerte (**Neubewertungsmodell**) erfolgen. Da sich Frau Wagner für die Anschaffungskostenmethode entschieden hat, werden die Vermögenswerte planmäßig abgeschrieben. Die Abschreibungen sind so vorzunehmen, dass der erwartete wirtschaftliche Nutzenverlauf korrekt abgebildet wird. Rein steuerliche Überlegungen dürfen bei der Wahl der Abschreibungsmethode nach IFRS also keine Rolle spielen. Daher ist ein steuerlich motivierter Wechsel von der degressiven zur linearen Methode nicht zulässig.

Nach IFRS sind alle **Abschreibungsmethoden**, die die erwartete Abnutzung des Vermögenswertes im Zeitablauf korrekt abbilden, anwendbar. In IAS 16.62 werden beispielhaft die lineare, die degressive und die leistungsabhängige Abschreibung genannt. Bei Frau Wagners Multifunktionsbühne ist davon auszugehen, dass die Bühne über die 15 Jahre konstant genutzt werden kann. Daher ist hier die lineare Abschreibungsmethode zu wählen. Die 750.000 GE sind auf 15 Jahre zu verteilen, so dass sich jährliche Abschreibungen von 50.000 GE ergeben.

Die gewählte Abschreibungsmethode, die Nutzungsdauer und der Restwert sind jährlich auf ihre Angemessenheit zu prüfen (IAS 16.51, IAS 16.61). Die im Jahr 11 bekannt gewordene **Verkürzung der Nutzungsdauer** führt daher zu einer Anpassung des Abschreibungsplanes: Grundsätzlich ist der Restbuchwert (200.000 GE) auf die Restnutzungsdauer (zwei Jahre) zu verteilen. Darüber hinaus ist die Verkürzung der Nutzungsdauer ein **Anhaltspunkt für eine Wertminderung** gemäß IAS 36. Ist der Buchwert eines Vermögenswertes höher als dessen erzielbarer Betrag (der höhere Betrag aus beizulegendem Zeitwert abzüglich der Veräußerungskosten und Nutzungswert), muss der Vermögenswert am 31.12.11 auf den niedrigeren erzielbaren Betrag außerplanmäßig abgeschrieben werden. Nicht zulässig ist nach IFRS indes die Vorgehensweise aus Teilaufgabe (b), bei der der Vermögenswert auf jenen Wert außerplanmäßig abgeschrieben wurde, der sich ergeben hätte, wenn die kürzere Nutzungsdauer schon zu Beginn des Jahres 01 bekannt gewesen wäre (Restbuchwert von 115.384 GE am 31.12.11).

Übung 21: Bewertung des Sachanlagevermögens nach HGB

Sachverhalt

Die Maschinenbau AG hat am 02.01.01 eine neue Produktionsanlage zum Preis von 105.000 GE netto erworben. Der Transport der Maschine wurde von einem Speditionsunternehmen zu einem Preis von 11.150 GE netto durchgeführt.

Für die Aufstellung der neuen Produktionsanlage in der Produktionshalle der Maschinenbau AG war ein entsprechendes Fundament zu errichten. Die Montage- und Fundamentarbeiten wurden vom Personal der Maschinenbau AG durchgeführt. Für diese Arbeiten fielen Material- und Fertigungseinzelkosten in Höhe von 5.725 GE sowie Material- und Fertigungsgemeinkosten in Höhe von 2.000 GE an.

Nach der Montage der neuen Produktionsanlage wurde eine interne Sicherheitsprüfung mit Kosten in Höhe von 1.275 GE durchgeführt. Da die Maschinenbau AG den gesamten Kaufpreis der Produktionsanlage innerhalb der Skontofrist bezahlte, gewährte der Hersteller der Produktionsanlage einen Skontoabzug von 3 % vom Kaufpreis. Zur Finanzierung der Neuanschaffung nahm die Maschinenbau AG einen Kredit auf, für den sich die Fremdkapitalzinsen im Jahr 01 auf 9.000 GE beliefen.

Die Maschinenbau AG geht davon aus, dass der Restverkaufserlös der Maschine am Ende der Nutzungsdauer den Verschrottungskosten entsprechen wird.

Aufgaben

(a) Wie hoch sind die Anschaffungskosten der neuen Produktionsanlage nach HGB?

(b) Nehmen Sie an, dass die neue Produktionsanlage bereits am 02.01.01 in Betrieb genommen wird. Die Maschinenbau AG erwartet, die Anlage sechs Jahre nutzen zu können. Wie sieht der handelsrechtliche Abschreibungsplan aus, wenn durch die Abschreibung eine maximale Aufwandsvorverlagerung erreicht werden soll? Gehen Sie davon aus, dass die Produktionsanlage zunächst geometrisch-degressiv[1] mit einer Degressionsrate von 25 % abgeschrieben werden soll. Es ist von vornherein geplant, auf die lineare Abschreibung überzugehen. Wann ist der optimale Zeitpunkt für den Wechsel der Abschreibungsmethode?

(c) Am Ende des Jahres 03 wird die Produktionshalle der Maschinenbau AG durch einen Großbrand zu einem erheblichen Teil zerstört. Dabei wird die in 01 neu angeschaffte Produktionsanlage derart beschädigt, dass sie maximal bis Ende 05 genutzt werden kann. Welche Konsequenzen ergeben sich nach den handelsrechtlichen Regelungen für den ursprünglich aufgestellten Abschreibungsplan der Produktionsanlage?

---

1 In der Steuerbilanz ist die geometrisch-degressive Abschreibung für bewegliche Wirtschaftsgüter zulässig, die nach dem 31.12.2019 und vor dem 01.01.2022 angeschafft oder hergestellt worden sind bzw. werden (§ 7 Abs. 2 EStG).

(d) Ende 04 stellt sich heraus, dass die Produktionsanlage wider Erwarten vollständig repariert und somit die ursprünglich geplante Nutzungsdauer von sechs Jahren tatsächlich realisiert werden kann. Mit welchem Wert ist die Produktionsanlage am 31.12.04 im handelsrechtlichen Jahresabschluss zu bilanzieren?

(e) Im Jahr 05 wird der Maschinenbau AG bei den üblichen Wartungsarbeiten durch den Hersteller mitgeteilt, dass die Produktionsanlage wegen der sehr sorgfältigen laufenden Wartung länger als bisher genutzt werden kann. Die wirtschaftliche Nutzungsdauer der Produktionsanlage verlängert sich auf zehn Jahre. Welche Möglichkeiten ergeben sich, den ursprünglichen Abschreibungsplan zu korrigieren? Beurteilen Sie die verschiedenen Möglichkeiten im Hinblick auf deren Wirkung auf die Vermögens- und Ertragslage. Gehen Sie aus Vereinfachungsgründen davon aus, dass die Produktionsanlage ausschließlich linear abgeschrieben wurde.

Literaturhinweis

BAETGE, JÖRG/KIRSCH, HANS-JÜRGEN/THIELE, STEFAN, Bilanzen, 16. Aufl., Düsseldorf 2021, Kap. IV Abschn. 1-3 und Kap. V Abschn. 3.

Lösungen

Lösung zu Teilaufgabe (a)

Die Anschaffungskosten der Produktionsanlage sind von der Maschinenbau AG nach dem folgenden Schema gemäß § 255 Abs. 1 HGB zu berechnen:

	Anschaffungspreis
–	Anschaffungspreisminderungen
+	Anschaffungsnebenkosten
+	Nachträgliche Anschaffungskosten
=	Anschaffungskosten

Übersicht 21-1: *Ermittlungsschema der Anschaffungskosten*

Der Preis von 105.000 GE entspricht dem **Anschaffungspreis**, der sich unmittelbar aus der Rechnung des Herstellers ergibt.

Gemäß dem Grundsatz der Pagatorik darf das bilanzierende Unternehmen beim entgeltlichen Erwerb nur den tatsächlich für die Beschaffung entrichteten (gezahlten) Betrag aktivieren. **Anschaffungspreisminderungen**, wie Nachlässe (Skonti, Rabatte), Zuschüsse und Subventionen, sind daher vom Anschaffungspreis abzuziehen.

Das **Skonto** ist die Differenz zwischen Barpreis und Zielpreis einer Lieferung. Es stellt für den Kunden einen Anreiz zur Zahlung des Kaufpreises innerhalb der Skontofrist anstelle der Inanspruchnahme des Lieferantenkredites dar. Nach der hier vertretenen Meinung ist die Behandlung des Skontos davon abhängig, ob die Inanspruchnahme beabsichtigt oder nicht beabsichtigt ist. Da die Zahlung innerhalb der

Skontofrist erfolgte, ist von einer beabsichtigten Inanspruchnahme auszugehen. Das Skonto in Höhe von 3.150 GE ist deshalb vom Preis des Herstellers als Anschaffungspreisminderung sowie von der korrespondierenden Verbindlichkeit abzuziehen.

Zu den **Anschaffungsnebenkosten** zählen alle Aufwendungen im Zusammenhang mit der Beschaffung, die notwendig sind, um einen Gegenstand in einen betriebsbereiten Zustand zu versetzen. Die Anschaffungsnebenkosten sind grundsätzlich einbeziehungspflichtig. Zu beachten ist indes, dass nach § 255 Abs. 1 Satz 1 HGB nur direkt zurechenbare Ausgaben, also Einzelkosten, einbezogen werden dürfen. Im Hinblick auf die von der Maschinenbau AG getätigten Ausgaben gilt Folgendes:

- Die **Transportkosten** in Höhe von 11.150 GE sind der Produktionsanlage einzeln zurechenbar und somit einbeziehungspflichtig.
- Die **Montage- und Fundamentarbeiten** sind der Produktionsanlage einzeln zurechenbar und somit ebenfalls einbeziehungspflichtig. Zu beachten ist indes, dass ausschließlich die Material- und Fertigungseinzelkosten in Höhe von 5.725 GE der Anlage direkt zurechenbar sind, nicht aber die Material- und Fertigungsgemeinkosten in Höhe von 2.000 GE.
- Die Kosten für die **Sicherheitsprüfung** in Höhe von 1.275 GE sind der Produktionsanlage einzeln zurechenbar und stellen somit einbeziehungspflichtige Anschaffungsnebenkosten dar.
- Die **Fremdkapitalzinsen** in Höhe von 9.000 GE dürfen nicht in die Anschaffungskosten einbezogen werden. Die Regelung des § 255 Abs. 3 HGB, nach der Fremdkapitalzinsen unter bestimmten Voraussetzungen als Herstellungskosten angesetzt werden dürfen, gilt nicht für die Anschaffungskosten.

Die Anschaffungskosten der Produktionsanlage betragen somit 120.000 GE:

	Anschaffungspreis	105.000 GE
–	Anschaffungspreisminderungen (= 105.000 GE · 3 %)	– 3.150 GE
+	Anschaffungsnebenkosten	18.150 GE
+	Nachträgliche Anschaffungskosten	0 GE
=	Anschaffungskosten i. S. d. § 255 Abs. 1 HGB	120.000 GE

Lösung zu Teilaufgabe (b)

Gemäß § 253 Abs. 1 HGB dürfen die Vermögensgegenstände der Maschinenbau AG höchstens zu Anschaffungs- oder Herstellungskosten, vermindert um planmäßige und außerplanmäßige Abschreibungen, angesetzt werden. Bei Vermögensgegenständen des Anlagevermögens, deren Nutzung zeitlich begrenzt ist, sind die Anschaffungskosten zunächst um planmäßige Abschreibungen zu vermindern (§ 253 Abs. 3 Satz 1 HGB).

Die Höhe der **planmäßigen Abschreibungen** wird durch

- den Abschreibungsausgangswert,
- die zugrunde gelegte Nutzungsdauer und
- die gewählte Abschreibungsmethode

festgelegt. Diese drei Determinanten sind beim Zugang eines Anlagevermögensgegenstandes, dessen Nutzung zeitlich begrenzt ist, in einem **Abschreibungsplan** festzulegen. Dieser Abschreibungsplan ist grundsätzlich für die gesamte Nutzungsdauer beizubehalten, sofern keine Korrekturen erforderlich werden. Nach Maßgabe des Abschreibungsplans werden die Anschaffungs- oder Herstellungskosten auf die Perioden der Nutzung verteilt.

Für den vorliegenden Sachverhalt bestimmt sich der Abschreibungsplan wie folgt:

- Der **Abschreibungsausgangswert** bestimmt sich aus den Anschaffungskosten abzüglich des geschätzten Restverkaufserlöses am Ende der Nutzungsdauer. Im Sachverhalt sei der Restverkaufserlös gleich hoch wie die Verschrottungskosten. Der Abschreibungsausgangswert entspricht demnach den in Teilaufgabe (a) ermittelten Anschaffungskosten in Höhe von 120.000 GE.
- Die zugrunde gelegte **Nutzungsdauer** beträgt laut Sachverhalt sechs Jahre.
- Bei der Wahl der **Abschreibungsmethode** ist zu beachten, dass die Maschinenbau AG die Produktionsanlage so abschreiben möchte, dass eine maximale Aufwandsvorverlagerung erzielt wird. Dies ist dann möglich, wenn zunächst mit einer Degressionsrate von 25 % geometrisch-degressiv abgeschrieben und im optimalen Zeitpunkt zur linearen Abschreibungsmethode gewechselt wird. Der optimale Zeitpunkt zum Wechsel der Abschreibungsmethode ist dann erreicht, wenn der Abschreibungsbetrag nach Maßgabe der linearen Abschreibungsmethode erstmals größer ist als nach der degressiven Abschreibungsmethode.

Die lineare Abschreibungsmethode führt zu im Zeitablauf gleichen Abschreibungsbeträgen. Die geometrisch-degressive Abschreibungsmethode führt zu jährlich um einen gleichbleibenden Prozentsatz sinkenden Abschreibungsbeträgen. Im vorliegenden Sachverhalt ergibt sich folgender Abschreibungsplan:

Jahr	Buchwert zu Jahresbeginn (in GE)	Degressive Abschreibung (in GE)	Lineare Abschreibung (in GE)	Verwendete Abschreibungsmethode	Restwert am Jahresende (in GE)
01	120.000	30.000	(20.000)	degressiv	90.000
02	90.000	22.500	(18.000)	degressiv	67.500
03	67.500	16.875	(16.875)	degressiv	50.625
04	50.625	(12.656)	16.875	linear	33.750
05	33.750	(8.438)	16.875	linear	16.875
06	16.875	(4.219)	16.875	linear	0

Übersicht 21-2: *Abschreibungsplan einer Produktionsanlage der Maschinenbau AG*

Im Jahr 04 wird von der geometrisch-degressiven zur linearen Abschreibung gewechselt, da in dieser Periode der Abschreibungsbetrag für die Produktionsanlage nach Maßgabe der linearen Abschreibungsmethode erstmals größer ist als nach der degressiven Abschreibungsmethode. Durch den planmäßigen Wechsel der Abschreibungsmethode wird eine maximale Aufwandsvorverlagerung erreicht.

Lösung zu Teilaufgabe (c)

Vermögensgegenstände des Anlagevermögens sind bei einer **voraussichtlich dauernden Wertminderung** gemäß § 253 Abs. 3 Satz 5 HGB zwingend außerplanmäßig abzuschreiben. Bei Gegenständen des abnutzbaren Anlagevermögens wird eine voraussichtlich dauernde Wertminderung dann angenommen, wenn zumindest während eines erheblichen Teils der Restnutzungsdauer der jeweilige Stichtagswert (beizulegender Wert am Bilanzstichtag) unter dem Wert liegt, der sich nach Abzug der planmäßigen Abschreibung ergibt und damit die Wertminderung nicht in den nächsten Perioden durch die planmäßige Abschreibung ausgeglichen wird.

Im vorliegenden Sachverhalt würde folgender Abschreibungsplan gelten, wenn von Anfang an eine Nutzungsdauer von fünf Jahren zugrunde gelegt worden wäre:

Jahr	Buchwert zu Jahresbeginn (in GE)	Degressive Abschreibung (in GE)	Lineare Abschreibung (in GE)	Verwendete Abschreibungsmethode	Restwert am Jahresende (in GE)	Fortgeführter Buchwert nach ursprünglichem Abschreibungsplan (in GE)
01	120.000	30.000	(24.000)	degressiv	90.000	90.000
02	90.000	22.500	(22.500)	degressiv	67.500	67.500
03	67.500	(16.875)	22.500	linear	45.000	50.625
04	45.000	(11.250)	22.500	linear	22.500	33.750
05	22.500	(5.625)	22.500	linear	0	16.875
06	–	–	–	–	–	0

Übersicht 21-3: *Abschreibungsplan einer Produktionsanlage der Maschinenbau AG bei einer Nutzungsdauer von fünf Jahren*

Da der beizulegende Wert ab dem Jahr 03 und an den folgenden Bilanzstichtagen bis zum Ende der planmäßigen Nutzungsdauer niedriger als die planmäßig fortgeführten Restbuchwerte ist, ist das Kriterium „dauernde Wertminderung“ erfüllt und folglich ist außerplanmäßig abzuschreiben.

Der Schaden ist zum Ende des Jahres 03 eingetreten, so dass die Anlage im Jahr 03 zunächst planmäßig abgeschrieben wird. Der Buchwert zum 31.12.03 ist dann um den Betrag zu korrigieren, um den sich der fortgeführte Buchwert von dem Buchwert unterscheidet, der sich ergeben hätte, wenn von Anfang an eine Nutzungsdauer von fünf Jahren zugrunde gelegt worden wäre.

Im Jahr 03 wird die Anlage daher zunächst planmäßige um 16.875 GE abgeschrieben (vgl. den Abschreibungsplan aus Teilaufgabe (b)). Der planmäßige Restbuchwert zum 31.12.03 in Höhe von 50.625 GE ist anschließend außerplanmäßig um 5.625 GE abzuschreiben, um die durch die Wertminderung um ein Jahr verkürzte Nutzungsdauer der Produktionsanlage zu erfassen:

	Restbuchwert zum 31.12.02	67.500 GE
–	planmäßige Abschreibung im Jahr 03	– 16.875 GE
=	vorläufiger Restbuchwert zum 31.12.03	50.625 GE
–	außerplanmäßige Abschreibung im Jahr 03	– 5.625 GE
=	Restbuchwert zum 31.12.03	45.000 GE

Nach der außerplanmäßigen Abschreibung ergibt sich ein Restbuchwert zum 31.12.03 in Höhe von 45.000 GE.

Lösung zu Teilaufgabe (d)

Wenn sich nach einer außerplanmäßigen Abschreibung in späteren Jahren herausstellt, dass die Gründe dafür nicht mehr bestehen, darf der niedrigere Wertansatz gemäß § 253 Abs. 5 Satz 1 HGB nicht beibehalten werden (**Wertaufholungsgebot**). Die Maschinenbau AG ist somit verpflichtet, eine Zuschreibung vorzunehmen.

Da der Grund für die außerplanmäßige Abschreibung erst Ende 04 entfällt, ist zunächst für das Jahr 04 eine planmäßige Abschreibung auf Basis des Restbuchwertes zum 31.12.03 vorzunehmen. Anschließend ist der **Zuschreibungsbetrag** zu ermitteln. Der maximale Zuschreibungsbetrag ergibt sich aus der Differenz zwischen den unter Berücksichtigung der außerplanmäßigen Abschreibung fortgeführten Anschaffungskosten und dem ohne Berücksichtigung der außerplanmäßigen Abschreibung ermittelten Restbuchwert zum 31.12.04:

	Restbuchwert zum 31.12.03	45.000 GE
–	Planmäßige Abschreibung im Jahr 04	– 22.500 GE
=	Vorläufiger Restbuchwert zum 31.12.04	22.500 GE
	Fortgeführte Anschaffungskosten zum 31.12.04 (vgl. den Abschreibungsplan in Teilaufgabe (b))	33.750 GE
	Differenz = Zuschreibungsbetrag	11.250 GE

Die Produktionsanlage ist nach der Zuschreibung in Höhe von 11.250 GE am 31.12.04 mit einem **Restbuchwert** in Höhe von 33.750 GE (= fortgeführte Anschaffungskosten) zu bilanzieren.

Lösung zu Teilaufgabe (e)

Im Jahr 05 stellt sich heraus, dass die Nutzungsdauer der Maschine nicht wie ursprünglich geplant sechs Jahre, sondern zehn Jahre betragen wird. In dieser Situation bieten sich vier verschiedene Möglichkeiten an, den Abschreibungsplan fortzuführen bzw. zu korrigieren.

Die **erste Möglichkeit** besteht darin, entsprechend dem ursprünglichen Abschreibungsplan zu verfahren und damit weiterhin über sechs Jahre abzuschreiben. Bei dieser Möglichkeit wird indes die Vermögens- und die Ertragslage des Unternehmens falsch dargestellt. Die Vermögenslage wird falsch ausgewiesen, weil der Anlagegegenstand unterbewertet ist und damit stille Reserven gebildet werden. Die Ertragslage wird falsch dargestellt, da keine periodengerechte Erfassung des Aufwandes erfolgt. Als jährliche Abschreibung wird nämlich nicht der Betrag verrechnet, der sich ergeben hätte, wenn die Maschine ab dem Jahr 01 über zehn Jahre linear abgeschrieben worden wäre (120.000 GE / 10 Jahre = 12.000 GE p. a. im Vergleich zu 120.000 GE / 6 Jahre = 20.000 GE p. a.).

Nach dem Jahr 06 steht die Produktionsanlage mit einem Erinnerungswert von 1 GE in den Büchern, obwohl sie weiterhin genutzt wird. In der GuV darf ab diesem Jahr kein Abschreibungsaufwand mehr verrechnet werden, da im Handelsrecht die Regel „keine Abschreibung unter Null" gilt. Die Jahresergebnisse der Jahre 07 bis 10 sind folglich um die nicht verrechneten Abschreibungen zu hoch, wodurch die Ertragslage zu gut dargestellt wird.

Bei der **zweiten Möglichkeit**, den Abschreibungsplan zu korrigieren, wird der Restbuchwert am Ende des fünften Jahres (Restbuchwert per 31.12.05 = 20.000 GE) linear auf die fünf nachfolgenden Jahre verteilt (20.000 GE / 5 Jahre = 4.000 GE p. a.). Auch bei dieser Möglichkeit werden weder die Vermögens- noch die Ertragslage richtig ausgewiesen. Die zweite Möglichkeit erlaubt aber einen tendenziell besseren Einblick in die Vermögens- und Ertragslage als die erste Möglichkeit, da über den gesamten Zeitraum Abschreibungen – wenn auch in zu geringer Höhe – verrechnet werden.

Nach der **dritten Möglichkeit** wird ab dem Jahr 06 als jährliche Abschreibung der Betrag zugrunde gelegt, der sich ergeben hätte, wenn vom Jahr 01 an über zehn Jahre linear abgeschrieben worden wäre (120.000 GE / 10 Jahre = 12.000 GE p. a.). Dadurch ist der Gegenstand am Ende des Jahres 07 vollständig abgeschrieben. Diese Möglichkeit führt zwar für das Jahr 06 zu einer richtigen Aufwandsbelastung in Höhe von 12.000 GE, in den Jahren 07 bis 10 kann indes keine Abschreibung in richtiger Höhe verrechnet werden: Im Jahr 07 kann nur noch der Restbuchwert in Höhe von 8.000 GE und in den Jahren 08 bis 10 überhaupt nicht mehr abgeschrieben werden („keine Abschreibung unter Null"). Die Vermögenslage wird bei dieser Möglichkeit vom Jahr 06 bis zum Jahr 10 nicht richtig ausgewiesen, da der Vermögensgegenstand zu niedrig bewertet ist und dadurch stille Reserven im Jahresabschluss enthalten sind.

Bei der **vierten Möglichkeit** wird – wie bei der dritten Möglichkeit – als jährliche Abschreibung der Betrag angenommen, der sich ergeben hätte, wenn vom Jahr 01 an über zehn Jahre linear abgeschrieben worden wäre (120.000 GE / 10 Jahre = 12.000 GE p. a.). Zusätzlich wird hier im Jahr 05 eine Zuschreibung auf den Restbuchwert vorgenommen, der sich ergeben hätte, wenn von Anfang an die Nutzungsdauer von zehn Jahren zugrunde gelegt worden wäre (60.000 GE). Ab dem Jahr 06 entspricht diese Möglichkeit dem Abschreibungsplan, der sich ergeben hätte, wenn die richtige Nutzungsdauer schon anfangs bekannt gewesen wäre. Diese Möglichkeit führt deshalb ab dem Jahr 06 sowohl zu einem richtigen Ausweis der Vermögenslage als auch zu einem richtigen Ausweis der Ertragslage. Allerdings wird das Jahresergebnis des Jahres 05 durch die Zuschreibung verzerrt. Die vierte Möglichkeit stellt demnach unter betriebswirtschaftlichen Aspekten die beste Lösung dar. Im Folgenden wird diese Lösung bilanzrechtlich diskutiert.

Die **Zulässigkeit einer Zuschreibung** auf bisher nur **planmäßig abgeschriebene Vermögensgegenstände** ist handelsrechtlich umstritten. Nach der hier vertretenen Ansicht ist die vierte Möglichkeit handelsrechtlich nicht zulässig, weil das HGB eine Zuschreibung auf planmäßig abgeschriebene Vermögensgegenstände durch das Zuschreibungsgebot des § 253 Abs. 5 Satz 1 HGB untersagt. § 253 Abs. 5 Satz 1 HGB fordert Zuschreibungen nämlich explizit nur nach vorangegangener **außerplanmäßiger** Abschreibung. Auch eine Beurteilung hinsichtlich der GoB-Konformität würde unter Beachtung aller Aspekte zu diesem Ergebnis führen.

Gemäß dem **Grundsatz der Abgrenzung der Sache nach** sollen den Erträgen die entsprechenden Aufwendungen gegenübergestellt werden. Die entsprechenden Aufwendungen werden nur bei der vierten Alternative berechnet. Gemäß dem **Grundsatz der Richtigkeit** sind Vermögensgegenstände mit den „richtigen" Werten anzusetzen. Als „richtiger Wert" kann nur der Wert gelten, der sich nach dem Abschreibungsplan ergäbe, wenn man die tatsächliche Nutzungsdauer zugrunde legte. Sollen die Grundsätze der Abgrenzung der Sache nach und der Richtigkeit nicht verletzt werden, wäre folglich eine Zuschreibung erforderlich.

Mit einer Zuschreibung wird – wie bei jeder Änderung des Abschreibungsplans – der **Grundsatz der Bewertungsstetigkeit** durchbrochen und damit die zeitliche Vergleichbarkeit der Abschlussinformationen eingeschränkt. Die Vergleichbarkeit der Abschlussinformationen ist allerdings dann gewährleistet, wenn derartige Unstetigkeiten erläutert werden. Kapitalgesellschaften und haftungsbeschränkte Personenhandelsgesellschaften sind gemäß § 265 Abs. 1 und 2 HGB sowie § 284 Abs. 2 HGB verpflichtet, derartige Unstetigkeiten im Anhang zu erläutern und zu begründen, sofern sie erheblich sind.

Wenn die vierte Möglichkeit aber zugelassen würde, wäre dem Bilanzierenden die Möglichkeit gegeben, immer dann – vor allem, wenn die Ertragslage ungünstig ist – Zuschreibungen mit dem Argument vorzunehmen, dass die Nutzungsdauer bestimmter abnutzbarer Anlagegegenstände bisher zu kurz bemessen worden sei. Der Abschlussprüfer könnte nicht beurteilen, ob diese Argumentation zutreffend ist. Mit dieser Zuschreibungsmöglichkeit für planmäßig abgeschriebenes Anlagevermögen würde dem Bilanzierenden ermöglicht, die Ertragslage willkürlich zu gestalten.

Da der Grundsatz der Willkürfreiheit ein wesentlicher handelsrechtlicher Rahmengrundsatz ist, muss die vierte Möglichkeit zur Anpassung der Nutzungsdauer ausgeschlossen werden. Die erste bis dritte Möglichkeit sind indes handelsrechtlich – unter Beachtung möglicher Erläuterungspflichten – zulässig.

Übung 22: Komponentenansatz nach IFRS

Sachverhalt

Die Wärme AG erwirbt am 31.12.01 ein Verwaltungsgebäude zu einem Kaufpreis von 200.000 GE. Das Gebäude wird linear über 20 Jahre abgeschrieben. Im Kaufpreis ist eine erst im Dezember 01 fertiggestellte und in Betrieb genommene Heizungsanlage, deren Anschaffungskosten 40.000 GE betragen haben, enthalten. Diese Anlage wird voraussichtlich über einen Zeitraum von zehn Jahren genutzt werden können. In regelmäßigen Abständen von zwei Jahren müssen der Brenner und die Hauptrohre der Heizungsanlage einer aufwendigen Inspektion des Herstellers unterzogen werden, um die Betriebserlaubnis zu erneuern. Die vertraglich fixierten Kosten für die Inspektionen betragen jeweils 2.500 GE.

Aufgaben

(a) Wie ist der Sachverhalt bei der Wärme AG nach IFRS zu bilanzieren?

(b) Nennen Sie die erforderlichen Buchungssätze zum 31.12.01, 31.12.02 und zum 31.12.03.

Literaturhinweis

BAETGE, JÖRG/KIRSCH, HANS-JÜRGEN/THIELE, STEFAN, Bilanzen, 16. Aufl., Düsseldorf 2021, Kap. V Abschn. 532.11.

Lösungen

Lösung zu Teilaufgabe (a)

Der **Komponentenansatz des IAS 16 (Sachanlagen)** verlangt, dass die Wärme AG den zu aktivierenden Betrag einer komplexen Sachanlage auf deren einzelne – im Verhältnis zum Gesamtwert des Vermögenswertes wesentliche – Komponenten aufteilt und einer differenzierten Folgebewertung unterzieht (IAS 16.43). Diese Regelung ist von der Wärme AG aber nur dann anzuwenden, wenn die wesentlichen Teile einer komplexen Sachanlage unterschiedliche Nutzungsdauern aufweisen oder – ihrem Nutzungsverlauf entsprechend – mit unterschiedlichen Methoden abzuschreiben sind. Die Frage, wann ein Teil einer Sachanlage wesentlich ist, beantwortet der Standard nicht. Insofern ist es dem bilanzierenden Unternehmen überlassen, in Abhängigkeit des jeweiligen Einzelfalles entsprechende Grenzen zu definieren. Im Schrifttum wird die Auffassung vertreten, dass eine Komponente dann als wesentlich zu betrachten ist, wenn ihr Wert mindestens 5 % der Anschaffungs- oder Herstellungskosten der Sachanlage ausmacht. Im vorliegenden Sachverhalt beträgt der wertmäßige Anteil der Heizungsanlage an den Anschaffungskosten des Gebäudes 20 %

(= 40.000 GE / 200.000 GE) und ist damit wesentlich. Entsprechend ist die **Heizungsanlage** gemäß dem Komponentenansatz **getrennt vom Gebäude** zu aktivieren und abzuschreiben.

Da die Heizungsanlage in regelmäßigen Abständen von zwei Jahren einer umfangreichen Inspektion zu unterziehen ist, stellt sich die Frage nach der Abbildung dieser Maßnahmen im IFRS-Abschluss. Nach IAS 16.14 sind die Kosten jeder größeren Inspektion im Buchwert der jeweiligen Sachanlage als Zugang zu erfassen, sofern die allgemeinen Ansatzkriterien des Frameworks für Vermögenswerte (CF.4.3-4.25) erfüllt sind. Dabei ist es unbeachtlich, ob einzelne Teile des Vermögenswertes ersetzt werden. Dies bedeutet, dass die durchzuführenden Inspektionen einen künftigen wirtschaftlichen Nutzenzufluss erwarten lassen müssen und die Kosten dieser Maßnahmen verlässlich bestimmt werden können. Der künftige wirtschaftliche Nutzenzufluss einer Inspektion resultiert im vorliegenden Sachverhalt aus der Erhaltung des Nutzenpotentials der Heizungsanlage. Ohne die regelmäßigen Inspektionen würde sich die Betriebserlaubnis der Heizungsanlage nicht erneuern. Die Anlage müsste abgeschaltet werden. Die Kosten der Inspektionen sind vertraglich fixiert und damit verlässlich bestimmbar. Die **Inspektionskosten** erfüllen die in IAS 16.14 genannten Kriterien und sind **getrennt von der Heizungsanlage** zu aktivieren und abzuschreiben.

In den Anschaffungskosten langlebiger Sachanlagen, die regelmäßig größeren Inspektionen zu unterziehen sind, ist oft bereits eine bis zum ersten Inspektionstermin abzuschreibende Inspektionskomponente enthalten. Komponenten einer Sachanlage können nicht nur physische Bestandteile, sondern auch rechnerische Anteile (z. B. künftige Inspektionskosten), sein. Im vorliegenden Sachverhalt betragen die Inspektionskosten 2.500 GE. Dies entspricht 6,25 % (= 2.500 GE / 40.000 GE) der Anschaffungskosten der Heizungsanlage. Der Anteil ist wesentlich, wodurch die Kosten der ersten Inspektion wiederum getrennt von der Heizungsanlage zu aktivieren und abzuschreiben sind. Folglich wird die Heizungsanlage mit einem Wert von 37.500 GE in der IFRS-Bilanz angesetzt und ein zusätzlicher Aktivposten für die Inspektionskomponente in Höhe von 2.500 GE gebildet.

Die Heizungsanlage wird linear über zehn Jahre abgeschrieben, während die aktivierten Inspektionskosten über einen Zeitraum von zwei Jahren abzuschreiben sind. Im Zeitpunkt der Durchführung der Inspektion sind die angefallenen Kosten der folgenden Inspektion wiederum als wesentlicher Teil der Heizungsanlage separat zu aktivieren und abzuschreiben. Ein gegebenenfalls verbleibender Restbuchwert der aktivierten Kosten für die vorhergehende Inspektion ist auszubuchen.

Insgesamt kommt es durch die separate Aktivierung und Abschreibung zu einer Ergebnisglättung. Würden die Aufwendungen für die Inspektionen nur in den Perioden erfasst, in denen die Inspektionen tatsächlich durchgeführt werden, würde das Jahresergebnis dieser Perioden zu hoch belastet. Im Gegensatz dazu würde das Jahresergebnis der Perioden, in denen keine Inspektion durchgeführt wird, zu niedrig belastet. Der Komponentenansatz führt durch die separate Aktivierung und Abschreibung der Inspektionskomponente zu einer jährlich gleich bleibenden Ergebnisbelastung und damit zu einer periodengerechten Erfolgsermittlung.

Lösung zu Teilaufgabe (b)

Der Erwerb des Gebäudes und der separate Ansatz der Heizung sowie der Inspektionskosten am 31.12.01 ist von der Wärme AG mit dem folgenden Buchungssatz zu erfassen:

Gebäude	160.000 GE			
Heizung	37.500 GE			
Inspektion	2.500 GE	an	Bank	200.000 GE

Am 31.12.02 sind die Abschreibung des Gebäudes sowie der separat aktivierten Komponenten wie folgt zu erfassen:

Abschreibungen	13.000 GE	an	Gebäude	8.000 GE
			Heizung	3.750 GE
			Inspektion	1.250 GE

Am 31.12.03 sind wiederum das Gebäude sowie die separat aktivierten Komponenten abzuschreiben:

Abschreibungen	13.000 GE	an	Gebäude	8.000 GE
			Heizung	3.750 GE
			Inspektion	1.250 GE

Die Inspektionskomponente ist durch die obige Buchung auf einen Wert von 0 GE abgeschrieben worden. Am selben Tag wird indes die Inspektion des Herstellers durchgeführt, weshalb erneut eine Inspektionskomponente mit einem Wert von 2.500 GE von der Wärme AG zu aktivieren ist. Dies ist mit dem folgenden Buchungssatz zu erfassen:

Inspektion	2.500 GE	an	Bank	2.500 GE

Übung 23: Neubewertung des Sachanlagevermögens nach IFRS

Sachverhalt

Die GIA AG baut im Jahr 01 eine Maschine, welche sie selbst nutzen wird. Die Herstellungskosten betragen 445,00 GE. Die Nutzungsdauer beträgt fünf Jahre. Der Restwert am Ende der Nutzungsdauer beträgt voraussichtlich 0 GE.

Die beizulegenden Zeitwerte der Maschine für die kommenden fünf Jahre, welche jeweils am Bilanzstichtag zum 31.12. ermittelt werden, betragen jeweils:

Jahr	01	02	03	04	05	06
Beizulegender Zeitwert der Maschine (in GE)	480,00	370,00	250,00	160,00	95,00	0

Die Maschine wird nach dem Neubewertungsmodell des IAS 16.31 bewertet. Der Neubewertungsbetrag wird zu jedem Bilanzstichtag ermittelt.

Aufgabe

Wie ist der Sachverhalt in der IFRS-Bilanz und in der Gesamtergebnisrechnung der GIA AG jeweils zum 31.12. zu erfassen? Geben Sie die entsprechenden Buchungssätze an. Gehen Sie bei Ihrer Lösung davon aus, dass die Neubewertungsrücklage ratierlich in den Gewinnrücklagen erfasst wird.

Literaturhinweis

BAETGE, JÖRG/KIRSCH, HANS-JÜRGEN/THIELE, STEFAN, Bilanzen, 16. Aufl., Düsseldorf 2021, Kap. IV Abschn. 532.

Lösung

Die fortgeführten Herstellungskosten sowie die jeweiligen beizulegenden Zeitwerte der Maschine, welche jeweils am Bilanzstichtag zum 31.12. ermittelt werden, betragen jeweils:

Jahr	01	02	03	04	05	06
Fortgeführte Herstellungskosten (in GE)	445,00	356,00	267,00	178,00	89,00	0
Beizulegender Zeitwert der Maschine (in GE)	480,00	370,00	250,00	160,00	95,00	0

Übersicht 23-1: *Fortgeführte Herstellungskosten und beizulegende Zeitwerte einer Maschine der GIA AG für die Jahre 01 bis 06*

Zum 31.12.01 wird die Maschine mit ihren Herstellungskosten in Höhe von 445,00 GE bewertet. Die Restnutzungsdauer beträgt fünf Jahre. Die planmäßigen Abschreibungen betragen somit 89,00 GE pro Jahr.

Im Jahr 02 werden planmäßig 89,00 GE abgeschrieben:

Abschreibung	89,00 GE	an	Maschine	89,00 GE

Zum 31.12.02 wird die Maschine mit dem Neubewertungsbetrag von 370,00 GE angesetzt. Die Differenz zwischen den fortgeführten Anschaffungskosten und dem Neubewertungsbetrag wird im Eigenkapital erfasst:

Maschine	14,00 GE	an	Neubewertungsrücklage	14,00 GE

Der Buchwert der Maschine zum 31.12.02 beträgt 370,00 GE. Die Restnutzungsdauer beträgt vier Jahre. Die planmäßigen Abschreibungen betragen somit 92,50 GE.

Im Jahr 03 werden 92,50 GE Abschreibung erfasst:

Abschreibung	92,50 GE	an	Maschine	92,50 GE

Gemäß IAS 16.41 ist es zulässig, die Differenz zwischen der Abschreibung auf den neubewerteten Buchwert und der Abschreibung auf der Basis historischer Anschaffungs- oder Herstellungskosten von der Neubewertungsrücklage in die Gewinnrücklagen umzubuchen. Daher sind zum 31.12.03 3,50 GE der Neubewertungsrücklage in die Gewinnrücklage einzustellen:

Neubewertungsrücklage	3,50 GE	an	Gewinnrücklagen	3,50 GE

Der Restbuchwert vor Neubewertung zum 31.12.03 beträgt 277,50 GE. Der Neubewertungsbetrag beträgt 250,00 GE. Daher ist die Maschine mit 250,00 GE zu bewerten. Zunächst ist die Neubewertungsrücklage erfolgsneutral aufzulösen:

Neubewertungsrücklage	10,50 GE	an	Maschine	10,50 GE

Die verbleibende Abwertung von 17,00 GE wird gemäß IAS 16.40 erfolgswirksam erfasst:

Außerplanmäßige Abschreibung	17,00 GE	an	Maschine	17,00 GE

Zum 31.12.03 wird die Maschine somit mit 250,00 GE bewertet. Die Restnutzungsdauer beträgt drei Jahre, die planmäßigen Abschreibungen betragen somit 83,33 GE.

Im Jahr 04 sind die planmäßigen Abschreibungen wie folgt zu buchen:

Abschreibung	83,33 GE	an	Maschine	83,33 GE

Daraus resultiert ein Restbuchwert von 166,67 GE. Da der beizulegende Zeitwert der Maschine zum 31.12.04 160,00 GE beträgt, sind weitere 6,67 GE als außerplanmäßige Abschreibung zu erfassen:

Außerplanmäßige Abschreibung	6,67 GE	an	Maschine	6,67 GE

Die Maschine wird zum 31.12.04 mit 160,00 GE in der Bilanz bewertet. Die Restnutzungsdauer beträgt zwei Jahre, die planmäßigen Abschreibungen somit 80,00 GE pro Jahr. Im Jahr 05 wird die planmäßige Abschreibung von 80,00 GE erfasst:

Abschreibung	80,00 GE	an	Maschine	80,00 GE

Der Restbuchwert der Maschine beträgt 80,00 GE. Der beizulegende Zeitwert der Maschine beträgt zum 31.12.05 95,00 GE. Somit ist die Maschine auf 95,00 GE zuzuschreiben. Die Differenz zwischen Buchwert und den fortgeführten Anschaffungskosten in Höhe von 9,00 GE ist erfolgswirksam zu erfassen:

Maschine	9,00 GE	an	Ertrag	9,00 GE

Die verbleibenden 6,00 GE sind erfolgsneutral in die Neubewertungsrücklage einzustellen:

Maschine	6,00 GE	an	Neubewertungsrücklage	6,00 GE

Im Jahr 06 wird die Maschine auf 0 GE abgeschrieben und der Betrag von 6,00 GE aus der Neubewertungsrücklage in die Gewinnrücklagen umgebucht:

Neubewertungsrücklage	6,00 GE	an	Gewinnrücklagen	6,00 GE

Folgende Übersicht 23-2 fasst die Auswirkungen des Sachverhaltes zusammen (alle Beträge in GE):

Jahr	01	02	03	04	05	06
Fortgeführte Anschaffungskosten	445,00	356,00	267,00	178,00	89,00	0
Beizulegender Zeitwert	480,00	370,00	250,00	160,00	95,00	0
Planmäßige Abschreibung	0	89,00	92,50	83,33	80,00	95,00
Neubewertungsrücklage	0	14,00	0	0	6,00	0
Umbuchung in Gewinnrücklagen	0	0	3,50	0	0	6,00
Erfolgswirksame außerplanmäßige Abschreibung	0	0	17,00	6,67	0	0
Erfolgswirksame Zuschreibung	0	0	0	0	9,00	0

Übersicht 23-2: *Bilanzierung einer Maschine der GIA AG bei Anwendung des Neubewertungsmodells*

Übung 24: Wertminderung von Maschinen nach IFRS

Sachverhalt

Die GIA AG unterhält in Florida eine Produktionsstätte zur Herstellung von Kopfschmerztabletten für den regionalen Markt. Zeitungsberichten zufolge bringt ein Konkurrent in Florida eine günstigere Kopfschmerztablette auf den Markt. Vermutlich wird die GIA AG dadurch Umsatzeinbußen erleiden. Der Rechnungswesenleiter der GIA AG fragt sich, ob er zum Ende des Jahres im IFRS-Abschluss eine außerplanmäßige Wertminderung für die Produktionsstätte in Florida vornehmen muss.

Folgende Daten stehen zur Verfügung:

Die Produktionsstätte in Florida besteht im Wesentlichen aus drei Maschinen, welche alle eine Restnutzungsdauer von fünf Jahren besitzen. Nach diesen fünf Jahren wird der Betrieb der Fabrik eingestellt. Der Buchwert der Maschinen beträgt insgesamt 600.000 GE. Dieser verteilt sich wie folgt auf die Maschinen:

Maschine A: 300.000 GE

Maschine B: 250.000 GE

Maschine C: 50.000 GE

Maschine A könnte am Ende des Jahres für 100.000 GE verkauft werden. Dabei würden Aufwendungen für Abbrucharbeiten und Transport in Höhe von 25.000 GE anfallen. Maschine A kann nicht alleine genutzt werden.

Maschine B besitzt einen Buchwert von 250.000 GE. Würde Maschine B am Ende des Jahres verkauft, könnten Verkaufserlöse von 220.000 GE realisiert werden. Für Abbruchkosten und Transport hätte die GIA AG Ausgaben in Höhe von 19.200 GE.

Maschine C hat einen Buchwert von 50.000 GE. Die GIA AG hat eine vertragliche Zusage eines Maschinenhändlers, dass für diese Maschine mindestens ein Verkaufserlös in Höhe des derzeitigen Buchwertes erzielt wird. Da die GIA AG darauf bedacht war, möglichst geringe Abschreibungsbeträge pro Jahr zu berechnen, wird sie auch von niemandem einen höheren Verkaufserlös bekommen. Abbruchkosten würden lediglich in Höhe von 5.000 GE anfallen.

Die Zahlungsüberschüsse der gesamten Produktionsstätte wurden in der Zentrale in Berlin ermittelt. Für das erste Jahr rechnet man mit einem Zahlungsüberschuss von 70.000 GE (2: 100.000 GE, 3: 150.000 GE, 4: 80.000 GE, 5: 20.000 GE). Nach fünf Jahren erwartet man in der Controllingzentrale der GIA AG einen Netto-Verkaufserlös der drei Maschinen von 40.000 GE.

Aufgabe

Ist nach IFRS eine Wertminderung für die Produktionsstätte in Florida vorzunehmen? Legen Sie Ihren Berechnungen einen Zinssatz von 10 % zugrunde.

Literaturhinweis

BAETGE, JÖRG/KIRSCH, HANS-JÜRGEN/THIELE, STEFAN, Bilanzen, 16. Aufl., Düsseldorf 2021, Kap. V Abschn. 532.21 und 23.

Lösung

Für die Beurteilung, ob eine Wertminderung vorliegt, hat die GIA AG den einschlägigen **IAS 36 (Wertminderung von Vermögenswerten)** zu berücksichtigen. Nach IAS 36.59 ist eine Wertminderung bei einem Vermögenswert immer dann vorzunehmen, wenn der Buchwert des Vermögenswertes größer ist als der erzielbare Betrag.

Der **erzielbare Betrag** eines Vermögenswertes ist der höhere Betrag aus dem beizulegenden Zeitwert abzüglich der Kosten des Abgangs und dem Nutzungswert des Vermögenswertes (IAS 36.6 sowie IAS 36.18). Der beizulegende Zeitwert abzüglich der Kosten des Abgangs wird aus der Differenz des Veräußerungserlöses und der im Fall des Verkaufs anfallenden Veräußerungskosten ermittelt. Der Nutzungswert eines Vermögenswertes setzt sich zusammen aus den diskontierten Netto-Einzahlungsüberschüssen, die mit dem Vermögenswert erzielt werden, und dem Veräußerungserlös für den Vermögenswert am Ende der Nutzungsdauer (IAS 36.6, IAS 36.28-57).

Grundsätzlich ist der Wertminderungstest (Impairment-Test) auf jeden einzelnen Vermögenswert anzuwenden. Kann indes für einen einzelnen Vermögenswert kein Nettoveräußerungspreis oder kein Nutzungswert ermittelt werden, wird die gesamte **zahlungsmittelgenerierende Einheit (ZGE)**, der der Vermögenswert zuzurechnen ist, auf eine Wertminderung hin untersucht (IAS 36.66).

Ein Wertminderungstest ist immer dann vorzunehmen, wenn **Anhaltspunkte** für eine mögliche Wertminderung vorliegen (IAS 36.8). Ein solcher Hinweis ist im Sachverhalt gegeben, da ein Konkurrent eine günstigere Kopfschmerztablette auf den Markt bringt und dadurch voraussichtlich Umsatzeinbußen entstehen werden (vgl. auch IAS 36.12 (b)).

Da die einzelnen Maschinen keine Mittelzuflüsse erzeugen, die weitgehend unabhängig voneinander sind, stellt die Produktionsstätte in Florida für die GIA AG eine ZGE dar (IAS 36.67 (b)). Für den Wertminderungstest ist der erzielbare Betrag der Produktionsstätte zu ermitteln (IAS 36.74). Hierzu sind der beizulegende Zeitwert abzüglich der Kosten des Abgangs und der Nutzungswert miteinander zu vergleichen. Der höhere beider Beträge muss dann als erzielbarer Betrag mit dem Buchwert der Produktionsstätte verglichen werden. Liegt der Buchwert über dem erzielbaren Betrag, besteht die Pflicht, die Produktionsstätte außerplanmäßig abzuschreiben.

Zur Ermittlung des Nutzungswertes werden die Netto-Cashflows der gesamten Produktionsstätte auf den Beurteilungszeitraum diskontiert. Folgende Übersicht zeigt, wie der Nutzungswert ermittelt wird (hier und im Folgenden alle Werte in GE):

Jahr	01	02	03	04	05
Netto-Cashflow	70.000	100.000	150.000	80.000	60.000
Barwert	63.640	82.640	112.700	54.640	37.260
Summe der Barwerte	63.640	146.280	258.980	313.620	350.880

Übersicht 24-1: *Ermittlung des Nutzungswertes einer Produktionsstätte der GIA AG in Florida*

Anschließend wird der Nutzungswert mit dem beizulegenden Zeitwert abzüglich der Kosten des Abgangs verglichen. Der höhere beider Beträge wird als erzielbarer Betrag festgelegt:

	Buchwert	Verkaufs-erlös	Veräuße-rungskos-ten	Beizule-gender Zeitwert abzüglich Kosten des Abgangs	Nutzungs-wert	Erzielbarer Betrag
Maschine A	300.000	100.000	25.000	75.000	–	75.000
Maschine B	250.000	220.000	19.200	200.800	–	200.800
Maschine C	50.000	50.000	5.000	45.000	–	45.000
Produktions-stätte	600.000	370.000	49.200	320.800	350.880	350.880

Übersicht 24-2: *Ermittlung der beizulegenden Zeitwerte abzüglich der Veräußerungskosten und der erzielbaren Beträge der Maschinen einer Produktionsstätte der GIA AG in Florida*

Der Nutzungswert der Produktionsstätte (350.880 GE) ist höher als der beizulegende Zeitwert abzüglich der Kosten des Abgangs (320.800 GE). Daher entspricht in diesem Fall der Nutzungswert dem erzielbaren Betrag der Produktionsstätte. Da der erzielbare Betrag der Produktionsstätte niedriger ist als der Buchwert, liegt ein Wertminderungsbedarf vor. Der (außerplanmäßige) Abschreibungsbetrag der Produktionsstätte in Höhe von 249.120 GE ergibt sich als Differenz zwischen dem Buchwert und dem erzielbaren Betrag der Produktionsstätte (= 600.000 GE – 350.880 GE). Der Abschreibungsbetrag ist den Maschinen proportional zu den Buchwerten zuzuteilen. Dabei ist zu berücksichtigen, dass der erzielbare Betrag der einzelnen Maschine nicht unterschritten werden darf (IAS 36.105).

Die folgende Übersicht zeigt, wie die den Maschinen in einem ersten Schritt zuzurechnende Abschreibung ermittelt wird. Diese ist der kleinere Betrag aus der Differenz zwischen dem Buchwert und dem erzielbaren Betrag sowie dem anteiligen Betrag der gesamten Abschreibungen der Produktionsstätte auf Basis der relativen Buchwerte:

	Buchwert	Erzielbarer Betrag	Maximale Abschreibung (I – II)	Relativer Buchwert auf Basis der ZGE	Gesamte Abschreibung Produktionsstätte (249.120 · IV)	Zuzurechnende Abschreibung Min {III;V}
	I	II	III	IV	V	VI
Maschine A	300.000	75.000	225.000	50,00 %	124.560	124.560
Maschine B	250.000	200.800	49.200	41,67 %	103.810	49.200
Maschine C	50.000	45.000	5.000	8,33 %	20.750	5.000

Legende:
Min ≙ Minimum aus
ZGE ≙ Zahlungsmittelgenerierende Einheit

Übersicht 24-3: *Ermittlung der Abschreibungsbeträge der Maschinen einer Produktionsstätte der GIA AG in Florida*

Folgende Übersicht zeigt den Buchwert, den erzielbaren Betrag, die zugerechnete Abschreibung sowie den vorläufig ermittelten, neuen Buchwert der jeweiligen Maschinen:

	Alter Buchwert	Erzielbarer Betrag	Zugerechnete Abschreibung	Neuer Buchwert
Maschine A	300.000	75.000	124.560	175.440
Maschine B	250.000	200.800	49.200	200.800
Maschine C	50.000	45.000	5.000	45.000
Produktionsstätte	600.000	320.800	178.760	421.240

Übersicht 24-4: *Ermittlung der Buchwerte der Maschinen einer Produktionsstätte der GIA AG in Florida*

Der Buchwert der zahlungsmittelgenerierenden Einheit beträgt damit zunächst 421.240 GE. Der erzielbare Betrag beträgt indes nur 350.880 GE, d. h. die Abschreibung der Produktionsstätte ist im ersten Schritt noch um 70.360 GE (= 421.240 GE – 350.880 GE) zu gering. Dies resultiert daraus, dass den Maschinen B und C nicht der proportionale Abschreibungsbetrag auf Basis der relativen Buchwerte zugerechnet werden durfte. Der noch zu erfassende Abschreibungsbetrag von 70.360 GE ist daher der Maschine A zuzurechnen, da diese im ersten Bewertungsschritt noch über ihrem erzielbaren Betrag bewertet ist. Der im zweiten Schritt zu berechnende Buchwert von Maschine A beträgt somit 105.080 GE (= 175.440 GE – 70.360 GE). Die Wertminderung ist damit vollständig erfasst.

Übung 25: Ansatz immaterieller Vermögensgegenstände nach HGB

Sachverhalt

Der Geschäftsführer des Maschinenbauunternehmens Konstrukt AG hat seinen EDV-Fachmann beauftragt, für die neue EDV-Anlage ein leistungsfähiges Betriebssystem anzuschaffen. Darüber hinaus hat er bei einem Softwarehersteller ein Materialwirtschaftsprogramm speziell für die Konstrukt AG erstellen lassen. Das Betriebssystem und das Materialwirtschaftsprogramm sind vor dem Bilanzstichtag geliefert worden.

Der Geschäftsführer ist der Auffassung, dass es sich bei beiden Arten der Computersoftware mangels materieller (körperlicher) Konkretisierung nicht um einen bilanzierungsfähigen Vermögensgegenstand handelt.

Aufgaben

(a) Welche gesetzlichen Regelungen gelten für den Ansatz immaterieller Güter im handelsrechtlichen Jahresabschluss?

(b) Wie sind das Betriebssystem und das Materialwirtschaftsprogramm bei der Konstrukt AG zu bilanzieren?

(c) Wie ändert sich die Antwort, wenn das Materialwirtschaftsprogramm vom Programmierer der Konstrukt AG selbsterstellt worden ist?

Literaturhinweis

BAETGE, JÖRG/KIRSCH, HANS-JÜRGEN/THIELE, STEFAN, Bilanzen, 16. Aufl., Düsseldorf 2021, Kap. III Abschn. 22 und Kap. V Abschn. 21-23.

Lösungen

Lösung zu Teilaufgabe (a)

Aus dem Aktivierungsgrundsatz i. V. m. dem Grundsatz der Vollständigkeit (§ 246 Abs. 1 Satz 1 HGB) folgt, dass grundsätzlich alle Vermögensgegenstände in der Bilanz anzusetzen sind, und zwar unabhängig davon, ob es sich um materielle oder immaterielle Vermögensgegenstände handelt. Von diesem Vollständigkeitsgrundsatz abweichend besteht gemäß § 248 Abs. 2 Satz 1 HGB für selbst geschaffene immaterielle Vermögensgegenstände des Anlagevermögens ein **Ansatzwahlrecht**. Allerdings schließt dieses Wahlrecht selbst geschaffene Marken, Drucktitel, Verlagsrechte, Kundenlisten oder vergleichbare immaterielle Vermögensgegenstände nicht mit ein, für die nach § 248 Abs. 2 Satz 2 HGB ein **Ansatzverbot** gilt.

Lösung zu Teilaufgabe (b)

Das Betriebssystem und das Materialwirtschaftsprogramm stellen als selbständig verwertbare Güter Vermögensgegenstände dar. Für diese gilt grundsätzlich eine Ansatzpflicht; ein Ansatzwahlrecht besteht gemäß § 248 Abs. 2 Satz 1 HGB nur dann, wenn es sich bei der Computersoftware erstens um ein **immaterielles Gut** handelt, zweitens dieses zum **Anlagevermögen** gehört und drittens **selbst geschaffen** worden ist. Folglich ist sowohl für das Betriebssystem als auch für das Materialwirtschaftsprogramm zu prüfen, ob diese drei Bedingungen erfüllt sind.

Computersoftware ist körperlich nicht greifbar. Vom materiellen Wert des Datenträgers, auf dem die Software gespeichert ist, ist abzusehen, da dieser im Vergleich zum immateriellen Wert der Computersoftware unwesentlich ist. Somit ist Computersoftware stets ein immaterielles Gut. Damit ist die erste Bedingung erfüllt.

Da beide Computerprogramme dauerhaft dem Geschäftsbetrieb dienen sollen, ist ferner die Voraussetzung des § 247 Abs. 2 HGB erfüllt. Somit handelt es sich sowohl bei dem Betriebssystem als auch bei dem Materialwirtschaftsprogramm um immaterielle Vermögensgegenstände des Anlagevermögens. Die zweite Bedingung ist daher ebenfalls erfüllt.

Für die Überprüfung der dritten Bedingung müssen das Betriebssystem und das Materialwirtschaftsprogramm einzeln betrachtet werden:

- Das Betriebssystem wurde durch einen Kauf erworben und stellt folglich einen entgeltlich erworbenen immateriellen Vermögensgegenstand des Anlagevermögens dar. Damit ist das Kriterium drei nicht erfüllt und das Betriebssystem ist **ansatzpflichtig**.
- Das Materialwirtschaftsprogramm wird von einem externen Softwarehersteller erstellt. Für eine individuell durch einen Dritten erstellte Computersoftware ist zu unterscheiden, ob es sich um eine eigene Herstellung oder einen Erwerb handelt. Die konkrete Ansatzfähigkeit des in Auftrag gegebenen Materialwirtschaftsprogramms hängt von der Vertragsart mit dem Hersteller ab.

  Wenn das Programm im Rahmen eines **Dienstvertrages** erstellt wurde, verbleibt das Risiko der erfolgreichen Fertigstellung beim bestellenden Unternehmen. Damit handelt es sich bilanzrechtlich um eine eigene Herstellung. Somit ist in diesem Fall das dritte Kriterium erfüllt und das Materialwirtschaftsprogramm fällt unter das **Ansatzwahlrecht** des § 248 Abs. 2 HGB.

  Ist der Softwarehersteller hingegen durch einen **Werkvertrag** zum Erfolg verpflichtet, handelt es sich um den entgeltlichen Erwerb eines immateriellen Vermögensgegenstandes. Die dritte Bedingung ist daher nicht erfüllt, woraus sich eine **Ansatzpflicht** ergibt.

Lösung zu Teilaufgabe (c)

Wird das Materialwirtschaftsprogramm von einem hausinternen Programmierer erstellt, so handelt es sich – ebenso wie im Fall des extern vergebenen Dienstvertrages – um einen selbst geschaffenen immateriellen Vermögensgegenstand des Anlagevermögens. Damit fällt das hausintern erstellte Programm unter das **Ansatzwahlrecht** des § 248 Abs. 2 Satz 1 HGB.

Übung 26: Bilanzierung immaterieller Vermögenswerte nach IFRS

Sachverhalt

Von einer staatlichen Molkerei werden Milchkontingente in Form von Lizenzen vergeben. Diese Kontingente berechtigen Bauern zur Lieferung einer bestimmten Menge Alpenmilch an die staatliche Molkerei zu bestimmten Konditionen pro Tag. Die Kontingente werden in Abständen von vier Jahren neu verteilt, d. h. zu einem bestimmten Stichtag an die Bauern verkauft. In den Zeiträumen dazwischen veräußern die Bauern überschüssige bzw. erwerben die Bauern zusätzlich benötigte Kontingente an einer eigens von der staatlichen Molkerei eingerichteten Börse. Am 02.01.01 erwirbt die Kuh-Union AG, ein für ihren Betrieb angemessenes Kontingent, käuflich.

Aufgaben

(a) Beurteilen Sie, ob die Milchkontingente der Definition immaterieller Vermögenswerte nach IFRS genügen.

(b) Welche Methoden darf die Kuh-Union AG bei der Folgebewertung der Milchkontingente anwenden, wenn es sich um ansetzbare immaterielle Vermögenswerte i. S. d. IAS 38 (Immaterielle Vermögenswerte) handelt? Prüfen Sie die Voraussetzungen.

Literaturhinweis

BAETGE, JÖRG/KIRSCH, HANS-JÜRGEN/THIELE, STEFAN, Bilanzen, 16. Aufl., Düsseldorf 2021, Kap. V Abschn. 52 und 53.

Lösungen

Lösung zu Teilaufgabe (a)

Die Behandlung immaterieller Vermögenswerte nach IFRS ist – mit Ausnahme der Bilanzierung des Geschäfts- oder Firmenwertes – in IAS 38 (Immaterielle Vermögenswerte) geregelt. Die Kuh-Union AG muss deshalb prüfen, ob es sich bei den Milchkontingenten um immaterielle Vermögenswerte im Sinne des IAS 38 handelt. Der Standard definiert **immaterielle Vermögenswerte** als identifizierbare, nicht monetäre Vermögenswerte ohne physische Substanz. Ein Vermögenswert ist im Framework als eine Ressource definiert, die aufgrund von Ereignissen der Vergangenheit in der Verfügungsmacht des Unternehmens steht, und von der erwartet wird, dass dem Unternehmen aus ihr künftiger wirtschaftlicher Nutzen zufließt (CF.4.3-4.4).

Alle Kriterien der Definition müssen kumulativ erfüllt sein. Erst dann handelt es sich bei den beschriebenen Milchkontingenten um immaterielle Vermögenswerte i. S. d. IFRS.

Die Kontingente sind **Vermögenswerte**, da sie sich aufgrund der Anschaffung im Eigentum der Kuh-Union AG befinden und diese frei über die Nutzung oder Weiterveräußerung der Milchkontingente an der entsprechenden Börse entscheiden kann. Der künftige wirtschaftliche Nutzen fließt der Kuh-Union AG dadurch zu, dass sie dazu berechtigt ist, während der Laufzeit ihre Alpenmilch zu den bestimmten Konditionen an die staatliche Molkerei zu liefern.

Ein Vermögenswert ist gemäß IAS 38.12 **identifizierbar**, wenn er entweder separierbar ist oder aus einem vertraglichen oder anderen Recht entsteht. Separierbar ist der betrachtete Vermögenswert, wenn er losgelöst vom Gesamtunternehmen übertragen werden kann. Dies trifft im Fall der Milchkontingente zu. Außerdem entsteht aus dem beschriebenen Lizenzvertrag auch ein vertragliches Recht. Beide Kriterien sind einzeln bereits hinreichend, um die Identifizierbarkeit zu begründen.

Weiterhin handelt es sich bei den Milchkontingenten nicht um öffentliche Zahlungsmittel, so dass sie als **nicht monetär** einzustufen sind.

Die Lizenzen sind **ohne physische Substanz**, da sie ihre Wirkung nicht physisch entfalten, sondern durch das Recht, das sie verkörpern. Es kommt dabei nicht darauf an, ob die Lizenzen auf Papier gedruckt sind oder ob es sich lediglich um Einträge in einer Registerdatei handelt, da lediglich die Wesentlichkeit des Wertes zu beurteilen ist.

Die Milchkontingente erfüllen die Kriterien der Definition kumulativ. Sie stellen somit immaterielle Vermögenswerte i. S. d. IFRS dar.

Lösung zu Teilaufgabe (b)

Bei der **Erstbewertung** der Milchkontingente nach IFRS gibt es für die Kuh-Union AG kein Wahlrecht. Beim Zugang sind alle immateriellen Vermögenswerte mit den Anschaffungs- oder Herstellungskosten zu bewerten (IAS 38.24).

Für die **Folgebewertung** der Milchkontingente bei der Kuh-Union AG gilt hingegen ein Wahlrecht zwischen dem Anschaffungskostenmodell und dem Neubewertungsmodell (IAS 38.72). Das **Anschaffungskostenmodell** ist an keine besonderen Bedingungen geknüpft. Somit dürfen immaterielle Vermögenswerte stets zu den Anschaffungskosten angesetzt werden. Die Neubewertung wird allerdings (analog zur Folgebewertung der Sachanlagen) durch eine zusätzliche Bedingung eingeschränkt.

Das **Neubewertungsmodell** für immaterielle Vermögenswerte unterscheidet sich insofern von der Neubewertung von Sachanlagen nach IAS 16 (Sachanlagen), als dass der beizulegende Zeitwert des immateriellen Vermögenswertes nur auf einem aktiven Markt ermittelt werden darf (IAS 38.75).

Ein **aktiver Markt** für (homogene) Vermögenswerte liegt gemäß IFRS 13.A vor, wenn Geschäftsvorfälle mit dem Vermögenswert in

- ausreichender Häufigkeit und
- mit ausreichendem Volumen auftreten, so dass
- fortwährend Preisinformationen zur Verfügung stehen.

Ein so charakterisierter Markt, liegt i. d. R. indes nur für Finanzinstrumente, wie Wertpapiere, oder für in großer Zahl gehandelte gleichartige Rohstoffe, z. B. Metalle oder landwirtschaftliche Erzeugnisse, vor. Im vorliegenden Sachverhalt werden die Milchkontingente an einer Börse gehandelt. Als Käufer treten Bauern mit Überproduktionen und Betriebsvergrößerungen auf. Verkäufer von Kontingenten sind Bauern mit Unterproduktionen und solche, die ihren Betrieb aufgeben.

Bei der Börse handelt es sich um eine eigens von der staatlichen Molkerei eingerichtete Börse. Damit ist anzunehmen, dass jederzeit vertragswillige Käufer und Verkäufer gefunden werden können und Geschäftsvorfälle in ausreichender Häufigkeit und mit ausreichendem Volumen vorliegen. Durch den zentral an der Börse stattfindenden Handel der Milchkontingente stehen fortwährend repräsentative Preisinformationen für die Marktteilnehmer zur Verfügung. Bei den gehandelten Milchkontingenten handelt es sich um homogene Produkte, die Milchkontingente berechtigen jeweils zur Lieferung der Milch und die Lizenzen unterscheiden sich untereinander weder in der Qualität noch in der Laufzeit.

Da die oben genannten Kriterien im vorliegenden Sachverhalt kumulativ erfüllt sind, liegt ein aktiver Markt für die Milchlizenzen vor und das Neubewertungsmodell darf zur Folgebewertung der Lizenzen angewendet werden. Zu beachten ist indes, dass bei Anwendung des Neubewertungsmodells alle weiteren Lizenzen der Kuh-Union AG ebenfalls mit dem Neubewertungsmodell folgezubewerten sind, sofern für diese ein aktiver Markt existiert (IAS 38.72).

Übung 27: Bewertung selbsterstellter immaterieller Vermögenswerte nach IFRS

Sachverhalt

Die Totopack AG hat für einen Auftrag der Kuchen und Torten GmbH eine neue Verpackung entwickelt, in der Torten praktisch nicht zu Bruch gehen können. Da sich diese Verpackung zu Beginn des Jahres 02 als wahrer Renner auf dem Markt moderner Kuchenverpackungen herausstellt, meldet die Totopack AG neben dem bereits geschützten Geschmacksmuster für die Verpackung auch ein Patent für das gesamte Herstellungsverfahren der neuen Verpackung an.

Die Erfassung der Kosten für Forschung und Entwicklung wird von der Totopack AG im Bereich Produktdesign (Entwicklung der Verpackung) bereits durch ein festgeschriebenes und erprobtes Verfahren in Forschungs- und Entwicklungskosten aufgeteilt. Ab dem 01.03.01 sind für das gesamte Entwicklungsprojekt die sechs Voraussetzungen des IAS 38.57 kumulativ erfüllt. Im Jahr 01 können lineare Abschreibungen auf die Büroausstattung in Höhe von 6.000 GE ausschließlich auf Entwicklungstätigkeiten zurückgeführt werden. Außerdem fallen für die Entwicklung des Geschmacksmusters zwischen März und Dezember 01 Personalkosten für einen Produktdesigner und eine technische Ingenieurin in Höhe von 100.000 GE an.

Auch in der Produktionswerkstatt sind für die Entwicklung des Herstellungsverfahrens die Bedingungen nach IAS 38.57 ab dem 01.03.01 erfüllt. Da die Kostenrechnung für diese Abteilung allerdings im Jahr 01 einen personellen Engpass hatte, kann für die Abschlusserstellung keine exakte Aufstellung der Kosten zur Verfügung gestellt werden. Es sind lediglich Entwicklungskosten für einen im November 01 extern erstellten Ablaufplan für das Entwicklungsprojekt in Höhe von 5.000 GE zuordenbar. Im Juni 02 ist man – nach Fertigstellung des IFRS-Abschlusses zum 31.12.01 – in der Lage, rückwirkend zu bestimmen, dass in der Entwicklungsphase 40.000 GE Abschreibungen und 210.000 GE Personal- und Planungskosten (inkl. der Kosten für den Ablaufplan) angefallen sind. Im Juni 02 fallen weitere Kosten für die Patentanmeldung in Höhe von 20.000 GE an. Mittlerweile wurden der Totopack AG mehrere Angebote unterbreitet, das Patent auf das Herstellungsverfahren zu veräußern. Konkrete Angebote beliefen sich bisher auf 400.000 GE.

Aufgaben

(a) Wie sind das Verpackungsdesign und das Herstellungsverfahren im IFRS-Abschluss der Totopack AG des Jahres 01 zu bewerten?

(b) Wie ist das Herstellungsverfahren im IFRS-Abschluss der Totopack AG des Jahres 02 zu bewerten?

(c) Der für das Herstellungsverfahren gebotene Betrag erhöht sich bis zum Ende des Jahres 02 stetig, bis er Ende Dezember 800.000 GE beträgt. Der Vorstand der Totopack AG ist der Ansicht, dass es sinnvoll wäre, das Herstellungsverfahren nach dem Neubewertungsmodell zu bewerten, um dadurch den Investoren den tatsächlichen Wert dieser Entwicklung mitzuteilen. Sind die Voraussetzungen dafür erfüllt?

Literaturhinweis

BAETGE, JÖRG/KIRSCH, HANS-JÜRGEN/THIELE, STEFAN, Bilanzen, 16. Aufl., Düsseldorf 2021, Kap. V Abschn. 522. und 53.

Lösungen

Lösung zu Teilaufgabe (a)

Immaterielle Vermögenswerte sind bei der **Erstbewertung** durch die Totopack AG gemäß IAS 38.24 zu Anschaffungs- oder Herstellungskosten zu bewerten. Für selbsterstellte immaterielle Vermögenswerte, wie das Verpackungsdesign und das Herstellungsverfahren im beschriebenen Fall, sind nur Kosten der Entwicklungsphase anzusetzen (IAS 38.65).

Die **Entwicklungsphase** beginnt gemäß IAS 38.57 dann, wenn das bilanzierende Unternehmen Nachweise über die technische Realisierbarkeit, die Absicht zur Fertigstellung, die Fähigkeit zur Nutzung, die Festlegung der künftigen Nutzung, die Verfügbarkeit adäquater Ressourcen und die Fähigkeit der Ermittlung der Entwicklungskosten erbringen kann.

Da als Herstellungskosten nur die Entwicklungskosten angesetzt werden dürfen, die ab dem Zeitpunkt der kumulativen Erfüllung der sechs Voraussetzungen entstanden sind, sind nur Entwicklungskosten nach dem 01.03.01 zu berücksichtigen. Damit sind die Gehaltskosten in Höhe von 100.000 GE voll anzusetzen. Auch die Abschreibungen auf die Büroausstattung können der Entwicklung zugerechnet werden, so dass diese das Kriterium der direkten Zurechenbarkeit erfüllen. Indes muss der zu aktivierende Abschreibungsbetrag auf die Zeit der Entwicklungsphase gekürzt werden. Damit sind 5.000 GE der angefallenen Abschreibungen zu aktivieren. Insgesamt ist das Verpackungsdesign im IFRS-Abschluss des Jahres 01 in Höhe von 105.000 GE zu berücksichtigen.

Die Aktivierung der Entwicklungskosten für das Herstellungsverfahren ist aufgrund der fehlenden Kostenaufstellung im IFRS-Abschluss unmöglich. Die Entwicklungskosten sind daher als Aufwand im Gewinn oder Verlust zu erfassen. Da für das gesamte Projekt die Entwicklungsphase am 01.03.01 begonnen hat, sind lediglich die Kosten für die externe Erstellung des Ablaufplans, die im November angefallen sind, zurechenbar. Im IFRS-Abschluss 01 sind demnach 5.000 GE zu aktivieren. Alle angefallenen Kosten der Produktionswerkstatt sind als Aufwand zu verrechnen. Die erst nach Erstellung des IFRS-Abschlusses 01 (im Juni 02) mögliche Aufteilung der Kosten in Entwicklungskosten (nach dem 01.03.01) und andere Kosten darf nicht zu einer Korrektur des IFRS-Abschlusses 01 herangezogen werden.

Lösung zu Teilaufgabe (b)

Im Geschäftsjahr 02 ergeben sich zur Bewertung des Herstellungsverfahrens zwei neue Informationen bezüglich der Kosten. Einerseits fallen weitere Kosten durch die Anmeldung des Patents an. Andererseits ist nun die Aufstellung zu den ursprünglichen Entwicklungskosten des Verfahrens im Geschäftsjahr 01 verfügbar.

Die Entwicklungskosten des Geschäftsjahres 01 sind bereits im IFRS-Abschluss 01 als Aufwand berücksichtigt worden. Da gemäß IAS 38.71 Ausgaben für immaterielle Posten, die ursprünglich als Aufwand erfasst wurden, nicht zu einem späteren Zeitpunkt als Teil der Anschaffungs- oder Herstellungskosten eines immateriellen Vermögenswertes angesetzt werden dürfen, bleibt die Erstbewertung des Herstellungsverfahrens unangetastet. Die übrigen zurechenbaren Kosten in Höhe von insgesamt 245.000 GE (= 210.000 GE Personal- und Planungskosten + 40.000 GE Abschreibungen – 5.000 GE Kosten für den Ablaufplan) dürfen nicht nachaktiviert werden.

Die im Jahr 02 zusätzlich entstehenden Kosten für die Anmeldung des Patents sind dem immateriellen Vermögenswert gemäß IAS 38.20 direkt zuzuordnen. Das Herstellungsverfahren ist im IFRS-Abschluss 02 mit 25.000 GE zu bewerten.

Lösung zu Teilaufgabe (c)

Das mit den Entwicklungskosten aktivierte Herstellungsverfahren darf nur dann neubewertet werden, wenn der beizulegende Zeitwert nach IAS 38.75 auf einem aktiven Markt ermittelt werden kann.

Ein **aktiver Markt** für (homogene) Vermögenswerte liegt gemäß IFRS 13.A vor, wenn Geschäftsvorfälle mit dem Vermögenswert in

- ausreichender Häufigkeit und
- mit ausreichendem Volumen auftreten, so dass
- fortwährend Preisinformationen zur Verfügung stehen.

Die Natur der Einzigartigkeit eines Patents bringt es mit sich, dass es nur einmal vorliegt. Folglich kann es nicht homogen zu anderen gehandelten Produkten sein. Da lediglich einzelne Angebote zum Kauf des Patents an die Totopack AG gerichtet wurden, sind weder ausreichend häufig entsprechende Geschäftsvorfälle mit ausreichendem Volumen beobachtbar, noch ist für das Patent ein Preis öffentlich verfügbar. Die Bedingungen sind somit nicht erfüllt.

Da für das Vorliegen eines aktiven Marktes die genannten Bedingungen kumulativ erfüllt sein müssen, genügt es nicht, dass die Totopack AG jederzeit einen Käufer für das Verfahren finden kann. Ein aktiver Markt ist in der dargestellten Situation nicht gegeben. Das Neubewertungsmodell darf also nicht angewendet werden.

Übung 28: Geschäfts- oder Firmenwert im Einzelabschluss nach HGB

Sachverhalt

Die europaweit agierende Kaiser Franz GmbH erwägt, die lediglich deutschlandweit tätige Gelsen GmbH zu erwerben. Für den Erwerb stehen zwei Möglichkeiten zur Wahl: zum einen ein sog. share deal, bei dem die Kaiser Franz GmbH alle Anteile an der Gelsen GmbH erwirbt, und zum anderen ein sog. asset deal, bei dem die Kaiser Franz GmbH sämtliche Vermögensgegenstände und Schulden der Gelsen GmbH übernimmt. Die Bilanzen der beiden Unternehmen zum 01.01.01 sind in der folgenden Übersicht 28-1 dargestellt:

Einzelabschlüsse zum 01.01.01	Kaiser Franz GmbH		Gelsen GmbH	
(Alle Zahlenangaben in GE)	BW	stR	BW	stR
Aktiva				
Sonstiges Anlagevermögen	1.000	250	250	30
Nicht monetäres Umlaufvermögen	850		180	10
Monetäres Umlaufvermögen	350		70	
Summe Aktiva	2.200		500	
Passiva				
Eigenkapital				
Gezeichnetes Kapital	380		90	
Kapitalrücklage	170		50	
Gewinnrücklagen	300		60	
Sonstige Passiva	1.350		300	
Summe Passiva	2.200		500	
Legende: BW ≙ Buchwerte stR ≙ stille Reserven				

Übersicht 28-1: *Einzelabschlüsse der Kaiser Franz GmbH und der Gelsen GmbH zum 01.01.01*

Der Leiter des Rechnungswesens der Kaiser Franz GmbH, Herr Hennes, hat von dem anstehenden Kauf der Gelsen GmbH erfahren. Er hat auch davon gehört, dass die Kaiser Franz GmbH künftig womöglich einen „Geschäfts- oder Firmenwert" in der Bilanz ausweisen muss.

Aufgaben

(a) Geben Sie Herrn Hennes grundlegende Informationen zur Abbildung eines Geschäfts- oder Firmenwertes im handelsrechtlichen Einzelabschluss.

(b) Erläutern Sie Herrn Hennes, wie ein asset deal und ein share deal im handelsrechtlichen Einzelabschluss gebucht werden und wie sich die unterschiedlichen Formen eines Unternehmenskaufes auf den Jahresabschluss der Kaiser Franz GmbH auswirken.

(c) Stellen Sie die Bilanz der Kaiser Franz GmbH zum 02.01.01 jeweils nach dem unterstellten share deal bzw. asset deal auf. Gehen Sie dabei von den folgenden zwei Fällen aus:

- Fall 1: Der Kaufpreis für die Gelsen GmbH beträgt 300 GE.
- Fall 2: Der Kaufpreis für die Gelsen GmbH beträgt 193 GE.

(d) Beraten Sie Herrn Hennes darüber hinaus, welche bilanzpolitischen Möglichkeiten er im Fall 1 hat (300 GE), das Jahresergebnis im handelsrechtlichen Jahresabschluss des laufenden Geschäftsjahres 01 zu beeinflussen.

(e) Welche Konsequenzen ergeben sich für Herrn Hennes im Fall 1 (300 GE) aus einer Bilanzierung nach IFRS im Hinblick auf bilanzpolitische Gestaltungsmöglichkeiten?

Literaturhinweis

BAETGE, JÖRG/KIRSCH, HANS-JÜRGEN/THIELE, STEFAN, Bilanzen, 16. Aufl., Düsseldorf 2021, Kap. V Abschn. 24.

Lösungen

Lösung zu Teilaufgabe (a)

Nach den GoB gilt ein Gut als Vermögensgegenstand, wenn es **selbständig verwertet** werden kann. Die selbständige Verwertbarkeit liegt vor, wenn ein Gut in Geld transformierbar ist. Eine Transformation in Geld ist möglich durch eine Veräußerung (Normalfall), durch Einräumung eines Nutzungsrechtes, durch bedingten Verzicht oder im Wege der Zwangsvollstreckung. Selbständig verwertbare Güter sind abstrakt aktivierungsfähig, d. h., wenn der Aktivierung kein Aktivierungswahlrecht oder Aktivierungsverbot entgegensteht, muss der Vermögensgegenstand aktiviert werden.

Der Geschäfts- oder Firmenwert wird als Unterschiedsbetrag zwischen den Anschaffungskosten (= Kaufpreis und Nebenkosten des Erwerbs) und den Zeitwerten der übernommenen Vermögensgegenstände abzüglich der Zeitwerte der Schulden ermittelt. Er stellt damit eine **Restgröße** dar und erfasst die nach dem Aktivierungsgrundsatz nicht bilanzierungsfähigen Werte eines Unternehmens (z. B. Kundenstamm, Qualität des Managements).

Der Geschäfts- oder Firmenwert ist nicht selbständig verwertbar, da er nicht selbständig – d. h. ohne die Veräußerung des Gesamtbetriebes – verwertet werden kann. Indes wird der entgeltlich erworbene Geschäfts- oder Firmenwert in § 246 Abs. 1 Satz 4 HGB einem zeitlich begrenzt nutzbaren Vermögensgegenstand gleichgestellt. Somit muss ein sog. **derivativer Geschäfts- oder Firmenwert** bei einer Unternehmensübernahme – wozu auch ein sog. asset deal wie im Fall des Erwerbs der Gelsen GmbH durch die Kaiser Franz GmbH zählt – aktiviert werden. Dagegen ist der selbst geschaffene Geschäfts- oder Firmenwert der Kaiser Franz GmbH nicht aktivierungsfähig und erst recht nicht aktivierungspflichtig. Dieser sog. **originäre Geschäfts- oder Firmenwert** ist nicht entgeltlich erworben und erfüllt daher nicht die Voraussetzungen des § 246 Abs. 1 Satz 4 HGB.

Lösung zu Teilaufgabe (b)

Unternehmen können durch den Erwerb der Anteile (sog. share deal) oder durch den Erwerb jedes einzelnen Vermögensgegenstandes und jeder einzelnen Schuld (sog. asset deal) übernommen werden. Wird ein share deal gewählt, werden im Einzelabschluss des erwerbenden Unternehmens nicht die einzelnen Vermögensgegenstände und Schulden, sondern die Anteile des erworbenen Unternehmens aktiviert. Daher kann beim share deal kein derivativer Geschäfts- oder Firmenwert entstehen.

Lediglich beim asset deal entsteht regelmäßig ein vom erwerbenden Unternehmen bilanziell zu erfassender Unterschiedsbetrag. Ist die Differenz aus dem Kaufpreis für das übernommene Unternehmen und dem Saldo der Zeitwerte der Vermögensgegenstände und Schulden positiv, somuss das erwerbende Unternehmen einen Geschäfts- oder Firmenwert (sog. Goodwill) bilanzieren.

Im Fall einer negativen Differenz liegt ein negativer Geschäfts- oder Firmenwert (sog. negativer Goodwill) vor, welcher grundsätzlich nicht bilanzierungsfähig ist. Aufgrund des Anschaffungskostenprinzips müssen indiesem Fall die Zeitwerte der übernommenen Vermögensgegenstände so weit gekürzt werden, dass der Saldo der übernommenen Vermögensgegenstände und Schulden dem entrichteten Kaufpreis entspricht. Man spricht in diesem Zusammenhang auch von der „Abstockung“ der Vermögensgegenstände. Hierbei ist zu beachten, dass die monetären Vermögensgegenstände nicht abgestockt werden dürfen. Der negative Geschäfts- oder Firmenwert wird somit unter Umständen durch die Abstockung nicht vollständig ausgeglichen. Verbleibt nach der Abstockung ein negativer Geschäfts- oder Firmenwert, so ist dieser als gesonderter Posten in der Bilanz des erwerbenden Unternehmens zu passivieren.

Die im Beispiel konkret erforderlichen Buchungen bei einem von der Kaiser Franz GmbH für die Gelsen GmbH zu entrichtenden Kaufpreis von 300 GE

(Fall 1) und 193 GE (Fall 2) sind je nach Art des Erwerbs in den Übersichten 28-3 bis 28-7 abgebildet.

Einen allgemeinen Überblick über die Aufteilung der Anschaffungskosten im Fall eines asset deals gibt Übersicht 28-2:

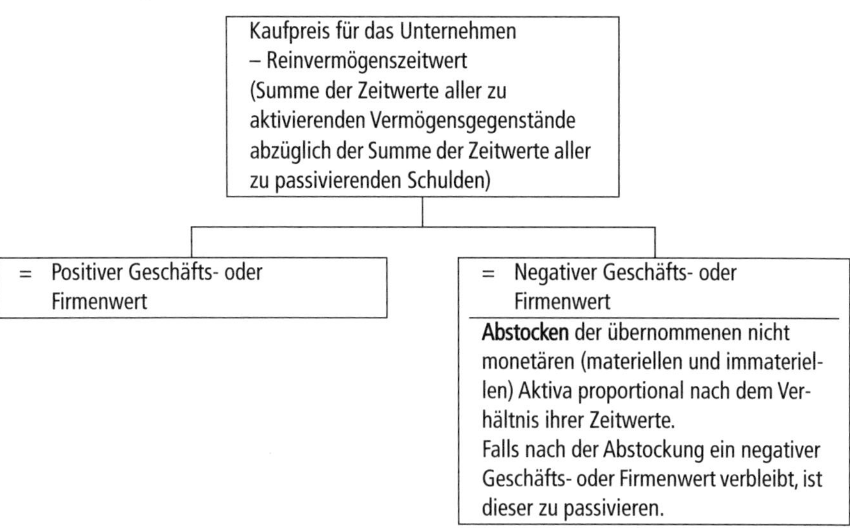

Übersicht 28-2: *Aufteilung der Anschaffungskosten im Fall eines asset deals*

Lösung zu Teilaufgabe (c)

Fall 1: Der Kaufpreis für die Gelsen GmbH beträgt 300 GE.

(a) Share deal

Die bilanzielle Abbildung eines share deals ist im hier angeführten Beispiel in beiden Fällen unproblematisch. Der Buchungssatz zur Erfassung des Erwerbs der Anteile an der Gelsen GmbH lautet bei unverzüglicher Begleichung des Kaufpreises durch die Kaiser Franz GmbH:

Anteile an der Gelsen GmbH	300 GE	an	monetäres Umlaufvermögen	300 GE

Die Übersicht 28-3 gibt einen Überblick über die bilanzielle Abbildung eines share deals bei einem Kaufpreis von 300 GE:

Einzelabschlüsse zum 01.01.01 (Alle Zahlenangaben in GE)	**Kaiser Franz GmbH**	**Buchung**		**Kaiser Franz GmbH**
	vor Erwerb	**Soll**	**Haben**	**nach Erwerb**
Aktiva				
Anteile an Gelsen GmbH		(1) 300		300
Sonstiges Anlagevermögen	1.000			1.000
Nicht monetäres Umlaufvermögen	850			850
Monetäres Umlaufvermögen	350		(1) 300	50
Summe Aktiva	2.200			2.200
Passiva				
Eigenkapital				
Gezeichnetes Kapital	380			380
Kapitalrücklage	170			170
Gewinnrücklagen	300			300
Sonstige Passiva	1.350			1.350
Summe Passiva	2.200	300	300	2.200

Übersicht 28-3: *Bilanzielle Abbildung des Erwerbs der Gelsen GmbH durch die Kaiser Franz GmbH im Fall eines share deals bei einem Kaufpreis von 300 GE*

(b) Asset deal

Liegt hingegen ein asset deal vor, ist im Fall 1 ein Geschäfts- oder Firmenwert in Höhe von 60 GE zu bilanzieren. Dieser Geschäfts- oder Firmenwert ergibt sich als Differenz aus dem Kaufpreis der Gelsen GmbH (300 GE) und dem Saldo der Zeitwerte der Vermögensgegenstände und Schulden der Gelsen GmbH (280 GE + 190 GE + 70 GE – 300 GE). Der Buchungssatz für den Fall 1 (b) lautet bei unverzüglicher Begleichung des Kaufpreises durch die Kaiser Franz GmbH:

Geschäfts- oder Firmenwert	60 GE			
Sonstiges Anlagevermögen	280 GE			
Nicht monetäres Umlaufvermögen	190 GE			
Monetäres Umlaufvermögen	70 GE	an	Monetäres Umlaufvermögen	300 GE
			Sonstige Passiva	300 GE

Die Übersicht 28-4 gibt einen Überblick über die bilanzielle Abbildung eines asset deals bei einem Kaufpreis von 300 GE:

Einzelabschlüsse zum 01.01.01 (Alle Zahlenangaben in GE)	**Kaiser Franz GmbH**	**Gelsen GmbH**		**Buchung**		**Kaiser Franz GmbH**
	Vor Erwerb	**BW**	**stR**	**Soll**	**Haben**	**Nach Erwerb**
Aktiva						
Geschäfts- oder Firmenwert				(1) 60		60
Sonstiges Anlagevermögen	1.000	250	30	(1) 280		1.280
Nicht monetäres Umlaufvermögen	850	180	10	(1) 190		1.040
Monetäres Umlaufvermögen	350	70		(1) 70	(1) 300	120
Summe Aktiva	2.200	500				2.500
Passiva						
Eigenkapital						
Gezeichnetes Kapital	380	90				380
Kapitalrücklage	170	50				170
Gewinnrücklagen	300	60				300
Sonstige Passiva	1.350	300			(1) 300	1.650
Summe Passiva	2.200	500		600	600	2.500

Legende:
BW ≙ Buchwerte
stR ≙ stille Reserven

Übersicht 28-4: *Bilanzielle Abbildung des Erwerbs der Gelsen GmbH durch die Kaiser Franz GmbH im Fall eines asset deals bei einem Kaufpreis von 300 GE*

Fall 2: Der Kaufpreis für die Gelsen GmbH beträgt 193 GE.

(a) Share deal

Der Buchungssatz zur Erfassung des Erwerbs der Anteile an der Gelsen GmbH lautet bei unverzüglicher Begleichung des Kaufpreises durch die Kaiser Franz GmbH:

Anteile an der Gelsen GmbH	193	an	Monetäres Umlaufvermögen	193

Die Übersicht 28-5 gibt einen Überblick über die bilanzielle Abbildung eines share deals bei einem Kaufpreis von 193 GE:

Einzelabschlüsse zum 01.01.01 (Alle Zahlenangaben in GE)	Kaiser Franz GmbH	Buchung		Kaiser Franz GmbH
	Vor Erwerb	Soll	Haben	Nach Erwerb
Aktiva				
Anteile an Gelsen GmbH		(1) 193		193
Sonstiges Anlagevermögen	1.000			1.000
Nicht monetäres Umlaufvermögen	850			850
Monetäres Umlaufvermögen	350		(1) 193	157
Summe Aktiva	2.200			2.200
Passiva				
Eigenkapital				
Gezeichnetes Kapital	380			380
Kapitalrücklage	170			170
Gewinnrücklagen	300			300
Sonstige Passiva	1.350			1.350
Summe Passiva	2.200	193	193	2.200

Übersicht 28-5: *Bilanzielle Abbildung des Erwerbs der Gelsen GmbH durch die Kaiser Franz GmbH im Fall eines share deals bei einem Kaufpreis von 193 GE*

(b) Asset deal

Im Fall 2 (b) tritt indes bei einem Kaufpreis der Gelsen GmbH von 193 GE ein negativer Unterschiedsbetrag in Höhe von 47 GE auf. Dieser negative Unterschiedsbetrag, welcher sich aus der Differenz des Kaufpreises der Gelsen GmbH (193 GE) und des Saldos der Zeitwerte der Vermögensgegenstände und Schulden der Gelsen GmbH (280 GE + 190 GE + 70 GE – 300 GE = 240 GE) ergibt, darf nicht in voller Höhe als negativer Geschäfts- oder Firmenwert passiviert werden. Aufgrund des Anschaffungskostenprinzips sind vielmehr die Zeitwerte der übernommenen nicht monetären Vermögensgegenstände um die negative Differenz zu kürzen. Diese Kürzung bzw. dieses Abstocken der Zeitwerte der übernommenen nicht monetären Vermögensgegenstände hat proportional zu den Zeitwerten der übernommenen nicht monetären Vermögensgegenstände zu erfolgen. Der „Abstockungsfaktor" ist wie folgt zu ermitteln:

	Kaufpreis für das Unternehmen		193 GE
-	Reinvermögenszeitwert		240 GE
	(Summe der Zeitwerte aller zu aktivierenden Vermögensgegenstände	540 GE	
–	Summe der Zeitwerte aller zu passivierenden Schulden	300 GE	
=	**Derivativer Geschäfts- oder Firmenwert**		-47 GE
	Proportionales Abstocken der nicht monetären Aktiva		
	Zeitwert der übernommenen nicht monetären Aktiva abzüglich eines negativen Geschäfts- oder Firmenwertes		423 GE
:	Zeitwert der übernommenen nicht monetären Aktiva		470 GE
=	**Abstockungsfaktor**		0,9

Übersicht 28-6: *Ermittlung des Abstockungsfaktors*

Nach der hier durchgeführten Berechnung ergibt sich ein Abstockungsfaktor von 0,9. Dementsprechend sind lediglich 90 % der Zeitwerte der von der Kaiser Franz GmbH übernommenen nicht monetären Vermögengegenstände nach dem Kauf der Gelsen GmbH im Einzelabschluss der Kaiser Franz GmbH anzusetzen. Der Buchungssatz für den Fall 2 (b) lautet bei unverzüglicher Begleichung des Kaufpreises durch die Kaiser Franz GmbH folglich:

Sonstiges Anlagevermögen (280 GE · 0,9 =)	252 GE			
Nicht monetäres Umlaufvermögen (190 GE · 0,9 =)	171 GE			
Monetäres Umlaufvermögen	70 GE	an	Monetäres Umlaufvermögen	193 GE
			Sonstige Passiva	300 GE

Die Übersicht 28-7 gibt einen Überblick über die bilanzielle Abbildung eines asset deals bei einem Kaufpreis von 193 GE:

Einzelabschlüsse zum 01.01.01 (Alle Zahlenangaben in GE)	Kaiser Franz GmbH	Gelsen GmbH		Buchung		Kaiser Franz GmbH
	Vor Erwerb	BW	stR	Soll	Haben	Nach Erwerb
Aktiva						
Sonstiges Anlagevermögen	1.000	250	30	(1) 252		1.252
Nicht monetäres Umlaufvermögen	850	180	10	(1) 171		1.021
Monetäres Umlaufvermögen	350	70		(1) 70	(1) 193	227
Summe Aktiva	2.200	500				2.500
Passiva						
Gezeichnetes Kapital	380	90				380
Kapitalrücklage	170	50				170
Gewinnrücklagen	300	60				300
Sonstige Passiva	1.350	300			(1) 300	1.650
Summe Passiva	2.200	500		493	493	2.500

Legende:
BW ≙ Buchwerte
stR ≙ stille Reserven

Übersicht 28-7: *Bilanzielle Abbildung des Erwerbs der Gelsen GmbH durch die Kaiser Franz GmbH im Fall eines asset deals bei einem Kaufpreis von 193 GE*

Lösung zu Teilaufgabe (d)

Da ein **derivativer Geschäfts- oder Firmenwert** gemäß § 246 Abs. 1 Satz 4 HGB als **zeitlich begrenzt abnutzbarer Vermögensgegenstand** gilt und keine speziellen Regelungen zu dessen Zugangs- bzw. Folgebewertung existieren, sind die allgemeinen Vorschriften des § 253 HGB anzuwenden. Nach § 253 Abs. 1 Satz 1 HGB sind Vermögensgegenstände höchstens mit den Anschaffungs- und Herstellungskosten, vermindert um die (planmäßigen und außerplanmäßigen) Abschreibungen anzusetzen. Durch diese Regelung erwächst Herrn Hennes ein bilanzpolitischer Spielraum im Hinblick auf die Schätzung der Nutzungsdauer und der Wahl der Abschreibungsmethode. Die Höhe des Jahresergebnisses 01 hängt folglich von diesen beiden Entscheidungen ab.

Je länger Herr Hennes die **Nutzungsdauer** des Geschäfts- oder Firmenwertes schätzt, desto geringer fallen die jährlichen Abschreibungen aus. Möchte Herr Hennes z. B. ein möglichst hohes Jahresergebnis ausweisen, wird er eine längere Nutzungsdauer für den Geschäfts- oder Firmenwert ansetzen. Ist es Herrn Hennes nicht möglich, die

Nutzungsdauer verlässlich zu schätzen, muss er allerdings gemäß § 253 Abs. 3 Satz 4 HGB eine typisierte Nutzungsdauer von zehn Jahren zugrunde legen. Unabhängig davon, ob er die typisierte oder eine andere Nutzungsdauer zugrunde legt, ist er gemäß § 285 Nr. 13 HGB dazu verpflichtet, diese im Anhang zu erläutern. Steuerrechtlich ist gemäß § 7 Abs. 1 Satz 3 EStG von einer betriebsgewöhnlichen Nutzungsdauer des Geschäfts- oder Firmenwertes von 15 Jahren auszugehen. Für die Bestimmung der Nutzungsdauer des Geschäfts- oder Firmenwertes in der Handelsbilanz reicht es nicht aus, auf die 15-Jahres-Regelung des Steuerrechts zu verweisen. Eine einheitliche Abschreibung in Handels- und Steuerbilanz ist vielmehr nur zulässig, wenn tatsächlich von einer Nutzungsdauer des Geschäfts- oder Firmenwertes von 15 Jahren auszugehen ist.

Bei der **Wahl der Abschreibungsmethode** kommt die Leistungsabschreibung handelsrechtlich kaum in Betracht, weshalb Herrn Hennes lediglich die lineare oder die degressive Abschreibung zur Auswahl stehen. Es ist davon auszugehen, dass die Abschreibungen grundsätzlich nach der linearen Methode vorzunehmen sein werden. Die degressive Methode ist dann vorzuziehen, wenn bei der Unternehmensbewertung von im Zeitablauf sinkenden Renditen des erworbenen Unternehmens ausgegangen worden ist.

Lösung zu Teilaufgabe (e)

Die Bilanzierung des Goodwill ist in IFRS 3.32-33 und IAS 36.80-108 und IAS 36.124-125 geregelt. Der Goodwill ist grundsätzlich mit den Anschaffungskosten zu aktivieren. Entgegen den oben genannten handelsrechtlichen Regelungen ist der Goodwill nach IFRS nicht planmäßig abzuschreiben. Damit ist der bilanzpolitische Spielraum für ergebnisbelastende Abschreibungen für Herrn Hennes nicht in vergleichbarer Weise wie nach HGB (vgl. Teilaufgabe (d)) vorhanden. Stattdessen ist der Goodwill nur abzuwerten, wenn der beizulegende Wert unter den Buchwert sinkt. Dazu hat der Erwerber den Goodwill mindestens einmal jährlich auf Wertminderungen mittels eines Wertminderungstests zu prüfen (IAS 36). Die bilanzpolitischen Spielräume liegen dann in den Annahmen, die für den Wertminderungstest zu treffen sind, z. B. bei der Schätzung der künftigen Cashflows oder der Wahl des Kapitalisierungszinses.

Übung 29: Ermittlung und Bilanzierung des derivativen Geschäfts- oder Firmenwertes

Sachverhalt

Die Lichtgestalt GmbH übernimmt zum 01.01.02 den gesamten Geschäftsbetrieb des Einzelkaufmanns Peter Dunkel. Aufgrund der wirtschaftlich schwierigen Lage ist in Peter Dunkels Unternehmen zurzeit Kurzarbeit vereinbart. Dennoch verpflichtet sich die Lichtgestalt GmbH im Kaufvertrag, den Betrieb weiterzuführen und die Zahl der Arbeitsplätze in den nächsten drei Jahren nicht zu reduzieren, da die Rückzahlung früher erhaltener Subventionen vermieden werden soll. Der Kaufpreis beträgt 500.000 GE. Die Bilanz des Betriebes weist zum 31.12.01 ein Eigenkapital von 1,1 Mio. GE aus, nachdem der Verkäufer zuvor einen großen Teil der Altschulden aus seinem Privatvermögen beglichen hat. Peter Dunkels Bilanz zum 31.12.01 hat folgendes Aussehen:

Bilanz von Peter Dunkel e. K. zum 31.12.01 (alle Zahlenangaben in GE)			
Sachanlagen	100.000	Eigenkapital	1.100.000
Vorräte	300.000	Rückstellungen	200.000
Flüssige Mittel	1.000.000	Verbindlichkeiten	100.000
Summe Aktiva	1.400.000	Summe Passiva	1.400.000

Übersicht 29-1: *Bilanz des Peter Dunkel e. K. zum 31.12.01*

Eingehende Untersuchungen der Lichtgestalt GmbH haben ergeben, dass stille Reserven nicht vorhanden und die Schulden mit den höchstzulässigen Werten passiviert sind.

Aufgaben

(a) Erläutern Sie nach Handelsrecht, wie der Unterschiedsbetrag zwischen dem Kaufpreis und dem übernommenen Nettovermögen laut Bilanz des Betriebes des Einzelkaufmanns Peter Dunkel zum 31.12.01 bei der Übernahme in das Buchwerk der Lichtgestalt GmbH zu behandeln ist.

(b) Wie ist bei einer Bilanzierung nach IFRS vorzugehen?

Literaturhinweis

BAETGE, JÖRG/KIRSCH, HANS-JÜRGEN/THIELE, STEFAN, Bilanzen, 16. Aufl., Düsseldorf 2021, Kap. V Abschn. 24.

Lösungen

Lösung zu Teilaufgabe (a)

Bei Erwerb eines Betriebes sind die Anschaffungskosten grundsätzlich auf die übernommenen Vermögens- und Schuldposten zu verteilen. Da für die Lichtgestalt GmbH die Anschaffungskosten niedriger sind als die Buchwerte des Nettovermögens (Eigenkapital) des Einzelkaufmanns Peter Dunkel, sind zunächst bei den Sachanlagen und bei den Vorräten entsprechende Wertabschläge geboten (Abstockung der Aktiva), da nach überwiegend vertretener Auffassung in einem solchen Fall anzunehmen ist, dass für diese Substanz kein Entgelt gezahlt wurde. Hingegen ist beim Bestand an flüssigen Mitteln (Kasse oder Bankguthaben) davon auszugehen, dass deren Buchwert auch voll bezahlt wurde. Die Lichtgestalt GmbH darf deshalb den Bestand der flüssigen Mittel des Einzelkaufmanns Peter Dunkel nicht abstocken. Der Unterschiedsbetrag aus dem Erwerb ergibt sich daher gemäß folgender Rechnung:

	Anschaffungskosten der Lichtgestalt GmbH für den Betrieb	500.000 GE
–	Nettovermögen des Betriebes (EK gemäß Buchwerten 31.12.01)	– 1.100.000 GE
=	Vorläufiger passiver Unterschiedsbetrag	– 600.000 GE
+	Nicht vergütete Buchwerte der Aktiva (Sachanlagen und Vorräte)	400.000 GE
=	Restbetrag	– 200.000 GE

Der verbleibende Rest eines passiven Unterschiedsbetrages hat dann den Charakter eines negativen Geschäfts- oder Firmenwertes. Dieser bringt negative Erfolgserwartungen bzw. erwartete künftige Ausgaben des Erwerbers zum Ausdruck, die in diesem Fall aus den Vertragsbedingungen der Fortführungspflicht und der Beschäftigungsgarantie resultieren. Für diese künftigen Aufwendungen, die für die Lichtgestalt GmbH aus der Beschäftigungsgarantie resultieren, können Rückstellungen nicht gebildet werden. Stattdessen ist ein gesonderter Posten zu passivieren, um dem Grundsatz der erfolgsneutralen Anschaffungskostenbilanzierung zu entsprechen. In den Folgeperioden ist dieser Posten nach Maßgabe der eingetretenen Aufwendungen in den künftigen Perioden erfolgswirksam aufzulösen. Wurden zwischenzeitlich Gewinne erwirtschaftet, sind diese zuvor mit den eingetretenen Aufwendungen zu verrechnen.

Lösung zu Teilaufgabe (b)

Bei der Bilanzierung nach IFRS hat die Lichtgestalt GmbH alle übernommenen Positionen mit ihrem beizulegenden Zeitwert zu bewerten. Dabei sind auch bisher nicht berücksichtigte Vermögenswerte und Schuldverhältnisse wie selbsterstellte immaterielle Vermögenswerte und Eventualschulden aufzunehmen. Die Bilanzierung und Ermittlung des Geschäfts- oder Firmenwertes (Goodwill) ist in IFRS 3.32-33 und IAS 36.80-125 geregelt. Nach IFRS 3.34 liegt ein negativer Geschäfts- oder Firmenwert vor, wenn der Kaufpreis für den Geschäftserwerb der Lichtgestalt GmbH geringer ist als der beizulegende Zeitwert der einzelnen Vermögenswerte, Schulden und Eventualschulden. Eine pauschale Abwertung, wie im Handelsrecht, ist nach IFRS nicht gestattet, da auch die nichtfinanziellen Vermögenswerte keinesfalls unterhalb des beizulegenden Zeitwertes bewertet werden dürfen. Wenn ein negativer Geschäfts- oder Firmenwert (excess) ermittelt wird, ist dessen Identifizierung und Bewertung erneut zu überprüfen (IFRS 3.36). Ein nach dieser erneuten Beurteilung noch bestehender negativer Unterschiedsbetrag ist nicht in der Bilanz anzusetzen, sondern sofort erfolgswirksam zu vereinnahmen.

Übung 30: Folgebewertung des Geschäfts- oder Firmenwertes nach IFRS

Sachverhalt

Die Alpha AG hat vor einigen Jahren die Beta AG durch Erwerb der einzelnen Vermögenswerte und Schulden im Rahmen eines sog. asset deals übernommen. Der Kaufpreis betrug damals 5.400 GE. Die positive Differenz zwischen den Anschaffungskosten und dem beizulegenden Zeitwert der erworbenen Vermögenswerte und Schulden betrug im Anschaffungszeitpunkt 500 GE. Bisher war keine Wertminderung des Geschäfts- oder Firmenwertes zu erfassen. Der Geschäftsbetrieb der Beta AG wird innerhalb der Alpha AG als eigenständiges Segment „Beta" gemäß IAS 36.80 geführt. Dieses Segment generiert eigene Zahlungsmittel, die unabhängig von den anderen Vermögenswerten der Alpha AG sind. Die folgende Übersicht zeigt die für die nächsten Jahre geschätzten Free-Cashflows vor Finanzierungstätigkeit und Steuern des Segmentes „Beta":

Jahre (Alle Zahlenangaben in GE)	**02**	**03**	**04**	**05**	**06 ff.**
Free-Cashflow vor Finanzierungstätigkeit und Steuern	580	620	630	650	650

Übersicht 30-1: *Erwartete Free-Cashflows vor Finanzierungstätigkeit und Steuern des Segmentes „Beta"*

Der risikolose Zinssatz, der die gegenwärtigen Markteinschätzungen des Zinseffektes widerspiegelt, beträgt 4,5 %. Die speziellen Risiken des Segmentes „Beta" führen zu einem risikoadjustierten Zinssatz von 11 % vor Steuern und von 10,5 % nach Steuern.

Die Gamma GmbH, ein Konkurrent der Alpha AG, hat im vierten Quartal des Jahres 01 ein bindendes Angebot zur Übernahme des Segmentes „Beta" abgegeben. Dieses Angebot ist noch bis zum 31.12.01 gültig und beläuft sich auf einen Betrag von 5.750 GE. Bei einem Verkauf würden Ausgaben in Höhe von 350 GE anfallen.

Für die einzelnen Vermögenswerte des Segmentes „Beta" kann der Nutzungswert nicht bestimmt werden. Erst die Kombination der Vermögenswerte erzeugt die künftigen Mittelzuflüsse. Eine Übersicht über die Vermögenslage des Segmentes „Beta" gibt die folgende Segmentbilanz:

Pro forma Bilanz des Segmentes „Beta AG" zum 31.12.01 (Alle Zahlenangaben in GE)			
A. Langfristige Vermögenswerte		A. Eigenkapital	2.000
I. Grundstücke und Gebäude	1.250		
II. Technische Anlagen	3.400		
III. Goodwill	500	B. Verbindlichkeiten	3.900
B. Kurzfristige Vermögenswerte			
I. Kasse	300		
II. Vorräte	450		
Bilanzsumme	5.900	Bilanzsumme	5.900

Übersicht 30-2: *Pro forma Bilanz des Segmentes „Beta AG" zum 31.12.01*

Aufgaben

(a) Erläutern Sie die Folgebewertung des Geschäfts- oder Firmenwertes nach IFRS.

(b) Stellen Sie dar, wann ein Wertminderungstest durchgeführt werden muss. Nennen Sie zusätzlich Informationsquellen für eine mögliche Wertminderung.

(c) Führen Sie den Wertminderungstest für das Segment „Beta" zum 31.12.01 durch.

Literaturhinweis

BAETGE, JÖRG/KIRSCH, HANS-JÜRGEN/THIELE, STEFAN, Bilanzen, 16. Aufl., Düsseldorf 2021, Kap. V Abschn. 533.

HFA DES IDW, Stellungnahme zur Rechnungslegung: Einzelfragen zu Wertminderungen von Vermögenswerten nach IAS 36 (IDW RS HFA 40), in: IDW Fachnachrichten 2015, S. 335-360.

Lösungen

Lösung zu Teilaufgabe (a)

Der Geschäfts- oder Firmenwert gehört nach IFRS 3.A i. V. m. IFRS 3.B63 (a) zu den Vermögenswerten mit unbegrenzter Nutzungsdauer. Daher wird der Geschäfts- oder Firmenwert nicht planmäßig abgeschrieben, sondern es muss jährlich (IAS 36.10) und sobald ein Anhaltspunkt (IAS 36.12) für eine Wertminderung vorliegt ein Wertminderungstest (impairment test) durchgeführt werden (sog. **impair-**

ment-only-approach). Beim Wertminderungstest ist der Buchwert (carrying amount) eines Vermögenswertes mit dessen erzielbarem Betrag (recoverable amount) zu vergleichen. Für den Geschäfts- oder Firmenwert ist es nicht separat möglich, einen erzielbaren Betrag zu ermitteln. Er generiert keine eigenen Zahlungsmittel, die unabhängig von anderen Vermögenswerten sind. Daher ist gemäß IAS 36.66 der erzielbare Betrag der zahlungsmittelgenerierenden Einheit (cash-generating unit) zu ermitteln, welcher der Geschäfts- oder Firmenwert zugeordnet wird. Eine zahlungsmittelgenerierende Einheit ist gemäß IAS 36.6 die kleinste identifizierbare Gruppe von Vermögenswerten, die weitgehend unabhängig von den Mittelzuflüssen anderer Vermögenswerte oder anderer Gruppen von Vermögenswerten ist. Profitieren mehrere zahlungsmittelgenerierende Einheiten von Synergieeffekten aus einem Unternehmenszusammenschluss, ist der Geschäfts- oder Firmenwert auf diese zahlungmittelgenerierenden Einheiten aufzuteilen.

Bei der Folgebewertung des Geschäfts- oder Firmenwertes ist der Buchwert einer zahlungsmittelgenerierenden Einheit mit dem erzielbaren Betrag dieser zahlungsmittelgenerierenden Einheit zu vergleichen. Der Buchwert einer zahlungsmittelgenerierenden Einheit enthält die Buchwerte aller Vermögenswerte, die der zahlungsmittelgenerierenden Einheit direkt zuzurechnen oder auf einer vernünftigen und stetigen Basis zuzuordnen sind (IAS 36.76 (a)). Der erzielbare Betrag einer zahlungsmittelgenerierenden Einheit ist in IAS 36.74 definiert als der **höhere Betrag** der beiden Werte aus

- beizulegendem Zeitwert abzüglich der Kosten des Abgangs (fair value less costs of disposal) und
- Nutzungswert (value in use)

einer zahlungsmittelgenerierenden Einheit. Die Vorschriften zur Bestimmung des erzielbaren Betrages einzelner Vermögenswerte (IAS 36.19-57) sind auf die zahlungsmittelgenerierende Einheit analog anzuwenden (IAS 36.18). Der Buchwert und der erzielbare Betrag müssen gemäß IAS 36.75 in konsistenter Weise ermittelt werden (sog. Äquivalenzprinzip, vgl. IDW RS HFA 40, Tz. 63). Ein Wertminderungsbedarf liegt vor, wenn der erzielbare Betrag einer zahlungsmittelgenerierenden Einheit geringer ist als ihr Buchwert (IAS 36.104). Der Wertminderungsaufwand muss nach IAS 36.104 (a) zuerst jeglichem Geschäfts- oder Firmenwert der zahlungsmittelgenerierenden Einheit zugeordnet werden. Ein den Geschäfts- oder Firmenwert übersteigender Wertminderungsbedarf ist dann nach IAS 36.104 (b) anteilig auf die anderen Vermögenswerte der zahlungmittelgenerierenden Einheit auf Basis der Buchwerte jedes einzelnen Vermögenswertes der Einheit zu verteilen. Steigt in den nachfolgenden Perioden der erzielbare Betrag der zahlungsmittelgenerierenden Einheit, gilt für den Geschäfts- oder Firmenwert nach IAS 36.124 ein Wertaufholungsverbot.

Lösung zu Teilaufgabe (b)

Der Wertminderungstest muss **jährlich** (IAS 36.10) und bei **Vorliegen von Anhaltspunkten** (IAS 36.12) für eine Wertminderung durchgeführt werden. In IAS 36.12 werden mögliche Anhaltspunkte genannt, die der Bilanzierende heranziehen und gegebenenfalls erweitern muss (IAS 36.12-14):

Externe Quellen	Interne Quellen
Wesentliche Minderung des Marktwertes	Veralterung oder physischer Schaden des Vermögenswertes
Nachteilige Änderung der technischen, wirtschaftlichen oder rechtlichen Umwelt	Veränderte künftige Nutzung des Vermögenswertes mit negativen Auswirkungen auf das Unternehmen
Die Marktzinssätze oder andere Marktrenditen zur Berechnung des Nutzungswertes haben sich erhöht	Hinweise aus dem internen Berichtswesen, dass die wirtschaftliche Leistungsfähigkeit des Vermögenswertes unter den Erwartungen liegt
Der Buchwert des Reinvermögens übersteigt die Börsenkapitalisierung des Unternehmens	

Übersicht 30-3: *Informationsquellen für eine mögliche Wertminderung nach IAS 36.12*

Auf den jährlichen Impairment-Test darf gemäß IAS 36.99 verzichtet werden, wenn sich die Vermögenswerte und Schulden der zahlungsmittelgenerierenden Einheit nicht wesentlich geändert haben, der erzielbare Betrag der letzten Berechnung den Buchwert der Vermögenswerte wesentlich überstieg und es unwahrscheinlich ist, dass der jetzige erzielbare Betrag den aktuellen Buchwert unterschreitet.

Lösung zu Teilaufgabe (c)

Beim Impairment-Test ist der Buchwert des Segmentes „Beta" mit dessen erzielbarem Betrag zu vergleichen. Dabei müssen der erzielbare Betrag und der Buchwert der zahlungsmittelgenerierenden Einheit in konsistenter Weise ermittelt werden. Der erzielbare Betrag wird hier als Bruttogröße ermittelt, da der Free-Cashflow vor Finanzierungstätigkeit vorliegt. Somit muss auch der Buchwert des Segmentes als Bruttogröße ermittelt werden und ergibt sich als Summe der Buchwerte der Vermögenswerte des Segmentes. Der Buchwert des Segmentes beträgt damit 5.900 GE. Angesetzte Schulden werden bei der Ermittlung des Buchwertes der zahlungsmittelgenerierenden Einheit nach IAS 36.76 (b) lediglich angesetzt, wenn der erzielbare Betrag ohne die Berücksichtigung der Schuld nicht ermittelt werden kann.

Der erzielbare Betrag ist der höhere der beiden Werte aus Nutzungswert und beizulegendem Zeitwert abzüglich der Veräußerungskosten.

Für die **Ermittlung des Nutzungswertes** werden die künftigen Cashflows abgezinst (vgl. IDW RS HFA 40, Tz. 18-53). Die angegebenen erwarteten Cashflows stellen Cashflows vor Steuern dar. Aufgrund der notwendigen konsistenten Ermittlung ist daher der risikoadjustierte Zinssatz vor Steuern anzusetzen, um den Nutzungswert zu ermitteln. Für das Segment „Beta" errechnet sich der Nutzungswert wie folgt:

$$\begin{aligned} \text{Nutzungswert} &= 580{,}00 \text{ GE} \cdot 1{,}11^{-1} \\ &+ 620{,}00 \text{ GE} \cdot 1{,}11^{-2} \\ &+ 630{,}00 \text{ GE} \cdot 1{,}11^{-3} \\ &+ 650{,}00 \text{ GE} \cdot 1{,}11^{-4} \\ &+ (650{,}00 \text{ GE} \cdot 0{,}11^{-1}) \cdot 1{,}11^{-4} \\ \hline &= 5.807 \text{ GE} \end{aligned}$$

Unter dem **beizulegenden Zeitwert abzüglich der Kosten des Abgangs** wird nach IFRS 13.9 der Preis verstanden, „den man in einer gewöhnlichen Transaktion zwischen Marktteilnehmern am Bewertungsstichtag beim Verkauf eines Vermögenswerts erhalten würde oder bei der Übertragung einer Schuld zu zahlen hätte". Die **Kosten des Abgangs** sind zusätzliche Kosten, die dem Abgang eines Vermögenswerts oder einer zahlungsmittelgenerierenden Einheit direkt zugeordnet werden können, mit Ausnahme der Finanzierungskosten und des Ertragsteueraufwands (IAS 36.6). Die Gamma GmbH hat ein bindendes Angebot abgegeben. Dies ist ein substanzieller Hinweis für den beizulegenden Zeitwert. Aus diesem Grund beträgt der beizulegende Zeitwert abzüglich der Veräußerungskosten somit 5.400 GE (= 5.750 GE – 350 GE).

Der Nutzungswert ist höher als der beizulegende Zeitwert abzüglich der Kosten des Abgangs. Der **erzielbare Betrag** des Segmentes „Beta" wird somit durch den Nutzungswert bestimmt und beträgt 5.807 GE.

Der erzielbare Betrag wird nun mit dem Buchwert des Segmentes „Beta" (5.900 GE) verglichen. Hieraus ergibt sich ein Wertminderungsbedarf in Höhe von 93 GE (= 5.900 GE – 5.807 GE). Dieser Wertminderungsbedarf wird mit dem Geschäfts- oder Firmenwert verrechnet. Der Geschäfts- oder Firmenwert in der Bilanz der Alpha AG zum 31.12.01 beträgt nach Wertminderung 407 GE (= 500 GE –93 GE).

Übung 31: Wertminderungstest für den Geschäfts- oder Firmenwert nach IFRS

Sachverhalt

Die Alpha AG übernimmt am 31.12.01 alle Anteile an der Beta AG zu einem Kaufpreis von 900 GE. Die Beta AG wird innerhalb der Alpha AG als ein Geschäftssegment i. S. d. IFRS 8 (Geschäftssegmente) geführt. Das Segment „Beta" generiert Zahlungsmittel, die weitgehend unabhängig von den anderen Vermögenswerten der Alpha AG sind. Das Geschäftssegment „Beta" wiederum besteht aus den drei Geschäftsfeldern „Europa", „Afrika" und „Asien". Die folgende Übersicht stellt die IFRS-Bilanz des Segmentes „Beta" und der drei Geschäftsfelder zum Geschäftsjahresende am 31.12.01 dar:

Bilanz des Segmentes Beta zum 31.12.01 (Alle Zahlenangaben in GE)				
	Segment	**Geschäftsfeld**		
	Beta	**Europa**	**Afrika**	**Asien**
Aktiva				
A. Langfristige Vermögenswerte				
I. Grundstücke und Gebäude	500	300	125	75
II. Technische Anlagen	500	200	250	50
B. Kurzfristige Vermögenswerte				
I. Kasse	125	50	50	25
II. Vorräte	375	50	25	300
Bilanzsumme	1.500	600	450	450
Passiva				
A. Eigenkapital	550	250	150	150
B. Fremdkapital	950	350	300	300
Bilanzsumme	1.500	600	450	450

Übersicht 31-1: *Bilanz des Segmentes Beta und der drei Geschäftsfelder zum 31.12.01*

Zum Übernahmezeitpunkt betragen die Zeitwerte der Grundstücke und Gebäude für die unterschiedlichen Geschäftsfelder 350 GE (Geschäftsfeld Europa), 150 GE (Geschäftsfeld Afrika) und 150 GE (Geschäftsfeld Asien). Die Zeitwerte für die technischen Anlagen belaufen sich auf 250 GE (Geschäftsfeld Europa), 250 GE (Geschäftsfeld Afrika) und 50 GE (Geschäftsfeld Asien). Die Zeitwerte des Umlaufvermögens und des Fremdkapitals entsprechen den Buchwerten. Im Geschäftsjahr 01 konnte die Beta in ihren Geschäftsfeldern folgende EBIT erzielen: 200 GE (Geschäftsfeld Europa), 150 GE (Geschäftsfeld Afrika) und 150 GE (Geschäftsfeld Asien).

Es ist davon auszugehen, dass ein bei der Übernahme eventuell entstehender Geschäfts- oder Firmenwert nicht direkt einem Geschäftsfeld zugerechnet werden kann.

Im Jahr 02 werden die Gewinne reinvestiert. Das Vermögen wird durch die Reinvestitionen konstant gehalten.

Für die einzelnen Vermögenswerte der Geschäftsfelder kann der Nutzungswert nicht bestimmt werden. Erst die Kombination der Vermögenswerte erzeugt die künftigen Mittelzuflüsse. Der erzielbare Betrag, welcher auf Basis der weitgehend unabhängigen Mittelzuflüsse ermittelt wird, beträgt für das Geschäftsfeld Europa 425 GE, für das Geschäftsfeld Afrika 160 GE und für das Geschäftsfeld Asien 275 GE. Der Geschäfts- oder Firmenwert wird proportional zum EBIT den Geschäftsfeldern Europa, Afrika und Asien zugeordnet. Für das gesamte Segment Beta ergibt sich der erzielbare Betrag aus der Summe der erzielbaren Beträge für die einzelnen Geschäftsfelder.

Aufgaben

(a) Erläutern Sie die Identifikation von zahlungsmittelgenerierenden Einheiten. Stellen Sie anschließend die Zuordnung des Geschäfts- oder Firmenwertes zu zahlungsmittelgenerierenden Einheiten und den Wertminderungstest des Geschäfts- oder Firmenwertes dar.

(b) Ermitteln Sie den derivativen Geschäfts- oder Firmenwert für das Segment „Beta“ und ordnen Sie diesen Geschäfts- oder Firmenwert den zahlungsmittelgenerierenden Einheiten zu. Gehen Sie davon aus, dass der Geschäfts- oder Firmenwert für interne Managementzwecke auf der Ebene der Geschäftsfelder Europa, Afrika und Asien überwacht wird.

(c) Ermitteln Sie den derivativen Geschäfts- oder Firmenwert für das Segment „Beta“ für den Fall, dass die Werthaltigkeit des Geschäfts- oder Firmenwertes für die Geschäftsfelder Europa, Afrika und Asien nicht separat überwacht wird. Ordnen Sie anschließend diesen Geschäfts- oder Firmenwert den zahlungsmittelgenerierenden Einheiten zu.

(d) Führen Sie einen Wertminderungstest sowohl für den unter Teilaufgabe (b) als auch für den unter Teilaufgabe (c) dargestellten Sachverhalt für das Jahr 02 durch.

(e) Erläutern Sie anhand der Ergebnisse aus den Teilaufgaben (b) und (c) die Bedeutung der Bildung von zahlungsmittelgenerierenden Einheiten für den Wertminderungstest eines Geschäfts- oder Firmenwertes und mögliche Auswirkungen bei einer Wertminderung.

Literaturhinweise

BAETGE, JÖRG/KIRSCH, HANS-JÜRGEN/THIELE, STEFAN, Bilanzen, 16. Aufl., Düsseldorf 2021, Kap. V Abschn. 24 und 533.

BAETGE, JÖRG/KIRSCH, HANS-JÜRGEN/THIELE, STEFAN, Konzernbilanzen, 14. Aufl., Düsseldorf 2021, Kap. V Abschn. 126.

HFA DES IDW, Stellungnahme zur Rechnungslegung: Einzelfragen zu Wertminderungen von Vermögenswerten nach IAS 36 (IDW RS HFA 40), in: IDW Fachnachrichten 2015, S. 335-360.

Lösungen

Lösung zu Teilaufgabe (a)

Unter einer **zahlungsmittelgenerierenden Einheit** wird die kleinste identifizierbare Gruppe von Vermögenswerten verstanden, die den betreffenden Vermögenswert enthält, und die Mittelzuflüsse aus der laufenden Nutzung von Vermögenswerten generiert, die weitgehend unabhängig von den Mittelzuflüssen anderer Vermögenswerte oder anderer Gruppen von Vermögenswerten sind (IAS 36.6; vgl. auch IDW RS HFA 40, Tz. 55-62) Eine zahlungsmittelgenerierende Einheit ist immer dann zu identifizieren, sofern der erzielbare Betrag für einen einzelnen Vermögenswert nicht bestimmt werden kann. Dies ist der Fall, wenn sich der Nutzungswert des Vermögenswertes zum einen deutlich von seinem beizulegenden Zeitwert abzgl. der Veräußerungskosten unterscheidet, wenn z. B. der beizulegende Zeitwert abzgl. der Veräußerungskosten eines Vermögenswertes sehr gering ist, die künftigen Mittelzuflüsse und -abflüsse aus der weiteren Nutzung des Vermögenswertes aber als wesentlich eingeschätzt werden können (IAS 36.67 (a)). Zum anderen darf der betreffende Vermögenswert keine Mittelzuflüsse aus seiner fortgesetzten Nutzung erzeugen, die weitgehend unabhängig von denen anderer Vermögenswerte sind (IAS 36.67 (b)).

IAS 36.69 sieht bestimmte Kriterien vor, nach denen zahlungsmittelgenerierende Einheiten **abzugrenzen** sind. Danach ist entweder zu berücksichtigen, nach welchen Kriterien die Unternehmensleitung das Unternehmen steuert (bspw. nach Produktlinien, Geschäftsbereichen, Standorten oder Regionen) oder nach welchen Kriterien die Unternehmensleitung Entscheidungen über die Einstellung oder Fortsetzung der Unternehmenstätigkeiten bzw. den Verkauf einzelner Vermögenswerte trifft.

Ein **derivativer Geschäfts- oder Firmenwert** entsteht als positive Differenz zwischen den Anschaffungskosten des Unternehmenszusammenschlusses und dem Saldo der beizulegenden Zeitwerte der erworbenen Vermögenswerte und Schulden (IFRS 3.32). Er gehört nach IFRS 3.A zu den Vermögenswerten und wird im Zeitpunkt des Erwerbs mit seinen Anschaffungskosten bewertet. Bei der Folgebewertung ist der derivative Geschäfts- oder Firmenwert als Vermögenswert mit unbegrenzter Nutzungsdauer nicht planmäßig abzuschreiben (IFRS 3.A i. V. m. IFRS 3.B63 (a)). Stattdessen muss jährlich oder sobald Anhaltspunkte (IAS 36.12) für eine Wertminderung vorliegen nach IAS 36 ein Wertminderungstest vollzogen werden (impairment-only-approach). Der Wertminderungstest muss nicht zwingend am Bilanzstichtag vorgenommen werden. Wichtig ist nur, dass immer der gleiche Zeitpunkt innerhalb der Berichtsperiode gewählt wird (IAS 36.10).

Ein derivativer Geschäfts- oder Firmenwert kann nicht isoliert, sondern nur gemeinsam mit den zugehörigen Vermögenswerten auf seine Werthaltigkeit getestet werden. Grund hierfür ist, dass der **Geschäfts- oder Firmenwert keine eigenen Zahlungsmittelflüsse** generiert, die unabhängig von anderen Vermögenswerten sind. Der derivative Geschäfts- oder Firmenwert ist daher im Zeitpunkt des Unternehmenszusammenschlusses auf die zahlungsmittelgenerierenden Einheiten bzw. Gruppen von zahlungsmittelgenerierenden Einheiten des Unternehmens aufzuteilen, die von den erwarteten Synergieeffekten aus dem Unternehmenszusammenschluss profitieren werden (IAS 36.80). Meist profitieren allerdings mehrere zahlungsmittelgenerierende Einheiten von den Synergien eines Unternehmenszusammenschlusses. Der Geschäfts- oder Firmenwert kann daher häufig nur auf der Basis des internen Berichtswesens auf relativ hoch aggregierte zahlungsmittelgenerierende Einheiten verteilt werden. Die zahlungsmittelgenerierende Einheit muss in diesem Zusammenhang gemäß IAS 36.80 (a) so zugeschnitten sein, dass sie die niedrigste Ebene repräsentiert, auf der das Management den Erfolg aus dem erworbenen Geschäfts- oder Firmenwert für interne Berichtszwecke noch kontrolliert (management approach). Der IASB definiert als Obergrenze für eine zahlungsmittelgenerierende Einheit die Größe eines Segments nach IFRS 8 (IAS 36.80 (b)). Kann der Geschäfts- oder Firmenwert nicht direkt einer zahlungsmittelgenerierenden Einheit zugerechnet werden, erfolgt eine Verteilung anhand verschiedener Maßstäbe. Dies können der beizulegende Zeitwert, das EBIT oder das EBITDA der zahlungsmittelgenerierenden Einheit sein. Der Geschäfts- oder Firmenwert wird dann proportional zu diesen Werten auf die zahlungsmittelgenerierende Einheit aufgeteilt. Allerdings muss eine Verteilung anhand dieser Maßstäbe nachvollziehbar sein (vgl. IDW RS HFA 40, Tz. 73 f.). Der Geschäfts- oder Firmenwert muss indes nicht bereits zum Zeitpunkt des Erwerbs oder bis zum ersten Bilanzstichtag auf die zahlungsmittelgenerierende Einheit verteilt sein, sondern spätestens im Geschäftsjahr nach dem Zusammenschluss (IAS 36.84).

Beim **Wertminderungstest nach IAS 36** ist der Buchwert (carrying amount) eines Vermögenswertes mit dessen erzielbarem Betrag (recoverable amount) zu vergleichen. Da für den Geschäfts- oder Firmenwert separat kein beizulegender Zeitwert abzgl. Veräußerungskosten oder ein Nutzungswert ermittelt werden kann, ist der Buchwert des Geschäfts- oder Firmenwertes beim Wertminderungstest dem Buchwert der zahlungsmittelgenerierenden Einheit zuzurechnen, zu dem der Geschäfts- oder Firmenwert gehört (IAS 36.90). Ist der erzielbare Betrag der zahlungsmittelgenerierenden Einheit höher als ihr Buchwert, so ist der Geschäfts- oder Firmenwert nicht im Wert zu mindern. Für den Fall, dass der Buchwert der zahlungsmittelgenerierenden Einheit einschließlich des zurechenbaren Buchwertes des Geschäfts- oder Firmenwertes den erzielbaren Betrag dieser Einheit übersteigt, ist gemäß IAS 36.104 (a) die Wertminderung im ersten Schritt mit dem Geschäfts- oder Firmenwert zu verrechnen. Ein darüber hinausgehender Aufwand ist anschließend buchwertproportional auf die der zahlungsmittelgenerierenden Einheit zugeordneten Vermögenswerte zu verteilen (IAS 36.104 (b)). Bei der Verteilung des Wertminderungsaufwandes auf die einzelnen Vermögenswerte der zahlungsmittelgenerierenden Einheit ist gemäß IAS 36.105 zu beachten, dass der Buchwert des einzelnen Vermögenswertes nicht unter den höchsten der folgenden drei Werte vermindert wird:

- den beizulegenden Zeitwert abzüglich der Veräußerungskosten (sofern bestimmbar);
- den Nutzungswert (sofern bestimmbar);
- und Null.

Der Betrag des Wertminderungsaufwandes, der andernfalls einem solchen Vermögenswert zugeordnet worden wäre, ist anteilig den anderen Vermögenswerten der Einheit zuzuordnen (IAS 36.105). Falls der erzielbare Betrag eines Vermögenswertes nicht ermittelbar ist, kann der Wertminderungsaufwand gemäß IAS 36.106 willkürlich auf die Vermögenswerte der Einheit verteilt werden.

Lösung zu Teilaufgabe (b)

Der derivative Geschäfts- oder Firmenwert bei der Alpha AG errechnet sich aus der Differenz des Kaufpreises der Beta AG und dem Zeitwert des Reinvermögens der Beta AG. Letzteres beschreibt die Differenz der Zeitwerte aller zu aktivierenden Vermögenswerte und aller zu passivierenden Schulden des Unternehmens.

Im Sachverhalt ist der Geschäfts- oder Firmenwert für das Segment „Beta" wie folgt zu bestimmen:

Kaufpreis für das Unternehmen		900 GE
– Reinvermögenszeitwert		750 GE
(Summe der Zeitwerte aller zu aktivierenden Vermögenswerte	1.700 GE	
– Summe der Zeitwerte aller zu passivierenden Schulden)	950 GE	
= Derivativer Geschäfts- oder Firmenwert		150 GE

Übersicht 31-2: *Ermittlung des derivativen Geschäfts- oder Firmenwertes*

Im Folgenden wird der ermittelte Geschäfts- oder Firmenwert in Höhe von 150 GE den zahlungsmittelgenerierenden Einheiten zugeordnet.

Eine zahlungsmittelgenerierende Einheit ist die kleinste Gruppe von Vermögenswerten, die Mittelzuflüsse erzeugt, die weitgehend unabhängig von den Mittelzuflüssen anderer Vermögenswerte oder anderer Gruppen von Vermögenswerten sind (IAS 36.6). Die Geschäftsfelder Europa, Afrika und Asien erzeugen weitgehend unabhängige Mittelzuflüsse. Damit genügen die drei Geschäftsfelder der Definition von zahlungsmittelgenerierenden Einheiten nach IFRS.

Der Geschäfts- oder Firmenwert kann nicht direkt einer der zahlungsmittelgenerierenden Einheiten zugerechnet werden. Eine Verteilung des Geschäfts- oder Firmenwertes proportional zum EBIT der zahlungsmittelgenerierenden Einheiten ist indes nachvollziehbar. Der Geschäfts- oder Firmenwert ist demnach wie folgt den zahlungsmittelgenerierenden Einheiten zuzuordnen:

- Zahlungsmittelgenerierende Einheit Europa = 200 / 500 · 150 GE = 60 GE
- Zahlungsmittelgenerierende Einheit Afrika = 150 / 500 · 150 GE = 45 GE
- Zahlungsmittelgenerierende Einheit Asien = 150 / 500 · 150 GE = 45 GE

Lösung zu Teilaufgabe (c)

Die Ermittlung des derivativen Geschäfts- oder Firmenwertes erfolgt analog zu Teilaufgabe (b) und beträgt demnach 150 GE. Der Geschäfts- oder Firmenwert wird im Gegensatz zu dem in Teilaufgabe (b) beschriebenen Sachverhalt nicht auf Ebene der einzelnen Geschäftsfelder überwacht. Gemäß IAS 36.80 (b) darf die Gruppe von Einheiten, zu der der Geschäfts- oder Firmenwert zugeordnet ist, nicht größer sein als ein Geschäftssegment, wie es gemäß IFRS 8 festgelegt ist. Laut Sachverhalt handelt es sich bei der Beta AG um ein Geschäftssegment der Alpha AG. Folglich ist es zulässig, den Geschäfts- oder Firmenwert dem gesamten Segment „Beta" in voller Höhe zuzuordnen.

Lösung zu Teilaufgabe (d)

Um eine Wertminderung des Geschäfts- oder Firmenwertes zu testen, ist der erzielbare Betrag der zahlungsmittelgenerierenden Einheit, der der Geschäfts- oder Firmenwert zugeordnet wurde, dem Buchwert (inkl. Geschäfts- oder Firmenwert) dieser zahlungsmittelgenerierenden Einheit gegenüberzustellen. Gemäß IAS 36.104 ergibt sich ein Wertminderungsaufwand, wenn der erzielbare Betrag der zahlungsmittelgenerierenden Einheit geringer ist als deren Buchwert.

Die folgende Übersicht zeigt die Ermittlung des Wertminderungsbedarfs für die Teilaufgaben (b) und (c):

(Alle Zahlenangaben in GE)	Sachverhalt laut Teilaufgabe			
	(b)			(c)
	ZGE Europa	ZGE Afrika	ZGE Asien	Segment Beta
+ Grundstücke und Gebäude	350	150	150	650
+ Technische Anlagen	250	250	50	550
+ Umlaufvermögen	100	75	325	500
– Fremdkapital	350	300	300	950
= Nettovermögen	350	175	225	750
+ Geschäfts-oder Firmenwert	60	45	45	150
= Nettovermögen inkl. Geschäfts- oder Firmenwert	410	220	270	900
– Erzielbarer Betrag	425	160	275	860
= Wertminderung (falls Nettovermögen – erzielbarer Betrag > 0)	0	60	0	40
Legende: ZGE ≙ Zahlungsmittelgenerierende Einheit				

Übersicht 31-3: *Ermittlung des Wertminderungsbedarfs der zahlungsmittelgenerierenden Einheiten*

In Teilaufgabe (b) ist der Geschäfts- oder Firmenwert, welcher der zahlungsmittelgenerierenden Einheit Afrika zugeordnet wurde, vollständig abzuschreiben (45 GE). Der noch verbleibende Wertminderungsbedarf in Höhe von 15 GE ist auf die Vermögenswerte der zahlungsmittelgenerierenden Einheit Afrika entsprechend IAS 36.104 und IAS 36.105 zu verteilen. Die Teile des Geschäfts- oder Firmenwertes, die den zahlungsmittelgenerierenden Einheiten Europa und Asien zugeordnet wurden, bleiben unverändert. Der gesamte Wertminderungsbedarf beträgt 60 GE.

In Teilaufgabe (c) ist der Geschäfts- oder Firmenwert des Segmentes „Beta" um 40 GE im Wert zu mindern. Der gesamte Wertminderungsbedarf beträgt 40 GE.

Lösung zu Teilaufgabe (e)

Die Ergebnisse aus Teilaufgabe (d) verdeutlichen, dass sich die Zuordnung des Geschäfts- oder Firmenwertes zu zahlungsmittelgenerierenden Einheiten auf den potenziellen Wertminderungsbedarf auswirkt. Für den Fall, dass keine Aufteilung des Geschäfts- oder Firmenwertes auf die Geschäftsfelder Europa, Afrika und Asien erfolgt (Teilaufgabe (c)), wird die potenzielle Wertbeeinträchtigung im Geschäftsfeld Afrika in Höhe von 60 GE durch unrealisierte Erträge der zahlungsmittelgenerierenden Einheit Europa (15 GE) und der zahlungsmittelgenerierenden Einheit Asien (5 GE) teilweise ausgeglichen. Die gesamte Wertminderung im Segment „Beta" fällt in Teilaufgabe (c) damit um 20 GE geringer aus als in Teilaufgabe (b), in welchem ein Wertminderungstest für die zahlungsmittelgenerierenden Einheiten Europa, Afrika und Asien separat durchgeführt wurde. Ein Wertausgleich zwischen den zahlungsmittelgenerierenden Einheiten ist aufgrund des separaten Wertminderungstests nicht möglich.

Je höher also die Aggregationsebene der zahlungsmittelgenerierenden Einheiten gewählt wird, auf die der Geschäfts- oder Firmenwert zahlungsmittelgenerierenden Einheiten zugeordnet wird, desto höher ist die Wahrscheinlichkeit, dass sich Wertminderungen bestimmter Vermögenswerte in einer Einheit durch Wertsteigerungen von Vermögenswerten in anderen Einheiten ausgleichen lassen. Für das Management ergeben sich hieraus erhebliche Gestaltungsspielräume, indem die interne Steuerung der zahlungsmittelgenerierenden Einheiten bewusst auf einem hohen bzw. niedrigen Aggregationsniveau erfolgt.

Übung 32: Ausweis der Abschreibungen im Anlagengitter nach HGB

Sachverhalt

Die Flügel AG weist in ihrem Anlagevermögen am 31.12.02 unter anderem die folgenden zwei Vermögensgegenstände aus:

(1) Im Januar 01 wurde ein Flugzeug angeschafft. Die Anschaffungskosten betrugen 55 Mio. GE. Das Flugzeug soll über zehn Jahre linear auf einen angenommenen Restverkaufserlös von 5 Mio. GE abgeschrieben werden.

(2) Im Jahr 02 wurde mit dem Neubau eines Verwaltungsgebäudes begonnen. Die bisherigen Aufwendungen belaufen sich auf 600.000 GE und werden unter „Anlagen im Bau" (§ 266 Abs. 2 A. II. 4. HGB) ausgewiesen.

Bis zur Fertigstellung des Verwaltungsgebäudes Ende Juni 03 sind weitere Herstellungskosten in Höhe von 400.000 GE entstanden. Das Verwaltungsgebäude soll über 25 Jahre linear abgeschrieben werden.

Aufgaben

Stellen Sie das Anlagengitter

(a) zum 31.12.02 sowie

(b) zum 31.12.03 auf.

Literaturhinweis

BAETGE, JÖRG/KIRSCH, HANS-JÜRGEN/THIELE, STEFAN, Bilanzen, 16. Aufl., Düsseldorf 2021, Kap. V Abschn. 42.

Lösungen

Lösung zu Teilaufgabe (a)

Mittelgroße und große Kapitalgesellschaften sind verpflichtet, ein Anlagengitter nach § 284 Abs. 3 HGB zu erstellen, und dieses im Anhang auszuweisen. Zumeist ist das Anlagengitter so aufgebaut, dass zunächst die Entwicklung der Anschaffungs- und Herstellungskosten der einzelnen Vermögensgegenstände des Anlagevermögens in einem ersten Block gezeigt wird (Spalten I bis V), woraufhin die Abschreibungen sowie deren Veränderung im laufenden Geschäftsjahr in einem zweiten Block folgen (Spalten VI bis XI). Schließlich wird der Buchwert der Vermögensgegenstände zum Bilanzstichtag (Spalte XII) ermittelt, indem die kumulierten Abschreibungen der Vermögensgegenstände zum Geschäftsjahresende (Spalte XI) von den jeweiligen Anschaffungs- und Herstellungskosten zum Geschäftsjahresende (Spalte V) subtrahiert werden. Zum Zwecke der Vergleichbarkeit und Nachvollziehbarkeit der Entwicklung des Anlagevermögens wird der Buchwert der Vermögensgegenstände im vorigen Geschäftsjahr dem ermittelten Buchwert zum Ende des laufenden Geschäftsjahres in einem dritten Block des Anlagengitters (Spalten XII und XIII) gegenübergestellt.

Die Anschaffungskosten des Flugzeuges der Flügel AG haben 55.000 TGE betragen (Spalte I). Da im Jahr 02 keine Zugänge (Spalte II), Umbuchungen (Spalte III) oder Abgänge (Spalte IV) erfolgt sind, belaufen sich die Anschaffungskosten am 31.12.02 weiterhin auf 55.000 TGE (Spalte V).

Für das im Bau befindliche Verwaltungsgebäude wurden bis zum Bilanzstichtag Ausgaben in Höhe von 600 TGE getätigt. Zu Beginn des Geschäftsjahres (Spalte I) war das Gebäude noch nicht im Anlagengitter geführt, da erst im Laufe des Jahres 02 mit den Baumaßnahmen begonnen wurde. Deshalb sind Ausgaben in Höhe von 600 TGE unter den Zugängen des Postens „Anlagen im Bau" zu zeigen. Da ansonsten keine Umbuchungen oder Abgänge aus den Herstellungskosten des Verwaltungsgebäudes erfolgten, betragen die Herstellungskosten des Gebäudes am 31.12.02 ebenfalls 600 TGE:

Bilanzposten (Alle Zahlenangaben in TGE)	Anschaffungs- und Herstellungskosten				
	01.01.02	Zugänge	Umbuchungen	Abgänge	31.12.02
	I	II	III	IV	V
Flugzeuge	55.000	–	–	–	55.000
Anlagen im Bau	–	600	–	–	600

Übersicht 32-1: *Anlagengitter zum 31.12.02 (Teil 1)*

Für das Flugzeug sind 5.000 TGE (= (55.000 TGE – 5.000 TGE) / 10 Jahre) als Abschreibungsbetrag zu erfassen und unter den „Abschreibungen des Geschäftsjahres" (Spalte VII) im Anlagengitter zu zeigen. Das Flugzeug wurde im Januar 01 beschafft, weshalb bereits im Jahr 01 Abschreibungen in Höhe von 5.000 TGE zu erfassen waren (Spalte VI). Im laufenden Geschäftsjahr sind keine Umbuchungen (Spalte VIII), Abgänge (Spalte IX) oder Zuschreibungen (Spalte X) zu erfassen, weshalb die kumulierten Abschreibungen am 31.12.02 10.000 TGE betragen (Spalte XI). Der Buchwert des Flugzeuges beträgt am Ende des Geschäftsjahres folglich noch 45.000 TGE (Spalte XII).

Da sich das Verwaltungsgebäude noch im Bau und damit nicht in einem betriebsbereiten Zustand befindet, sind hierfür keine Abschreibungen zu erfassen. Am Ende des Jahres 02 beträgt der Buchwert des Verwaltungsgebäudes 600 TGE:

Bilanzposten (Alle Zahlenangaben in TGE)	Abschreibungen						Buchwert	
	01.01.02	des Geschäftsjahres	Umbuchungen	Abgänge	Zuschreibungen	31.12.02	31.12.02	31.12.01
	VI	VII	VIII	IX	X	XI	XII	XIII
Flugzeuge	5.000	5.000	–	–	–	10.000	45.000	50.000
Anlagen im Bau	–	–	–	–	–	–	600	0

Übersicht 32-2: *Anlagengitter zum 31.12.02 (Teil 2)*

Lösung zu Teilaufgabe (b)

Am Anfang des Geschäftsjahres 03 betrugen die Anschaffungskosten des Flugzeuges 55.000 TGE (Spalte I). Im Laufe des Jahres waren keine Zugänge (Spalte II), Umbuchungen (Spalte III) oder Abgänge (Spalte IV) zu erfassen, weshalb die Anschaffungskosten zum 31.12.03 weiterhin 55.000 TGE betragen (Spalte V).

Die Herstellungskosten der „Anlagen im Bau" beliefen sich am Anfang des Geschäftsjahres auf 600 TGE. Bis zur Fertigstellung des Verwaltungsgebäudes der Flügel AG im Juni 03 sind noch Ausgaben in Höhe von 400 TGE angefallen, die im Anlagengitter unter den Zugängen (Spalte II) gezeigt werden. Nach dem Abschluss der Baumaßnahmen ist das Gebäude im Anlagengitter nicht mehr unter den „Anlagen im Bau" zu zeigen, sondern in den Posten „Verwaltungsgebäude" umzubuchen (Spalte III). Im Jahr 03 waren keine Abgänge (Spalte IV) zu erfassen, die Anschaffungskosten der „Anlagen im Bau" sind am 31.12.03 mit Null auszuweisen. Dementsprechend ist die Umbuchung des Verwaltungsgebäudes in derselben Spalte des Anlagengitters unter dem Posten „Verwaltungsgebäude" zu berücksichtigen. Am 01.01.03 betrugen die Herstellungskosten dieses Postens 0 GE (Spalte I); Zugänge (Spalte II) oder Abgänge (Spalte IV) erfolgten nicht. Die Herstellungskosten des Postens „Verwaltungsgebäude" sind am Ende des Geschäftsjahres folglich mit einem Wert von 1.000 TGE zu zeigen.

Die Anschaffungskosten des Flugzeuges sind im Abschluss zum 31.12.03 in unveränderter Höhe auszuweisen, da keine Zugänge (Spalte II), Umbuchungen (Spalte III) oder Abgänge (Spalte IV) erfolgt sind:

Bilanzposten (Alle Zahlenangaben in TGE)	Anschaffungs- und Herstellungskosten				
	01.01.03	Zugänge	Umbuchungen	Abgänge	31.12.03
	I	II	III	IV	V
Flugzeuge	55.000	–	–	–	55.000
Verwaltungsgebäude	–	–	1.000	–	1.000
Anlagen im Bau	600	400	– 1.000	–	0

Übersicht 32-3: *Anlagengitter zum 31.12.03 (Teil 1)*

Das Verwaltungsgebäude der Flügel AG wird jährlich mit 40 TGE (= 1.000 TGE / 25 Jahre) linear abgeschrieben. Da das Gebäude erst Ende Juni 03 fertiggestellt wurde, ist nicht die volle Jahresabschreibung zu berücksichtigen, sondern lediglich eine zeitanteilige Abschreibung für die verbleibenden sechs Monate in Höhe von 20 TGE. Das Flugzeug ist wiederum um 5.000 TGE (= (55.000 TGE – 5.000 TGE) / 10 Jahre) abzuschreiben:

Bilanzposten (Alle Zahlenangaben in TGE)	Abschreibungen						Buchwert	
	01.01.03	des Geschäftsjahres	Umbuchungen	Abgänge	Zuschreibungen	31.12.03	31.12.03	31.12.02
	VI	VII	VIII	IX	X	XI	XII	XIII
Flugzeuge	10.000	5.000	–	–	–	15.000	40.000	45.000
Verwaltungsgebäude	–	20	–	–	–	20	980	0
Anlagen im Bau	–	–	–	–	–	–	0	600

Übersicht 32-4: *Anlagengitter zum 31.12.03 (Teil 2)*

Übung 33: Anlagengitter nach HGB

Sachverhalt

Zum Anlagevermögen der Sweetwater GmbH liegen folgende Informationen vor (alle Angaben zu den Anschaffungskosten ohne Umsatzsteuer):

(1) Im Geschäftsjahr 08 wurden von der Sweetwater GmbH zwölf Tischrechner zu jeweils 40 GE angeschafft.

(2) Zusätzlich wurden im Geschäftsjahr 08 25 Bürostühle zu jeweils 120 GE gekauft.

(3) Zu Beginn des Geschäftsjahres 05 wurden drei Maschinen erworben:
   (a) Die historischen Anschaffungskosten der Maschinen belaufen sich jeweils auf 10 TGE.
   (b) Die jährliche Abschreibung beträgt jeweils 1 TGE.
   (c) Eine der drei Maschinen wird Ende 08 veräußert.

(4) Zu Beginn des Geschäftsjahres 08 wurde eine weitere Maschine angeschafft:
   (a) Die historischen Anschaffungskosten dieser Maschine liegen bei 20 TGE.
   (b) Die jährliche Abschreibung beträgt 2 TGE.

(5) Im Geschäftsjahr 02 hat sich die Sweetwater GmbH an einer Kapitalgesellschaft beteiligt:
   (a) Die historischen Anschaffungskosten der Beteiligung betrugen 5.000 TGE.
   (b) Im Geschäftsjahr 04 wurde der Beteiligungsbuchwert um 1.500 TGE außerplanmäßig abgeschrieben.
   (c) Im Geschäftsjahr 08 sind die Gründe für die Wertminderung entfallen (Zuschreibung).

(6) Im Geschäftsjahr 07 wurde mit dem Bau technischer Anlagen begonnen.
   (a) Bis zum 31.12.07 sind Herstellungskosten in Höhe von 200 TGE angefallen.
   (b) Bis zur Fertigstellung im Juli 08 sind weitere aktivierungspflichtige Ausgaben von 100 TGE angefallen.
   (c) Es wird geometrisch-degressiv in Höhe von 20 % auf den Restbuchwert abgeschrieben.

(7) Im Anlagengitter zum 31.12.07 sind Anfang 07 erworbene Softwareprodukte mit historischen Anschaffungskosten in Höhe von 20 TGE fälschlicherweise unter dem Posten „Betriebs- und Geschäftsausstattung“ ausgewiesen worden. Die Software wird linear über vier Jahre abgeschrieben.

Aufgabe

Erstellen Sie zu den angegebenen Sachverhalten das Anlagengitter der Sweetwater GmbH für den handelsrechtlichen Jahresabschluss zum 31.12.08 und zum 31.12.09.

Literaturhinweis

BAETGE, JÖRG/KIRSCH, HANS-JÜRGEN/THIELE, STEFAN, Bilanzen, 16. Aufl., Düsseldorf 2021, Kap. V Abschn. 42.

Lösung

Die Anlagengitter zum 31.12.08 und zum 31.12.09 der Sweetwater GmbH werden im Folgenden im Zeitablauf entwickelt. Ausgehend vom Anlagengitter zum 31.12.02 wird das Anlagengitter jährlich auf Basis der einzelnen Sachverhalte fortgeführt. Dadurch lassen sich die Anlagengitter zum 31.12.08 und zum 31.12.09 schrittweise nachvollziehen.

Bilanzposten (Alle Zahlenangaben in TGE)	Anschaffungs- und Herstellungskosten					Abschreibungen						Buchwert	
	01.01.02	Zugänge	Umbuchungen	Abgänge	31.12.02	01.01.02	des Geschäftsjahres	Umbuchungen	Abgänge	Zuschreibungen	31.12.02	31.12.02	31.12.01
	I	II	III	IV	V	VI	VII	VIII	IX	X	XI	XII	XIII
Immaterielle Vermögensgegenstände	–	–	–	–	–	–	–	–	–	–	–	–	–
Maschinen	–	–	–	–	–	–	–	–	–	–	–	–	–
Anlagen im Bau	–	–	–	–	–	–	–	–	–	–	–	–	–
Technische Anlagen	–	–	–	–	–	–	–	–	–	–	–	–	–
Betriebs- und Geschäftsausstattung	–	–	–	–	–	–	–	–	–	–	–	–	–
Beteiligung[1]	–	5.000	–	–	5.000	–	–	–	–	–	–	5.000	0

1 Geschäftsvorfall (5a).

Übersicht 33-1: *Anlagengitter der Sweetwater GmbH zum 31.12.02*

Bilanzposten (Alle Zahlenangaben in TGE)	Anschaffungs- und Herstellungskosten					Abschreibungen						Buchwert	
	01.01.03	Zugänge	Umbuchungen	Abgänge	31.12.03	01.01.03	des Geschäftsjahres	Umbuchungen	Abgänge	Zuschreibungen	31.12.03	31.12.03	31.12.02
	I	II	III	IV	V	VI	VII	VIII	IX	X	XI	XII	XIII
Immaterielle Vermögensgegenstände	–	–	–	–	–	–	–	–	–	–	–	–	–
Maschinen	–	–	–	–	–	–	–	–	–	–	–	–	–
Anlagen im Bau	–	–	–	–	–	–	–	–	–	–	–	–	–
Technische Anlagen	–	–	–	–	–	–	–	–	–	–	–	–	–
Betriebs- und Geschäftsausstattung	–	–	–	–	–	–	–	–	–	–	–	–	–
Beteiligung[1]	5.000	–	–	–	5.000	–	–	–	–	–	–	5.000	5.000

1 Fortführung von Geschäftsvorfall (5a).

Übersicht 33-2: *Anlagengitter der Sweetwater GmbH zum 31.12.03*

Bilanzposten (Alle Zahlenangaben in TGE)	Anschaffungs- und Herstellungskosten					Abschreibungen						Buchwert	
	01.01.04	Zugänge	Umbuchungen	Abgänge	31.12.04	01.01.04	des Geschäftsjahres	Umbuchungen	Abgänge	Zuschreibungen	31.12.04	31.12.04	31.12.03
	I	II	III	IV	V	VI	VII	VIII	IX	X	XI	XII	XIII
Immaterielle Vermögensgegenstände	–	–	–	–	–	–	–	–	–	–	–	–	–
Maschinen	–	–	–	–	–	–	–	–	–	–	–	–	–
Anlagen im Bau	–	–	–	–	–	–	–	–	–	–	–	–	–
Technische Anlagen	–	–	–	–	–	–	–	–	–	–	–	–	–
Betriebs- und Geschäftsausstattung	–	–	–	–	–	–	–	–	–	–	–	–	–
Beteiligung[1]	5.000	–	–	–	5.000	–	1.500	–	–	–	1.500	3.500	5.000

1 Fortführung von Geschäftsvorfall (5a) sowie Geschäftsvorfall (5b).

Übersicht 33-3: *Anlagengitter der Sweetwater GmbH zum 31.12.04*

Bilanzposten (Alle Zahlenangaben in TGE)	Anschaffungs- und Herstellungskosten					Abschreibungen						Buchwert	
	01.01.05	Zugänge	Umbuchungen	Abgänge	31.12.05	01.01.05	des Geschäftsjahres	Umbuchungen	Abgänge	Zuschreibungen	31.12.05	31.12.05	31.12.04
	I	II	III	IV	V	VI	VII	VIII	IX	X	XI	XII	XIII
Immaterielle Vermögensgegenstände	–	–	–	–	–	–	–	–	–	–	–	–	–
Maschinen[1]	–	30	–	–	30	–	3	–	–	–	3	27	0
Anlagen im Bau	–	–	–	–	–	–	–	–	–	–	–	–	–
Technische Anlagen	–	–	–	–	–	–	–	–	–	–	–	–	–
Betriebs- und Geschäftsausstattung	–	–	–	–	–	–	–	–	–	–	–	–	–
Beteiligung[2]	5.000	–	–	–	5.000	1.500	–	–	–	–	1.500	3.500	3.500

1 Geschäftsvorfall (3a) und (3b).
2 Fortführung Geschäftsvorfall (5a) und (5b).

Übersicht 33-4: *Anlagengitter der Sweetwater GmbH zum 31.12.05*

Bilanzposten (Alle Zahlenangaben in TGE)	Anschaffungs- und Herstellungskosten					Abschreibungen						Buchwert	
	01.01.06	Zugänge	Umbuchungen	Abgänge	31.12.06	01.01.06	des Geschäftsjahres	Umbuchungen	Abgänge	Zuschreibungen	31.12.06	31.12.06	31.12.05
	I	II	III	IV	V	VI	VII	VIII	IX	X	XI	XII	XIII
Immaterielle Vermögensgegenstände	–	–	–	–	–	–	–	–	–	–	–	–	–
Maschinen[1]	30	–	–	–	30	3	3	–	–	–	6	24	27
Anlagen im Bau	–	–	–	–	–	–	–	–	–	–	–	–	–
Technische Anlagen	–	–	–	–	–	–	–	–	–	–	–	–	–
Betriebs- und Geschäftsausstattung	–	–	–	–	–	–	–	–	–	–	–	–	–
Beteiligung[2]	5.000	–	–	–	5.000	1.500	–	–	–	–	1.500	3.500	3.500

1 Fortführung Geschäftsvorfall (3a) und (3b).
2 Fortführung Geschäftsvorfall (5a) und (5b).

Übersicht 33-5: *Anlagengitter der Sweetwater GmbH zum 31.12.06*

Bilanzposten (Alle Zahlenangaben in TGE)	Anschaffungs- und Herstellungskosten					Abschreibungen						Buchwert	
	01.01.07	Zugänge	Umbuchungen	Abgänge	31.12.07	01.01.07	des Geschäftsjahres	Umbuchungen	Abgänge	Zuschreibungen	31.12.07	31.12.07	31.12.06
	I	II	III	IV	V	VI	VII	VIII	IX	X	XI	XII	XIII
Immaterielle Vermögensgegenstände	–	–	–	–	–	–	–	–	–	–	–	–	–
Maschinen[1]	30	–	–	–	30	6	3	–	–	–	9	21	24
Anlagen im Bau[2]	–	200	–	–	200	–	–	–	–	–	–	200	0
Technische Anlagen	–	–	–	–	–	–	–	–	–	–	–	–	–
Betriebs- und Geschäftsausstattung[3]	–	20	–	–	20	–	5	–	–	–	5	15	0
Beteiligung[4]	5.000	–	–	–	5.000	1.500	–	–	–	–	1.500	3.500	3.500

1 Fortführung Geschäftsvorfall (3a) und (3b).
2 Geschäftsvorfall (6a).
3 Geschäftsvorfall (7).
4 Fortführung von Geschäftsvorfall (5a) und (5b).

Übersicht 33-6: *Anlagengitter der Sweetwater GmbH zum 31.12.07*

Bilanzposten (Alle Zahlenangaben in TGE)	Anschaffungs- und Herstellungskosten					Abschreibungen						Buchwert	
	01.01.08	Zugänge	Umbuchungen	Abgänge	31.12.08	01.01.08	des Geschäftsjahres	Umbuchungen	Abgänge	Zuschreibungen	31.12.08	31.12.08	31.12.07
	I	II	III	IV	V	VI	VII	VIII	IX	X	XI	XII	XIII
Immaterielle Vermögensgegenstände[1]	0	–	20[2]	–	20	0	5	5	–	–	10	10	0
Maschinen[3]	30	20	–	10[4]	40	9	5	–	– 4	–	10	30	21
Anlagen im Bau	200	100[1]	– 300[5]	–	0	–	–	–	–	–	–	0	200
Technische Anlagen	–	–	300[5]	–	300	–	30[6]	–	–	–	30	270	0
Betriebs- und Geschäftsausstattung	20	3[7]	– 20[2]	3[7]	0	5	3[7]	– 5	– 3	–	0	0	15
Beteiligung[8]	5.000	–	–	–	5.000	1.500	–	–	–	1.500	0	5.000	3.500

1 Geschäftsvorfall (6b).
2 Geschäftsvorfall (7), Umbuchung.
3 Fortführung Geschäftsvorfall (3a) und (3b) sowie Geschäftsvorfall (4).
4 Geschäftsvorfall (3c).
5 Umbuchung gemäß Geschäftsvorfall (6b).
6 Abschreibung Geschäftsvorfall (6c).
7 Geschäftsvorfall (2), Zugang und gleichzeitiger Abgang mit Sofortabschreibung als geringwertige Wirtschaftsgüter.
8 Geschäftsvorfall (5c).
Anmerkung: Geschäftsvorfall (1) wird nicht im Anlagengitter erfasst, sondern direkt in der GuV.

Übersicht 33-7: *Anlagengitter der Sweetwater GmbH zum 31.12.08*

Bilanzposten (Alle Zahlenangaben in TGE)	Anschaffungs- und Herstellungskosten					Abschreibungen						Buchwert	
	01.01.09	Zugänge	Umbuchungen	Abgänge	31.12.09	01.01.09	des Geschäftsjahres	Umbuchungen	Abgänge	Zuschreibungen	31.12.09	31.12.09	31.12.08
	I	II	III	IV	V	VI	VII	VIII	IX	X	XI	XII	XIII
Immaterielle Vermögensgegenstände[1]	20	–	–	–	20	10	5	–	–	–	15	5	10
Maschinen[2]	40	–	–	–	40	10	4	–	–	–	14	26	30
Anlagen im Bau	–	–	–	–	–	–	–	–	–	–	–	–	–
Technische Anlagen[3]	300	–	–	–	300	30	54	–	–	–	84	216	270
Betriebs- und Geschäftsausstattung	–	–	–	–	–	–	–	–	–	–	–	–	–
Beteiligung[4]	5.000	–	–	–	5.000	–	–	–	–	–	–	5.000	5.000

1 Fortführung Geschäftsvorfall (7).
2 Fortführung Geschäftsvorfall (3) sowie Geschäftsvorfall (4).
3 Fortführung Geschäftsvorfall (6).
4 Fortführung Geschäftsvorfall (5).

Übersicht 33-8: *Anlagengitter der Sweetwater GmbH zum 31.12.09*

Übung 34: Bilanzierung von als Finanzinvestition gehaltenen Immobilien nach IFRS

Sachverhalt

Die als Röhrenhersteller agierende Tubes AG erwirbt zum 01.01.01 eine Lagerhalle zum Kaufpreis von 12.000.000 GE. Beim Kauf fallen Maklergebühren in Höhe von 3.000.000 GE an. Die Lagerhalle wird von der Tubes AG allerdings nicht selbst genutzt, sondern direkt an die Logi GmbH vermietet. Neben Mieteinnahmen erwartet die Unternehmensführung der Tubes AG durch den Gebäudekauf auch eine mittelfristige Wertsteigerung der Lagerhalle. Die Lagerhalle wird linear abgeschrieben und hat eine voraussichtliche Nutzungsdauer von 30 Jahren.

Ein unabhängiger Immobiliensachverständiger ermittelt den Marktpreis der Lagerhalle zum 31.12.01 mit 15.000.000 GE. Im Herbst 02 beschließt die Landesregierung, dass ein neuer Autobahnzubringer in der Nähe der Lagerhalle gebaut werden soll. Der Bau würde eine schnelle Anbindung der Lagerhalle an das Autobahnnetz bedeuten und soll im kommenden Sommer beginnen. Daher steigt der Wert der Lagerhalle zum Ende des Jahres 02 auf 20.000.000 GE. Im Herbst 03 wird bei Vermessungen für das Bauvorhaben indes festgestellt, dass erhöhte Grundwasserstände einen Bau des Autobahnzubringers – entgegen aller Erwartungen – in der Nähe der Lagerhalle unmöglich machen. Zudem stellt die Bauaufsichtsbehörde fest, dass auch angrenzende Grundstücke langfristig von erhöhten Grundwasserständen betroffen sind. Der Verlauf des Zubringers wird umgestaltet und soll nun nicht mehr in der Nähe der Lagerhalle vorbeiführen. Der erneut beauftragte unabhängige Sachverständige schätzt den erzielbaren Betrag der Lagerhalle aufgrund des hohen Grundwasserstandes und der damit zu treffenden Vorsichtsmaßnahmen zum 31.12.03 auf 10.800.000 GE. Im Jahr 04 erweisen sich die erhöhten Grundwasserstände als weitaus weniger gravierend als ursprünglich befürchtet. Das Grundstück der Lagerhalle der Tubes AG ist überhaupt nicht betroffen. Der unabhängige Sachverständige korrigiert seine im Jahr zuvor getroffene Schätzung und beziffert den erzielbaren Betrag der Lagerhalle nun auf 14.000.000 GE.

Aufgaben

(a) Wie ist die Immobilie im Zeitpunkt des Zuganges im IFRS-Abschluss der Tubes AG zu berücksichtigen?

(b) Stellen Sie die Auswirkungen auf die IFRS-Bilanzen und Gesamtergebnisrechnungen der Tubes AG zum Ende der Jahre 01, 02, 03 und 04 dar. Gehen Sie davon aus, dass die Tubes AG die Lagerhalle zu fortgeführten Anschaffungs- oder Herstellungskosten bewertet. Buchen Sie die jeweiligen Geschäftsvorfälle.

(c) Gehen Sie nun davon aus, dass die Tubes AG das Wahlrecht des IAS 40.30 dahingehend ausübt, dass die Lagerhalle zum beizulegenden Zeitwert bewertet wird. Stellen Sie die Auswirkungen auf die IFRS-Bilanzen und Gesamtergebnisrechnungen der Tubes AG zum Ende der Jahre 01, 02, 03 und 04 dar. Buchen Sie die jeweiligen Geschäftsvorfälle.

(d) Stellen Sie die Veränderungen der Gesamtergebnisrechnungen für beide Modelle zur Folgebewertung gemäß IAS 40.30 gegenüber. Welche Methode würden Sie der Unternehmensleitung der Tubes AG empfehlen, wenn diese im Jahr 04 ein möglichst hohes Jahresergebnis ausweisen möchte? Gehen Sie dabei von der Annahme aus, dass alle Informationen bereits zum 01.01.01 bekannt seien. Was ist bei der Ausübung des Wahlrechtes des IAS 40.30 zu beachten?

Literaturhinweis

BAETGE, JÖRG/KIRSCH, HANS-JÜRGEN/THIELE, STEFAN, Bilanzen, 16. Aufl., Düsseldorf 2021, Kap. IV Abschn. 52 und Kap. V Abschn. 53.

Lösungen

Lösung zu Teilaufgabe (a)

Von der Tubes AG sind Immobilien (Grundstücke und/oder Gebäude(-teile)), die als Eigentum oder im Rahmen eines finance lease (Finanzierungs-Leasing) gehalten werden, um Einkünfte durch Vermietung, Verpachtung oder Wertsteigerungen zu erzielen, **als Finanzinvestition gehaltene Immobilien** zu klassifizieren. Sie dienen nicht der Herstellung von Gütern, der Erbringung von Dienstleistungen oder der Verwaltung. Auch können sie nicht im Rahmen der gewöhnlichen Geschäftstätigkeit des Unternehmens veräußert werden (IAS 40.5). Als Finanzinvestition gehaltene Immobilien werden als nicht betriebsnotwendiges Vermögen nach den Vorschriften des IAS 40 bilanziert.

Die Anschaffungskosten von als Finanzinvestition gehaltenen Immobilien umfassen den **Kaufpreis** der Immobilie sowie die **Anschaffungsnebenkosten**, wie Maklergebühren oder Steuern, die bei der Anschaffung anfallen (IAS 40.20-29).

Dementsprechend errechnen sich die Anschaffungskosten der Lagerhalle im vorliegenden Sachverhalt wie folgt:

	Kaufpreis	12.000.000 GE
+	Maklergebühren	3.000.000 GE
=	Anschaffungskosten	15.000.000 GE

Die Lagerhalle wird zum 01.01.01 auf der Aktivseite der Bilanz unter der Position „Investment Property“ ausgewiesen. Der zugehörige Buchungssatz lautet:

Investment Property	15.000.000 GE	an	Bank	15.000.000 GE

Lösung zu Teilaufgabe (b)

Die Tubes AG kann bei der Folgebewertung von als Finanzinvestition gehaltenen Immobilien ein **Wahlrecht** ausüben (IAS 40.30). Als Finanzinvestition gehaltene Immobilien dürfen entweder erfolgswirksam zum beizulegenden Zeitwert oder zu fortgeführten Anschaffungs- oder Herstellungskosten bewertet werden.

Die Tubes AG hat sich für eine Bewertung der als Finanzinvestition gehaltenen Immobilie zu **fortgeführten Anschaffungs- oder Herstellungskosten** entschieden. Diese richtet sich nach IAS 16.30. Die Lagerhalle wird mit den historischen Anschaffungskosten abzüglich der kumulierten planmäßigen Abschreibungen und der kumulierten außerplanmäßigen Wertminderungen bewertet. Die planmäßigen Abschreibungen verteilen die historischen Anschaffungskosten über die voraussichtliche Nutzungsdauer von 30 Jahren. Bei Anwendung der linearen Abschreibungsmethode ergibt sich im vorliegenden Sachverhalt ein jährlicher Abschreibungsbetrag von 500.000 GE (= 15.000.000 GE / 30 Jahre). Eventuelle außerplanmäßige Wertminderungen (Wertminderungsaufwendungen) sind über die planmäßigen Abschreibungen hinaus gesondert zu berücksichtigen.

Die planmäßige Abschreibung auf die Immobilie im Geschäftsjahr 01 beträgt 500.000 GE. Dieser Betrag wird erfolgswirksam in der Gesamtergebnisrechnung erfasst und mindert das Jahresergebnis 01. Der zugehörige Buchungssatz lautet:

Abschreibungen	500.000 GE	an	Investment Property	500.000 GE

Obwohl der beizulegende Zeitwert der Lagerhalle zum 31.12.01 15.000.000 GE beträgt, ist die Lagerhalle zum Bilanzstichtag 01 mit 14.500.000 GE zu bewerten, da bei Anwendung des Anschaffungskostenmodells keine Zuschreibung auf einen höheren beizulegenden Zeitwert erlaubt ist.

Die planmäßige Abschreibung auf die Immobilie zum 31.12.02 beträgt ebenfalls 500.000 GE. Der Betrag wird erfolgswirksam in der Gesamtergebnisrechnung erfasst und mindert das Jahresergebnis 02. Der Buchungssatz lautet:

Abschreibungen	500.000 GE	an	Investment Property	500.000 GE

Der Restbuchwert der Lagerhalle am Ende des Jahres 02 beträgt somit 14.000.000 GE.

Auch im Geschäftsjahr 03 ist die Immobilie zunächst planmäßig um 500.000 GE abzuschreiben. Ferner sind die festgestellten erhöhten Grundwasserstände in der Nähe der Lagerhalle ein Anhaltspunkt dafür, dass diese im Wert gemindert sein könnte, so dass von der Tubes AG ein impairment test (Wertminderungstest) durchzuführen ist (IAS 36.8-12). Der unabhängige Sachverständige schätzt den erzielbaren Betrag der

Lagerhalle auf 10.800.000 GE. Da der erzielbare Betrag geringer ist als der Buchwert in Höhe von 13.500.000 GE (= 14.000.000 GE – 500.000 GE), ist der Buchwert der Lagerhalle auf seinen erzielbaren Betrag zu verringern (IAS 36.58). Diese Verringerung in Höhe von 2.700.000 GE (= 13.500.000 GE – 10.800.000 GE) ist als **Wertminderungsaufwand** erfolgswirksam in der Gesamtergebnisrechnung zu erfassen. Die Buchungssätze des Geschäftsjahres 03 lauten:

Abschreibungen	500.000 GE	an	Investment Property	500.000 GE

Außerplanmäßige Abschreibungen	2.700.000 GE	an	Investment Property	2.700.000 GE

Im Jahr 04 ist die Lagerhalle der Tubes AG zunächst planmäßig abzuschreiben. Der Abschreibungsbetrag ist aufgrund der im Jahr 03 durchgeführten außerplanmäßigen Wertminderung neu zu ermitteln, indem der Restbuchwert der Immobilie über die noch verbleibende voraussichtliche Nutzungsdauer verteilt wird. Die Immobilie ist daher zum 31.12.04 um 400.000 GE (= 10.800.000 GE / 27 Jahre) planmäßig abzuschreiben. Der sich hiernach ergebende Buchwert beträgt 10.400.000 GE. Zudem erweisen sich die erhöhten Grundwasserstände als weitaus weniger gravierend als zuvor befürchtet. Der Grund für den im Jahr 03 erfassten Wertminderungsaufwand besteht nun nicht mehr, so dass eine **Wertaufholung** der Lagerhalle zu erfassen ist (IAS 36.114). Die Obergrenze für Wertaufholungen bei vorausgegangenen außerplanmäßigen Wertminderungen bilden die fortgeführten Anschaffungs- oder Herstellungskosten, d. h. der Betrag, der sich ohne eine außerplanmäßige Wertminderung der Lagerhalle ergeben hätte (IAS 36.117). Die fortgeführten Anschaffungskosten der Lagerhalle zum Stichtag 31.12.04 betragen 13.000.000 GE (= 15.000.000 GE –15.000.000 GE / 30 Jahre · 4 Jahre).

Der sich aus der Differenz zwischen fortgeführten Anschaffungskosten und Buchwert (vor Wertaufholung) ergebende Wertaufholungsbetrag in Höhe von 2.600.000 GE (= 13.000.000 GE – 10.400.000 GE) ist erfolgswirksam als sonstiger betrieblicher Ertrag in der Gesamtergebnisrechnung zu erfassen. Die Buchungssätze des Jahres 04 lauten:

Abschreibungen	400.000 GE	an	Investment Property	400.000 GE

Investment Property	2.600.000 GE	an	Sonstiger betrieblicher Ertrag	2.600.000 GE

Die folgende Übersicht fasst die jeweiligen Auswirkungen auf die IFRS-Bilanzen und die Gesamtergebnisrechnungen der Tubes AG zum 31.12. bei Anwendung des Anschaffungskostenmodells zusammen:

Abschlussstichtag	Bilanz (in GE)	Gesamtergebnisrechnung (in GE)	Erläuterungen
31.12.01	14.500.000	– 500.000	Planmäßige Abschreibung
31.12.02	14.000.000	– 500.000	Planmäßige Abschreibung
31.12.03	10.800.000	– 3.200.000	Davon 2.700.000 GE außerplanmäßige Wertminderung
31.12.04	13.000.000	+ 2.200.000	Sonstiger betrieblicher Ertrag aus Wertaufholung in Höhe von 2.600.000 GE

Übersicht 34-1: *Auswirkungen auf die Bilanzen und Gesamtergebnisrechnungen der Tubes AG unter Anwendung des Anschaffungskostenmodells*

Lösung zu Teilaufgabe (c)

Entscheidet sich die Tubes AG, die als Finanzinvestition gehaltene Immobilie mit ihrem beizulegenden Zeitwert zu bewerten, gilt dieser unabhängig davon, ob der beizulegende Zeitwert höher oder niedriger ist als die fortgeführten Anschaffungs- oder Herstellungskosten der Immobilie. Nach dieser sog. „Fair Value-Neubewertung" werden – im Gegensatz zur Neubewertung nach IAS 16 (Sachanlagen) – die **positiven** und **negativen Wertänderungen** stets **erfolgswirksam** erfasst (IAS 40.35). Dieser Vorgehensweise liegt die Annahme zugrunde, dass als Finanzinvestition gehaltene Immobilien i. S. d. IAS 40 zu jedem Zeitpunkt zum beizulegenden Zeitwert veräußert werden könnten.

Im Gegensatz zur Anwendung des Anschaffungskostenmodells (siehe Teilaufgabe (b)) sind keine planmäßigen Abschreibungen auf die Lagerhalle vorzunehmen. Indes hat die Tubes AG den Buchwert der Immobilie **erfolgswirksam** anzupassen, sofern Änderungen des beizulegenden Zeitwertes der Lagerhalle festgestellt werden.

Zum Ende des Jahres 01 liegt der sich aus dem Marktwert ergebende beizulegende Zeitwert der Lagerhalle bei 15.000.000 GE. Der beizulegende Zeitwert entspricht somit den Anschaffungskosten, so dass der Wertansatz in der Bilanz unverändert bleibt. Es ergeben sich keine Auswirkungen auf das Jahresergebnis 01 der Tubes AG.

Zum 31.12.02 steigt der Wert der Lagerhalle durch das Bauvorhaben der Landesregierung auf 20.000.000 GE an. Der beizulegende Zeitwert der Lagerhalle liegt 5.000.000 GE über dem bisherigen Buchwert. Die Tubes AG hat den Wert der Lagerhalle um 5.000.000 GE auf 20.000.000 GE zuzuschreiben. Die Zuschreibung ist als Ertrag aus der Neubewertung von als Finanzinvestion gehaltenen Immobilien erfolgswirksam in der Gesamtergebnisrechnung zu erfassen. Das Jahresergebnis 02 verbessert sich um 5.000.000 GE.

Der korrespondierende Buchungssatz lautet:

Investment Property	5.000.000 GE	an	Sonstiger betrieblicher Ertrag	5.000.000 GE

Zum 31.12.03 stellt der unabhängige Sachverständige fest, dass sich der Wert der Lagerhalle aufgrund von erhöhten Grundwasserständen reduziert hat. Der beizulegende Zeitwert der Lagerhalle beträgt noch 10.800.000 GE. Die Tubes AG hat die Lagerhalle auf den nunmehr niedrigeren beizulegenden Zeitwert der Lagerhalle abzuschreiben. In der Gesamtergebnisrechnung der Tubes AG ist ein Aufwand aus der Neubewertung von Investment Properties in Höhe der Differenz zwischen dem bisherigen Buchwert und dem beizulegenden Zeitwert zum Abschlussstichtag in Höhe von 9.200.000 GE (= 20.000.000 GE – 10.800.000 GE) erfolgswirksam zu erfassen. Der Buchungssatz lautet:

Abschreibungen	9.200.000 GE	an	Investment Property	9.200.000 GE

Im Jahr 04 erweisen sich die erhöhten Grundwasserstände indes als weitaus weniger gravierend als zuvor befürchtet. Das Grundstück der Lagerhalle der Tubes AG ist überhaupt nicht betroffen und der beizulegende Zeitwert der Lagerhalle zum Abschlussstichtag 31.12.04 beträgt 14.000.000 GE. Die notwendige Zuschreibung in Höhe von 3.200.000 GE (= 14.000.000 GE – 10.800.000 GE) ist als Ertrag aus der Neubewertung von als Finanzinvestition gehaltenen Immobilien erfolgswirksam in der Gesamtergebnisrechnung zu erfassen. Das Jahresergebnis verbessert sich hierdurch um 3.200.000 GE. Der Buchungssatz lautet:

Investment Property	3.200.000 GE	an	Sonstiger betrieblicher Ertrag	3.200.000 GE

Die folgende Übersicht fasst die jeweiligen Auswirkungen zum 31.12. auf die IFRS-Bilanzen und die Gesamtergebnisrechnungen der Tubes AG bei Anwendung des Modells des beizulegenden Zeitwertes zusammen:

Abschlussstichtag	Bilanz (in GE)	Gesamtergebnis- rechnung (in GE)	Erläuterungen
31.12.01	15.000.000	0	–
31.12.02	20.000.000	+ 5.000.000	Sonstiger betrieblicher Ertrag aus Neubewertung
31.12.03	10.800.000	– 9.200.000	Abschreibung auf Investment Property
31.12.04	14.000.000	+ 3.200.000	Sonstiger betrieblicher Ertrag aus Neubewertung

Übersicht 34-2: *Auswirkungen auf die Bilanzen und Gesamtergebnisrechnungen der Tubes AG unter Anwendung des Modells des beizulegenden Zeitwertes*

Lösung zu Teilaufgabe (d)

Die folgende Übersicht fasst die Veränderungen der Gesamtergebnisrechnung für die beiden nach IAS 40.30 zulässigen Modelle zur Folgebewertung zusammen:

Abschlussstichtag	Anschaffungskostenmodell (in GE)	Modell des beizulegenden Zeitwertes (in GE)
31.12.01	– 500.000	0
31.12.02	– 500.000	+ 5.000.000
31.12.03	– 3.200.000	– 9.200.000
31.12.04	+ 2.200.000	+ 3.200.000

Übersicht 34-3: *Gegenüberstellung der Veränderungen in den Gesamtergebnisrechnungen der Tubes AG unter Anwendung der beiden Möglichkeiten zur Folgebewertung gemäß IAS 40.30*

Um ein möglichst hohes Jahresergebnis im Jahr 04 auszuweisen, sollte der Tubes AG die Bilanzierung zum beizulegenden Zeitwert empfohlen werden. Das Jahresergebnis würde sich im Jahr 04 um 3.200.000 GE anstatt um 2.200.000 GE erhöhen.

Zu beachten ist indes, dass das Wahlrecht für alle als Finanzinvestition gehaltenen Immobilien **einheitlich** auszuüben ist (IAS 40.30). Zudem schreibt IAS 8 (Rechnungslegungsmethoden, Änderungen von rechnungslegungsbezogenen Schätzungen und Fehler) vor, dass eine freiwillige Änderung einer Rechnungslegungsmethode nur dann vorgenommen werden darf, wenn die Änderung zu einem Abschluss führt, der verlässlichere und sachgerechtere Informationen über die Auswirkungen der Ereignisse, Geschäftsvorfälle oder Bedingungen auf die Vermögens- und Ertragslage oder die Cashflows des Unternehmens gibt. Es ist höchst unwahrscheinlich, dass ein Wechsel vom Modell des beizulegenden Zeitwerts zum Anschaffungskostenmodell eine sachgerechtere Darstellung zur Folge hat. IAS 40.31 verbietet somit implizit den Wechsel vom Modell des beizulegenden Zeitwertes zum Modell der fortgeführten Anschaffungs- oder Herstellungskosten.

Übung 35: Bewertung von Werkzeugen mit Festwerten nach HGB

Sachverhalt

Der Geschäftsführer des Maschinenbauunternehmens Alpha GmbH möchte gern die Erleichterungen des Festwertverfahrens für den Werkzeugbestand wahrnehmen. Er ist sich indes hinsichtlich folgender Fragen unschlüssig:

- Ist es notwendig, dass die Werkzeuge in bestimmten zeitlichen Abständen ersetzt werden?
- Stört es die Festwertbildung, dass die Werkzeuge zum Teil sehr unterschiedliche Anschaffungskosten haben?
- Ist es von Belang, dass der Wert des Werkzeugbestandes nicht unerheblich ist?

Aufgabe

Helfen Sie dem Geschäftsführer bei der Beantwortung der handelsrechtlichen Bilanzierungsfragen.

Literaturhinweis

BAETGE, JÖRG/KIRSCH, HANS-JÜRGEN/THIELE, STEFAN, Bilanzen, 16. Aufl., Düsseldorf 2021, Kap. VII Abschn. 35.

Lösung

Bei der Festbewertung wird für einen bestimmten Bestand an Vermögensgegenständen eine Festmenge zu Festpreisen angesetzt. Dieser sog. Festwert wird in die Bilanz übernommen und unter gleichbleibenden Voraussetzungen für mehrere Geschäftsjahre unverändert fortgeführt.

Nach §§ 240 Abs. 3 i. V. m. 256 Satz 2 HGB dürfen im handelsrechtlichen Jahresabschluss unter bestimmten Voraussetzungen Roh-, Hilfs- und Betriebsstoffe (z. B. Verbrauchsstoffe) und Gegenstände des Sachanlagevermögens (z. B. Werkzeuge, Labor- und Messeinrichtungen) mit Festwerten angesetzt werden.

Werkzeuge sind Vermögensgegenstände, die in Gruppen zusammengefasst den Voraussetzungen des Festwertverfahrens genügen können. In Bezug auf die Fragen des Geschäftsführers werden diese Voraussetzungen untersucht:

- Die Anwendung des Festwertverfahrens auf eine Gruppe von Vermögensgegenständen setzt den regelmäßigen Ersatz dieser Gegenstände voraus. Das Grundprinzip der korrekten Darstellung des Bestandes ist der ungefähre wert- und mengenmäßige Ausgleich der Abgänge und Zugänge. Um diesen Ausgleich zu erreichen, sind der regelmäßige Ersatz und eine geringe Bandbreite der Bestandsschwankungen einzuhalten. Bei unregelmäßigem Ersatz der Werkzeuge kommt es in den Perioden, in denen mehr Werkzeuge angeschafft werden, zu stärkeren Belastungen des Ergebnisses als in den übrigen Perioden. Dies führt zu keiner korrekten Darstellung der Abnutzung der Werkzeuge.

- Unterschiedliche Anschaffungskosten der zu bewertenden Vermögensgegenstände stehen nicht im Widerspruch zu einer Festbewertung, solange ein Funktionszusammenhang besteht. Die im Festwert zusammengefassten Vermögensgegenstände können auch verschiedenartig sein. Allerdings ist bei der Abgrenzung der zusammenzufassenden Vermögensgegenstände zu beachten, dass eine gleichbleibende Zusammensetzung und Alterstruktur des Bestandes vorausgesetzt werden kann.

  Bei einer Zusammenfassung von 1.000 Schraubendrehern zu 2 GE/Stück mit einer durchschnittlichen betrieblichen Verweildauer von einer halben Periode und 200 Messschiebern zu 150 GE/Stück mit einer durchschnittlichen Nutzungsdauer von zwei Perioden ist eine Festbewertung zulässig, solange die Zusammensetzung der Menge und die Alterstruktur in dieser Werkzeuggruppe gleich bleiben. Das ist genau dann der Fall, wenn regelmäßig ca. 2.000 Schraubendreher und ca. 100 Messschieber je Periode nachbeschafft werden, um den Bestand zu halten. Die Einzelpreise der Werkzeuge wirken sich nicht auf die Anwendbarkeit der Festbewertung aus.

  Im Widerspruch zur Festbewertung steht lediglich eine starke Preisschwankung der Anschaffungskosten einzelner Werkzeuge oder der gruppierten Werkzeuge insgesamt. Wenn die Preise für eines der oder beide der im Beispiel genannten Werkzeuge im Zeitverlauf deutlich von den ursprünglichen Anschaffungskosten abweichen würden, kann die Festbewertung zu keiner korrekten Bewertung führen.

- Die Festbewertung kommt nur für Positionen mit nachrangiger Bedeutung infrage. Das bedeutet, dass der Gesamtwert des Bestandes, der zum Festwert angesetzt wird, für das Unternehmen keinen wesentlichen Anteil am Gesamtvermögen haben darf. Für Vermögensgegenstände, die in so großer Menge vorkommen, dass sie einen großen Teil des Vermögens ausmachen, ist die Festbewertung nicht zulässig. Ebenso ist ein Ansatz zum Festwert für besonders wertvolle Vermögensgegenstände nicht möglich. Ein wesentlicher Anteil ist anzunehmen, wenn der einzelne Festwertansatz 5 % der Bilanzsumme überschreitet.

  Überschreitet der Wert der Werkzeuge bei der Alpha GmbH die genannte Grenze, ist die Festbewertung also unzulässig. Ein besonders hoher Wert des Gesamtvermögens kann dadurch zustande kommen, dass die Menge der Werkzeuge sehr groß ist oder die Anschaffungskosten der einzelnen Werkzeuge sehr hoch sind. In einem Maschinenbauunternehmen werden Werkzeuge i. d. R. von nachrangiger Bedeutung sein.

Übung 36: Bilanzierung von Werkzeugkostenbeiträgen nach HGB

Sachverhalt

Der Unternehmer Klein produziert für verschiedene Automobilhersteller Serienteile für Kraftfahrzeuge. Hierbei verwendet er kundenspezifische Werkzeuge, die nur für bestimmte Kraftfahrzeuge einsetzbar sind und nur für Bestellungen des jeweiligen Automobilwerkes verwendet werden dürfen. Unternehmer Klein stellt diese Werkzeuge selbst her. Er erhält dafür von dem jeweiligen Kunden „Werkzeugkostenbeiträge", durch die die Herstellungskosten von Unternehmer Klein teilweise gedeckt werden. Die Werkzeuge selbst bleiben im Eigentum von Unternehmer Klein, der indes die geleisteten Beiträge der Automobilwerke bei seiner Preiskalkulation für die gelieferten Teile preismindernd auf Basis einer geschätzten monatlichen Abnahmemenge berücksichtigen muss. Den vertraglichen Vereinbarungen entsprechend ist Unternehmer Klein ferner verpflichtet, Ersatzteile für mindestens 15 Jahre nach Serienauslauf vorrätig zu halten. Dazu muss Unternehmer Klein die Werkzeuge aufbewahren und bei entsprechenden Anforderungen bei der Produktion einsetzen.

Aufgabe

Wie sind die Werkzeugkostenbeiträge zu bilanzieren?

Literaturhinweis

FÖRSCHLE, GERHART/SCHEFFELS, ROLF, Die Bilanzierung von Zuschüssen, insbesondere für Werkzeugkosten, in: DB 1993, S. 2393-2399.

Lösung

Die Werkzeugkostenbeiträge sind **private Zuschüsse** des jeweiligen Automobilherstellers an den Unternehmer Klein. Die Gegenleistung des Unternehmers Klein besteht im Vorhalten des Werkzeugs für mindestens 15 Jahre, um entsprechende mit den Spezialwerkzeugen herzustellende Ersatzteile liefern zu können. Es handelt sich dabei um eine zeitbezogene Gegenleistung des Zuschussempfängers Klein. Daneben besteht durch die preismindernde Berücksichtigung der geleisteten Zuschüsse auf Basis der monatlichen Absatzmenge eine mengenbezogene Gegenleistung. Da die dem Zuschuss entsprechende Gegenleistung erst im Zeitablauf erbracht wird, scheiden eine Kürzung der Herstellungskosten des Unternehmers Klein und damit eine sofortige ertragswirksame Vereinnahmung des Zuschusses aus.

Bilanzierung beim Zuschussempfänger:

- Ein Zuschuss, der auf einer rein **zeitbezogenen** Gegenleistung beruht, ist gemäß § 250 Abs. 2 HGB als Rechnungsabgrenzungsposten zu passivieren und in den Folgejahren ratierlich aufzulösen. Ist die zeitbezogene Gegenleistung indes nicht abschätzbar, z. B. aufgrund eines noch unbekannten Produktlebenszyklus, ist der Zuschuss als erhaltene Anzahlung auf Bestellungen gemäß § 266 Abs. 3 C. 3. HGB oder als sonstige Verbindlichkeit gemäß § 266 Abs. 3 C. 8. HGB zu passivieren. Dabei ist zu jedem folgenden Bilanzstichtag die Höhe des Betrages des Passivpostens dahingehend zu prüfen, ob dieser dem Verhältnis der noch ausstehenden Mindestnutzungsdauer zur gesamten Mindestnutzungsdauer entspricht.

- Handelt es sich um eine rein **mengenmäßige** Gegenleistung, ist der Zuschuss als erhaltene Anzahlung auf Bestellungen (§ 266 Abs. 3 C. 3. HGB) oder andernfalls als sonstige Verbindlichkeit (§ 266 Abs. 3 C. 8. HGB) zu passivieren.
- In dem vorliegenden Sachverhalt handelt es sich um die **Kombination** einer zeit- und mengenabhängigen Gegenleistung. Da die Gegenleistung nicht ausschließlich zeitbestimmt ist, kann der Zuschuss nicht als Rechnungsabgrenzungsposten passiviert werden. Der erhaltene Zuschuss ist indes als erhaltene Anzahlung auf Bestellungen gemäß § 266 Abs. 3 C. 3. HGB, andernfalls als sonstige Verbindlichkeit zu passivieren.

Die in den Folgejahren nach Maßgabe der zeit- und/oder mengenmäßigen Erfüllung der Gegenleistungsverpflichtung erfolgswirksam zu erfassenden Erträge sind als Umsatzerlöse i. S. v. § 277 Abs. 1 HGB oder andernfalls als sonstige betriebliche Erträge auszuweisen.

Bilanzierung beim Zuschussgeber:

- Bei einer rein zeitraumbezogenen Gegenleistung des Zuschussempfängers bilanziert der Zuschussgeber einen aktiven Rechnungsabgrenzungsposten, der in der Folge ratierlich aufzulösen ist.
- Das vereinbarte Recht des Zuschussgebers auf den verbilligten Bezug der von Unternehmer Klein gelieferten Teile (**mengenmäßige** Gegenleistung) ist ebenfalls als Rechnungsabgrenzungsposten zu aktivieren, sofern der Zeitraum verlässlich bestimmt werden kann. Andernfalls ist der Zuschuss als geleistete Anzahlung (§ 266 Abs. 2 B. I. 4. HGB) oder gegebenenfalls als sonstiger Vermögensgegenstand (§ 266 Abs. 2 B. II. 4. HGB) zu aktivieren.

Kapitel VI: Die Bilanzierung der finanziellen Vermögensgegenstände

Übung 37: Außerplanmäßige Abschreibung einer Beteiligung

Sachverhalt

Die Beule AG ist eine nicht am Kapitalmarkt notierte Gesellschaft und stellt Baseballschläger her. Für das Jahr 02 und die darauf folgenden Jahre erwartet der Vorstandsvorsitzende Beule einen konstanten Jahresüberschuss in Höhe von 70.000 GE.

Wegen der relativ geringen Ergebnisse, die künftig erwartet werden, überprüft die Muttergesellschaft der Beule AG, die Global AG, zum Bilanzstichtag 31.12.01 die Werthaltigkeit der Beteiligung an der Beule AG (Beteiligungsbuchwert: 1 Mio. GE). Der Buchwert des Eigenkapitals der Beule AG beträgt 500.000 GE. Der Kapitalisierungszinssatz wird mit einem risikolosen Basiszins von 6 % und einem Risikozuschlag von 2 % kalkuliert.

Aufgaben

(a) Ist eine außerplanmäßige Abschreibung der Beteiligung an der Beule AG im Jahresabschluss der Global AG nach den Niederstwertvorschriften des HGB zulässig oder sogar geboten?

(b) Welche Kategorien finanzieller Vermögenswerte werden in IFRS 9 unterschieden und welcher dieser Kategorien darf die Beteiligung an der Beule AG zugeordnet werden?

(c) Welche Bewertungsregeln gelten, wenn die Global AG einen IFRS-Abschluss aufstellt und die Beteiligung an der Beule AG der Kategorie FVTPL zuordnet?

(d) Mit welchem Wert ist die Beteiligung an der Beule AG in diesem Fall im IFRS Abschluss zum 31.12.01 anzusetzen und wie ist eine evtl. Wertänderung im IFRS-Abschluss zu erfassen?

Literaturhinweis

BAETGE, JÖRG/KIRSCH, HANS-JÜRGEN/THIELE, STEFAN, Bilanzen, 16. Aufl., Düsseldorf 2021, Kap. IV Abschn. 32-51 und Kap. VI Abschn. 6.

Lösungen

Lösung zu Teilaufgabe (a)

Nach der Niederstwertvorschrift (§ 253 Abs. 3 Satz 5 HGB) müssen Vermögensgegenstände des Anlagevermögens außerplanmäßig abgeschrieben werden, wenn

- ihr beizulegender Wert am Abschlussstichtag niedriger ist als ihr Buchwert und
- diese Wertminderung voraussichtlich dauerhaft bestehen wird.

Der in § 253 Abs. 3 Satz 5 HGB verwendete Terminus „beizulegender Wert" ist ein unbestimmter Rechtsbegriff, der zu einem den Niederstwertvorschriften entsprechenden Wertansatz führen soll. Für den beizulegenden Wert lassen sich eindeutige Wertansätze i. d. R. nur bei Börsen- oder Marktpreisen feststellen (z. B. für bestimmte Arten von Wertpapieren des Anlagevermögens). Darüber hinaus kann der beizulegende Wert auch durch Wiederbeschaffungswerte geschätzt werden. Allerdings lässt sich für eine Beteiligung i. d. R. kein Wiederbeschaffungswert ermitteln, da sich der Wert der Beteiligung nicht nur aus den Werten der einzelnen Vermögensgegenstände und Schulden zusammensetzt, sondern darüber hinaus den Wert eines Goodwills enthält.

Für Vermögensgegenstände, für die kein Wiederbeschaffungswert bestimmt werden kann, kommt letztlich nur der Ertragswert als beizulegender Wert in Frage. Der Ertragswert ist die Summe der auf den Bewertungsstichtag abgezinsten künftigen Erfolge, die mit der Beteiligung während der voraussichtlichen Lebensdauer des Beteiligungsunternehmens erzielt werden können. Nach überwiegend vertretener Auffassung wird durch den Ertragswert eines Unternehmens eine bestmögliche Schätzung des theoretisch exakten Wertes für den finanziellen Unternehmensnutzen erreicht. Anders ausgedrückt: Der Anteilseigner ist daran interessiert, welche monetären Zu- und Abflüsse ihm durch den Anteilsbesitz entstehen (dies gilt sowohl für die Unternehmensbewertung allgemein als auch bei der Bestimmung des beizulegenden Wertes für Bilanzierungszwecke). Allgemein gilt:

$$\text{Ertragswert} = \sum_{t=1}^{n} (\text{Einnahmen}_t - \text{Ausgaben}_t) \cdot (1 + i)^{-t}$$

Legende:

t ≙ Jahre (1, 2,..., n)
i ≙ Kapitalisierungszinssatz

Wird eine ewige Rente unterstellt, ist der Ertragswert nach folgender Gleichung zu berechnen:

$$\text{Ertragswert} = \frac{\text{konstanter jährlicher Einzahlungsüberschuss}}{\text{Kapitalisierungszinssatz}}$$

Im Sachverhalt erwartet Beule einen konstanten Jahresüberschuss (eine ewige Rente) von 70.000 GE. Bei einem Kapitalisierungszinssatz von 8 % ergibt sich ein Ertragswert von 875.000 GE, wie folgende Berechnung verdeutlicht:

$$\text{Ertragswert} = \frac{70.000\text{ GE}}{0{,}08} = 875.000\text{ GE}$$

In der Regel lässt sich der Ertragswert indes nicht so problemlos berechnen. Praktische Schwierigkeiten, den Ertragswert zu ermitteln, entstehen vor allem durch folgende Punkte:

- **Prognoseproblem**: Die künftigen Ein- und Auszahlungen müssen geschätzt werden, wodurch meistens erhebliche Abweichungen zwischen dem prognostizierten Wert und dem später tatsächlich realisierten Wert auftreten.
- **Zurechnungsproblem**: Bei Patenten oder Lizenzen (durch Konzernverflechtungen auch bei Beteiligungen) entstehen Zurechnungsprobleme bezüglich der Ein- und Auszahlungen auf die zu bewertenden Vermögensgegenstände (hier: die Beteiligung).
- **Ermittlung des Kapitalisierungszinssatzes**: Die Höhe des Ertragswertes ist in starkem Maße vom Kapitalisierungszinssatz abhängig. Für die Bilanzierung ist ein intersubjektiv nachprüfbarer Zinssatz erforderlich, wobei entweder die Effektivverzinsung öffentlicher Anleihen oder die Rendite der sich im Umlauf befindenden festverzinslichen Wertpapiere anzusetzen ist.
- Wegen des **Äquivalenzprinzips** (äquivalente Abbildung der Zahlungsreihe des Bewertungsobjektes im Vergleich zur Alternativinvestition) wird ein Risikozuschlag auf den Kapitalisierungszinssatz für erforderlich gehalten. Dadurch wird berücksichtigt, dass eine Anlage in Form einer Unternehmensbeteiligung weniger Sicherheit und Fungibilität bietet als eine Anlage in festverzinsliche Wertpapiere. Im vorliegenden Sachverhalt ist der Kapitalisierungszinssatz mit 6 % und der Risikoaufschlag mit 2 % vorgegeben.

Ist der Ertragswert als beizulegender Wert niedriger als der Beteiligungsbuchwert, liegt immer eine **voraussichtlich dauernde Wertminderung** i. S. d. § 253 Abs. 3 Satz 5 HGB vor, da sich der Ertragswert auf die gesamte künftige Lebensdauer des bewerteten Unternehmens bezieht. Somit besteht eine Abschreibungspflicht.

Die Höhe des Eigenkapitals der Beule AG und der anteilige Buchwert des Eigenkapitals bei der Global AG stellen keinen beizulegenden Wert dar. Der anteilige Buchwert des Eigenkapitals würde zwar gegenüber dem Ertragswert den Vorteil einer besseren intersubjektiven Nachprüfbarkeit besitzen, ist aber wegen des zu geringen kausalen Zusammenhangs zwischen einer Eigenkapitalminderung bei der Beteiligung und dem Wert dieser Beteiligung i. d. R. abzulehnen. Liegt der anteilige Buchwert des Eigenkapitals (im Sachverhalt 500.000 GE) indes unter dem Beteiligungsbuchwert (im Sachverhalt 1 Mio. GE), so ist zu prüfen, ob eine Abschreibung erforderlich ist. Der anteilige Buchwert des Eigenkapitals kann damit als ein Kontrollwert dienen.

Im Sachverhalt ist der Ertragswert (875.000 GE) geringer als der Beteiligungsbuchwert (1 Mio. GE). Damit besteht für die Global AG nach dem HGB eine **Abschreibungspflicht** (§ 253 Abs. 3 Satz 5 HGB). Demnach ist im Jahresabschluss der Global AG eine außerplanmäßige Abschreibung der Beteiligung an der Beule AG auf den niedrigeren beizulegenden Wert (den Ertragswert) in Höhe von 125.000 GE vorzunehmen.

Lösung zu Teilaufgabe (b)

Bei der Beteiligung der Global AG an der Beule AG handelt es sich um einen finanziellen Vermögenswert, der in den Anwendungsbereich des IFRS 9 „Finanzinstrumente" fällt.

Finanzielle Vermögenswerte sind nach IFRS 9.4 einer der drei Bewertungskategorien

- „Zu fortgeführten Anschaffungskosten bewertet" (Kategorie AC),
- „Ergebnisneutral zum beizulegenden Zeitwert bewertet" (Kategorie FVOCI) oder
- „Ergebniswirksam zum beizulegenden Zeitwert bewertet" (Kategorie FVTPL)

zuzuordnen. Die jeweilige Kategorisierung eines finanziellen Vermögenswertes ist mit unterschiedlichen Bewertungsfolgen verbunden (IFRS 9.5.2.1).

Ausschlaggebend für die Zuordnung eines finanziellen Vermögenswertes zu einer der drei Kategorien sind die folgenden zwei Bedingungen (IFRS 9.4.1.1):

(1) Die Geschäftsmodellbedingung: Diese Bedingung ist erfüllt, wenn das Geschäftsmodell des Unternehmens darin besteht, den finanziellen Vermögenswert zu halten, um vertraglich vereinbarte Zahlungsströme zu vereinnahmen.

(2) Die Zahlungsstrombedingung: Diese Bedingung fordert, dass basierend auf den Vertragsbedingungen der finanzielle Vermögenswert an festgelegten Zeitpunkten zu Zahlungsströmen führt, die ausschließlich Zins- und Tilgungszahlungen beinhalten.

Erfüllt ein finanzieller Vermögenswert die beiden Bedingungen kumulativ, ist dieser der Kategorie AC „Bewertung zu fortgeführten Anschaffungskosten" zuzuordnen (IFRS 9.4.1.2). Ist lediglich eine oder keine der beiden Bedingungen erfüllt, ist der finanzielle Vermögenswert grundsätzlich zum beizulegenden Zeitwert zu bewerten.

Da es sich bei den Anteilen an der Beule AG um Eigenkapitaltitel handelt, kommt es nicht zu Zahlungsströmen, die ausschließlich Zins- und Tilgungszahlungen enthalten. Infolgedessen ist die Zahlungsstrombedingung nicht erfüllt, wodurch die Möglichkeit einer Zuordnung zu der Kategorie AC entfällt.

Grundsätzlich sind finanzielle Vermögenswerte bei Nichterfüllung der Zahlungsstrombedingung in die Kategorie FVTPL einzustufen. Sofern Eigenkapitaltitel nicht für Handelszwecke gehalten werden, besteht allerdings ein Wahlrecht, diese der Kategorie FVOCI zuzuordnen (sog. OCI-Wahlrecht gemäß IFRS 9.4.1.4). Die entsprechenden Kriterien für eine Zuordnung zur genannten Kategorie bzw. zum Handelsbestand sind in IFRS 9.A genannt. So gehören finanzielle Vermögenswerte dem Handelsbestand an, wenn sie entweder kurzfristig wieder veräußert werden sollen oder Teil eines verwalteten Portfolios sind, bei dem es in der jüngeren Vergangenheit nachweislich zu kurzfristigen Gewinnmitnahmen gekommen ist. Im vorliegenden Sachverhalt sind keine konkreten Anhaltspunkte für eine Zugehörigkeit der Anteile an der Beule AG zum Handelsbestand gegeben, sodass eine Zuordnung zu der Kategorie FVOCI ebenfalls zulässig ist. Die Anteile an der Beule AG dürfen also entweder der Kategorie FVTPL oder bei Ausübung des OCI-Wahlrechts der Kategorie FVOCI zugeordnet werden.

Über die Zuordnung der Anteile an der Beule AG entweder zu der Kategorie FVTPL oder zu der Kategorie FVOCI muss einzeln und zum erstmaligen Ansatzzeitpunkt bei der Global AG entschieden werden. Eine nachträgliche Änderung der Zuordnung ist nicht zulässig (IFRS 9.4.1.4).

Lösung zu Teilaufgabe (c)

Wie die Bezeichnung schon ausdrückt, sind finanzielle Vermögenswerte der Kategorie FVTPL „Ergebniswirksame Bewertung zum beizulegenden Zeitwert" zum beizulegenden Zeitwert, d. h. zum Fair Value, zu bewerten (IFRS 9.5.1.1). Nach IFRS 13.9 entspricht der beizulegende Zeitwert dem Preis, den ein Unternehmen in einem geordneten Geschäftsvorfall zwischen Marktteilnehmern am Bewertungsstichtag für den Verkauf eines Vermögenswertes erhalten würde oder bei der Übertragung einer Schuld zu zahlen hätte. Für einen finanziellen Vermögenswert ist der Transaktions-, Markt- oder Börsenpreis der beste Hinweis auf den beizulegenden Zeitwert (IFRS 9.B5.1.2A). Liegt ein derartiger Preis nicht als Referenzwert vor, so ist der beizulegende Zeitwert nach den allgemeinen Grundsätzen des IFRS 13 mittels einer geeigneten Bewertungsmethode zu ermitteln, was im vorliegenden Fall auch für den Wert der Beteiligung an der Beule AG gilt (IFRS 13.61). Eine möglicherweise auftretende Wertänderung der Beteiligung zwischen den Bilanzstichtagen ist erfolgswirksam, also im Gewinn oder Verlust, zu erfassen (IFRS 9.5.7.1).

Lösung zu Teilaufgabe (d)

Da die Beule AG nicht an der Börse notiert ist, kann der in Teilaufgabe (a) berechnete Ertragswert als Referenzgröße für den beizulegenden Zeitwert der Beteiligung herangezogen werden. Die Beteiligung an der Beule AG ist folglich mit einem Betrag in Höhe von 875.000 GE in der IFRS-Bilanz auszuweisen. Die Wertänderung zwischen den Bilanzstichtagen in Höhe von 125.000 GE ist als Wertminderungsaufwand im Gewinn und Verlust zu erfassen.

Übung 38: Bilanzierung der Erträge aus Beteiligungen

Sachverhalt

Die Ruck-Zuck AG (Mutterunternehmen) und die Flott AG (Tochterunternehmen) bilden einen Konzern. Die Ruck-Zuck AG ist zu 100 % an der Flott AG beteiligt und beherrscht diese somit. Die Geschäftsjahre beider Gesellschaften decken sich mit dem Kalenderjahr.

Zum 31.12.01 weist die Flott AG einen Jahresüberschuss von 100.000 GE aus. Die Hauptversammlung schließt sich am 05.03.02 dem Gewinnverwendungsvorschlag des Vorstandes an, wonach der Jahresüberschuss in voller Höhe an die Ruck-Zuck AG ausgeschüttet werden soll.

Bei der Beurteilung, wann der Dividendenanspruch im Jahresabschluss der Ruck-Zuck AG zu erfassen ist, sind die folgenden Ereignisse zu berücksichtigen:

10.02.02 Bilanzfeststellung bei der Flott AG;

05.03.02 Beschluss der Hauptversammlung der Flott AG über die Verwendung des im abgelaufenen Geschäftsjahr erwirtschafteten Gewinns;

20.03.02 Ende der Jahresabschlussprüfung bei der Ruck-Zuck AG;

10.04.02 Eingang der Dividendenausschüttung auf einem Bankkonto der Ruck-Zuck AG.

Aufgaben

(a) Darf oder muss die Ruck-Zuck AG den Dividendenanspruch gegenüber der Flott AG im handelsrechtlichen Jahresabschluss phasengleich aktivieren und damit den Beteiligungsertrag bereits zum 31.12.01 realisieren?

(b) Wie ist der Dividendenanspruch der Ruck-Zuck AG zu bilanzieren, wenn die Flott AG erst am 25.03.02 über die Gewinnverwendung entscheidet?

(c) Wann ist der Dividendenanspruch in der Steuerbilanz der Ruck-Zuck AG anzusetzen?

(d) Ist die phasengleiche Vereinnahmung der Dividende nach IFRS zulässig?

Literaturhinweis

BAETGE, JÖRG/KIRSCH, HANS-JÜRGEN/THIELE, STEFAN, Bilanzen, 16. Aufl., Düsseldorf 2021, Kap. VI Abschn. 32.

EUGH, Urteil vom 27.06.1996 – Rs. C-234/94, in: DB 1996, S. 1400.

EUGH, Beschluss vom 10.07.1997 – Rs. C-234/94, in: DB 1997, S. 1513.

BFH, Beschluss vom 07.08.2000 – GrS 2/99, in: BStBl. II 2000, S. 633-635.

Lösungen

Lösung zu Teilaufgabe (a)

Grundsätzlich sind Erträge aus einem Beteiligungsverhältnis bei den beteiligten Unternehmen erst dann zu erfassen, wenn das beteiligte Unternehmen einen entsprechenden Ausschüttungsbeschluss gefasst hat. Bei übereinstimmenenden Geschäftsjahren führt dies folglich grundsätzlich zu einer phasenverschobenen Realisation der Beteiligungserträge.

In Ausnahmefällen ist allerdings eine phasengleiche Erfassung der Beteiligungserträge geboten. Der EuGH[1] und der BGH haben entschieden, dass Dividendenansprüche bei kumulativer Erfüllung der folgenden Voraussetzungen im handelsrechtlichen Jahresabschluss phasengleich zu vereinnahmen sind:

- Die Muttergesellschaft ist Alleingesellschafterin der Tochtergesellschaft und kontrolliert diese.
- Mutter- und Tochtergesellschaft bilden einen Konzern.
- Beide Gesellschaften haben deckungsgleiche Geschäftsjahre.
- Der Beschluss über die Gewinnverwendung der Tochtergesellschaft liegt zeitlich vor dem Abschluss der Jahresabschlussprüfung der Muttergesellschaft.
- Der Jahresabschluss der Tochtergesellschaft vermittelt für das fragliche Geschäftsjahr ein den tatsächlichen Verhältnissen entsprechendes Bild der Vermögens-, Finanz- und Ertragslage.

Sämtliche dieser Voraussetzungen sind im vorliegenden Sachverhalt erfüllt. Damit ist die Ruck-Zuck AG dazu verpflichtet, den Dividendenanspruch gegenüber der Flott AG phasengleich im Jahresabschluss zum 31.12.01 zu aktivieren und den Beteiligungsertrag zu realisieren.

Lösung zu Teilaufgabe (b)

Wenn die Flott AG erst am 25.03.02, also nach Beendigung der Jahresabschlussprüfung bei der Ruck-Zuck AG, über die Gewinnverwendung entscheidet, sind die Voraussetzungen zur phasengleichen Aktivierung des Dividendenanspruchs nicht erfüllt. Die Höhe des Dividendenanspruchs ist vor dem offiziellen Gewinnverwendungsbeschluss der Flott AG nicht hinreichend verlässlich bestimmbar. Zum Zeitpunkt der Beendigung der Jahresabschlussprüfung bei der Ruck-Zuck AG besteht in diesem Fall noch kein Rechtsanspruch auf die voraussichtliche Dividendenzahlung. Entsprechend darf im Jahresabschluss der Flott AG zum 31.12.01 kein Dividendenanspruch aktiviert werden.

1 Vgl. EUGH, Urteil vom 27.06.1996 – Rs. C-234/94, S. 1400, berichtigt durch EUGH, Beschluss vom 10.07.1997 – Rs. C-234/94, S. 1513.

Lösung zu Teilaufgabe (c)

Die Frage der phasengleichen Dividendenvereinnahmung in der Steuerbilanz hat der Große Senat des BFH[1] wie folgt beantwortet: „Eine Kapitalgesellschaft, die mehrheitlich an einer anderen Kapitalgesellschaft beteiligt ist, kann Dividendenansprüche aus einer zum Bilanzstichtag noch nicht beschlossenen Gewinnverwendung der nachgeschalteten Gesellschaft grundsätzlich nicht aktivieren." Damit scheidet auch im vorliegenden Sachverhalt die Aktivierung des Dividendenanspruchs in der Steuerbilanz zum 31.12.01 aus. Steuerbilanziell ist der Dividendenanspruch erst zum Zeitpunkt seiner rechtlichen Entstehung zu aktivieren, im vorliegenden Sachverhalt also nach dem Gewinnverwendungsbeschluss der Hauptversammlung am 05.03.02.

Lösung zu Teilaufgabe (d)

Gemäß IFRS 9.5.7.1A (a) sind Dividenden im IFRS-Abschluss erst mit der Entstehung des Rechtsanspruchs auf Zahlung erfolgswirksam zu erfassen. Bei übereinstimmenden Geschäftsjahren ist eine phasengleiche Vereinnahmung damit grundsätzlich ausgeschlossen.

1 Vgl. BFH, Beschluss vom 07.08.2000 – GrS 2/99, S.633-635.

Übung 39: Bewertung unverzinslicher Forderungen nach HGB

Sachverhalt

Der Unternehmer Krause e. K. verkauft am 31.12.01 eine Maschine zum Preis von 1 Mio. GE an die Weiß GmbH. Im Kaufvertrag wird der Weiß GmbH ein Zahlungsziel von zwei Jahren eingeräumt. Während dieses Zeitraumes werden keine Zinsen fällig.

Aufgabe

Wie ist die aus diesem Geschäft entstehende Forderung im handelsrechtlichen Jahresabschluss des Unternehmers Krause abzubilden?

Literaturhinweis

BAETGE, JÖRG/KIRSCH, HANS-JÜRGEN/THIELE, STEFAN, Bilanzen, 16. Aufl., Düsseldorf 2021, Kap. VI Abschn. 334.

Lösung

Die Besonderheit des dargestellten Sachverhaltes besteht darin, dass Unternehmer Krause der Weiß GmbH ein sehr langes Zahlungsziel ohne Verzinsung einräumt (sog. unverzinsliche Forderung).

Die aus dem Verkauf der Maschine an die Weiß GmbH resultierende Forderung des Unternehmers Krause ist von diesem zum Barwert in der Bilanz anzusetzen. Obwohl die Forderung formal unverzinslich ist, enthält sie wirtschaftlich betrachtet für den Zeitraum des Zahlungsziels einen Zinsanteil. Dies ist ökonomisch damit begründet, dass Unternehmer Krause ohne Vereinbarung eines Zahlungsziels nur einen geringeren Kaufpreis hätte verlangen können. Dieser Zinsanteil wird durch die Aufzinsung des Barwertes der Forderung über die Laufzeit bilanziell abgebildet.

Wird beispielhaft – in Anlehnung an den im Bilanzsteuerrecht für Abzinszungsfälle vorgesehenen Zinssatz (§ 6 Abs. 1 Nr. 3a Buchstabe e EStG) – von einem Diskontierungssatz von 5,5 % p. a. ausgegangen, muss Unternehmer Krause die Forderung am 31.12.01 zu ihrem Barwert in Höhe von 898.452 GE (= 1.000.000 GE / $1{,}055^2$) aktivieren. Der korrespondierende Buchungssatz lautet:

Forderungen aus Lieferungen und Leistungen	898.452 GE	an	Umsatzerlöse	898.452 GE

Am 31.12.02 wird ein Zinsertrag für das erste Jahr in Höhe von 49.415 GE (= 898.452 GE · 5,5 %) realisiert:

Forderungen aus Lieferungen und Leistungen	49.415 GE	an	Zinsertrag	49.415 GE

Am 31.12.03 (am Laufzeitende der Forderung) ist für das zweite Jahr ein Zinsertrag in Höhe von 52.133 GE (= 947.867 GE · 5,5 %) durch den folgenden Buchungssatz zu erfassen:

Forderungen aus Lieferungen und Leistungen	52.133 GE	an	Zinsertrag	52.133 GE

Die Forderung, deren Wert nach der Aufzinsung über einen Zeitraum von zwei Jahren nun 1.000.000 GE (= 898.452 GE + 49.415 GE + 52.133 GE) beträgt, wird durch Banküberweisung an Unternehmer Krause beglichen und ist folglich erfolgsneutral auszubuchen:

Bank	1.000.000 GE	an	Forderungen aus Lieferungen und Leistungen	1.000.000 GE

Übung 40: Folgebewertung von Forderungen nach HGB

Sachverhalt

Herr Weber, Leiter des Forderungsmanagements der Glaubtreu GmbH, betrachtet in einer ruhigen Minute im Januar 02 den Forderungsbestand seines Arbeitgebers. Zum 31.12.01 belaufen sich die Forderungen aus Lieferungen und Leistungen laut den Daten der Buchführung auf 820.505 GE. Herr Weber überlegt nun, wie die folgenden Sachverhalte bei der Erstellung des Jahresabschlusses der Glaubtreu GmbH zum 31.12.01 zu behandeln sind.

Aufgaben

(a) Am 10.12.01 hat die Glaubtreu GmbH gegenüber dem Kunden Fehlig auf 20 % ihrer ursprünglichen Forderung in Höhe von 20.825 GE (inkl. 19 % USt) verzichtet. Nach den vorliegenden Informationen ist davon auszugehen, dass Herr Fehlig den Restbetrag nur zu 70 % bezahlen wird. Wie sind der Forderungsverzicht und der zu erwartende Forderungsausfall im Jahresabschluss der Glaubtreu GmbH zum 31.12.01 zu bilanzieren?

(b) Herr Weber erfuhr am 05.01.02, kurz nach der Rückkehr aus seinem Weihnachtsurlaub, dass eine in den Forderungen aus Lieferungen und Leistungen enthaltene Forderung gegen den Kunden Spielmann in Höhe von 17.850 GE (inkl. 19 % USt) nicht mehr zu realisieren sein wird, da Herr Spielmann am 03.01.02 sein gesamtes Vermögen im Spielcasino Aachen verloren hat.

(c) Wie wäre der in Teilaufgabe (b) skizzierte Sachverhalt einzuschätzen, wenn Herr Weber am 05.01.02 erfahren hätte, dass Herr Spielmann sein gesamtes Vermögen bereits am 25.12.01 verloren hat?

(d) Für die übrigen Forderungen soll wie im Vorjahr eine Wertberichtigung von 2 % zur Berücksichtigung des allgemeinen Ausfallrisikos gebildet werden. Wie hoch ist die im Jahresabschluss der Glaubtreu GmbH zu erfassende Veränderung des Bestandes an Pauschalwertberichtigungen, wenn der Bestand im Vorjahr 18.000 GE betragen hat? Die Wertberichtigung in Höhe von 2 % wird auch steuerrechtlich anerkannt.

Literaturhinweis

BAETGE, JÖRG/KIRSCH, HANS-JÜRGEN/THIELE, STEFAN, Bilanzen, 16. Aufl., Düsseldorf 2021, Kap. VI Abschn. 335.

Lösungen

Lösung zu Teilaufgabe (a)

Gemäß der strengen Niederstwertvorschrift (§ 253 Abs. 4 HGB) sind Forderungen, die uneinbringlich oder zumindest zweifelhaft sind, abzuschreiben (Einzelwertberichtigung). Nach dem Grundsatz der Einzelbewertung (§ 252 Abs. 1 Nr. 3 HGB) sind dabei die Risiken für jede einzelne Forderung gesondert festzustellen. Kann hierbei die Höhe der erwarteten Wertminderung nicht exakt prognostiziert werden, so ist gemäß dem Vorsichtsprinzip (§ 252 Abs. 1 Nr. 4 HGB) der Wert am unteren, also ungünstigeren Ende der Bandbreite möglicher Werte zu wählen.

Bei **Einzelwertberichtigungen** (EWB) ist zwischen EWB auf zweifelhafte Forderungen und EWB auf uneinbringliche Forderungen zu unterscheiden. Da laut Sachverhalt (a) der gesamte Forderungsbestand gegen den Kunden Fehlig zweifelhaft oder gar uneinbringlich ist, wird zunächst der Bruttobetrag der Forderungen (inkl. USt) in Höhe von 20.825 GE aus Gründen der Klarheit und der Übersichtlichkeit in den Posten „Zweifelhafte Forderungen“ umgebucht:

Zweifelhafte Forderungen	20.825 GE	an	Forderungen aus Lieferungen und Leistungen	20.825 GE

Laut Sachverhalt sind von den Gesamtforderungen gegen Fehlig 20 % endgültig ausgefallen. Auf diesen Teil der Forderung ist eine EWB auf uneinbringliche Forderungen vorzunehmen. Der Nettobetrag dieser **Teilforderung ist daher abzuschreiben** und die darauf entfallende Umsatzsteuerschuld der Glaubtreu GmbH zu korrigieren:

Uneinbringliche Forderungen (brutto) (= 20.825 GE · 0,2)	4.165 GE
Uneinbringliche Forderungen (netto) (= 4.165 GE / 1,19)	3.500 GE
Korrekturbetrag USt-Schuld (= 3.500 GE · 0,19)	665 GE

Abschreibungen auf Forderungen	3.500 GE			
USt-Schuld	665 GE	an	Zweifelhafte Forderungen	4.165 GE

Von der Restforderung gegen Fehlig werden voraussichtlich nur 70 % bei der Glaubtreu GmbH eingehen. Für die übrigen 30 % der Restforderung ist daher eine Einzelwertberichtigung auf zweifelhafte Forderungen zu bilden. In diesem Fall darf – im Gegensatz zu der EWB auf uneinbringliche Forderungen – die USt-Schuld der Glaubtreu GmbH nicht korrigiert werden:

Restforderung (brutto) (= 20.825 GE – 4.165 GE)	16.660 GE
Restforderung (netto) (= 16.660 GE / 1,19)	14.000 GE
Einzelwertberichtigung (= 14.000 GE · 0,3)	4.200 GE

Abschreibungen auf Forderungen	4.200 GE	an	EWB auf Forderungen	4.200 GE

Neben dieser passiven Korrektur ist bei EWB auf zweifelhafte Forderungen auch eine aktive Korrektur der Forderungen zulässig. Dabei wird der Forderungsbestand der zweifelhaften Forderungen unmittelbar um den entsprechenden Betrag verringert.

Lösung zu Teilaufgabe (b)

Laut Sachverhalt (b) hat Herr Spielmann sein Vermögen am 03.01.02 und damit erst nach dem Bilanzstichtag des Geschäftsjahres 01 der Glaubtreu GmbH verloren. Dies ist für Herrn Weber eine **wertbegründende Information**, da das Ereignis erst nach dem Bilanzstichtag des Geschäftsjahres 01 eingetreten ist. Die Forderung gegen Spielmann ist daher erst im Geschäftsjahr 02 abzuschreiben, sofern kein unerwarteter Zahlungseingang erfolgt. Auf die Bewertung der Forderung zum 31.12.01 hat die neu hinzugewonnene Information somit keinen Einfluss.

Lösung zu Teilaufgabe (c)

Der in Teilaufgabe (b) skizzierte Sachverhalt würde sich ändern, wenn Herr Weber am 05.01.02 erfahren hätte, dass Herr Spielmann sein Vermögen bereits am 25.12.01 im Spielcasino verloren hat. In diesem Fall läge – im Unterschied zu Teilaufgabe (b) – eine **wertaufhellende Information** vor, die Herr Weber gemäß § 252 Abs. 1 Nr. 4 HGB bei der Bewertung der Forderungen im Jahresabschluss zum 31.12.01 berücksichtigen müsste. Dann wäre die Forderung gegen Spielmann bereits zum 31.12.01 auf den niedrigeren beizulegenden Wert abzuschreiben.

Lösung zu Teilaufgabe (d)

Neben der Einzelwertberichtigung ist es zulässig, das Risiko des Bestandes der nicht einzelwertberichtigten Forderungen durch eine **Pauschalwertberichtigung** (PWB) zu berücksichtigen. Laut Sachverhalt (d) ist für die übrigen Forderungen eine Wertberichtigung in Höhe von 2 % des Forderungsbetrages zu bilden. Hierzu ist zunächst der Nettobetrag der einwandfreien Forderungen zu ermitteln (vgl. Sachverhalt (a)):

Übrige Forderungen (brutto) (= 820.505 GE – 20.825 GE)	799.680 GE
Übrige Forderungen (netto) (= 799.680 GE / 1,19)	672.000 GE
davon 2 % PWB (= 672.000 GE · 0,02)	13.440 GE

Wie dem Sachverhalt zu entnehmen ist, beträgt der aktuelle Bestand der Pauschalwertberichtigungen aus dem Vorjahr 18.000 GE. Dieser ist nun zum 31.12.01 an den aktuellen Forderungsbestand anzupassen. Bei einer Verminderung der PWB wird die Differenz als sonstiger betrieblicher Ertrag gebucht. Im hier vorliegenden Sachverhalt ist die Verminderung der PWB um 4.560 GE (= $PWB_{neu} - PWB_{alt}$ = 13.440 GE – 18.000 GE) wie folgt zu buchen:

PWB	4.560 GE	an	Sonstiger betrieblicher Ertrag	4.560 GE

Übung 41: Kategorisierung von finanziellen Vermögenswerten nach IFRS

Sachverhalt

Die Alpha AG ist ein Industrieunternehmen mit Sitz im Münsterland. Bei der Alpha AG handelt es sich um eine kapitalmarktorientierte Gesellschaft i. S. d. § 264d HGB. Zu Offenlegungszwecken macht die Gesellschaft vom Wahlrecht des § 325 Abs. 2a HGB Gebrauch und stellt ihren Abschluss zusätzlich nach IFRS auf. Die Gesellschaft hat im Laufe des Geschäftsjahres 01 eine Reihe finanzieller Vermögenswerteerworben. Diese sind zum Bilanzstichtag am 31.12.01 noch in ihrem Bestand und müssen daher den verschiedenen Finanzinstrumentekategorien der IFRS zugeordnet werden.

Die Geschäftsleitung der Alpha AG hat die finanziellen Vermögenswerte zu Steuerungszwecken den Portfolios A und B zugeordnet. Während in Portfolio A finanzielle Vermögenswerte mit einer kurzen Haltedauer sowie zu Handelszwecken gehaltene Derivate eingeordnet werden, ordnet die Geschäftsleitung Portfolio B jene finanziellen Vermögenswerte zu, die von der Geschäftsleitung mit einer dauernden Halteabsicht gehalten werden. Die Geschäftsleitung hat nach IFRS 9.B3.1.5 beschlossen, die Bewertung der finanziellen Vermögenswerte zum Handelstag vorzunehmen. Die folgende Übersicht zeigt die am Bilanzstichtag im Bestand befindlichen finanziellen Vermögenswerte der Alpha AG und gibt Informationen zur Laufzeit sowie zur Portfolio-Zuordnung der finanziellen Vermögenswerte:

	Finanzieller Vermögenswert	Ausstattungsmerkmale	Laufzeit-ende	Portfolio
(1)	Inflationsanleihe	▪ Anleihe mit fester Laufzeit, ▪ Indexierung von Zins und Tilgung an einen nicht-gehebelten Inflationsindex, in der die Anleihe begeben wurde, ▪ Rückzahlung zu 100 %.	30.06.03	A
(2)	Bundesobligation	▪ Mindestnennwert: 100 GE; Nominalzins: 2,25 %.	05.12.06	B
(3)	Call-Optionen auf Aktien der Beta AG	▪ Recht zum Erwerb von 100 Aktien der Beta AG zum Preis von 100 GE am 31.12.02.	31.12.02	A
(4)	Forderungen aus Lieferungen und Leistungen	▪ Forderungen aus Lieferungen und Leistungen aus der Geschäftstätigkeit der Alpha AG.	–	B
(5)	Zinsswap	▪ Absicherung des Zinsrisikos eines variabel verzinslichen Darlehens.	06.07.05	A

Übersicht 41-1: *Finanzielle Vermögenswerte der Alpha AG zum 31.12.01*

Aufgaben

Erläutern Sie die Regelungen zur Kategorisierung von finanziellen Vermögenswerten nach IFRS 9 (Finanzinstrumente: Ansatz und Bewertung). Kategorisieren Sie anschließend die von der Alpha AG zum 31.12.01 gehaltenen finanziellen Vermögenswerte nach den Vorschriften des IFRS 9.

Literaturhinweis

BAETGE, JÖRG/KIRSCH, HANS-JÜRGEN/THIELE, STEFAN, Bilanzen, 16. Aufl., Düsseldorf 2021, Kap. VI Abschn. 6.

Lösung

IFRS 9 (Finanzinstrumente) sieht grundsätzlich drei Kategorien von finanziellen Vermögenswerten vor:

(1) „Zu fortgeführten Anschaffungskosten bewertet" (Kategorie AC),

(2) „Ergebnisneutral zum beizulegenden Zeitwert bewertet" (Kategorie FVOCI) und

(3) „Ergebniswirksam zum beizulegenden Zeitwert bewertet (Kategorie FVTPL).

Bei der Frage, welcher der drei Kategorien die finanziellen Vermögenswerte der Alpha AG zugeordnet werden müssen, sind die Kriterien für die Zuordnung zur Kategorie „Zu fortgeführten Anschaffungskosten bewertet" zu prüfen. Finanzielle Vermögenswerte dürfen nur dann zu fortgeführten Anschaffungskosten bewertet werden, wenn die folgenden Bedingungen kumulativ erfüllt sind:

(1) Das Geschäftsmodell, d. h. das Halten des finanziellen Vermögenswertes, ist mit dem Ziel verbunden, vertraglich vereinbarte Cashflows zu erzielen und

(2) die vertraglich festgelegten Bedingungen des finanziellen Vermögenswertes führen zu Cashflows an festgelegten Zeitpunkten, die ausschließlich Zins- und Tilgungszahlungen auf das ausstehende Kapital darstellen.

Bei der Prüfung der ersten Bedingung muss die Alpha AG feststellen, welche Absicht die Geschäftsleitung mit den finanziellen Vermögenswerten verfolgt. Eine Definition, was unter dem Geschäftsmodell eines Unternehmens zu verstehen ist, enthält IFRS 9 nicht. Entsprechend ist dieser Begriff auslegungsbedürftig. Dabei ist nicht ausschlaggebend, welche Zwecke mit einem einzelnen Finanzinstrument verfolgt werden. Vielmehr stellt IFRS 9 auf eine höhere Aggregationsebene von finanziellen Vermögenswerten ab. Die finanziellen Vermögenswerte sind also nicht auf Ebene des einzelnen finanziellen Vermögenswertes zu beurteilen. Das Geschäftsmodell muss sich nicht zwangsläufig auf das gesamte Unternehmen beziehen, sondern als Aggregationsebene sind nach IFRS 9.B4.1.2 Geschäftsbereiche oder Geschäftsbereichen zugeordnete Portfolios denkbar.

Im vorliegenden Beispiel der Alpha AG handelt es sich dabei um die beiden Portfolios, denen die einzelnen finanziellen Vermögenswerte zugeordnet werden. Mit diesen beiden Portfolios verfolgt die Geschäftsleitung bestimmte Zwecke. Während Portfolio A dazu dient, kurzfristige Marktchancen zu nutzen, und derivative Finanzinstrumente umfasst, werden Portfolio B jene Finanzinstrumente zugeordnet, die die Alpha AG mit einer längeren Halteabsicht im eigenen Bestand hält. Darüber hinaus führen die finanziellen Vermögenswerte, die in Portfolio B gehalten werden, zu Cashflows an festgelegten Zeitpunkten. Gemäß dieser Einteilung sind die in Portfolio A gehaltenen finanziellen Vermögenswerte im ersten Schritt der Kategorie „Zum beizulegenden Zeitwert bewertet“ und die in Portfolio B gehaltenen finanziellen Vermögenswerte der Kategorie „Zu fortgeführten Anschaffungskosten bewertet“ zuzuordnen.

Für die finanziellen Vermögenswerte in Portfolio A ist im nächsten Schritt zu differenzieren, ob diese ergebnisneutral oder ergebniswirksam zum beizulegenden Zeitwert zu bewerten sind. Finanzielle Vermögenswerte, die zu Handelszwecken gehalten werden und die Zahlungsstrombedingung erfüllen, sind der Kategorie FVOCI zuzuordnen. Außerdem können Eigenkapitalinstrumente, die nicht dem Handelsbestand angehören, freiwillig der Kategorie FVOCI zugeordnet werden (sog. OCI-Wahlrecht). Die Kategorie FVTPL bildet dementsprechend eine Residualkategorie für finanzielle Vermögenswerte, die sowohl die Geschäftsmodell- als auch die Zahlungsstrombedingung nicht erfüllen und für die ein vorhandenes OCI-Wahlrecht nicht ausgeübt wird. Daher werden der Kategorie FVTPL insbesondere Eigenkapitalinstrumente und Derivate zugeordnet.

Für die Kategorisierung der finanziellen Vermögenswerte der Alpha AG nach IFRS 9 ergibt sich daher folgendes Ergebnis:

	Finanzieller Vermögenswert	Kategorisierung nach IFRS 9	Begründung
(1)	Inflationsanleihe	Ergebnisneutral zum beizulegenden Zeitwert bewertet	Der finanzielle Vermögenswert wird zu Handelszwecken gehalten und führt an festgelegten Zeitpunkten ausschließlich zu Zins- und Tilgungszahlungen. Die Zahlungsstrombedingung ist somit erfüllt, während die Geschäftsmodellbedingung unerfüllt bleibt.
(2)	Bundesobligation	Zu fortgeführten Anschaffungskosten bewertet	Die Bundesobligation führt ausschließlich zu zins- und tilgungsbedingten Geldzuflüssen an festgelegten Zeitpunkten und die Alpha AG beabsichtigt, die Bundesobligation bis zur Endfälligkeit zu halten. Geschäftsmodell- und Zahlungsstrombedingung sind erfüllt.
(3)	Call-Optionen auf Aktien der Beta AG	Ergebniswirksam zum beizulegenden Zeitwert bewertet	Durch die Zuordnung zu Portfolio A ist die Geschäftsmodellbedingung nicht erfüllt. Die Call-Optionen führen zudem nicht zu Zins- und Tilgungszahlungen an festgelegten Zeitpunkten, sodass die Zahlungsstrombedingung ebenfalls nicht erfüllt ist. Ein OCI-Wahlrecht besteht nicht.
(4)	Forderungen aus Lieferungen und Leistungen	Zu fortgeführten Anschaffungskosten bewertet	Bei den Forderungen aus Lieferungen und Leistungen hat die Alpha AG das Ziel, vertraglich festgelegte Cashflows zu erzielen (Geschäftsmodellbedingung erfüllt). Die Cashflows entstehen an vorher vereinbarten Terminen (Zahlungsstrombedingung erfüllt).
(5)	Zinsswap	Ergebniswirksam zum beizulegenden Zeitwert bewertet	Durch die Zuordnung zu Portfolio A ist die Geschäftsmodellbedingung nicht erfüllt. Der Zinsswap führt zudem nicht zu Zins- und Tilgungszahlungen an festgelegten Zeitpunkten, sodass die Zahlungsstrombedingung ebenfalls nicht erfüllt ist. Ein OCI-Wahlrecht besteht nicht.

Übersicht 41-2: *Kategorisierung der von der Alpha AG gehaltenen finanziellen Vermögenswerte nach IFRS 9.*

Übung 42: Bewertung von Finanzinstrumenten nach der Effektivzinsmethode nach IFRS

Sachverhalt

Die Alpha AG hat zu Beginn des Jahres 01 eine festverzinsliche Staatsanleihe zu einem Kaufpreis von 900.000 GE ohne Berücksichtigung von Stückzinsen erworben. Im Jahr des Kaufes stehen der Alpha AG die Zinsen in voller Höhe zu. Weitere Transaktionskosten entstehen durch den Kauf nicht. Der rückzahlbare Nominalwert der Staatsanleihe beläuft sich auf 1.000.000 GE mit einer Nominalverzinsung von 5 %. Die Alpha AG hat den sich aus der Zahlungsreihe ergebenden Effektivzins bereits bestimmt. Dieser beträgt 7,1047 %[1]. Die Staatsanleihe wird am 31.12.06 zum Nominalwert getilgt. Die jährlichen Zinszahlungen werden jeweils am 31.12. geleistet. Das Unternehmen hält den finanziellen Vermögenswert in der Kategorie „Zu fortgeführten Anschaffungskosten bewertet".

Aufgaben

(a) Erläutern Sie die Ermittlung der fortgeführten Anschaffungskosten eines finanziellen Vermögenswertes mittels der Effektivzinsmethode. Gehen Sie dabei kurz auf den Grundgedanken der Effektivzinsmethode ein.

(b) Wie hoch sind die fortgeführten Anschaffungskosten der Staatsanleihe am Ende der Geschäftsjahre 01 bis 06 unter Berücksichtigung des Effektivzinses? Latente Steuern sind zu vernachlässigen. Wie lauten die Buchungssätze, die beim Zugang, bei der Bewertung zum 31.12.01 und bei der Ausbuchung der Staatsanleihe am Ende der Laufzeit von der Alpha AG zu bilden sind?

Literaturhinweis

BAETGE, JÖRG/KIRSCH, HANS-JÜRGEN/THIELE, STEFAN, Bilanzen, 16. Aufl., Düsseldorf 2021, Kap. VI Abschn. 642.

Lösungen

Lösung zu Teilaufgabe (a)

Nach IFRS 9 (Finanzinstrumente) werden finanzielle Vermögenswerte, die zu fortgeführten Anschaffungskosten bewertet werden, nach der **Effektivzinsmethode** bewertet. Bei der Effektivzinsmethode sind jegliche Anschaffungsnebenkosten, Agien und Disagien bei der Bewertung eines finanziellen Vermögenswertes zu berücksichtigen und über die Laufzeit des finanziellen Vermögenswertes zu verteilen. Der Grundge-

1 Der Effektivzins kann bspw. in Microsoft Excel mit der Funktion „IKV" berechnet werden.

danke der Effektivzinsmethode besteht darin, sämtliche Wertänderungen eines finanziellen Vermögenswertes, die sich bis zu dessen Endfälligkeit ergeben, den einzelnen Berichtsperioden finanzmathematisch korrekt zuzuordnen.

Dabei ist der **Effektivzins** der Zinssatz, bei dem der Barwert der Ein- und Auszahlungen des finanziellen Vermögenswertes dem Nettobuchwert des finanziellen Vermögenswertes bei dessen Zugang entspricht. Die Effektivzinsmethode führt somit für jede Berichtsperiode zu einem Zinsergebnis, das genau der Effektivverzinsung des jeweils gebundenen Kapitals entspricht. Im Unterschied zur handelsrechtlichen Rechnungslegung wird ein Agio oder Disagio in der IFRS-Rechnungslegung nicht als Rechnungsabgrenzungsposten passiviert bzw. aktiviert und anschließend linear aufgelöst, sondern nichtlinear über die Laufzeit des finanziellen Vermögenswertes erfasst.

Lösung zu Teilaufgabe (b)

Aus den Daten zur Staatsanleihe ergibt sich die folgende Zahlungsreihe:

Jahr	01	01	02	03	04	05	06
Zahlung (in GE)	– 900.000	+ 50.000	+ 50.000	+ 50.000	+ 50.000	+ 50.000	+ 1.050.000

Übersicht 42-1: *Zahlungsreihe der Staatsanleihe*

Der Effektivzins i der Zahlungsreihe in Höhe von 7,1047 % ist bereits von der Alpha AG mittels der folgenden Gleichung berechnet worden:

$$900.000 = \frac{50.000}{(1+i)^1} + \frac{50.000}{(1+i)^2} + \frac{50.000}{(1+i)^3} + \frac{50.000}{(1+i)^4} + \frac{50.000}{(1+i)^5} + \frac{1.050.000}{(1+i)^6}$$

$$i = 7{,}1047\,\%$$

Übersicht 42-2: *Ermittlung des Effektivzinssatzes*

Auf Basis des Effektivzinssatzes ergeben sich die fortgeführten Anschaffungskosten der Staatsanleihe an jedem Bilanzstichtag, indem der Buchwert der Vorperiode aufgezinst und die nominelle Zinszahlung vom Zinsertrag der aktuellen Periode subtrahiert wird. Die dadurch berechnete Amortisation ist zum Buchwert der Vorperiode zu addieren. Die folgende Übersicht zeigt die fortgeführten Anschaffungskosten der Staatsanleihe über die Laufzeit sowie den jeweiligen Zinsertrag, der erfolgswirksam im Gewinn oder Verlust zu erfassen ist. Darüber hinaus wird die Amortisation berechnet, die den Betrag darstellt, mit dem die Anschaffungskosten der Staatsanleihe während der Laufzeit fortzuführen sind.

Jahr	Fortgeführte Anschaffungs-kosten am 01.01. (in GE)	Cashflow Nominal-zins (in GE)	Zinsertrag (in GE)	Fortgeführte Anschaffungskosten am 31.12. (in GE)
01	900.000	(5 % · 1.000.000 =) 50.000	(i_{eff} · 900.000 =) 63.940	(900.000 + 63.940 – 50.000 =) 913.940
02	913.940	50.000	64.930	928.880
03	928.880	50.000	65.990	944.870
04	944.870	50.000	67.130	962.000
05	962.000	50.000	68.350	980.350
06	980.350	1.050.000	69.650	0

Übersicht 42-3: *Ermittlung der fortgeführten Anschaffungskosten und des Zinsertrages der Staatsanleihe (Werte jeweils auf volle 10 GE gerundet)*

Ausgehend von dieser Berechnung muss die Alpha AG im Jahr 01 zur Erfassung des Zuganges und zur Bewertung der Staatsanleihe verschiedene Buchungen vornehmen. Der Kauf der Staatsanleihe ist mit dem folgenden Buchungssatz zu erfassen:

Finanzieller Vermögenswert	900.000 GE	an	Bank	900.000 GE

Der Emittent der Staatsanleihe zahlt jeweils am 31.12. jedes Jahres die Nominalzinsen in Höhe von 50.000 GE an die Alpha AG. Diese werden dem Bankkonto der Alpha AG gutgeschrieben.

Da die Staatsanleihe mittels der Effektivzinsmethode zu bewerten ist, wird der Wert der Staatsanleihe am Ende jedes Geschäftsjahres um die Differenz aus dem mit dem Nominalzins berechneten Cashflow und dem Zinsertrag auf Basis des Effektivzinses zugeschrieben. Im Jahr 01 beträgt diese Differenz 13.940 GE. Der korrespondierende Buchungssatz lautet:

Finanzieller Vermögenswert	13.940 GE			
Bank	50.000 GE	an	Zinsertrag	63.940 GE

Am Ende der Laufzeit werden der Nominalwert der Staatsanleihe in Höhe von 1.000.000 GE und die für das Jahr 06 zu leistende Zinszahlung in Höhe von 50.000 GE vom Emittenten an die Alpha AG überwiesen. Die Staatsanleihe ist nun auszubuchen und der Zinsertrag wiederum erfolgswirksam im Gewinn oder Verlust zu erfassen. Der folgende Buchungssatz bildet den Sachverhalt im IFRS-Abschluss der Alpha AG ab:

Bank	1.050.000 GE	an	Finanzieller Vermögenswert	980.350 GE
			Zinsertrag	69.650 GE

Kapitel VII: Die Bilanzierung der Vorräte

Übung 43: Bewertung von Vorräten

Sachverhalt

Die Holzmann AG betreibt ein Sägewerk zur Produktion bestimmter Schalungsbretter für den Hoch- und Tiefbau. Am 31.12.02 befinden sich die folgenden Vorräte im Lager des Sägewerkes:

- Der wesentliche **Rohstoff** des Sägewerkes ist **Rundholz**, das von den umliegenden Forstbetrieben geliefert wird. Zum Bilanzstichtag liegen noch 250 m^3 unverarbeitete Baumstämme auf Lager. Das Holz ist im Jahr 01 zu einem Preis von 6.400 GE angeschafft worden und steht nach einer außerplanmäßigen Abschreibung in Folge gesunkener Preise am Beschaffungsmarkt zum 31.12.01 mit einem Wert von 6.250 GE in den Büchern der Holzmann AG. Im Laufe des Jahres 02 ist der Preis für Rundholz auf 26 GE/m^3 gestiegen. Der kontinuierliche Preisanstieg für die Rohstoffe beunruhigt die Geschäftsleitung des Sägewerkes nicht, da man davon ausgeht, dass ein Aufschlag auf die Absatzpreise bei den nächsten Preisverhandlungen problemlos durchgesetzt werden kann.
- Als **Hilfsstoff** wird lediglich ein **Holzschutzmittel** zur Imprägnierung getrockneter Bretter verwendet. Durch Anwendung des Lifo-Verfahrens wurde für die auf Lager befindlichen 10.000 l ein Wert von 1.800 GE ermittelt. Die Beschaffung dieser Menge wäre am 31.12.02 zu 0,15 GE/l möglich, da die chemische Industrie die Preise derartiger Produkte bereits vor einigen Monaten gesenkt hat.
- Als einziges **Zwischenprodukt** befinden sich weitere 18.000 m gesägte und getrocknete **Bretter** auf Lager. Um diese fertigzustellen, müssen sie noch mit dem Holzschutzmittel imprägniert werden. Für die Beschaffung des Holzes sind 0,40 GE/m angefallen. Der Zuschnitt und die Trocknung haben bislang Kosten von 1.000 GE verursacht. Die Imprägnierung wird Kosten in Höhe von 300 GE

verursachen. Der aktuelle Marktpreis für die fertigen, imprägnierten Schalungsbretter beträgt 0,50 GE/m. Nicht imprägnierte Bretter könnten zu 0,43 GE/m bezogen oder zu 0,44 GE/m veräußert werden.

- Das einzige **fertige Erzeugnis** im Lager ist eine Tonne **Sägespäne**, die beim Zuschneiden der Bretter angefallen sind. Diese werden regelmäßig zu 0,10 GE/kg an die Spanplattenindustrie verkauft.

Aufgaben

(a) Wie sind die Vorräte in der Handelsbilanz des Sägewerkes zum 31.12.02 zu bewerten?

(b) Zu Offenlegungszwecken erstellt die Holzmann AG zusätzlich zu ihrem handelsrechtlichen Jahresabschluss auch einen IFRS-Abschluss. Dürfen die in Teilaufgabe (a) ermittelten Werte der Vorräte in den IFRS-Abschluss übernommen werden?

Literaturhinweis

BAETGE, JÖRG/KIRSCH, HANS-JÜRGEN/THIELE, STEFAN, Bilanzen, 16. Aufl., Düsseldorf 2021, Kap. VII Abschn. 3-4 und 7.

Lösungen

Lösung zu Teilaufgabe (a)

Gemäß § 253 Abs. 1 Satz 1 HGB sind alle zugegangenen Vermögensgegenstände höchstens mit ihren Anschaffungs- oder Herstellungskosten anzusetzen. Planmäßige Abschreibungen sind für Vermögensgegenstände des Umlaufvermögens nicht zu berücksichtigen. Für das Umlaufvermögen gilt die strenge Niederstwertvorschrift nach § 253 Abs. 4 HGB, wonach Vermögensgegenstände des Umlaufvermögens mit einem niedrigeren Wert anzusetzen sind, der sich aus einem Börsen- oder Marktpreis am Abschlussstichtag ergibt. Lässt sich ein solcher nicht feststellen, muss auf einen gegebenenfalls niedrigeren beizulegenden Wert abgeschrieben werden. Die handelsrechtliche Folgebewertung der Vorräte orientiert sich dabei grundsätzlich am Absatzmarktpreis des Endproduktes. Allerdings ist bei Roh-, Hilfs- und Betriebsstoffen die absatzmarktorientierte Bewertung oft nicht praktikabel, da die Absatzmarktpreise der fertigen Produkte den Ausgangsstoffen nicht verlässlich zugerechnet werden können. Bei Roh-, Hilfs- und Betriebsstoffen sind daher die Wiederbeschaffungspreise als Indikator für den Abwertungsbedarf heranzuziehen.

Im Fall des Rohstoffs **Rundholz** ist daher vom Beschaffungsmarktpreis auszugehen. Demnach sind zum 31.12.02 dem Buchwert des Holzes von 6.250 GE (= 25 GE/$m^3 \cdot 250\ m^3$) die aktuellen Wiederbeschaffungkosten von 6.500 GE (= 26 GE/$m^3 \cdot 250\ m^3$) gegenüberzustellen. Es besteht für das Holz demnach kein Abwertungsbedarf.

Allerdings sieht § 253 Abs. 5 HGB für alle Unternehmen ein grundsätzliches Wertaufholungsgebot vor, wenn die Gründe für die außerplanmäßige Abschreibung nicht mehr bestehen. Dies hat zur Folge, dass die zum 31.12.01 vorgenommene Abschreibung durch eine entsprechende Zuschreibung rückgängig zu machen ist. Eine Aufwertung auf 6.500 GE (Wiederbeschaffungskosten am Stichtag) darf indes nicht vorgenommen werden, da dies dem Verbot der Bewertung oberhalb der fortgeführten Anschaffungs- oder Herstellungskosten gemäß § 253 Abs. 1 Satz 1 HGB entgegensteht.

Mithin muss die Holzmann AG im Jahresabschluss zum 31.12.01 eine Zuschreibung des auf Lager liegenden **Rundholzes** auf die ursprünglichen Anschaffungskosten von 6.400 GE vornehmen. Der zugehörige Buchungssatz lautet:

Vorräte	150 GE	an	Sonstiger betrieblicher Ertrag	150 GE

Auch bei den **Holzschutzmitteln** als Hilfsstoffen ist der Abschreibungsbedarf anhand der Wiederbeschaffungspreise zu beurteilen. Dabei ergibt sich folgendes: Die durch das Lifo-Verfahren ermittelten Anschaffungskosten des Hilfsstoffs in Höhe von 1.800 GE liegen oberhalb des Wiederbeschaffungspreises von 1.500 GE (= 10.000 l · 0,15 GE/l). Dadurch ergibt sich ein Abschreibungsbedarf von 300 GE. Der zugehörige Buchungssatz lautet:

Außerpl. Abschr. auf Vorräte	300 GE	an	Vorräte	300 GE

Bei der Bewertung der **unfertigen Erzeugnisse** (Bretter) ist es hingegen möglich, vom Absatzpreis des Endproduktes auszugehen. Zunächst sind die Herstellungskosten unter Berücksichtigung des Verkaufs der Späne zu bestimmen:

	Einzelkosten für das Material 18.000 m · 0,40 GE/m	7.200 GE
+	Kosten für das Zuschneiden und Trocknen	+ 1.000 GE
–	Erlöse aus dem Verkauf der Sägespäne	– 100 GE
=	Herstellungskosten der unfertigen Erzeugnisse	8.100 GE

Diesem Wert ist ein durch retrograde Ermittlung modifizierter Absatzpreis gegenüberzustellen. Dieser ergibt sich, indem der erwartete Erlös aus dem Verkauf der fertigen Erzeugnisse um die noch bis zur Fertigstellung anfallenden Herstellungskosten gekürzt wird:

	Erlös des fertigen Erzeugnisses 18.000 m · 0,50 GE/m	9.000 GE
–	Kosten für die weitere Bearbeitung (Imprägnierung)	– 300 GE
=	Retrograde Bewertung der unfertigen Erzeugnisse	8.700 GE

Da sich bei der retrograden Ermittlung ein Wert ergibt, der die Herstellungskosten überschreitet, müsste keine außerplanmäßige Abschreibung erfasst werden. Die Herstellungskosten in Höhe von 8.100 GE sind bei wiederbeschaffbaren Zwischenprodukten allerdings auch mit den Wiederbeschaffungskosten zu vergleichen. Diese betragen am Abschlussstichtag 7.740 GE (= 18.000 m · 0,43 GE/m) und zeigen damit einen Abschreibungsbedarf in Höhe von 360 GE an. Der Buchungssatz zur Erfassung der außerplanmäßigen Abschreibung der unfertigen Erzeugnisse lautet:

Außerpl. Abschr. auf Vorräte	360 GE	an	Vorräte	360 GE

Die einzigen **fertigen Erzeugnisse**, die zu bewerten sind, sind die Späne, die in einem Kuppelproduktionsprozess beim Sägen des Rundholzes zu Brettern anfallen. Diese Sägespäne können als Nebenprodukt angesehen werden und mit Hilfe des Restwertes für das Sägewerk – in diesem Fall dem Verkaufserlös – bewertet werden. Alternativ dürften die Sägespäne bewertet werden, indem die Herstellungskosten auf die beiden Produkte des Kuppelprozesses anhand von Kalkulationsgrößen verteilt werden. Das hierfür erforderliche Datenmaterial liegt allerdings nicht vor. Somit sind die Sägespäne mit 100 GE zu bewerten und unter den fertigen Erzeugnissen auszuweisen.

Lösung zu Teilaufgabe (b)

Die Hilfsstoffe sowie die unfertigen und fertigen Erzeugnisse werden im IFRS-Abschluss gemäß den Regelungen des IAS 2 (Vorräte) bewertet. Als Wertansatz ist nach IAS 2.9 der niedrigere Wert aus den Anschaffungs- oder Herstellungskosten und dem Nettoveräußerungswert maßgeblich.

Der Nettoveräußerungswert ist der geschätzte, im normalen Geschäftsgang erzielbare Verkaufserlös abzüglich geschätzter Kosten bis zur Fertigstellung und der geschätzten notwendigen Vertriebskosten. Somit ist auch nach IFRS der Absatzpreis des Endproduktes der Ausgangspunkt für die Bewertung.

Ebenso wie in der Handelsbilanz dürfen gemäß IAS 2.32 zur Vereinfachung die Wiederbeschaffungkosten anstatt des Nettoveräußerungswertes herangezogen werden. Damit sind beim **Rundholz** die Anschaffungskosten mit den Wiederbeschaffungskosten zu vergleichen. Auch nach den IFRS ist gemäß IAS 2.33 eine Wertaufholung zwingend vorzunehmen, bis der niedrigere Wert aus den ursprünglichen Anschaffungs- oder Herstellungskosten und dem berichtigten Nettoveräußerungswert erreicht ist. Da die Wiederbeschaffungkosten von 6.500 GE die Anschaffungskosten von 6.400 GE bereits überschreiten, ist – wie nach HGB – bis zur Höhe der Anschaffungskosten zuzuschreiben. Die Wertaufholung am 31.12.02 ist als Minderung des Materialaufwandes zu erfassen (IAS 2.34):

Vorräte	150 GE	an	Materialaufwand	150 GE

Unter Anwendung der Vereinfachungsvorschrift ist die außerplanmäßige Abschreibung auf das **Holzschutzmittel** – analog zur handelsrechtlichen Bewertung – auf den Wiederbeschaffungspreis vorzunehmen. Da diese Vereinfachung explizit als alternative Vorgehensweise bei den Hilfsstoffen genannt wird, ist abweichend davon auch die Bewertung ausgehend vom Absatzpreis der fertigen Erzeugnisse zulässig. Danach wäre die Abwertung des Holzschutzmittels nach IFRS nicht zwingend notwendig, wenn davon ausgegangen werden kann, dass die Schalungsbretter auch bei Beibehaltung des höheren Wertes zumindest kostendeckend hergestellt werden können.

Das in der Buchhaltung des Sägewerkes angewandte Lifo-Verfahren gehört nach IAS 2.25 nicht zu den zulässigen Bewertungsvereinfachungsverfahren. Das Sägewerk muss die Ermittlung der Anschaffungs- oder Herstellungskosten für die Erstellung des IFRS-Abschlusses auf eine Durchschnittsmethode oder das Fifo-Verfahren umstellen. Das Lifo-Verfahren ließe sich nur dann rechtfertigen, wenn es der tatsächlichen Verbrauchsfolge entspräche (IAS 2.BC10). Dafür liegen nach dem Sachverhalt indes keine Hinweise vor.

Die Bewertung der unfertigen Erzeugnisse (**Bretter**) ist nach IFRS nicht anhand des Wiederbeschaffungspreises vorzunehmen. Solange die bisherigen Herstellungskosten mit 8.100 GE den retrograd ermittelten Nettoveräußerungswert von 8.700 GE unterschreiten, besteht nach IFRS kein Abwertungsbedarf.

Die Bewertung der fertigen Erzeugnisse (**Sägespäne**) ist nach IFRS ebenso wie in der handelsrechtlichen Auslegung zum Restwert möglich. In IAS 2.14 wird eine Verteilung der Herstellungskosten auf einer vernünftigen und stetigen Basis gefordert. Explizit wird für Nebenprodukte die Bewertung zum Nettoveräußerungswert vorgeschlagen.

Übung 44: Bewertung von Rohstoffen nach HGB

Sachverhalt

Die Maschinenbau AG besitzt am 31.12.01 Rohstoffe, deren historische Anschaffungskosten 20.000 GE (netto) betragen. Diese Rohstoffe könnten am 31.12.01 für 18.000 GE (netto) wiederbeschafft werden. Des Weiteren rechnet die Gesellschaft mit einem anhaltenden Preisverfall auf dem Rohstoffmarkt, so dass in der nahen Zukunft ein Wert von 15.000 GE für den aktuellen Rohstoffbestand realistisch ist. Der Rohstoff geht in die Produktion von Kleingetrieben ein, deren Verkaufspreis aufgrund einer gestiegenen Nachfrage um 25 % über dem ursprünglich geplanten Preis liegen wird. Gehen Sie davon aus, dass der Rohstoff nicht an einer Börse gehandelt wird.

Aufgaben

(a) Erläutern Sie die Folgebewertung von Vermögensgegenständen des Umlaufvermögens nach HGB.

(b) Mit welchem Wert ist der Rohstoffbestand am 31.12.01 zu bilanzieren?

Literaturhinweis

BAETGE, JÖRG/KIRSCH, HANS-JÜRGEN/THIELE, STEFAN, Bilanzen, 16. Aufl., Düsseldorf 2021, Kap. IV Abschn. 1-3 und Kap. VII Abschn. 4.

Lösungen

Lösung zu Teilaufgabe (a)

Nach § 253 Abs. 4 HGB sind Vermögensgegenstände des Umlaufvermögens am Abschlussstichtag auf den niedrigeren Börsen- oder Marktpreis oder, falls dieser nicht feststellbar ist, auf den am Abschlussstichtag niedrigeren beizulegenden Wert abzuschreiben (sog. strenge Niederstwertvorschrift). Durch diese Konkretisierung des Imparitätsprinzips wird erreicht, dass künftige Perioden von negativen Erfolgsbeiträgen freigehalten werden und die abzuschließende Periode mit dem entsprechenden Aufwand belastet wird. Dies hat zur Folge, dass dem Unternehmen in der gegenwärtigen Abschlussperiode kein Kapital in Höhe des Abschreibungsbetrages entzogen werden kann, da der Gewinn entsprechend gemindert wird. Aus den gesetzlichen Vorschriften ergeben sich drei Wertmaßstäbe, nach denen außerplanmäßige Abschreibungen im Umlaufvermögen bemessen werden können:

(1) Der **Börsenpreis**: Unter dem Börsenpreis versteht man den an einer amtlich anerkannten Börse festgestellten Preis. Gemäß dem Sachverhalt aus der Aufgabenstellung wird der Rohstoff nicht an einer Börse gehandelt. Ein aus dem Börsenpreis abgeleiteter Wert ist folglich für den Wertansatz am 31.12.01 nicht relevant.

(2) Der **Marktpreis**: Der Marktpreis ist derjenige Preis, der an einem Handelsplatz für Waren einer bestimmten Gattung von durchschnittlicher Art und Güte zu einem bestimmten Zeitpunkt im Durchschnitt gewährt wurde. Die Bedingungen, unter denen der Wert aus dem Marktpreis abgeleitet werden kann, sind eher eng gefasst, denn die wenigsten Güter werden zu einem bestimmten Zeitpunkt an einem Handelsplatz gehandelt.

(3) Der **niedrigere beizulegende Wert**: Gemäß § 253 Abs. 4 Satz 2 HGB ist beim Umlaufvermögen – sofern kein Börsen- oder Marktpreis feststellbar ist – eine Abschreibung auf den niedrigeren beizulegenden Wert zwingend erforderlich. Dies gilt unabhängig davon, ob es sich um eine dauernde oder nur vorübergehende Wertminderung handelt. Der Gesetzgeber konkretisiert nicht, was unter dem niedrigeren am Abschlussstichtag beizulegenden Wert zu verstehen ist. Als niedrigerer beizulegender Wert kommen der Wiederbeschaffungswert und der Einzelveräußerungswert in Betracht.

Die Niederstwertvorschriften konkretisieren das Imparitätsprinzip. Das Imparitätsprinzip dient dem Zweck der nominellen Kapitalerhaltung, indem negative Erfolgsbeiträge antizipiert werden und den ausschüttungsfähigen Gewinn kürzen. Fragt man bei der Anwendung der Niederstwertvorschrift aus § 253 Abs. 4 HGB, ob der Beschaffungsmarkt und damit der **Wiederbeschaffungswert** oder der Absatzmarkt und damit der **Einzelveräußerungswert** für die Bewertung von Vermögensgegenständen relevant ist, dann muss man die oben genannte Zwecksetzung der Niederstwertvorschrift für die Auswahl des relevanten Marktes heranziehen:

		Beschaffungspreis		
		Steigt	**Bleibt gleich**	**Sinkt**
Absatzmarktpreis	**Steigt**	±	+	++
	Bleibt gleich	–	±	+
	Sinkt	– –	–	±

Übersicht 44-1: *Positive (+/+ +) oder negative (–/– –) Erfolgsbeiträge aus einem sich ändernden Marktpreis am Beschaffungsmarkt oder Absatzmarkt*

Mit der Spalte „Beschaffungspreis sinkt“ in der Übersicht 44-1 wird gezeigt, dass sich durch **sinkende Beschaffungsmarktpreise** die künftigen Erfolgsaussichten nicht etwa verschlechtern, sondern verbessern. Abschreibungen auf den niedrigeren Beschaffungsmarktpreis hätten somit die Konsequenz, dass die abgeschlossene Periode mit zusätzlichem Aufwand belastet würde, obwohl sich in der kommenden Periode die Erfolgsaussichten verbessern. Somit wäre nach dem Imparitätsprinzip kein negativer Erfolgsbeitrag in der abgeschlossenen Periode zu antizipieren. Negative Erfolgsbeiträge durch den Beschaffungsmarkt könnten vor allem aus steigenden Preisen auf dem Beschaffungsmarkt resultieren. Durch den Ansatz höherer Preise lässt sich aber weder eine Verlustantizipation erreichen (vielmehr ergäbe sich eine Gewinnantizipation), noch ist ein solcher Ansatz wegen des Realisationsprinzips zulässig. Zudem sind die gestiegenen Beschaffungsmarktpreise erst bei künftigen Beschaffungsvorgängen von Bedeutung.

Lediglich bei **sinkenden Absatzmarktpreisen** ist zu prüfen, ob aus den Vermögensgegenständen negative Erfolgsbeiträge zu erwarten sind. Hinsichtlich der Frage, ob der Absatzmarktpreis eine unmittelbare oder nur eine mittelbare Bedeutung für die Bewertung besitzt, muss zwischen Waren und Fertigerzeugnissen einerseits und Roh-, Hilfs- und Betriebsstoffen sowie unfertigen Erzeugnissen andererseits unterschieden werden. Bei auf Lager liegenden Waren und Fertigerzeugnissen kann ein sinkender Absatzmarktpreis Anlass für Abschreibungen zur Verlustantizipation sein. Das ist der Fall, wenn der Absatzmarktpreis abzüglich der noch anfallenden Kosten niedriger ist als die historischen Anschaffungskosten der auf Lager liegenden Ware. Ein solcher negativer Erfolgsbeitrag wäre zu antizipieren. Bei anderen Gegenständen des Umlaufvermögens sind sinkende Absatzmarktpreise indes nicht unmittelbar Anlass außerplanmäßiger Abschreibungen. Für Roh-, Hilfs- und Betriebsstoffe (sowie für Halbfertigerzeugnisse, soweit eine retrograde Bewertung nicht sinnvoll ist) sind Absatzmarktpreise selbst nicht von Bedeutung, da diese Gegenstände noch weiter verarbeitet werden sollen. Bei der Bewertung dieser Teile des Umlaufvermögens kommt es lediglich auf den Absatzmarktpreis des Endproduktes an, wobei es aber regelmäßig problematisch ist, einen möglichen negativen Erfolgsbeitrag auf die einzelnen Produktionsfaktoren zurückzurechnen. Hilfsweise kann bei der Bewertung von Roh-, Hilfs- und Betriebsstoffen und unfertigen Erzeugnissen auf die Wiederbeschaffungskosten zurückgegriffen werden, falls diese erheblich gesunken sind. In diesem Fall bestehen nämlich zumindest Zweifel, ob die künftigen Erträge die Anschaffungskosten dieser Vermögensgegenstände decken, da Wettbewerber die niedrigeren Einstandspreise möglicherweise an den Markt weitergeben können.

Lösung zu Teilaufgabe (b)

Aus dem Sachverhalt ergibt sich, dass der Wiederbeschaffungspreis der Rohstoffe der Maschinenbau AG gesunken ist, während der Absatzmarktpreis der Getriebe gestiegen ist. Für die Bewertung der Rohstoffe kommen die gesunkenen Wiederbeschaffungskosten nicht in Frage, da sich dadurch die Erfolgsaussichten künftiger Perioden verbessern würden. Bei einer Abschreibung der Rohstoffe auf die niedrigeren Wiederbeschaffungskosten würde die abgeschlossene Periode mit zusätzlichem Aufwand belastet, obwohl der Verkaufspreis des Endproduktes, in das die Rohstoffe eingehen, aufgrund gestiegener Nachfrage um 25 % über dem ursprünglich geplanten Preis liegt und folglich kein negativer Erfolgsbeitrag in der abgeschlossenen Periode zu antizipieren ist. Der Rohstoffbestand ist am 31.12.01 folglich mit einem Wert von 20.000 GE zu bilanzieren.

Übung 45: Bewertungsvereinfachungsverfahren nach HGB

Sachverhalt

Die Bergauf GmbH stellt Fahrräder her. Zum Bilanzstichtag hat die Gesellschaft laut Inventur noch einen Lagerbestand von 1.800 Fahrradsatteln. Diese Fahrradsattel stammen aus unterschiedlichen Lieferungen während des Geschäftsjahres. Da die Sattel einander gleichen, kann der Lagerleiter nicht feststellen, aus welchen Lieferungen die einzelnen Fahrradsattel stammen und zu welchen Anschaffungskosten sie bezogen wurden.

Die Lagerbuchführung liefert folgende Daten für die Bewertung der Fahrradsattel zum Bilanzstichtag:

Anfangsbestand zum	01.01.	1.400 Stück zu Anschaffungskosten von je 48 GE
Zugang	03.04.	3.000 Stück zu Anschaffungskosten von je 45 GE
Zugang	21.08.	2.500 Stück zu Anschaffungskosten von je 43 GE
Zugang	17.12.	2.800 Stück zu Anschaffungskosten von je 46 GE
Abgänge des Geschäftsjahres		7.900 Stück

Aufgaben

(a) Unter welchen Voraussetzungen dürfen Vermögensgegenstände des Vorratsvermögens handelsrechtlich zu einer Gruppe zusammengefasst und mit dem gewogenen Durchschnitt bewertet werden? Erfüllen die 1.800 auf Lager liegenden Fahrradsattel diese Voraussetzungen?

(b) Auf welchen beiden Wegen kann der gewogene Durchschnitt berechnet werden?

(c) Mit welchem Wert sind die 1.800 auf Lager liegenden Fahrradsattel zum Bilanzstichtag in der HGB-Bilanz auszuweisen, wenn sie mit dem periodischen Durchschnitt bewertet werden? Prüfen Sie anschließend, ob die Fahrradsattel ggf. außerplanmäßig abzuschreiben sind.

(d) Wie kann allgemein der Wertansatz nach dem Fifo-Verfahren und dem Lifo-Verfahren bestimmt werden? Welcher Wertansatz ergibt sich für die Fahrradsattel nach dem Fifo-Verfahren und nach dem periodischen Lifo-Verfahren im handelsrechtlichen Jahresabschluss? Prüfen Sie auch, ob die Fahrradsattel bei Anwendung des jeweiligen Bewertungsverfahrens ggf. außerplanmäßig abzuschreiben sind.

Literaturhinweis

BAETGE, JÖRG/KIRSCH, HANS-JÜRGEN/THIELE, STEFAN, Bilanzen, 16. Aufl., Düsseldorf 2021, Kap. VII Abschn. 33-34.

Lösungen

Lösung zu Teilaufgabe (a)

Nach § 240 Abs. 4 HGB i. V. m. § 256 Satz 2 HGB ist es zulässig, bestimmte Vermögensgegenstände jeweils zu einer Gruppe zusammenzufassen und mit dem gewogenen Durchschnitt anzusetzen (Gruppenbewertung), wenn gleichartige und annähernd gleichwertige bewegliche Vermögensgegenstände des Vorratsvermögens vorliegen.

Gleichartige Vermögensgegenstände zeichnen sich dadurch aus, dass sie zu einer Warengattung gehören oder die gleiche Verwendbarkeit bzw. eine Funktionsgleichheit aufweisen. Unabhängig von Art, Größe oder Material stellen die auf Lager liegenden Fahrradsattel Gegenstände der gleichen Warengattung mit gleicher Verwendbarkeit dar. Das Kriterium der Gleichartigkeit ist somit erfüllt.

Annähernd gleichwertige Vermögensgegenstände liegen vor, wenn die Einzelwerte der in einer Gruppe zusammengefassten Vermögensgegenstände nicht mehr als 20 % voneinander abweichen. Der generelle Maßstab muss sein, dass der Bilanzwert der Gruppenbewertung nicht wesentlich höher oder niedriger sein darf, als sich bei einer Bewertung zu Einzelpreisen ergeben würde. Annähernde Preisgleichheit setzt voraus, dass die Preise zeitlich miteinander verglichen werden können, also auf den gleichen Zeitpunkt bezogen sind. Die Anschaffungskosten der zu bewertenden Fahrradsattel bewegen sich in einem Intervall zwischen 43 GE und 48 GE. Der Wertunterschied zwischen niedrigstem und höchstem Wert ist somit kleiner als 20 %. Das Kriterium der annähernden Gleichwertigkeit ist daher ebenfalls erfüllt.

Schließlich erfüllen die Fahrradsattel auch das Kriterium, **bewegliche Vermögensgegenstände des Vorratsvermögens** zu sein, da sie weder Grund und Boden, Gebäude(-teile) noch sonstige unbewegliche Vermögensgegenstände sind. Ferner stellen sie aus bilanzieller Sicht Rohstoffe der Bergauf GmbH dar und zählen somit zum Vorratsvermögen.

Die Voraussetzungen zur Anwendung der Gruppenbewertung auf die 1.800 Fahrradsattel sind im Sachverhalt erfüllt.

Lösung zu Teilaufgabe (b)

Der gewogene Durchschnitt kann auf zwei Wegen ermittelt werden:

- als permanenter Durchschnitt oder
- als periodischer Durchschnitt.

Bei der **permanenten Durchschnittswertermittlung** werden die durchschnittlichen Anschaffungskosten laufend (permanent) nach jedem Lagerzugang und -abgang ermittelt.

Bei der **periodischen Durchschnittswertermittlung** werden dagegen die durchschnittlichen Anschaffungskosten nur einmal zum Bilanzstichtag ermittelt, indem die Summe der mit den Mengen multiplizierten Anschaffungskosten des Anfangsbestandes und der Anschaffungskosten der Zugänge durch die Gesamtmenge aus Anfangsbestand und Zugängen dividiert wird.

Als Ergebnis erhält man jeweils die durchschnittlichen Anschaffungskosten, mit denen der Endbestand zum Bilanzstichtag zu bewerten ist, sofern der Niederstwerttest nach § 253 Abs. 4 HGB nicht eine niedrigere Bewertung als zu den ermittelten durchschnittlichen Anschaffungskosten erforderlich macht (strenge Niederstwertvorschrift).

Lösung zu Teilaufgabe (c)

Der gewogene periodische Durchschnitt wird wie folgt berechnet:

Anfangsbestand	01.01.	1.400 ME	à 48 GE	67.200 GE
Zugang	03.04.	+ 3.000 ME	à 45 GE	+ 135.000 GE
Zugang	21.08.	+ 2.500 ME	à 43 GE	+ 107.500 GE
Zugang	17.12.	+ 2.800 ME	à 46 GE	+ 128.800 GE
		9.700 ME		= 438.500 GE

Damit ergibt sich ein gewogener periodischer Durchschnittswert für einen Fahrradsattel von 45,21 GE/ME (= 438.500 GE / 9.700 ME).

Zur Durchführung des Niederstwerttests gemäß § 253 Abs. 4 HGB kann bei Rohstoffen als Vergleichswert hilfsweise der Wiederbeschaffungspreis am Bilanzstichtag herangezogen werden. Im Sachverhalt sind die Anschaffungskosten der letzten, stichtagsnahen Lieferung am 17.12. mangels besserer Informationen als Wiederbeschaffungspreis anzusehen. Der angenommene Wiederbeschaffungspreis liegt mit 46 GE oberhalb des errechneten periodischen Durchschnitts von 45,21 GE. Es besteht folglich **kein Abwertungsbedarf**. Der Endbestandswert der 1.800 Fahrradsattel bei Anwendung der Gruppenbewertung nach dem periodischen Durchschnitt beträgt somit 81.378 GE (= 1.800 ME · 45,21 GE/ME).

Lösung zu Teilaufgabe (d)

Bei Anwendung des Fifo- und des Lifo-Verfahrens kann der Wertansatz – wie bei der Durchschnittswertermittlung – nach dem rechentechnisch aufwendigen permanenten Verfahren und nach dem periodischen Verfahren ermittelt werden. Beim periodischen Lifo-Verfahren wird die Bewertung – im Gegensatz zum permanenten Ansatz – nicht fortlaufend nach jedem Zugang und Abgang, sondern nur jeweils zum Periodenende durchgeführt. Das permanente und das periodische Fifo-Verfahren führen hingegen stets zum selben Ergebnis, da die zuerst beschafften Vermögensgegenstände annahmegemäß zuerst verbraucht werden. Entsprechend werden diese beiden Verfahren im Folgenden nicht unterschieden und es wird schlicht vom Fifo-Verfahren die Rede sein.

Bei Anwendung des **Fifo-Verfahrens** werden die gesamten Abgänge den jeweiligen Zugängen – soweit es geht – chronologisch zugeordnet. Dabei wird beim ersten Zugang des Jahres begonnen. Nach dem Fifo-Verfahren sind die 1.800 Fahrradsattel wie folgt zu bewerten:

Anfangsbestand	01.01.	1.400 ME	à 48 GE		67.200 GE
Zugang	03.04.	+ 3.000 ME	à 45 GE	+	135.000 GE
Zugang	21.08.	+ 2.500 ME	à 43 GE	+	107.500 GE
Zugang	17.12.	+ 2.800 ME	à 46 GE	+	128.800 GE
Abgänge		– 1.400 ME	à 48 GE	–	67.200 GE
Abgänge		– 3.000 ME	à 45 GE	–	135.000 GE
Abgänge		– 2.500 ME	à 43 GE	–	107.500 GE
Abgänge		– 1.000 ME	à 46 GE	–	46.000 GE
Endbestand		1.800 ME	à 46 GE	=	82.800 GE

Wie in der Lösung zu Teilaufgabe (a) sind die Anschaffungskosten der letzten, stichtagsnahen Lieferung am 17.12. mangels besserer Informationen als Wiederbeschaffungspreis und damit als niedrigerer beizulegender Wert zur Durchführung des Niederstwerttests gemäß § 253 Abs. 4 HGB heranzuziehen. Im Sachverhalt wird beim Fifo-Verfahren der Endbestand von 1.800 Fahrradsatteln – wie oben dargestellt – mit 46 GE pro Sattel bewertet. Dieser Wert entspricht genau dem letzten Beschaffungspreis von 46 GE. Es besteht folglich **kein Abwertungsbedarf**.

Bei Anwendung des **Perioden-Lifo-Verfahrens** werden die Abgänge von 7.900 Satteln den Zugängen ebenfalls chronologisch zugordnet. Im Gegensatz zum Fifo-Verfahren wird hier allerdings beim letzten Zugang des Jahres begonnen. Nach dem Perioden-Lifo-Verfahren werden die 1.800 Fahrradsattel wie folgt bewertet:

Anfangsbestand	01.01.	1.400 ME	à 48 GE		67.200 GE
Zugang	03.04.	+ 3.000 ME	à 45 GE	+	135.000 GE
Zugang	21.08.	+ 2.500 ME	à 43 GE	+	107.500 GE
Zugang	17.12.	+ 2.800 ME	à 46 GE	+	128.800 GE
Abgänge		– 2.800 ME	à 46 GE	–	128.800 GE
Abgänge		– 2.500 ME	à 43 GE	–	107.500 GE
Abgänge		– 2.600 ME	à 45 GE	–	117.000 GE
Endbestand aus Anfangsbestand		1.400 ME	à 48 GE	=	67.200 GE
Endbestand aus Zugang 03.04.		400 ME	à 45 GE	=	18.000 GE
Endbestand gesamt		1.800 ME		=	85.200 GE

Beim Perioden-Lifo übersteigt der ermittelte Wert für den Endbestand der 1.800 Fahrradsattel den niedrigeren, am Bilanzstichtag beizulegenden Wert des Bestandes von 82.800 GE (= 1.800 · 46 GE) um 2.400 GE. Gemäß § 253 Abs. 4 HGB müssen die Fahrradsattel beim Perioden-Lifo-Verfahren folglich in Höhe von 2.400 GE **außerplanmäßig abgeschrieben** werden.

Die 1.800 Fahrradsattel sind somit sowohl nach dem Fifo-Verfahren als auch nach dem Perioden-Lifo-Verfahren mit 82.800 GE zu bewerten.

Übung 46: Anschaffungskosten von Vorräten in Fremdwährung nach HGB

Sachverhalt

Der Unternehmer Peters verkauft und liefert an Unternehmer Winkler am 01.07.01 Waren für einen Preis von $ 1 Mio. Zu diesem Zeitpunkt steht der Devisenkassamittelkurs bei 0,90 $/€. Das entsprechende Kursverhältnis am Bilanzstichtag, dem 30.09.01, liegt bei 0,86 $/€.

Aufgaben

(a) Der Unternehmer Winkler hat in Erwartung eines steigenden Dollarkurses die erforderlichen Devisen speziell für den geplanten Wareneinkauf bereits am 01.04.01 zum Kurs von 0,88 $/€ angeschafft. Wie hoch sind die Anschaffungskosten der Vorräte bei Unternehmer Winkler?

(b) Bei dem Verkauf am 01.07.01 vereinbaren Unternehmer Peters und Unternehmer Winkler ein Zahlungsziel von sechs Monaten. Am 01.01.02 liegt der Devisenkassamittelkurs bei 0,94 $/€. Welche Auswirkungen hat die Zielvereinbarung auf die Anschaffungskosten und den Buchwert zum 30.09.01 der Vorräte bei Unternehmer Winkler?

(c) Um – ausgehend von der Datenkonstellation in Teilaufgabe (b) – Währungsrisiken zu vermeiden, schließt Unternehmer Winkler am 01.07.01 eine Kurssicherung ab. Der Sicherungskurs für den 01.01.02 beträgt 0,92 $/€. Mit welchem Wert sind die Vorräte bei Unternehmer Winkler in der Bilanz zum 30.09.01 auszuweisen?

Literaturhinweis

BAETGE, JÖRG/KIRSCH, HANS-JÜRGEN/THIELE, STEFAN, Bilanzen, 16. Aufl., Düsseldorf 2021, Kap. XIII Abschn. 21-24.

HFA DES IDW, Stellungnahme zur Rechnungslegung: Handelsrechtliche Bilanzierung von Bewertungseinheiten (IDW RS HFA 35), in: WPg Supplement 2011, S. 59-73).

Lösungen

Lösung zu Teilaufgabe (a)

Bei der Ermittlung der Anschaffungskosten für in fremder Währung zu bezahlende Vorräte ist grundsätzlich der Geldkurs des Tages maßgebend, an dem die Verfügungsmacht über die Vermögenswerte erlangt wird. Aus Vereinfachungsgründen ist es indes zulässig, den Devisenkassamittelkurs zur Umrechnung zu verwenden, soweit die Auswirkungen auf die Darstellung der Vermögens-, Finanz- und Ertragslage nicht wesentlich sind. In diesem Fall kann demnach der Devisenkassamittelkurs am 01.07.01 von 0,90 $/€ verwendet werden. Ausgehend von diesem Kurs wären die Vorräte also mit Anschaffungskosten von 1.111.111 € zu bewerten. Da indes bereits am 01.04.01 Devisen zum Kurs von 0,88 $/€ speziell für diese Anschaffung erworben wurden, ist hier der Umrechnungskurs zum Zeitpunkt des Devisenerwerbs für die Ermittlung der Anschaffungskosten maßgebend. Die Vorräte sind daher mit Anschaffungskosten von 1.136.364 € zu bewerten.

Lösung zu Teilaufgabe (b)

Wird in einem Kaufvertrag ein Zahlungsziel vereinbart, sind bei einer zwischenzeitlichen Bilanzierung der angeschaffte Vermögensgegenstand und die Verbindlichkeit getrennt zu betrachten:

- Bewertung der angeschafften **Vorräte**:

  Wie in Teilaufgabe (a) dargestellt, kann zur Bewertung der Vorräte der Devisenkassamittelkurs verwendet werden. Die Vorräte sind auf der Grundlage des zum 01.07.01 bestehenden Umrechnungskurses von 0,90 $/€ mit € 1.111.111 zu bewerten. Zum Bilanzstichtag 30.09.01 fällt der Devisenkassamittelkurs auf 0,86 $/€. Hierdurch entstehen unrealisierte Kursgewinne, die bei der Bewertung der Vorräte aufgrund des Vorsichtsprinzips nicht berücksichtigt werden dürfen, da die Anschaffungskosten die Obergrenze bilden. Der Buchwert der Vorräte zum 30.09.01 beträgt somit ebenfalls € 1.111.111.

- Bewertung der **Verbindlichkeit** (fällig am 01.01.02):

  Die Verbindlichkeit ist zunächst ebenfalls mit dem Erfüllungsbetrag, umgerechnet zum 01.07.01, also mit € 1.111.111 zu passivieren. Der zum Bilanzstichtag auf 0,86 $/€ gesunkene Umrechnungskurs ist indes aufgrund des Imparitätsprinzips (hier in der Ausprägung des Höchstwertprinzips) dahingehend zu berücksichtigen, dass sich die in der Bilanz ausgewiesene Verbindlichkeit auf € 1.162.791 erhöht. Die Differenz von € 51.680 ist als sonstiger betrieblicher Aufwand zu erfassen.

Lösung zu Teilaufgabe (c)

Der Unternehmer Winkler schließt ein Kurssicherungsgeschäft ab, um dem Risiko der unsicheren Kursentwicklung bis zum Zahlungstermin in sechs Monaten zu entgehen. Ein solches Kurssicherungsgeschäft kann z. B. darin bestehen, dass Unternehmer Winkler am 01.01.02 per Termin 1 Mio. $ zum, am 01.07.01 geltenden, Terminkurs von 0,92 $/€ erwirbt.

Die Bildung von **Bewertungseinheiten** ist in § 254 HGB geregelt. Danach können Vermögensgegenstände zum Ausgleich gegenläufiger Wertänderungen oder Zahlungsströme mit Finanzinstrumenten zu einer Bewertungseinheit zusammengefasst werden. In dem Umfang und für den Zeitraum, in dem sich die gegenläufigen Wertänderungen oder Zahlungsströme ausgleichen, sind § 249 Abs. 1 HGB, § 252 Abs. 1 Nr. 3 und 4 HGB, § 253 Abs. 1 Satz 1 HGB und § 256a HGB nicht anzuwenden. Hierbei werden auch Termingeschäfte als Finanzinstrumente angesehen. Werden die drei folgenden **Voraussetzungen** erfüllt, dürfen das Grundgeschäft – also der Kauf der Waren – und das Kurssicherungsgeschäft zu einer Bewertungseinheit zusammengefasst werden (vgl. hierzu IDW RS HFA 35, Tz. 47-59):

- Die Sicherungsabsicht muss ex ante gegeben sein (Durchhalteabsicht).
- Die Wirksamkeit einer Sicherungsbeziehung ist prospektiv nachzuweisen.
- Die Wirksamkeit einer Sicherungsbeziehung ist retrospektiv nachzuweisen.

Laut Sachverhalt ist die Sicherungsabsicht gegeben. Aufgrund der Datenkonstellation und der gegenläufigen Wertentwicklung von Grund- und Sicherungsgeschäft kann Unternehmer Winkler sowohl prospektiv als auch retrospektiv die Wirksamkeit der Sicherungsbeziehung nachweisen. Daher sind die Voraussetzungen für die Bildung einer Bewertungseinheit gegeben.

Grund- und Sicherungsgeschäft zeichnen sich aus durch eine gegenläufige, sich ausgleichende Wertentwicklung. Sinkt der Wert des Grundgeschäftes, so steigt der Wert des Sicherungsgeschäftes und umgekehrt. Bei getrennter Betrachtung der Einzelgeschäfte würden aufgrund des Imparitätsprinzips zunächst jeweils nur die Verluste erfasst, wenn eines der beiden Geschäfte an Wert verliert. Die korrespondierenden Gewinne würden hingegen erst bei Erfüllung beider Geschäfte (hier zum 01.01.02) realisiert. Die getrennte Betrachtung der Geschäfte führt damit zu einer asymmetrischen Darstellung der Erfolgslage. Dies wird vermieden, wenn Grund- und Sicherungsgeschäft als Bewertungseinheit bilanziert werden.

Im Ergebnis sind die Vorräte zum 30.09.01 auf Basis des sicheren Umrechnungskurses zum Zeitpunkt der Zahlung von 0,92 $/€ mit € 1.086.957 zu bewerten.

Übung 47: Abbildung periodenübergreifender Fertigungsaufträge im Jahresabschluss

Sachverhalt

Die Aschgrau AG, Bottrop, nimmt zu Beginn des Jahres 01 an der Ausschreibung für ein Projekt zur Errichtung eines Staudammes bei Peking/China teil. Die bietenden Unternehmen werden vom chinesischen Bauministerium aufgefordert, Unterlagen für eine sog. „Präqualifikation" vorzulegen. Die Aschgrau AG entsendet daher im Juni 01 eine Gruppe von Ingenieuren und Controllern nach Peking. Aufgabe dieser Fachleute ist es, die technischen und kaufmännischen Anforderungen an das Projekt „Chinesische Mauer" zu ermitteln und ein erstes Konzept für die Errichtung der Anlage zu erstellen. Hierzu zählen unter anderem die technische Spezifikation des Projektes, die Zusammenstellung der erforderlichen Lieferungen und Leistungen, die grobe Kalkulation der Selbstkosten des Auftrages sowie die Festlegung eines ersten Projektstruktur- und Terminplans. Aufgrund des hohen Auftragswertes und der voraussichtlich langen Abwicklungszeit der Anlage ist auch ein geeignetes und den Besonderheiten des periodenübergreifenden Anlagengeschäftes entsprechendes Finanzierungskonzept zu entwickeln. Die Ausgaben für die Zusammenstellung aller Informationen betragen insgesamt 40 Mio. GE.

Das Anfang Januar 02 vorgelegte Konzept der Aschgrau AG überzeugt die chinesische Bauministerin: Die Aschgrau AG zählt zu den ausgewählten Anbietern einer sog. „short list", die aufgefordert werden, ein verfeinertes Gesamtkonzept vorzulegen. Hierzu zählen unter anderem die detaillierte Kalkulation der Selbstkosten (Plankosten) des Fertigungsauftrages auf der Grundlage von Konstruktions- und Beschaffungsplänen sowie die Planung der Liefertermine. Hierfür fallen bei der Aschgrau AG im Jahr 02 Ausgaben in Höhe von 60 Mio. GE an.

Im November 02 gelingt es der Aschgrau AG, in konkrete Vertragsverhandlungen mit dem chinesischen Bauministerium und den chinesischen Behörden einzutreten. Am Ende diverser Verhandlungsrunden steht die förmliche Auftragserteilung an die Aschgrau AG. Im Dezember 02 wird der Werklieferungsvertrag von der chinesischen Bauministerin, den zuständigen Vertretern der chinesischen Baubehörden sowie dem Vorstand der Aschgrau AG unterzeichnet. Zu diesem Zeitpunkt stehen die von der Aschgrau AG zu erbringenden Leistungen, die vom Auftraggeber dafür zu entrichtenden Preise und die voraussichtliche Gesamtdauer des Projektes fest.

Die Aschgrau AG kalkuliert mit einer Gesamtprojektdauer von (noch) vier Jahren für die Fertigstellung des Dammes. Mit dem chinesischen Auftraggeber wird ein Festpreis in Höhe von 5.100 Mio. GE vereinbart; die voraussichtlichen Gesamtkosten des Projektes betragen einschließlich Projektierungskosten 4.100 Mio. GE. Das Projekt „Chinesische Mauer" wird am Ende der Bauphase vom Auftraggeber abgenommen und anschließend abgerechnet. Es sei unterstellt, dass sich die Kosten für die Errichtung des Staudammes über die verbleibende Projektdauer von vier Jahren im Verhältnis 1:3:5:1 verteilen.

Aufgaben

(a) Kennzeichnen Sie die Besonderheiten des periodenübergreifenden Anlagengeschäftes im Vergleich zum industriellen Seriengeschäft, soweit es Bilanzierungsprobleme betrifft.

(b) Diskutieren Sie das handelsrechtliche Aktivierungsverbot für Vertriebskosten im Fall der periodenübergreifenden Auftragsfertigung.

(c) Das Realisationsprinzip besagt, dass die von einem Unternehmen selbst geschaffenen Güter und Leistungen so lange mit ihren Anschaffungs- oder Herstellungskosten zu bewerten sind, bis sie den Wertsprung zum Absatzmarkt geschafft haben und damit im Jahresabschluss als Forderung den Wertsprung zum Verkaufspreis erfahren. Wie ist das Staudammprojekt im Jahresabschluss der Aschgrau AG bei strenger Auslegung des Realisationsprinzips in den Jahren 01 bis 06 zu bilanzieren? Diskutieren Sie das in diesem Fall vom Jahresabschluss vermittelte Bild der wirtschaftlichen Lage der Aschgrau AG.

(d) Ist die Percentage-of-Completion-Methode mit den handelsrechtlichen Grundsätzen ordnungsmäßiger Buchführung vereinbar?

(e) Diskutieren Sie Ansätze zur Vermittlung eines den tatsächlichen Verhältnissen entsprechenden Bildes der wirtschaftlichen Lage der Aschgrau AG im handelsrechtlichen Jahresabschluss bei strenger Auslegung des Realisationsprinzips.

(f) Im periodenübergreifenden Anlagengeschäft existiert eine Vielzahl typischer Risiken, die im Rahmen des Risikomanagements zu erkennen, zu steuern und zu beherrschen sind. Aufgabe der projektbegleitenden Auftragskalkulation ist es unter anderem, den Stand der Risiken zum jeweiligen Abschlussstichtag zu ermitteln. Welche Risiken können typischerweise bei periodenübergreifenden Anlagengeschäften auftreten?

(g) Im Laufe des dritten Baujahres wird bekannt, dass im vierten und letzten Baujahr bisher nicht kalkulierte Montagekosten in Höhe von 1.200 Mio. GE anfallen werden. Wie ist der Sachverhalt im Jahresabschluss des dritten Baujahres zu berücksichtigen?

Literaturhinweis

BAETGE, JÖRG/KIRSCH, HANS-JÜRGEN/THIELE, STEFAN, Bilanzen, 16. Aufl., Düsseldorf 2021, Kap. VII Abschn. 5.

Lösungen

Lösung zu Teilaufgabe (a)

Folgende **Besonderheiten** kennzeichnen das periodenübergreifende Anlagengeschäft im Vergleich zum industriellen Seriengeschäft:

- Das Anlagengeschäft folgt im juristischen Sinne Werkvertragsrecht bzw. Werklieferungsvertragsrecht, bei dem der Auftragnehmer dem Auftraggeber die Lieferung eines vereinbarten Werkes schuldet. Der Auftraggeber verpflichtet sich, das vereinbarungsgemäß hergestellte Werk abzunehmen und den geschuldeten Kaufpreis zu zahlen.
- Der Werk- bzw. Werklieferungsvertrag wird zwischen den Vertragsparteien vor dem eigentlichen Fertigungsbeginn geschlossen. Damit steht der Abnehmer des fertigen Werkes schon vor Fertigungsbeginn fest (umgekehrter Phasenverlauf).
- Die Akquisition und die Abwicklung solcher Fertigungsaufträge erstrecken sich regelmäßig über einen längeren Zeitraum.
- Ein für einen konkreten Auftraggeber abzuwickelnder Auftrag besitzt für das auftragnehmende Unternehmen sehr häufig eine hohe Wertdimension.
- Bei periodenübergreifenden Fertigungsaufträgen handelt es sich regelmäßig um Projekte in Auftragseinzelfertigung, so dass das fertiggestellte Werk nur in Ausnahmefällen anderweitig verwertbar ist.
- Aufgrund von Schwankungen im Auftragseingang werden in einem Geschäftsjahr oft wenige, in einem anderen Geschäftsjahr hingegen viele Objekte ausgeliefert und abgerechnet (typischerweise kein Gleichlauf).
- Risiken dürfen wegen der geringen Zahl von zur gleichen Zeit vorliegenden Aufträgen nicht pauschal, sondern immer nur einzelfallbezogen berücksichtigt werden.

Aus den genannten Besonderheiten periodenübergreifender Fertigungsaufträge ergeben sich **Konsequenzen** für deren Abbildung im handelsrechtlichen Jahresabschluss, die im Folgenden kurz erörtert werden:

Gemäß § 255 Abs. 2 Satz 4 HGB dürfen Vertriebskosten nicht in die Herstellungskosten einbezogen werden. Daher ist die Frage zu diskutieren, ob das **Einbeziehungsverbot für Vertriebskosten** aufgrund des im Vergleich zum industriellen Seriengeschäft umgekehrten Phasenverlaufs („Vertrieb“ vor Fertigung) bei periodenübergreifender Auftragsfertigung abzulehnen ist.

Periodenübergreifende Fertigungsaufträge sind dadurch gekennzeichnet, dass mindestens ein Bilanzstichtag zwischen dem Herstellungsbeginn und der Abnahme durch den Auftraggeber liegt. Unter Berücksichtigung des Stichtagsprinzips (§ 252 Abs. 1 Nr. 3 i. V. m. Nr. 4 HGB) folgt daraus, dass das gesamte Projekt nicht vollständig in einem handelsrechtlichen Jahresabschluss abgebildet werden kann. Die Bilanz zieht am Bilanzstichtag einen künstlichen Schnitt durch den „Strom der Geschäftsvorfälle“, so dass eine Erfolgsrechnung auf der Basis von Einzahlungen und Auszahlungen nicht mehr sachgerecht ist. Vielmehr sind Einzahlungen und Auszahlungen auf eine Periode von zwölf Monaten zu beziehen (abzugrenzen bzw. zu periodisieren), und das noch nicht fertiggestellte Projekt ist am Bilanzstichtag zu bewerten. Für eine zutreffende Beurteilung der wirtschaftlichen Lage des bilanzierenden Unternehmens muss der externe Jahresabschlussadressat indes mehrere aufeinanderfolgende Rechnungsperioden miteinander vergleichen (**Mehrperiodenbetrachtung**). Die isolierte Betrachtung einer einzelnen Periode führt – wie im Folgenden deutlich werden wird – unter Umständen zu einer falschen Einschätzung der wirtschaftlichen Lage des Unternehmens.

Die Langfristigkeit des Auftragsgeschäftes erfordert eine Diskussion des **Realisationszeitpunktes**, also des Zeitpunktes, zu dem der Erfolg aus dem Projekt im Jahresabschluss ausgewiesen werden darf.

Der Tatbestand der Bildung von **Rückstellungen für drohende Verluste aus schwebenden Geschäften** erlangt bei periodenübergreifender Fertigung aufgrund des langen Planungshorizontes besondere Bedeutung, zumal nicht alle Risiken voraussehbar und kalkulierbar sind und für das fertiggestellte Werk nur in Ausnahmefällen ein anderer Abnehmer gefunden werden kann.

Lösung zu Teilaufgabe (b)

Gemäß § 255 Abs. 2 Satz 4 HGB dürfen Vertriebskosten nicht in die Herstellungskosten einbezogen werden. „Vertriebskosten" fallen bei periodenübergreifender Auftragsfertigung allerdings regelmäßig vor dem eigentlichen Fertigungsbeginn an und dienen der Erlangung und Vorbereitung (Planung) des Auftrages. Akquisitions- und Projektierungskosten sind dem einzelnen Auftrag einzeln zuordenbar, so dass sie aus betriebswirtschaftlicher Sicht aktivierungsfähig sind. Unter den beiden Voraussetzungen, dass

- die Ausgaben für die Auftragserlangung zugleich der Fertigungsvorbereitung dienen und
- das Angebot zu einem Auftrag geführt hat (d. h., es muss ein Werk- oder Werklieferungsvertrag vorliegen, so dass die zur Auftragserlangung angefallenen Ausgaben einem am Bilanzstichtag erteilten Auftrag zugeordnet werden können),

stellen diese sog. „Vertriebskosten" Sondereinzelkosten der Fertigung i. S. d. § 255 Abs. 2 Satz 2 HGB dar und sind als Bestandteil der Herstellungskosten zu aktivieren.

Die **„Vertriebskosten" des Jahres 01** (40 Mio. GE für die Erstellung des ersten Konzeptes) dürfen im vorliegenden Fall nicht in die Herstellungskosten des Auftrages einbezogen werden, da am 31.12.01 noch kein Auftrag der chinesischen Regierung zum Bau des Staudammes vorliegt.

Die **„Vertriebskosten" des Jahres 02** (60 Mio. GE für die Erstellung des Detailkonzeptes) sind dagegen als Sondereinzelkosten der Fertigung zu aktivieren, da der Aschgrau AG Ende 02 der Auftrag über die Fertigstellung des Staudammes erteilt wurde. Eine nachträgliche Aktivierung der im Jahr 01 für die Erstellung des Grobkonzeptes getätigten und als Aufwand gebuchten Ausgaben ist nicht zulässig, da in diesem Fall gegen das Realisationsprinzip verstoßen würde.

Lösung zu Teilaufgabe (c)

Bei strenger Auslegung des in § 252 Abs. 1 Nr. 4 Halbsatz 2 HGB kodifizierten Realisationsprinzips darf die Aschgrau AG den Gesamtertrag aus dem Projekt erst nach Fertigstellung des Staudammes im Jahresabschluss erfassen. Bis zu diesem Zeitpunkt sind lediglich die Herstellungskosten gemäß § 255 Abs. 2 HGB zu aktivieren. Die Bilanzierung – bei strenger Auslegung des Realisationsprinzips – wird als **Completed-Contract-Methode** bezeichnet. Im Folgenden wird für diesen Fall das vom Jahresabschluss der Aschgrau AG vermittelte Bild der wirtschaftlichen Lage des Unternehmens zu diskutieren sein. Dabei werden folgende **Annahmen** getroffen:

- Das Staudammprojekt wird zur handelsrechtlichen Herstellungskostenobergrenze bewertet.
- Die „Vertriebskosten" des Jahres 01 (40 Mio. GE) stellen Aufwand des Geschäftsjahres dar.
- Die „Vertriebskosten" des Jahres 02 (60 Mio. GE) werden als Herstellungskosten (Sondereinzelkosten der Fertigung) aktiviert.
- Die Gesamtkosten verteilen sich im Verhältnis 1:3:5:1 auf die Jahre 03 bis 06.
- Die Aschgrau AG stellt ihre GuV nach dem Gesamtkostenverfahren auf (§ 275 Abs. 2 HGB).

Bilanziert die Aschgrau AG das Staudammprojekt entsprechend der Completed-Contract-Methode, ergibt sich für Bilanz und GuV zum 31.12. der Jahre 01 bis 06 folgendes Bild:

Jahr	01	02	03	04	05	06	Summe
Bilanz (in Mio. GE)							
Unfertige und fertige Erzeugnisse	–	60	460	1.660	3.660	–	
Forderungen aus Lieferungen und Leistungen	–	–	–	–	–	5.100	5.100
GuV (in Mio. GE)							
Umsatzerlöse	–	–	–	–	–	5.100	5.100
Erhöhung/ Verminderung des Bestandes an fertigen und unfertigen Erzeugnissen	–	60	400	1.200	2.000	– 3.660	
Aufwand	40	60	400	1.200	2.000	400	4.100
Jahresergebnis	– 40	0	0	0	0	1.040	1.000

Übersicht 47-1: *Bilanzierung des Staudammprojektes nach der Completed-Contract-Methode in den Jahren 01 bis 06 bei Bewertung zur handelsrechtlichen Herstellungskostenobergrenze*

Der jährlich in unterschiedlicher Höhe ausgewiesene **Aufwand** ergibt sich aus der Verteilung des Gesamtaufwandes in Höhe von 4.000 Mio. GE (= 4.100 Mio. GE – 40 Mio. GE – 60 Mio. GE) über die Jahre der Fertigstellung des Staudammes (Jahre 03 bis 06), und zwar im Verhältnis 1:3:5:1.

Entsprechend dem Leistungsfortschritt bei der Errichtung des Staudammes erhöht sich der **Bestand an unfertigen und fertigen Erzeugnissen** in der Bilanz in den Jahren 03 bis 05 um die in der GuV ausgewiesene Bestandserhöhung. Durch eine Bewertung zur handelsrechtlichen Herstellungskostenobergrenze werden in jedem Geschäftsjahr die angefallenen Aufwendungen durch die Aktivierung der unfertigen und fertigen Erzeugnisse in der Bilanz neutralisiert.

Am 31.12.06 wird kein Bestand an unfertigen und fertigen Erzeugnissen mehr ausgewiesen, da der Staudamm zu diesem Zeitpunkt bereits abgenommen und abgerechnet ist. Aus diesem Grund wird eine **Forderung** in Höhe des vereinbarten Kaufpreises ausgewiesen und ein **Umsatzerlös** in Höhe der Differenz zwischen eingebuchter Forderung und ausgebuchten fertigen Erzeugnissen gebucht.

Im Folgenden wird die Completed-Contract-Methode hinsichtlich der Vermittlung eines den tatsächlichen Verhältnissen entsprechenden Bildes der **wirtschaftlichen Lage** der Aschgrau AG beurteilt.

Im Jahr 06 wird durch den Ausweis des Bestandes an unfertigen und fertigen Erzeugnissen in Höhe von Null und durch den gleichzeitigen Ausweis einer Forderung in

Höhe des vereinbarten Festpreises in Höhe von 5.100 Mio. GE die **Vermögenslage** richtig ausgewiesen. In den Jahren 03 bis 05 entspricht der in der Bilanz ausgewiesene Wert des Staudammes genau den für das Projekt tatsächlich angefallenen Aufwendungen. Dies ist auf die Bewertung mit der handelsrechtlichen Herstellungskostenobergrenze zurückzuführen.

Durch den Ausweis eines Jahresergebnisses in Höhe von Null in den Jahren der Auftragsabwicklung (Geschäftsjahre 03 bis 05) und durch den hohen Erfolgsausweis in der Realisierungsperiode 06 wird der Einblick in die **Ertragslage** der Aschgrau AG erschwert. Die isolierte Betrachtung einer einzelnen Periode führt zu einer falschen Einschätzung der Ertragslage des Unternehmens. So beträgt im Jahr 05 der Gewinn Null, während im folgenden Jahr mit einem Gewinn in Höhe von 1.040 Mio. GE zu rechnen ist (sprunghafter Erfolgsausweis). Der externe Jahresabschlussadressat ist daher auf Zusatzinformationen angewiesen, die im Anhang vermittelt werden können.

Der Schwerpunkt der Completed-Contract-Methode liegt somit auf dem Jahresabschlusszweck der **Kapitalerhaltung** (Gläubigerschutz durch Nicht-Ausschüttung nicht realisierter Gewinne). Durch den sprunghaften Erfolgsausweis im Jahr der Abwicklung wird die Periodenvergleichbarkeit und damit der Jahresabschlusszweck der Rechenschaft indes erheblich eingeschränkt.

Lösung zu Teilaufgabe (d)

Der Percentage-of-Completion-Methode liegt die Überlegung zugrunde, dass das Staudammprojekt entsprechend dem Leistungsfortschritt auch eine Wertsteigerung erfährt. Mit fortschreitender Abwicklung des Auftrages entstehen – wenn man davon ausgeht, dass die realisierten Istkosten den kalkulierten Plankosten entsprechen und der Abnehmer den vereinbarten Festpreis zahlt – positive Erfolgsbeiträge, die am jeweiligen Bilanzstichtag zu realisieren sind (**Prinzip der anteiligen Gewinnrealisierung**).

Hierbei ergeben sich indes **Probleme**, die im Folgenden kurz erörtert werden. Der Erfolgsbeitrag, der über die Jahre der Fertigstellung des Staudammes anteilig realisiert werden soll (Teilgewinn), ist zu quantifizieren. Die Höhe des Erfolgsbeitrages aus dem Projekt wird zum einen von dem mit dem Auftraggeber vereinbarten Entgelt und zum anderen von der Entwicklung der auftragsbezogenen Kosten beeinflusst. Beide Bestimmungsfaktoren sind mit Unsicherheiten verbunden, die bei der (vorzeitigen) Realisierung anteiliger Gewinne aus dem Projekt berücksichtigt werden müssen. In diesem Zusammenhang stellt sich die Frage, wie ein ermittelter Gesamterfolgsbeitrag auf die einzelnen von der Fertigung betroffenen Perioden aufzuteilen ist.

Beurteilt man die Percentage-of-Completion-Methode anhand der Generalnorm des § 264 Abs. 2 Satz 1 HGB, dann wird die Vermögenslage – im Vergleich zu Vermögensgegenständen, die mit ihren fortgeführten Anschaffungs- oder Herstellungskosten bewertet werden – zu gut dargestellt, da nach dem (strengen) Realisationsprinzip noch nicht realisierte Gewinne bereits ausgewiesen werden. Die Ertragslage hingegen wird richtig dargestellt, wenn man von hinreichend sicher und genau prognostizierten Erfolgen aus dem Projekt sowie von einer nachprüfbaren, sachgerechten Schlüsselung des Gesamterfolges auf die Teilperioden ausgeht.

Im Vordergrund der Percentage-of-Completion-Methode steht der Jahresabschlusszweck der **periodengerechten Erfolgsermittlung**, wodurch die Aussagefähigkeit der GuV steigt (interperiodische Vergleichbarkeit). Allerdings besteht die Gefahr, dass Gläubigerschutzinteressen verletzt werden, wenn künftig anfallende Kosten ungenau, d. h. zu niedrig, geschätzt werden (Ausschüttung nicht realisierter Gewinne).

Diese Bilanzierungsweise verstößt gegen das **Realisationsprinzip**. Das Realisationsprinzip besagt, dass gemäß § 252 Abs. 1 Nr. 4 Halbsatz 2 HGB Gewinne nur zu berücksichtigen sind, wenn sie am Abschlussstichtag die vier Kriterien des Realisationsprinzips erfüllt haben. Das Realisationsprinzip soll sicherstellen, dass im Jahresabschluss nur realisierte Gewinne ausgewiesen werden, bei denen die Wertentstehung in intersubjektiv nachprüfbarer Weise tatsächlich vollzogen ist. Der Verstoß gegen das Realisationsprinzip kann – entgegen anders vertretenen Auffassungen im Schrifttum – auch nicht mit Hilfe von § 252 Abs. 2 HGB geheilt werden, wonach in begründeten Ausnahmefällen von den Grundsätzen des § 252 Abs. 1 HGB abgewichen werden darf. Eine solche Argumentation berücksichtigt nämlich nicht, dass mit der Percentage-of-Completion-Methode das in § 253 Abs. 1 Satz 1 HGB kodifizierte Anschaffungs- oder Herstellungskosten-Prinzip durchbrochen wird. Dieser Verstoß gegen eine gesetzliche Einzelvorschrift kann weder mit § 252 Abs. 1 HGB noch mit der Generalnorm des § 264 Abs. 2 Satz 1 HGB gerechtfertigt werden. Die Percentage-of-Completion-Methode ist somit handelsrechtlich nicht zulässig.

Lösung zu Teilaufgabe (e)

Im Schrifttum werden zwei mögliche Ansätze diskutiert, die dadurch, dass Merkmale sowohl der Completed-Contract-Methode als auch der Percentage-of-Completion-Methode im Ansatz berücksichtigt werden, den Gegensatz zwischen diesen beiden Methoden verringern. Zu diesen Ansätzen zählen

- die Bilanzierung nach der Completed-Contract-Methode zu aufwandsgleichen Selbstkosten und
- die Teilgewinnrealisierung nach dem Teilabnahmeprinzip.

Zunächst wird die Bilanzierung nach der Completed-Contract-Methode bei der **Bewertung des Staudammes zu aufwandsgleichen Selbstkosten** erläutert.

Bilanz und GuV der Aschgrau AG zum 31.12. der Jahre 01 bis 06 zeigen in diesem Fall folgendes Bild:

Jahr	01	02	03	04	05	06	Summe
Bilanz (in Mio. GE)							
Unfertige und fertige Erzeugnisse	–	60	460	1.660	3.660	–	–
Forderungen aus Lieferungen und Leistungen	–	–	–	–	–	5.100	5.100
GuV (in Mio. GE)							
Umsatzerlöse	–	–	–	–	–	5.100	5.100
Erhöhung/Verminderung des Bestandes an fertigen und unfertigen Erzeugnissen	–	60	400	1.200	2.000	– 3.660	–
Aufwand	40	60	400	1.200	2.000	400	4.100
Jahresergebnis	– 40	0	0	0	0	1.040	1.000

Übersicht 47-2: *Bilanzierung des Staudammprojektes nach der Completed-Contract-Methode in den Jahren 01 bis 06 bei Ansatz von aufwandsgleichen Selbstkosten*

Über den Zeitraum der Fertigstellung des Staudammes wird das Projekt beim Ansatz von Selbstkosten nicht unterbewertet (keine Bildung stiller Reserven in der Bilanz und somit keine Auflösung stiller Reserven in der Abrechnungsperiode), wodurch die **Vermögenslage** der Aschgrau AG richtig dargestellt wird.

Bei einer Bewertung zu aufwandsgleichen Selbstkosten wird das Staudammprojekt in den Jahren der Fertigstellung erfolgsneutral behandelt, so dass in diesen Jahren keine Auftragszwischenverluste in Höhe der nicht aktivierten und nicht aktivierbaren Gemeinkostenbestandteile entstehen. Der Erfolgsbeitrag aus dem Projekt wird in einer Summe (punktuell) in der Abrechnungsperiode realisiert. Somit wird auch bei der Bilanzierung zu aufwandsgleichen Selbstkosten die **Ertragslage** des Unternehmens verzerrt dargestellt. Im Vergleich zur Bilanzierung nach der Completed-Contract-Methode bei Bewertung zur handelsrechtlichen Herstellungskostenuntergrenze zeigt die Ertragslage aber ein weniger verzerrtes Bild, da keine Auftragszwischenverluste entstehen, die dem externen Jahresabschlussadressaten ein falsches Bild der wirtschaftlichen Lage der Aschgrau AG vermitteln würden.

Die Bilanzierung zu aufwandsgleichen Selbstkosten verstößt gegen handels- und steuerrechtliche Bewertungsvorschriften, wenn in den Herstellungskosten nicht aktivierungsfähige Gemeinkostenbestandteile aktiviert werden und somit bei der Bewertung die Herstellungskostenobergrenze überschritten wird.

Die Nachteile der Bilanzierung nach der Completed-Contract-Methode können auch durch die Methode der **Teilgewinnrealisierung nach dem Teilabnahmeprinzip** vermieden werden, ohne dass gegen das Realisationsprinzip und gegen die Bilanzierung zur Herstellungskostenobergrenze verstoßen wird. Sofern der Gesamtauftrag in klar abgegrenzte Teillieferungen zerlegt wird (z. B. Staubecken, Staumauer, Kraftwerk etc.), wird für jede Teillieferung eine endgültige Abnahme und Abrechnung vereinbart, so dass entsprechend der strengen Auslegung des Realisationsprinzips der auf die Teillieferung entfallende positive Erfolgsbeitrag realisiert werden darf.

Die Zulässigkeit der Teilgewinnrealisierung nach dem Teilabnahmeprinzip wird im Schrifttum an enge **Voraussetzungen** geknüpft:

- Die Möglichkeit von Teillieferungen muss vertraglich vereinbart werden.
- Die Teillieferungen müssen in sich technisch abgeschlossen sein.
- Die Teillieferung muss abgenommen und abgerechnet worden sein.
- Ein Gesamtfunktionsrisiko darf nicht bestehen.

Obwohl es sich bei den genannten Voraussetzungen um sehr restriktive Bedingungen für eine Teilgewinnrealisierung handelt, sind Teilabnahmeverträge in der Praxis durchaus üblich.

Lösung zu Teilaufgabe (f)

Im periodenübergreifenden Anlagengeschäft können typischerweise folgende **Risiken** auftreten, aus denen gegebenenfalls Konsequenzen für die Bilanzierung resultieren:

- Kalkulationsrisiko (Kostenunsicherheit bei Ausschreibung, Mehrkosten bei Auftragsausführung, Kostenexplosion etc.),
- Währungsrisiko (kein Sicherungsgeschäft wegen langer Laufzeit),
- Leistungsrisiko (Nachbesserungen, Verzug etc.),
- Länderrisiken (Konvertierungs- und Transferrisiko, Enteignungsrisiko, Zahlungsmoratorien, Zinsänderungsrisiko etc.).

Lösung zu Teilaufgabe (g)

Mit Bekanntwerden der bisher nicht kalkulierten Montagekosten in Höhe von 1.200 Mio. GE wird aus dem kalkulierten Projektgewinn von 1.000 Mio. GE voraussichtlich ein Gesamtverlust in Höhe von 200 Mio. GE. Bis zum Ende des Jahres 05 sind Herstellungskosten in Höhe von 3.660 Mio. GE angefallen. Aufgrund des Fixpreises von 5.100 Mio. GE und den im Jahr 06 noch insgesamt anfallenden Herstellungskosten in Höhe von 1.600 Mio. GE (400 Mio. GE + 1.200 Mio. GE) beläuft sich der beizulegende Zeitwert des unfertigen Erzeugnisses auf 3.500 Mio. GE. Die Herstellungskosten übersteigen somit den beizulegenden Zeitwert des Vermögensgegenstandes, weshalb dieser aufgund des **strengen Niederstwertprinzips** gemäß § 253 Abs. 4 HGB auf diesen Wert abzuschreiben ist. Folglich ist im Jahresabschluss des Jahres 05 eine aufwandswirksame Abschreibung in Höhe von 160 Mio. GE zu berücksichtigen.

Übung 48: Teilgewinnrealisierung und Niederstwertabschreibung bei periodenübergreifender Fertigung nach HGB

Sachverhalt

Ein Hersteller von Lokomotiven hat einen Auftrag über die Lieferung von 15 Lokomotiven ins Ausland angenommen. Der Vertrag sieht vor (alternativ):

- Gesamtabnahme aller 15 Lokomotiven nach Fertigstellung der letzten Lokomotive oder
- teilweise Auslieferung mit entsprechender Teilabrechnung jeder einzelnen Lokomotive.

Da es sich bei den bestellten Lokomotiven um solche eines neuen Typs handelt, nimmt die Produktion einer Lokomotive zu Beginn mehr Zeit in Anspruch als durchschnittlich geplant. Dadurch fallen anfänglich höhere Kosten an:

Durchschnittliche Herstellungskosten pro Stück	9.600 GE
Durchschnittliche Herstellungskosten der ersten drei Lokomotiven pro Stück	12.000 GE
Durchschnittliche Herstellungskosten der letzten zwölf Lokomotiven pro Stück	9.000 GE
Erlös pro Lokomotive	11.000 GE

Aufgaben

(a) Am Bilanzstichtag sind die ersten drei Lokomotiven fertiggestellt, aber noch nicht ausgeliefert. Wie sind diese in der HGB-Bilanz des Herstellers auszuweisen?

(b) Wie ist zu bilanzieren, wenn zum Bilanzstichtag bereits drei Lokomotiven ausgeliefert sind?

Literaturhinweis

BAETGE, JÖRG/KIRSCH, HANS-JÜRGEN/THIELE, STEFAN, Bilanzen, 16. Aufl., Düsseldorf 2021, Kap. VII Abschn. 5.

Lösungen

Lösung zu Teilaufgabe (a)

Je nach Vertragsgestaltung sind die ersten drei Lokomotiven unterschiedlich in der Bilanz auszuweisen:

Wurde im Vertrag die **Gesamtabnahme** der 15 Lokomotiven vereinbart, sind alle Lokomotiven gemeinsam als Einheit zu bewerten. Dies bedeutet, dass die anfangs höheren Produktionskosten auf den Gesamtauftrag zu verteilen sind. Die Herstellungskosten je Lokomotive betragen damit einheitlich 9.600 GE (= 9.000 GE + 600 GE anteilig höhere Produktionskosten der ersten drei Lokomotiven). Die ersten drei Lokomotiven sind entsprechend mit 28.800 GE zu bewerten und als fertige Erzeugnisse in der HGB-Bilanz des Herstellers auszuweisen. Diese Bilanzierungsweise wird dem Vorsichtsprinzip durch die Reduktion der tatsächlichen Herstellungskosten von je 12.000 GE für die ersten drei Lokomotiven auf die durchschnittlichen Plan-Herstellungskosten von 9.600 GE pro Stück gerecht. Je 2.400 GE der Herstellungskosten werden folglich nicht aktiviert, sondern in der GuV als Aufwand verrechnet. Außerdem würden im Folgejahr, wenn die restlichen zwölf Lokomotiven produziert sein sollten und als fertige Erzeugnisse zu aktivieren wären, jeweils nur die tatsächlichen Herstellungskosten von 9.000 GE je Stück angesetzt werden.

Wurden im Vertrag indes **Teilabnahmen**, d. h. die Auslieferung und Teilabrechnung jeder einzelnen Lokomotive, vereinbart, sind die am Bilanzstichtag fertiggestellten, aber noch auf Lager befindlichen drei Lokomotiven mit ihren Herstellungskosten von je 12.000 GE als fertige Erzeugnisse zu aktivieren. Da vertraglich festgelegt wurde, dass der Stückerlös der Lokomotiven lediglich 11.000 GE beträgt, sind die ersten drei Lokomotiven gemäß der strengen Niederstwertvorschrift am Bilanzstichtag um 3.000 GE auf einen Wert von insgesamt 33.000 GE außerplanmäßig abzuschreiben.

Lösung zu Teilaufgabe (b)

Auch wenn die ersten drei Lokomotiven bereits ausgeliefert wurden, ist die Bilanzierung des Sachverhaltes von der im Vertrag festgelegten Abnahmeart abhängig:

Für den Fall der **Gesamtabnahme** nach Abschluss der Produktion des Gesamtloses darf der Gewinn gemäß der Completed-Contract-Methode erst zum Ende des Auftrages realisiert werden. Ein früherer Gewinnausweis ist nicht zulässig. Andere Konzepte der Teilgewinnrealisierung wie die Aktivierung der Selbstkosten oder die Percentage-of-Completion-Methode sind handelsrechtlich nicht zulässig, da ihre Anwendung gegen das Realisationsprinzip verstößt. Obwohl die ersten drei Lokomotiven bereits ausgeliefert wurden, sind diese als unfertige Leistungen mit höchstens 33.000 GE (siehe Teilaufgabe (a)) zu aktivieren. Bei vereinbarter Gesamtabnahme ist es für die Bilanzierung unerheblich, dass die ersten drei Lokomotiven bereits ausgeliefert wurden, da die vereinbarte Leistung noch nicht vollständig erbracht worden ist.

Wurden indes **Teilabnahmen** vereinbart, welche getrennt fakturiert und abgerechnet werden, sind jeweils die Erfolgsbeiträge aus einzelnen Teillieferungen zu realisieren. Für die ersten drei Lokomotiven sind mit ihrer Fertigstellung 36.000 GE als Herstellungskosten angefallen. Da der erzielte Erlös 33.000 GE (= 3 · 11.000 GE) beträgt, entsteht ein Verlust von 3.000 GE. Wurden die Lokomotiven indes bereits im Voraus außerplanmäßig auf den niedrigeren Verkaufspreis abgeschrieben, so wurde das Jahresergebnis bereits durch den erfassten Aufwand um 3.000 GE gemindert. Der Verkauf der drei Lokomotiven ist dann erfolgsneutral.

Übung 49: Periodenübergreifende Fertigung nach IFRS

Sachverhalt

Die Wirbauenalles AG, ein deutscher Baukonzern aus Wuppertal, schließt mit der Stadt Düsseldorf einen Vertrag über den Bau einer neuen Rheinbrücke, die die angespannte Verkehrssituation in der Landeshauptstadt beruhigen soll. Da der Platz in der Rheinmetropole vergleichsweise beengt ist, hat die Stadt Düsseldorf bereits einen Architekten damit beauftragt, eine spezielle Brückenneukonstruktion für den ausgewählten Bauplatz zu entwerfen. Die Wirbauenalles AG soll später lediglich den Bau anhand der Pläne des Architekten verantworten. Die Brücke soll betriebsfertig übergeben werden, wobei jedoch einzelne Bauabschnitte mit der Stadt Düsseldorf vereinbart wurden. Mit Erreichung der vereinbarten Bauabschnitte sichert sich die Wirbauenalles AG das Recht auf die Bezahlung des bereits erbrachten Baufortschritts. Für den Fall der unterjährigen Beendigung des Vertrags durch die Stadt Düsseldorf hätte die Wirbauenalles AG die Möglichkeit, eine Kompensierung für die seit Erreichung des letzten Bauabschnitts angefallenen Kosten durch die Stadt Düsseldorf einzuklagen und rechtlich durchzusetzen.

Der Gesamtpreis des Projekts beträgt 30 Mio. GE (zzgl. 19 % Umsatzsteuer) und ist bei Übergabe der Brücke zu zahlen. Die Wirbauenalles AG rechnet mit einer Bauzeit von drei Jahren. Da die finanzielle Situation der Stadt Düsseldorf relativ komfortabel ist, hat die Wirbauenalles AG keine Bedenken hinsichtlich der Sicherheit des Zahlungseingangs. Die Wirbauenalles AG erwartet im ersten Jahr aufgrund der schwierigen Situation (Bau von Brückenpfeilern im vielbefahrenen Rhein) lediglich einen Baufortschritt von 20 %. Im zweiten und dritten Jahr sollen dann jeweils 40 % des Baufortschritts erfolgen. Der angepeilte Baufortschritt entspricht den mit der Stadt vereinbarten Bauabschnitten. Im Laufe der Bauzeit bestätigt sich diese Erwartungshaltung. Latente Steuern müssen nicht berücksichtigt werden.

Aufgaben

(a) Handelt es sich beim vorliegenden Sachverhalt um einen Vertrag gemäß IFRS 15? Identifizieren Sie die Leistungsverpflichtung und stellen Sie fest, ob es sich um eine zeitraum- oder zeitpunktbezogene Leistungsverpflichtung handelt. Geben Sie alle zugehörigen IFRS Textstellen an.

(b) Wie hoch ist der Transaktionspreis? Ermitteln Sie die in den Jahren 01 bis 03 zu realisierenden Umsatzerlöse gemäß IFRS 15. Geben Sie auch alle benötigten Buchungssätze an.

(c) Was würde sich im Vergleich zu Aufgabenteil b) ändern, wenn die Wirbauenalles AG den Leistungsfortschritt anhand der entstandenen Kosten (Jahr 01: 5 Mio. GE, Jahr 02: 10 Mio. GE, Jahr 03: 5 Mio. GE) beurteilen würde? Geben Sie für die in diesem Fall zu realisierenden Umsatzerlöse alle benötigten Buchungssätze an. Hat der vorliegende Kostenverlauf Auswirkungen auf die mögliche Bilanzierung entsprechend der vereinbarten Bauabschnitte?

(d) Was würde sich im Vergleich zu Aufgabenteil b) ändern, wenn die Brücke in zwei Teilen (Fahrstreifen in die eine bzw. die andere Richtung, sequentieller, linearer Baufortschritt, jeweils 50 % des Gesamtwerts) gebaut würde und die Wirbauenalles AG der Stadt Düsseldorf den ersten Teil nach Fertigstellung übergeben würde? Geben Sie für die in diesem Fall zu realisierenden Umsatzerlöse alle benötigten Buchungssätze an.

(e) Wie wäre der Sachverhalt in Aufgabenteil c) bzw. Aufgabenteil d) zu beurteilen, wenn die Wirbauenalles AG ihren Jahresabschluss nach HGB aufstellen würde? Geben Sie für die in beiden Fällen zu realisierenden Umsatzerlöse alle jeweils benötigten Buchungssätze an. Gehen Sie dabei von einer Aufstellung der Gewinn- und Verlustrechnung nach Gesamtkostenverfahren (GKV) aus.

Literaturhinweis

BAETGE, JÖRG/KIRSCH, HANS-JÜRGEN/THIELE, STEFAN, Bilanzen, 16. Aufl., Düsseldorf 2021, Kap. VII Abschn. 72.

Lösungen

Lösung zu Teilaufgabe (a)

Um festzustellen, ob es sich bei einem vorliegenden Sachverhalt um einen **Vertrag** handelt, müssen die Voraussetzungen des IFRS 15.9 geprüft werden. Ein Vertrag liegt demnach vor, sofern beide Parteien zugestimmt haben, die Rechte beider Parteien sowie die Zahlungsbedingungen identifiziert werden können, der Vertrag wirtschaftlichen Gehalt hat und der Eingang des Entgelts wahrscheinlich ist.

Im vorliegenden Sachverhalt sind alle **Voraussetzungen erfüllt**. Beide Parteien haben dem Vertrag durch Unterzeichnung zugestimmt, die Rechte (Stand Düsseldorf: Verfügung über die Brücke am Ende der Bauzeit; Wirbauenalles AG: Erhalt des Entgelts für die gebaute Brücke) sowie die Zahlungsbedingungen (30 Mio. GE am Ende der Bauzeit) können identifiziert werden. Der Vertrag hat überdies wirtschaftlichen Gehalt (Bau einer Brücke für Geld) und der Eingang des Entgelts ist wahrscheinlich (die finanzielle Situation der Stadt ist gut).

Zu Beginn des Vertrags müssen alle im Vertrag enthaltenen **Leistungsverpflichtungen identifiziert** werden. Die einzige Leistungsverpflichtung gemäß IFRS 15.22 i. V. m. IFRS 15.26-27 ist im vorliegenden Sachverhalt der Bau einer am Ende der Bauzeit betriebsfertig zu übergebenden Brücke (eigenständiges Gut).

Da es sich bei der Brücke um einen kundenspezifischen Vermögenswert gemäß IFRS 15.35 (c) i. V. m. IFRS 15.36 handelt und die Wirbauenalles AG ein durchsetzbares Recht auf die Bezahlung der erbrachten Leistungen hat, handelt es sich beim vorliegenden Sachverhalt um eine **zeitraumbezogene Leistungsverpflichtung** (IFRS 15.35 (c) i. V. m. IFRS 15.37 i. V. m. IFRS 15.B9-B13).

Lösung zu Teilaufgabe (b)

Der **Transaktionspreis** entspricht dem Betrag, den die Wirbauenalles AG als Gegenleistung für den Bau der Brücke erwartet (IFRS 15.47) und beträgt laut Sachverhalt 30 Mio. GE. Die Umsatzsteuer ist kein Teil des Transaktionspreises. Da es sich um eine zeitraumbezogene Leistungsverpflichtung handelt, werden die Umsatzerlöse im Laufe der Erfüllung periodengerecht erfasst (IFRS 15.39 i. V. m. IFRS 15.46).

Um den Perioden die jeweiligen anteiligen Erlöse zuordnen zu können, muss am Ende jeder Periode der **Leistungsfortschritt/Fertigstellungsgrad** beurteilt werden. Hierzu können verschiedene Methoden (IFRS 15.41 i. V. m. IFRS 15.B14-B19) herangezogen werden, im vorliegenden Sachverhalt soll dies anhand der mit der Stadt vereinbarten Bauabschnitten (**Contract-Milestones-Methode**, IFRS 15.B15) geschehen. Diese Methode ist angemessen, da sie (auf Basis der verfügbaren Informationen) zu einer getreuen Wiedergabe der Leistung des Unternehmens führt. In den drei Jahren der Vertragslaufzeit beträgt der Leistungsfortschritt und damit die Leistung des Unternehmens 20/40/40 % der Gesamtleistung. Die in den einzelnen Perioden zu realisierenden Umsatzerlöse betragen daher 6/12/12 Mio. GE. Die Bezahlung erfolgt nach Fertigstellung der Brücke.

Die zugehörigen Buchungssätze lauten demnach:

Jahr 01:

Forderungen	6 Mio. GE	an	Umsatzerlöse	6 Mio. GE

Jahr 02:

Forderungen	12 Mio. GE	an	Umsatzerlöse	12 Mio. GE

Jahr 03:

Forderungen	12 Mio. GE	an	Umsatzerlöse	12 Mio. GE
Bank	30 Mio. GE	an	Forderungen	30 Mio. GE

Lösung zu Teilaufgabe (c)

Alternativ zur Contract-Milestones-Methode kann der Leistungsfortschritt auch anhand der angefallenen Kosten ermittelt werden (**Cost-to-Cost-Methode**). Hierbei wird der Anteil der in der jeweiligen Periode realisierten Umsatzerlöse entsprechend des Verhältnisses der in der Periode entstandenen Kosten zu den Gesamtkosten i. H. v. 20 Mio. GE ermittelt. Die anteiligen Kosten betragen 25/50/25 % der Gesamtkosten, weshalb in den drei Perioden des Leistungszeitraums Umsatzerlöse in Höhe von 7,5/15/7,5 Mio. GE realisiert werden.

Die zugehörigen Buchungssätze lauten demnach:

Jahr 01:

Forderungen	7,5 Mio. GE	an	Umsatzerlöse	7,5 Mio. GE

Jahr 02:

Forderungen	15 Mio. GE	an	Umsatzerlöse	15 Mio. GE

Jahr 03:

Forderungen	7,5 Mio. GE	an	Umsatzerlöse	7,5 Mio. GE
Bank	30 Mio. GE	an	Forderungen	30 Mio. GE

Da ein signifikanter Unterschied zwischen den bei Anwendung der Cost-to-Cost-Methode realisierten Umsatzerlösen und den bei Anwendung der Contract-Milestones-Methode realisierten Umsatzerlösen besteht, stellt sich die Frage, ob die Bilanzierung entsprechend der Contract Milestones zu einer getreuen Wiedergabe der Leistung des Unternehmens führt. Sollte die Messung des Leistungsfortschritts anhand der Contract-Milestones-Methode keine getreue Wiedergabe der Leistung darstellen, muss der Leistungsfortschritt anhand der Cost-to-Cost-Methode ermittelt werden (IFRS 15.B15 i. V. m. IFRS 15.B17 i. V. m. IFRS 15.B19).

Lösung zu Teilaufgabe (d)

Sofern es sich beim Bau der Brücke um zwei unabhängig von einander erstellte Teile handelt und der erste Teil nach Fertigstellung übergeben wird, enthält der Vertrag zwei **unterscheidbare Leistungsverpflichtungen** (IFRS 15.22-27). Der Transaktionspreis muss dann auf die beiden Leistungsverpflichtungen aufgeteilt werden (jeweils 50 % des gesamten Transaktionspreises). Beide Teile haben einen vom jeweils anderen Teil unabhängigen Realisationszeitraum. Es handelt sich daher um zwei zeitraumbezogene Leistungsverpflichtungen. Durch die Übergabe nach der jeweiligen Fertigstellung erhält die Stadt Düsseldorf die Kontrolle über die beiden Brückenteile und bezahlt jeden Brückenteil jeweils kurz nach Übergabe.

Der Leistungsfortschritt kann aufgrund des linearen Baufortschritts mit Hilfe der Cost-to-Cost-Methode ermittelt werden. Die zu realisierenden Umsatzerlöse betragen daher 10/5+5/10 Mio. GE.

Die zugehörigen Buchungssätze lauten demnach:

Jahr 01:

Forderungen	10 Mio. GE	an	Umsatzerlöse	10 Mio. GE

Jahr 02:

Forderungen	5 Mio. GE	an	Umsatzerlöse	5 Mio. GE
Bank	15 Mio. GE	an	Forderungen	15 Mio. GE
Forderungen	5 Mio. GE	an	Umsatzerlöse	5 Mio. GE

Jahr 03:

Forderungen	10 Mio. GE	an	Umsatzerlöse	10 Mio. GE
Bank	15 Mio. GE	an	Forderungen	15 Mio. GE

Lösung zu Teilaufgabe (e)

Bei einer **Bilanzierung nach HGB** dürfen im Gegensatz zur Bilanzierung nach IFRS keine Umsatzerlöse in den Perioden vor Abnahme des Vermögensgegenstands realisiert werden. Erst wenn der Vertrag vollständig erfüllt wurde, werden Umsatzerlöse in Höhe des gesamten Transaktionspreises realisiert (**Completed-Contract-Methode**). Bis zu diesem Zeitpunkt wird die erbrachte Leistung in Höhe ihrer Herstellungskosten gemäß § 255 Abs. 2 und 3 bewertet. Diese Vorgehensweise folgt einer strengen Auslegung des Realisationsprinzips (§ 253 Abs. 1 Satz 1 i. V. m. § 252 Abs. 1 Nr. 4 HGB).

Unter der Annahme, dass alle laut Sachverhalt angefallenen Kosten als Herstellungskosten aktiviert werden können, führt die Bilanzierung des Sachverhalts nach HGB zu folgenden Buchungssätzen:

Sachverhalt aus Aufgabenteil c):

Jahr 01:

Unfertige Erzeugnisse	5 Mio. GE	an	Bestandserhöhung	5 Mio. GE

Jahr 02:

Unfertige Erzeugnisse	10 Mio. GE	an	Bestandserhöhung	10 Mio. GE

Jahr 03:

Bestandsverminderung	15 Mio. GE	an	Unfertige Erzeugnisse	15 Mio. GE
Forderungen	30 Mio. GE	an	Umsatzerlöse	30 Mio. GE
Bank	30 Mio. GE	an	Forderungen	30 Mio. GE

Sachverhalt aus Aufgabenteil d):

Jahr 01:

Unfertige Erzeugnisse	6,67 Mio. GE	an	Bestandserhöhung	6,67 Mio. GE

Jahr 02:

Bestandsverminderung	6,67 Mio. GE	an	Unfertige Erzeugnisse	6,67 Mio. GE
Forderungen	15 Mio. GE	an	Umsatzerlöse	15 Mio. GE
Bank	15 Mio. GE	an	Forderungen	15 Mio. GE
Unfertige Erzeugnisse	3,33 Mio. GE	an	Bestandserhöhung	3,33 Mio. GE

Jahr 03:

Bestandsverminderung	3,33 Mio. GE	an	Unfertige Erzeugnisse	3,33 Mio. GE
Forderungen	15 Mio. GE	an	Umsatzerlöse	15 Mio. GE
Bank	15 Mio. GE	an	Forderungen	15 Mio. GE

Kapitel VIII: Die Bilanzierung der Verbindlichkeiten

Übung 50: Bilanzierung eines Darlehens mit geringerem Auszahlungsbetrag nach HGB

Sachverhalt

Die Mehlbrot GmbH ist ein kleines, aber erfolgreiches Unternehmen, welches sich auf die Herstellung von hochwertigen Vollkornprodukten aller Art spezialisiert hat. Martin Müller, der Geschäftsführer der Mehlbrot GmbH, beschließt aufgrund des gestiegenen Wettbewerbs auf dem Markt für Vollkornprodukte, den Geschäftsbetrieb auszuweiten. Zur Finanzierung dieses Vorhabens nimmt die Mehlbrot GmbH am 02.01.01 ein Darlehen in Höhe von 150.000 GE bei Ihrer Hausbank – der Westfälischen Kies- und Sandbank – auf, welches zu 95 % ausbezahlt wird. Der Darlehenszins beträgt 5 % bei einer Laufzeit von fünf Jahren. Das Darlehen ist in gleichbleibenden jährlichen Tilgungsraten zurückzuzahlen.

Aufgaben

(a) Welche Möglichkeiten hat Herr Müller, den im Vergleich zum Rückzahlungsbetrag geringeren Auszahlungsbetrag im handelsrechtlichen Jahresabschluss zu erfassen?

(b) Für welche Möglichkeit wird sich Herr Müller entscheiden, wenn er aus persönlichen Gründen – er führt einen Wettstreit mit einem befreundeten Brotbackunternehmer, wer wohl der bessere Geschäftsführer sei – einen möglichst hohen Jahresüberschuss im Geschäftsjahr 01 ausweisen will?

(c) Wie hat Herr Müller die Auszahlung und Rückzahlung des Darlehens sowie die Zinszahlungen über die gesamte Laufzeit des Darlehens buchungstechnisch zu erfassen, damit es ihm entsprechend der Teilaufgabe (b) gelingt, im Geschäftsjahr 01 einen möglichst hohen Jahresüberschuss auszuweisen? Geben Sie darüber hinaus auch die Buchungssätze an, die bei Anwendung des zweiten möglichen Verfahrens zu bilden wären.

Literaturhinweis

BAETGE, JÖRG/KIRSCH, HANS-JÜRGEN/THIELE, STEFAN, Bilanzen, 16. Aufl., Düsseldorf 2021, Kap. VIII Abschn. 322 und Kap. XI Abschn. 13.

Lösungen

Lösung zu Teilaufgabe (a)

Kapitalgesellschaften (und haftungsbeschränkte Personenhandelsgesellschaften) haben gemäß § 250 Abs. 3 Satz 1 HGB ein Wahlrecht, ob sie den Unterschiedsbetrag zwischen Rückzahlungsbetrag und geringerem Auszahlungsbetrag eines Darlehens (Disagio) in den Rechnungsabgrenzungsposten auf der Aktivseite aufnehmen oder nicht. Herr Müller hat damit zwei Möglichkeiten, den Unterschiedsbetrag in der Bilanz abzubilden:

- Der Unterschiedsbetrag darf als **Rechnungsabgrenzungsposten** aktiviert werden, wobei dieser gemäß § 268 Abs. 6 HGB entweder gesondert innerhalb der Rechnungsabgrenzungsposten auszuweisen oder im Anhang anzugeben ist. In diesem Fall ist der gebildete Aktivposten erfolgswirksam über die Laufzeit des Darlehens aufzulösen. Durch die erfolgswirksame Auflösung des Disagios wird der aus dem geringeren Auszahlungsbetrag resultierende Zinsaufwand über die Laufzeit des Darlehens verteilt. Das Disagio darf entweder gleichmäßig (lineare Abschreibung) oder entsprechend der abnehmenden Restschuld abnehmend (digitale Abschreibung) aufgelöst werden. Im Sinne der den GoB entsprechenden periodengerechten Erfolgsermittlung ist die digitale Abschreibung aufgrund der abnehmenden Restverbindlichkeit vorzuziehen.
- Wenn Herr Müller das Wahlrecht zur Aktivierung des Unterschiedsbetrages gemäß § 250 Abs. 3 HGB nicht in Anspruch nimmt, muss er den Unterschiedsbetrag sofort in voller Höhe erfolgswirksam als **Zinsaufwand** erfassen.

Lösung zu Teilaufgabe (b)

Um im Geschäftsjahr 01 einen möglichst hohen Jahresüberschuss auszuweisen, wird sich Herr Müller dafür entscheiden, den Unterschiedsbetrag nach § 250 Abs. 3 HGB zu aktivieren. So kann er den Zinsaufwand innerhalb der Laufzeit des Darlehens auf spätere Geschäftsjahre verschieben. Ihm muss dabei bewusst sein, dass die Aktivierung des Unterschiedsbetrages gleichzeitig zu einem niedrigeren Jahresüberschuss in den Folgejahren führt.

Entscheidet sich Herr Müller für die lineare Abschreibung, mindert sich der Gewinn in den späteren Jahren gleichmäßig. Dagegen führt die digitale Abschreibungsmethode zu einem stärker geminderten Jahresüberschuss im Geschäftsjahr 01. In den folgenden Jahren sinkt der Abschreibungsaufwand auf das Disagio aufgrund der abnehmenden Restschuld, was ceteris paribus zu steigenden Jahresüberschüssen führt.

Lösung zu Teilaufgabe (c)

Wie in Teilaufgabe (b) dargestellt, hat Herr Müller den Unterschiedsbetrag zwischen Auszahlungsbetrag und Rückzahlungsbetrag des Darlehens gemäß § 250 Abs. 3 HGB zu aktivieren, um einen möglichst hohen Jahresüberschuss ausweisen zu können. Bei Anwendung der **linearen Abschreibungsmethode** ergeben sich folgende Buchungssätze:

Auszahlung des Darlehens am 01.01.01:

Bank	142.500 GE			
Disagio	7.500 GE	an	Verbindlichkeiten gegenüber Kreditinstituten	150.000 GE

Zins- und Tilgungsleistung sowie Teilauflösung des Disagios am 31.12.01:

Verbindlichkeiten gegenüber Kreditinstituten	30.000 GE			
Zinsaufwand	7.500 GE	an	Bank	37.500 GE
Zinsaufwand	1.500 GE	an	Disagio	1.500 GE

Zins- und Tilgungsleistung sowie Teilauflösung des Disagios am 31.12.02:

Verbindlichkeiten gegenüber Kreditinstituten	30.000 GE			
Zinsaufwand	6.000 GE	an	Bank	36.000 GE
Zinsaufwand	1.500 GE	an	Disagio	1.500 GE

Zins- und Tilgungsleistung sowie Teilauflösung des Disagios am 31.12.03:

Verbindlichkeiten gegenüber Kreditinstituten	30.000 GE			
Zinsaufwand	4.500 GE	an	Bank	34.500 GE
Zinsaufwand	1.500 GE	an	Disagio	1.500 GE

Zins- und Tilgungsleistung sowie Teilauflösung des Disagios am 31.12.04:

Verbindlichkeiten gegenüber Kreditinstituten	30.000 GE			
Zinsaufwand	3.000 GE	an	Bank	33.000 GE
Zinsaufwand	1.500 GE	an	Disagio	1.500 GE

Zins- und Tilgungsleistung sowie Teilauflösung des Disagios am 31.12.05:

Verbindlichkeiten gegenüber Kreditinstituten	30.000 GE			
Zinsaufwand	1.500 GE	an	Bank	31.500 GE
Zinsaufwand	1.500 GE	an	Disagio	1.500 GE

Bei einer Aktivierung des Unterschiedsbetrages und Anwendung der **digitalen Abschreibungsmethode** ergeben sich folgende Buchungssätze:

Auszahlung des Darlehens am 01.01.01:

Bank	142.500 GE			
Disagio	7.500 GE	an	Verbindlichkeiten gegenüber Kreditinstituten	150.000 GE

Zins- und Tilgungsleistung sowie Teilauflösung des Disagios am 31.12.01:

Verbindlichkeiten gegenüber Kreditinstituten	30.000 GE			
Zinsaufwand	7.500 GE	an	Bank	37.500 GE
Zinsaufwand	2.500 GE	an	Disagio	2.500 GE

Zins- und Tilgungsleistung sowie Teilauflösung des Disagios am 31.12.02:

Verbindlichkeiten gegenüber Kreditinstituten	30.000 GE			
Zinsaufwand	6.000 GE	an	Bank	36.000 GE
Zinsaufwand	2.000 GE	an	Disagio	2.000 GE

Zins- und Tilgungsleistung sowie Teilauflösung des Disagios am 31.12.03:

Verbindlichkeiten gegenüber Kreditinstituten	30.000 GE			
Zinsaufwand	4.500 GE	an	Bank	34.500 GE
Zinsaufwand	1.500 GE	an	Disagio	1.500 GE

Zins- und Tilgungsleistung sowie Teilauflösung des Disagios am 31.12.04:

Verbindlichkeiten gegenüber Kreditinstituten	30.000 GE			
Zinsaufwand	3.000 GE	an	Bank	33.000 GE
Zinsaufwand	1.000 GE	an	Disagio	1.000 GE

Zins- und Tilgungsleistung sowie Teilauflösung des Disagios am 31.12.05:

Verbindlichkeiten gegenüber Kreditinstituten	30.000 GE			
Zinsaufwand	1.500 GE	an	Bank	31.500 GE
Zinsaufwand	500 GE	an	Disagio	500 GE

Übung 51: Bilanzierung von Fremdwährungsverbindlichkeiten und die Eliminierung des Währungsrisikos nach HGB

Sachverhalt

Holger Schick handelt mit Damenoberbekleidung. Auf der Pariser Modemesse „Prêt-à-Porter Paris" deckt er sich am 10.09.01 mit Blusen für insgesamt $ 15.000 ein, die er im Februar 03 bezahlen muss. Die Blusen darf er trotzdem sofort mitnehmen.

Am 10.09.01 beträgt der Geldkurs 1,25 $/€ und der Briefkurs 1,28 $/€. An Holger Schicks Abschlussstichtag, dem 31.12.01, beträgt der Geldkurs 1,18 $/€ und der Briefkurs 1,22 $/€. Am 31.12.02 sind der Geldkurs auf 1,29 $/€ und der Briefkurs auf 1,31 $/€ gestiegen.

Aufgaben

(a) Wie hat Holger Schick die Verbindlichkeit im Zugangszeitpunkt zum 10.09.01 und in der Folge am 31.12.01 sowie am 31.12.02 im handelsrechtlichen Jahresabschluss abzubilden?

(b) Um das Währungsrisiko zu neutralisieren, schließt Holger Schick am 11.09.01 ein Devisentermingeschäft zum Kauf von $ ab, das auf die gleiche Laufzeit, den gleichen Betrag und den gleichen Umrechnungskurs (1,25 $/€) lautet wie seine Fremdwährungsverbindlichkeit im Zugangszeitpunkt. Kosten für den Erwerb des Devisentermingeschäftes entstehen nicht. Wie ist die Verbindlichkeit am 31.12.01 und am 31.12.02 nach HGB zu bilanzieren, wenn durch das Devisentermingeschäft das Währungsrisiko vollständig neutralisiert wird?

Literaturhinweis

Baetge, Jörg/Kirsch, Hans-Jürgen/Thiele, Stefan, Bilanzen, 16. Aufl., Düsseldorf 2021, Kap. VIII Abschn. 35 und Kap. XIII Abschn. 24.

Lösungen

Lösung zu Teilaufgabe (a)

Der Kaufvertrag für die Blusen ist von Seiten des Pariser Lieferanten erfüllt, so dass kein schwebendes Geschäft mehr besteht. Holger Schick hat in seinem Abschluss des Jahres 01 eine Schuld zu bilanzieren, da die **drei Kriterien des Passivierungsgrundsatzes** (Vorliegen einer Verpflichtung, wirtschaftliche Belastung und Quantifizierbarkeit) erfüllt sind. Da Eintritt und Höhe der Verpflichtung sicher sind, muss er Verbindlichkeiten aus Lieferungen und Leistungen nach § 266 Abs. 3 C. 4. HGB ausweisen.

Nach § 244 HGB ist der **Jahresabschluss in €** aufzustellen, d. h. er darf keinen Posten in fremder Währung enthalten. Die Verbindlichkeit in $ ist daher in € umzurechnen. Fremdwährungsverbindlichkeiten sind wie Verbindlichkeiten in heimischer Währung gemäß § 253 Abs. 1 Satz 2 HGB mit ihrem Erfüllungsbetrag zu bewerten. Dieser entspricht dem Betrag, der in heimischer Währung eingesetzt werden muss, um die für die Erfüllung der Verpflichtung notwendigen Mittel in fremder Währung zu beschaffen. Da Fremdwährungsmittel beschafft werden müssen, ist am 10.09.01 (Zugangszeitpunkt der Verbindlichkeit) als Umrechnungskurs der für Holger Schick gegenüber dem Briefkurs etwas ungünstigere **Geldkurs** (der Verkaufskurs der Bank für Devisen pro €) zu verwenden. Somit ist die Verbindlichkeit am 10.09.01 mit € 12.000 (= $ 15.000 / 1,25 $/€) zu bewerten.

Bei der Folgebewertung ist die Fremdwährungsverbindlichkeit gemäß § 256a Satz 1 HGB mit dem Devisenkassamittelkurs zum Stichtag umzurechnen. Der Devisenkassamittelkurs ergibt sich aus dem Mittelwert aus Geld- und Briefkurs und beträgt zum 31.12.01 1,20 $/€. Bei der Umrechnung der Fremdwährungsverbindlichkeit ist das **Höchstwertprinzip** zu berücksichtigen, d. h. die für Vermögensgegenstände geltenden Niederstwertvorschriften (§ 253 Abs. 3 Satz 5 und 6 sowie Abs. 4 HGB) werden spiegelbildlich auf Schulden angewendet. Daher ist die Fremdwährungsverbindlichkeit am 31.12.01 mit € 12.500 (= $ 15.000 / 1,20 $/€) zu bewerten. Aufgrund der Zuschreibung der Verbindlichkeit ist auch in der GuV ein entsprechender negativer Erfolgsbeitrag in Höhe von € 500 auszuweisen.

Am 31.12.02 ist die Fremdwährungsverbindlichkeit gemäß § 256a Satz 1 HGB erneut mit dem am 31.12.01 geltenden Devisenkassamittelkurs umzurechnen. Bei der Währungsumrechnung sind in diesem Fall gemäß § 256a Satz 2 HGB das Anschaffungskosten- und Imparitätsprinzip nicht zu beachten, da die Fremdwährungsverbindlichkeit am 31.12.02 eine **Restlaufzeit von weniger als einem Jahr** (nämlich bis zum Februar 03) aufweist. Die Fremdwährungsverbindlichkeit ist demnach auch dann mit dem am Abschlussstichtag gültigen Devisenkassamittelkurs von 1,30 $/€ umzurechnen, wenn dadurch der in € umgerechnete Zugangswert der Verbindlichkeit (€ 12.000) unterschritten wird und somit unrealisierte Kursgewinne ausgewiesen werden. Folglich ist die Fremdwährungsverbindlichkeit im Jahresabschluss zum 31.12.02 mit dem sich aus der Umrechnung zum Devisenkassamittelkurs ergebenden Betrag in Höhe von € 11.538,46 (= $ 15.000 / 1,30 $/€) zu bewerten. Der Betrag, um den die Verbindlichkeit zu mindern ist, ist als Ertrag in der GuV zu erfassen.

Lösung zu Teilaufgabe (b)

Holger Schick beabsichtigt mit dem Abschluss des Devisentermingeschäftes, das Wechselkursrisiko aus der Fremdwährungsverbindlichkeit abzusichern. Da diese Absicherung annahmegemäß vollständig wirksam ist, dürfen die beiden Geschäfte – das Grundgeschäft und der als Sicherungsgeschäft abgeschlossene Terminkauf – gemäß § 254 HGB als **Bewertungseinheit** bilanziert werden.

Bei der Absicherung eines Fremdwährungspostens mit einem Devisentermingeschäft ist die Fremdwährungsverbindlichkeit des Eintritts in das Sicherungsgeschäft mit dem vereinbarten Terminkurs, d. h. mit 1,25 $/€, umzurechnen. Die Verbindlichkeit ist daher mit € 12.000 (= $ 15.000 / 1,25 $/€) zu bewerten. Bei der Folgebewertung darf die Bewertungseinheit sowohl nach der Einfrierungsmethode als auch nach der Durchbuchungsmethode bilanziert werden.

Nach der **Einfrierungsmethode** werden die sich kompensierenden Wertänderungen der Fremdwährungsverbindlichkeit und des Devisentermingeschäftes, die sich aus den Schwankungen des Wechselkurses ergeben, nicht bilanziert. Damit ist zum 31.12.01 und zum 31.12.02 die Fremdwährungsverbindlichkeit mit € 12.000 und das Devisentermingeschäft mit € 0 zu bilanzieren.

Nach der **Durchbuchungsmethode** werden hingegen die wechselkursinduzierten Wertänderungen der Fremdwährungsverbindlichkeit und des Devisentermingeschäftes vollständig erfolgswirksam erfasst:

- Zum 31.12.01 ist die Fremdwährungsverbindlichkeit gewinnmindernd um € 500 auf € 12.500 (= $ 15.000 / 1,20 $/€) und das Devisentermingeschäft gewinnerhöhend auf € 500 zuzuschreiben.
- Zum 31.12.02 ist die Fremdwährungsverbindlichkeit gewinnerhöhend auf € 11.538,46 (= $ 15.000 / 1,30 $/€), d. h. um € 961,54 niedriger zu bewerten. Das Devisentermingeschäft ist gewinnmindernd um € 961,54 abzuschreiben und auf der Passivseite der Bilanz mit einem Betrag in Höhe von € 461,54 (= € 500 – € 961,54) unter dem Posten „sonstige Verbindlichkeiten" (§ 266 Abs. 3 C. 8. HGB) zu bilanzieren.

Kapitel IX: Die Bilanzierung der Rückstellungen

Übung 52: Grundsätze ordnungsmäßiger Buchführung und Rückstellungen nach HGB

Aufgabe

(a) Erörtern Sie die Relevanz des Imparitätsprinzips und des Vorsichtsprinzips für die Bilanzierung von Rückstellungen im handelsrechtlichen Jahresabschluss. Differenzieren Sie dabei nach den verschiedenen Rückstellungsarten.

(b) Bei welchen Rückstellungsarten spielt der Grundsatz der Abgrenzung der Sache nach eine Rolle?

Literaturhinweis

BAETGE, JÖRG/KIRSCH, HANS-JÜRGEN/THIELE, STEFAN, Bilanzen, 16. Aufl., Düsseldorf 2021, Kap. III Abschn. 3 und Kap. IX Abschn. 1-5.

Lösung

Lösung zu Teilaufgabe (a)

Das Imparitätsprinzip und das Vorsichtsprinzip sind Bestandteile des Systems der handelsrechtlichen GoB. Die GoB stellen vornehmlich Bilanzierungsgrundsätze dar, mit denen die durch die Detailvorschriften nicht erfassbare Vielfalt von Einzelsachverhalten im Jahresabschluss zweckgerecht abgebildet werden kann. Die in § 249 HGB kodifizierten verschiedenen Arten von Rückstellungen sind einerseits Ausdruck bestimmter GoB, andererseits müssen zu ihrer Bilanzierung bestimmte GoB ergänzend hinzugezogen werden. Die für die handelsrechtliche Bilanzierung von Rückstellungen wesentlichen GoB sind das Imparitätsprinzip und das Vorsichtsprinzip als Kapitalerhaltungsgrundsätze.

Gemäß dem **Vorsichtsprinzip** (§ 252 Abs. 1 Nr. 4 HGB) sind die Vermögensgegenstände und Schulden im Jahresabschluss vorsichtig zu bewerten. Dies bedeutet, dass bei entsprechenden Schätzunsicherheiten, die aus der Unvollständigkeit der Informationen aufgrund der Ungewissheit der Zukunft resultieren, aus der Bandbreite der künftig für möglich gehaltenen Werte stets eine etwas pessimistischere als die wahrscheinlichste Alternative zu wählen ist. Die Anwendung des Vorsichtsprinzips erfordert im Einzelfall eine willkürfreie Schätzung der künftigen, vom Bilanzierenden zu antizipierenden Risiken. Es dürfen nur diejenigen Risiken berücksichtigt werden, die vom Bilanzierenden bei Auswertung aller ihm zugänglichen Informationen für möglich gehalten werden.

Nach dem **Imparitätsprinzip** (§ 252 Abs. 1 Nr. 4 HGB) müssen bei der Bewertung von Vermögensgegenständen und Schulden alle vorhersehbaren Risiken und Verluste, die bis zum Abschlussstichtag entstanden sind, berücksichtigt werden, selbst wenn diese erst zwischen dem Abschlussstichtag und dem Tag der Aufstellung des Jahresabschlusses bekannt geworden sind (sog. wertaufhellende Tatsachen). Demnach müssen künftige Verluste aus bereits eingeleiteten, abgrenzbaren Geschäften, die am Bilanzstichtag aber noch nicht realisiert worden sind, im Jahresabschluss des abgelaufenen Geschäftsjahres erfasst werden.

Rückstellungen sind Passivposten für bestimmte Verpflichtungen des bilanzierenden Unternehmens, die am Bilanzstichtag dem Grunde und/oder der Höhe nach ungewiss sind und deren Aufwand der Verursachungsperiode zugerechnet werden muss (sollte). Die handelsrechtlichen Rückstellungskategorien sind in § 249 HGB kodifiziert. Demnach sind folgende Kategorien von Rückstellungen zu unterscheiden:

- Rückstellungen für ungewisse Verbindlichkeiten (§ 249 Abs. 1 Satz 1 HGB),
- Rückstellungen für drohende Verluste aus schwebenden Geschäften (§ 249 Abs. 1 Satz 1 HGB),
- Aufwandsrückstellungen (§ 249 Abs. 1 Satz 2 Nr. 1 HGB) sowie
- Rückstellungen für Gewährleistungen ohne rechtliche Verpflichtung (§ 249 Abs. 1 Satz 2 Nr. 2 HGB).

Rückstellungen für ungewisse Verbindlichkeiten (kurz: Verbindlichkeitsrückstellungen) sind zu bilden, wenn eine wirtschaftlich belastende und in der Höhe quantifizierbare Verpflichtung gegenüber einem Dritten wahrscheinlich, aber noch nicht sicher ist. Verbindlichkeitsrückstellungen können auf rechtlichen oder faktischen Außenverpflichtungen beruhen. Bei den rechtlichen Verpflichtungen sind öffentlich-rechtliche (z. B. für gesetzlich vorgeschriebene Beiträge zur Berufsgenossenschaft sowie für Steuerzahlungen) und zivilrechtliche Verpflichtungen (z. B. für Pensionen und ähnliche Verpflichtungen sowie für Prozessaufwendungen) zu unterscheiden. Faktische Verpflichtungen ergeben sich z. B. dann, wenn sich das bilanzierende Unternehmen aufgrund wirtschaftlicher Überlegungen dazu gezwungen sieht, Gewährleistungen gegenüber Dritten zu übernehmen, obwohl keine rechtliche Verpflichtung dafür vorliegt (**Rückstellungen für Gewährleistungen ohne rechtliche Verpflichtung**, sog. Kulanzrückstellungen).

Rückstellungen für drohende Verluste aus schwebenden Geschäften (kurz: Drohverlustrückstellungen) sind dann zu bilanzieren, wenn aus einem noch schwebenden Geschäft künftig ein „Verlust" (negativer Erfolgsbeitrag) droht. Ein schwebendes Geschäft liegt dann vor, wenn bei einem zweiseitig verpflichtenden Vertrag keiner der beiden Vertragspartner die vereinbarte Lieferung oder Leistung erbracht hat (z. B. bei Vertragsabschluss für ein einmaliges Beschaffungs- oder Absatzgeschäft sowie bei Dauerschuldverhältnissen). Der künftig drohende „Verlust" muss für das bilanzierende Unternehmen aufgrund konkreter Tatsachen vorhersehbar sein. Die Höhe des künftig drohenden „Verlustes" ergibt sich aus der Differenz zwischen der erwarteten Gegenleistung und der eigenen Leistung des bilanzierenden Unternehmens.

Aufwandsrückstellungen (z. B. für unterlassene Instandhaltungsmaßnahmen) dienen der periodengerechten Erfolgsermittlung und damit dem Rechenschaftszweck. Den vom bilanzierenden Unternehmen im abzuschließenden Geschäftsjahr realisierten Erträgen sind die zugehörigen Aufwendungen gegenüberzustellen, die sich z. B. aus einer eigentlich sofort und dringend notwendigen Instandhaltung der Anlagen, mit denen die verkauften Güter produziert worden sind, ergeben. Kann diese Instandhaltung aufgrund einer schnell zu befriedigenden Kundennachfrage und der fehlenden Möglichkeit, die Anlagen für die Instandhaltungsmaßnahme stillzulegen, erst innerhalb der ersten drei Monate des folgenden Geschäftsjahres nachgeholt werden (§ 249 Abs. 1 Satz 2 Nr. 1 HGB), sind den realisierten Erträgen des abzuschließenden Geschäftsjahres dennoch die entsprechenden Aufwendungen aus der eigentlich schon im abzuschließenden Geschäftsjahr erforderlichen Instandhaltung der Anlagen gegenüberzustellen. Aufwandsrückstellungen beruhen nicht auf einer Außenverpflichtung gegenüber einem Dritten, sondern auf einer Innenverpflichtung des Kaufmanns gegenüber sich selbst. Aufgrund der fehlenden Außenverpflichtung erfüllen Aufwandsrückstellungen nicht das Kriterium einer bilanzrechtlichen Schuld und sind somit auch nicht abstrakt passivierungsfähig. Daher ist die Bildung von Aufwandsrückstellungen nur in den in § 249 Abs. 1 Satz 2 Nr. 1 HGB genannten, eng umschriebenen Ausnahmefällen zulässig.

Der **Einfluss** des Imparitätsprinzips und des Vorsichtsprinzips **auf** die Bilanzierung der verschiedenen handelsrechtlichen **Rückstellungskategorien** ergibt sich wie folgt:

- **Vorsichtsprinzip**: Das Vorsichtsprinzip ist für die Bilanzierung aller handelsrechtlichen Rückstellungsarten von Bedeutung. Bei allen Kategorien von Rückstellungen sieht sich der Bilanzierende aufgrund der unvollständigen Informationen über die ungewisse Zukunft regelmäßig einer Bandbreite künftig möglicher Erfüllungsbeträge gegenüber. Diese Bandbreite ist vom Bilanzierenden unter Beachtung des Grundsatzes der Willkürfreiheit subjektiv zu ermitteln. Die innerhalb der Bandbreite unterschiedlich wahrscheinlichen Erfüllungsbeträge müssen nach vernünftiger kaufmännischer Beurteilung auf einen bestimmten Wert verdichtet werden. Der Grundsatz der Vorsicht verlangt, dass aufgrund des Kapitalerhaltungszweckes der wahrscheinlichste Wert um eine Vorsichtskomponente zu ergänzen ist. Die Bewertung einer Rückstellung zum wahrscheinlichsten Wert oder einem Mittelwert reicht also ebenso wenig aus wie die Antizipation des Erwartungswertes. Vielmehr ist zusätzlich für die Differenz zwischen dem Mittelwert (Erwartungswert) und dem pessimistischen Wert der Bandbreite eine sog. Bandbreitenrückstellung als Vorsichtskomponente separat im Jahresabschluss anzusetzen. Auf diese Weise wird den Jahresabschlussadressaten die mögliche Schwankungsbreite des Jahreserfolges gezeigt.

- **Imparitätsprinzip**: Das Imparitätsprinzip ist allein für die Bilanzierung von Drohverlustrückstellungen maßgeblich. Die gesetzlichen Voraussetzungen des Imparitätsprinzips verlangen, dass das Risiko (i. S. e. Verlustgefahr) bis zum Abschlussstichtag entstanden und der „Verlust" vorhersehbar ist. Für das entsprechende schwebende Geschäft müssen sich also bis zum Abschlussstichtag Risiken für einen künftigen „Verlust" (negativer Erfolgsbeitrag) aufgrund bestimmter Ereignisse konkretisiert haben. Das Kriterium der Vorhersehbarkeit des Imparitätsprinzips spiegelt sich bei den Drohverlustrückstellungen darin wider, dass der künftig drohende „Verlust" zum Abschlussstichtag wahrscheinlich (es müssen mehr Gründe dafür als dagegen sprechen) und nicht nur möglich sein muss. Die Drohverlustrückstellungen sind letztlich als Ausfluss des Imparitätsprinzips zu interpretieren. Sie dienen der Verlustantizipation und damit der Kapitalerhaltung, und nicht der periodengerechten Erfolgsermittlung. Schließlich beziehen sich die mit dem Ansatz von Drohverlustrückstellungen verbundenen Aufwendungen – anders als nach dem Grundsatz der Abgrenzung der Sache nach – auf erst künftig vom bilanzierenden Unternehmen zu erzielende Erträge.

Lösung zu Teilaufgabe (b)

Der **Grundsatz der Abgrenzung der Sache nach** verlangt, dass den realisierten Erträgen die entsprechenden Aufwendungen im Jahresabschluss gegenüberzustellen sind. Dementsprechend werden die Aufwendungen als Mittel zur Erzielung der entsprechenden Erträge angesehen (Finalprinzip). Die Zurechnung von Einzelkosten zu den entsprechenden Erträgen stellt i. d. R. kein Problem dar. Lediglich die Zurechnung von zeitproportionalen sowie von einzelnen Leistungseinheiten nicht direkt zurechenbarer Aufwendungen zu den Erträgen ist problematisch. Diese Aufwendungen müssen gemäß dem Durchschnitts(kosten)prinzip auf die realisierten und unrealisierten Erträge aufgeteilt werden.

Der Grundsatz der Abgrenzung der Sache nach greift nur bei der Bilanzierung von **Verbindlichkeitsrückstellungen, Kulanzrückstellungen und Aufwandsrückstellungen**. Die Bilanzierung von Drohverlustrückstellungen beeinflusst er nicht, weil diese auf dem Imparitätsprinzip beruht. Nach dem Grundsatz der sachlichen Abgrenzung künftig anfallender Ausgaben müssen Verbindlichkeitsrückstellungen, Kulanzrückstellungen und Aufwandsrückstellungen zu dem Zeitpunkt bilanziert werden, zu dem die entsprechenden Erträge gemäß dem Realisationsprinzip erfasst werden. Demnach werden den Erträgen des abzuschließenden Geschäftsjahres die zugehörigen künftigen Ausgaben periodengerecht gegenübergestellt. So muss z. B. eine (rechtlich oder faktisch begründete) Gewährleistungsrückstellung in der Periode bilanziert werden, in welcher der Umsatz aus dem Verkauf der entsprechenden Fertigerzeugnisse nach dem Realisationsprinzip als Ertrag zu erfassen ist.

Übung 53: Rückstellungen für Mitarbeiter-Zielvereinbarungen nach HGB

Sachverhalt

Die Bonus AG hat mit fünf ihrer Mitarbeiter einzelvertragliche Zielvereinbarungen geschlossen. Darin hat sich die Bonus AG verpflichtet, diesen fünf Mitarbeitern jeweils einen bestimmten Prozentsatz des jährlichen Bruttofestgehaltes als zusätzliche variable Vergütung zu zahlen, welche vom Zielerreichungsgrad des betreffenden Mitarbeiters im Beurteilungszeitraum abhängt. Diese variable Vergütung wird den jeweiligen Mitarbeitern für ein Beurteilungsjahr (= Kalenderjahr = Geschäftsjahr) immer mit den Gehältern zum Ende des Monats Februar des Folgejahres ausgezahlt. Der in den Jahresbeurteilungsgesprächen zwischen Mitarbeitern und Vorgesetztem festgestellte Zielerreichungsgrad lag in der Vergangenheit regelmäßig bei etwa 80 % und wird auch für das Beurteilungsjahr 01 mit großer Sicherheit erwartet. Die Summe der jährlichen Bruttofestgehälter der fünf betroffenen Mitarbeiter beträgt 470.000 GE für das Geschäftsjahr 01. Bis zum Zeitpunkt der Bilanzerstellung haben die Jahresbeurteilungsgespräche für den Beurteilungszeitraum 01 noch nicht stattgefunden. Der Arbeitgeberanteil zur gesetzlichen Sozialversicherung auf die Bruttoarbeitsentgelte der Mitarbeiter beträgt 20 %.

Aufgaben

(a) Welche vier Kategorien von Rückstellungen unterscheidet § 249 HGB? Unter welchen Posten sind diese vier Rückstellungskategorien in der Bilanz gemäß § 266 Abs. 3 HGB auszuweisen?

(b) Wie ist der Sachverhalt in der handelsrechtlichen Bilanz der Bonus AG zum 31.12.01 abzubilden? Erläutern Sie Ihre Lösung unter Bezugnahme auf die GoB und die relevanten handelsrechtlichen Vorschriften.

Literaturhinweis

Baetge, Jörg/Kirsch, Hans-Jürgen/Thiele, Stefan, Bilanzen, 16. Aufl., Düsseldorf 2021, Kap. III Abschn. 3 sowie Kap. IX Abschn. 1-51 und 6.

Lösungen

Lösung zu Teilaufgabe (a)

§ 249 Abs. 1 HGB enthält einen abschließenden Katalog von Verpflichtungen, für die eine Rückstellung zu passivieren ist:

- Rückstellungen für ungewisse Verbindlichkeiten (§ 249 Abs. 1 Satz 1 HGB),
- Rückstellungen für drohende Verluste aus schwebenden Geschäften (§ 249 Abs. 1 Satz 1 HGB),

- Rückstellungen für im Geschäftsjahr unterlassene Aufwendungen für Instandhaltung, die im folgenden Geschäftsjahr innerhalb von drei Monaten, oder für Abraumbeseitigung, die im folgenden Geschäftsjahr nachgeholt werden (§ 249 Abs. 1 Satz 2 Nr. 1 HGB),
- Rückstellungen für Gewährleistungen ohne rechtliche Verpflichtung (Kulanzrückstellungen) (§ 249 Abs. 1 Satz 2 Nr. 2 HGB).

Der Ausweis dieser vier Kategorien von Rückstellungen ist in § 266 Abs. 3 HGB geregelt:

- Rückstellungen für ungewisse Verbindlichkeiten sind abhängig vom zugrunde liegenden Sachverhalt unter dem Posten „Rückstellungen für Pensionen und ähnliche Verpflichtungen" (§ 266 Abs. 3 B. 1. HGB), „Steuerrückstellungen" (§ 266 Abs. 3 B. 2. HGB) oder unter „sonstige Rückstellungen" (§ 266 Abs. 3 B. 3. HGB) auszuweisen.
- Rückstellungen für drohende Verluste aus schwebenden Geschäften, Kulanzrückstellungen und handelsrechtlich zulässige Aufwandsrückstellungen werden ausnahmslos unter dem Posten „sonstige Rückstellungen" (§ 266 Abs. 3 B. 3. HGB) ausgewiesen.

Lösung zu Teilaufgabe (b)

Im vorliegenden Sachverhalt ist zu prüfen, ob für die Verpflichtung der Bonus AG zur Zahlung der variablen Vergütungen zum 31.12.01 eine Schuld zu passivieren ist.

Eine Schuld ist dann **anzusetzen**, wenn der Sachverhalt dem **Passivierungsgrundsatz** entsprechend abstrakt passivierungsfähig ist, also

- eine Verpflichtung der Bonus AG vorliegt,
- mit der Verpflichtung eine wirtschaftliche Belastung für die Bonus AG verbunden ist und
- die wirtschaftliche Belastung quantifizierbar ist.

Eine **Verpflichtung** liegt vor, wenn sich das bilanzierende Unternehmen aus rechtlichen oder tatsächlichen Gründen der Leistungsabgabe nicht entziehen kann (Zwang zur Leistungserbringung) und darüber hinaus der Leistungszwang hinreichend konkret (vorhersehbar) ist.

Die Bonus AG kann sich der vom Zielerreichungsgrad abhängigen variablen Vergütung (Geldleistung) aus rechtlichen Gründen nicht entziehen. Aufgrund der in der Vergangenheit festgestellten Zielerreichungsgrade sprechen ferner mehr Gründe für als gegen diesen Leistungszwang, womit der Leistungszwang zudem hinreichend konkretisiert ist. Es liegt eine zivilrechtliche Außenverpflichtung der Bonus AG vor. Das erste Kriterium des Passivierungsgrundsatzes ist daher erfüllt.

Eine **wirtschaftliche Belastung** i. S. d. Passivierungsgrundsatzes liegt vor, wenn sich durch die Erfüllung der Verpflichtung für das Unternehmen eine künftige Bruttovermögensminderung ergibt und diese Bruttovermögensminderung hinreichend konkret (vorhersehbar) ist. Ferner müssen sich die mit der Erfüllung der Verpflichtung entstehenden künftigen Ausgaben Erträgen des abgelaufenen Geschäftsjahres zurechnen lassen (Grundsatz der Abgrenzung der Sache nach).

Im vorliegenden Sachverhalt ergibt sich für die Bonus AG eine künftige Bruttovermögensminderung in Form der Verpflichtung zur Zahlung der variablen Vergütungen an die fünf Mitarbeiter. Aufgrund der in der Vergangenheit festgestellten Zielerreichungsgrade in Höhe von 80 % ist die entsprechende Verpflichtung hinreichend konkret. Die durch die Auszahlung der variablen Vergütung entstehenden Ausgaben sind nach dem Grundsatz der Abgrenzung der Sache nach den durch die Erbringung der Arbeitsleistung der fünf Mitarbeiter im abgelaufenen Geschäftsjahr realisierten Erträgen zuzurechnen. Das zweite Kriterium des Passivierungsgrundsatzes ist erfüllt.

Eine Schuld ist **quantifizierbar**, wenn die Höhe der Verpflichtung am Bilanzstichtag entweder punktuell feststeht oder zumindest innerhalb einer Bandbreite angegeben werden kann.

Im vorliegenden Fall kann aufgrund der Vergangenheitswerte hinsichtlich der Zielerreichungsgrade die Höhe der Verpflichtung zwar nicht punktuell, indes innerhalb einer Bandbreite angegeben werden. Das dritte Kriterium des Passivierungsgrundsatzes ist ebenfalls erfüllt.

Da alle drei Kriterien des Passivierungsgrundsatzes erfüllt sind, ist die Verpflichtung der Bonus AG zur Zahlung der variablen Vergütungen an die fünf Mitarbeiter abstrakt passivierungsfähig. Da kein handelsrechtliches Passivierungswahlrecht oder Passivierungsverbot für solche variablen Mitarbeitervergütungen besteht, ist der Sachverhalt nicht nur abstrakt, sondern auch konkret passivierungsfähig und somit passivierungspflichtig.

Die Pflicht der Bonus AG zur Zahlung der variablen Vergütungen an die fünf Mitarbeiter ist am Bilanzstichtag weder dem Grunde noch der Höhe nach sicher. Entsprechend ist für diese Verpflichtung gemäß § 249 Abs. 1 Satz 1 HGB eine **Rückstellung für ungewisse Verbindlichkeiten** zu passivieren.

Die **Bewertung** von Rückstellungen ist in § 253 Abs. 1 Satz 2 HGB geregelt. Nach dieser Vorschrift sind „Rückstellungen in Höhe des nach vernünftiger kaufmännischer Beurteilung notwendigen **Erfüllungsbetrages** anzusetzen“. Analog zur Bewertung von Verbindlichkeiten ist der Erfüllungsbetrag demnach auch bei der Bewertung von Rückstellungen der Betrag, der notwendig ist, damit das Unternehmen die Verpflichtung in Zukunft erfüllen kann. Der Begriff „Erfüllungsbetrag“ verdeutlicht, dass künftige Preis- und Kostenänderungen bei der Rückstellungsbewertung zu berücksichtigen sind. Rückstellungen mit einer Restlaufzeit von mehr als einem Jahr sind im Falle von Altersversorgungsverpflichtungen mit dem durchschnittlichen laufzeitadäquaten Marktzinssatz der vergangenen zehn Geschäftsjahre zu diskontieren, während für sonstige Rückstellungen der durchschnittliche Marktzinssatz der letzten sieben Geschäftsjahre relevant ist (§ 253 Abs. 2 Satz 1 HGB).

Aus der Bandbreite möglicher Werte für die variable Vergütung – der genaue Zielerreichungsgrad für jeden Mitarbeiter steht noch nicht fest – muss der für die Rückstellungsbewertung maßgebliche Wert bestimmt werden. Bei unsicheren Datenstrukturen ist der in § 252 Abs. 1 Nr. 4 HGB genannte Grundsatz der Vorsicht zu beachten. Danach ist aus der Bandbreite möglicher Werte derjenige Wert auszuwählen, der die zu erwartende Vermögensminderung mit sehr hoher Wahrscheinlichkeit (je nach Auslegung 80 % bis 95 %) erfasst. Eine Kostensteigerung ist gemäß Sachverhalt nicht zu erwarten.

Im vorliegenden Sachverhalt deckt – angesichts der im Sachverhalt angegebenen Informationen – der Wert von 451.200 GE (= 470.000 GE · 0,8 · 1,2 (Arbeitgeberanteil zur Sozialversicherung)) die zu erwartende variable Vergütung mit „sehr großer" Wahrscheinlichkeit i. S. d. Vorsichtsprinzips ab. Die Rückstellung ist folglich mit einem Betrag in Höhe von 451.200 GE zu bewerten.

Der Erfüllungsbetrag wird nach § 253 Abs. 2 Satz. 1 HGB nicht diskontiert, da die Restlaufzeit der Schuld zum Bilanzstichtag zwei Monate und damit weniger als ein Jahr beträgt.

Der **Ausweis** der Rückstellung für die ungewisse Verpflichtung zur Zahlung der variablen Vergütung für Zielvereinbarungen erfolgt in der Bilanz auf der Passivseite unter dem Posten „sonstige Rückstellungen" (§ 266 Abs. 3 B. 3. HGB).

Übung 54: Rückstellungen für ausstehende Urlaubsansprüche nach HGB

Sachverhalt

Die Franke GmbH ist ein mittelständisches Unternehmen mit Sitz im Bergischen Land. Sie beschäftigt vier Mitarbeiter. Aufgrund der guten Auftragslage haben die Mitarbeiter im Geschäftsjahr 01 weniger Urlaubstage genommen, als ihnen arbeitsvertraglich zustehen würden. Herr Meyer, der Geschäftsführer, beauftragt Sie, für den Jahresabschluss zum 31.12.01 zu beurteilen, ob – und falls zutreffend – in welcher Höhe eine Rückstellung für Urlaubsrückstände im Jahresabschluss zu berücksichtigen ist. Dazu bezieht Herr Müller aus dem Personalverwaltungssystem der Franke GmbH folgende Aufstellung:

Name des Mitarbeiters	Verbleibender Urlaubsanspruch zum 31.12.01 (in Tagen)	Durchschnittliches monatliches Bruttoarbeitsentgelt
Meyer	11	5.500 GE
Müller	10	3.200 GE
Schneider	7	2.800 GE
Bäcker	15	3.400 GE

Des Weiteren liegen Herr Müller die folgenden Informationen vor:

- Für das Jahr 02 ist von einer schwachen Auftragslage auszugehen. Die Mitarbeiter der Franke GmbH sind daher explizit durch Herrn Meyer angehalten, verbleibende Urlaubstage aus der Vorperiode spätestens bis zum Ende des Jahres 02 in Anspruch zu nehmen.
- Urlaubsansprüche aus der Vorperiode verfallen gemäß einer betrieblichen Vereinbarung jeweils am Ende der Folgeperiode.
- Aus Vereinfachungsgründen ist davon auszugehen, dass jeder Monat 20 Werktage umfasst.
- Der Arbeitgeberanteil zur gesetzlichen Sozialversicherung beträgt 20 % des jeweiligen Bruttoarbeitsentgeltes.

Aufgabe

Wie ist der Sachverhalt im handelsrechtlichen Jahresabschluss der Franke GmbH zum 31.12.01 abzubilden? Nennen Sie bei Ihrer Lösung auch die relevanten GoB sowie die einschlägigen handelsrechtlichen Vorschriften.

Literaturhinweis

BAETGE, JÖRG/KIRSCH, HANS-JÜRGEN/THIELE, STEFAN, Bilanzen, 16. Aufl., Düsseldorf 2021, Kap. III Abschn. 3 sowie Kap. IX Abschn. 1-51 und 6.

Lösung

Die Franke GmbH muss am Bilanzstichtag zum 31.12.01 prüfen, ob sie eine Schuld für die Verpflichtung, die verbleibenden Urlaubsansprüche ihrer Mitarbeiter künftig zu entgelten, zu bilanzieren hat.

Gemäß dem **Passivierungsgrundsatz** ist ein Sachverhalt abstrakt passivierungsfähig, wenn

- eine Verpflichtung vorliegt,
- mit der Verpflichtung eine wirtschaftliche Belastung verbunden ist und
- die wirtschaftliche Belastung quantifizierbar ist.

Eine **Verpflichtung** liegt vor, wenn sich das bilanzierende Unternehmen aus rechtlichen oder tatsächlichen Gründen der Leistungsabgabe nicht entziehen kann (Zwang zur Leistungserbringung) und der Leistungszwang darüber hinaus hinreichend konkret (vorhersehbar) ist.

Gemäß § 1 BUrlG haben abhängig Beschäftigte einen gesetzlichen Urlaubsanspruch. Dieser Anspruch ist grundsätzlich unverfallbar. Betriebliche Vereinbarungen können den Urlaubsanspruch indes zeitlich beschränken. Die Franke GmbH kann sich dem gesetzlichen Urlaubsanspruch ihrer Mitarbeiter aus rechtlichen Gründen nicht entziehen. Aufgrund der expliziten Bitte des Herrn Meyer an seine Mitarbeiter, im Verlauf der Folgeperiode ausstehende Urlaubstage in Anspruch zu nehmen sowie der betrieblichen Vereinbarung, nach der Urlaubstage aus der Vorperiode spätestens am Ende der Folgeperiode verfallen, sprechen mehr Gründe für als gegen diesen Leistungszwang innerhalb der Folgeperiode. Der Leistungszwang ist somit hinreichend konkretisiert. Es liegt eine zivilrechtliche Außenverpflichtung der Franke GmbH vor. Das erste Kriterium des Passivierungsgrundsatzes ist erfüllt.

Eine **wirtschaftliche Belastung** i. S. d. Passivierungsgrundsatzes liegt vor, wenn sich durch die Erfüllung der Verpflichtung für das Unternehmen eine künftige Bruttovermögensminderung ergibt und diese Bruttovermögensminderung hinreichend konkret (vorhersehbar) ist. Ferner müssen die mit der Erfüllung der Verpflichtung künftig anfallenden Ausgaben den Erträgen des abgelaufenen Geschäftsjahres zurechenbar sein (Grundsatz der Abgrenzung der Sache nach).

Im vorliegenden Sachverhalt ergibt sich für die Franke GmbH durch die Berücksichtigung der noch in Anspruch zu nehmenden Resturlaubstage bei den künftigen Gehaltszahlungen eine Bruttovermögensminderung. Es kommt demnach zu Zahlungen eines Geldbetrages in Höhe des Gegenwertes der bereits „zu viel" geleisteten Arbeitstage innerhalb der Vorperiode. Wie bereits dargelegt, sprechen zudem mehr Gründe für als gegen die wirtschaftliche Belastung, sie ist somit auch hinreichend konkret. Die durch die Auszahlung der Gehälter entstehenden Ausgaben sind nach dem Grundsatz der Abgrenzung der Sache nach den durch die Erbringung der Arbeitsleistung der vier Mitarbeiter im abgelaufenen Geschäftsjahr realisierten Erträgen zuzurechnen. Das zweite Kriterium des Passivierungsgrundsatzes ist erfüllt.

Eine Schuld ist **quantifizierbar**, wenn die Verpflichtung zum Bilanzstichtag in der Höhe entweder eindeutig punktuell feststeht oder wenn sie im Rahmen einer Bandbreite angegeben werden kann.

Im vorliegenden Fall kann aufgrund der Daten aus dem Personalverwaltungssystem und der im Sachverhalt getroffenen Annahmen die Höhe des Gegenwertes der Verpflichtung nicht punktuell angegeben, aber in Bandbreiten geschätzt werden. Das dritte Kriterium des Passivierungsgrundsatzes ist somit erfüllt.

Mit der kumulativen Erfüllung der drei Kriterien des Passivierungsgrundsatzes ist die Verpflichtung zur Zahlung des Gegenwertes der noch in Anspruch zu nehmenden Urlaubstage in Form des künftig zu zahlenden Gehaltes **abstrakt passivierungsfähig.**

Da die Höhe der Verpflichtung zur Zahlung dieses Gegenwertes zum Bilanzstichtag nur in Bandbreiten geschätzt werden kann, ist sie der Höhe nach unsicher, so dass für diese Verpflichtung eine **Rückstellung** (in Abgrenzung zu einer Verbindlichkeit) zu bilanzieren ist.

Nach § 249 Abs. 1 Satz 1 HGB besteht eine handelsrechtliche Passivierungspflicht für Rückstellungen für ungewisse Verbindlichkeiten. Die Verpflichtung der Franke GmbH zur Zahlung des Gegenwertes der noch nicht in Anspruch genommenen Urlaubstage ist damit nicht nur abstrakt passivierungsfähig, sondern auch **konkret passivierungspflichtig**.

Gemäß § 253 Abs. 1 Satz 2 HGB sind „Rückstellungen in Höhe des nach vernünftiger kaufmännischer Beurteilung notwendigen **Erfüllungsbetrages** anzusetzen“. Analog zur Bewertung von Verbindlichkeiten ist der Erfüllungsbetrag demnach auch bei der Bewertung von Rückstellungen der Betrag, der notwendig ist, damit das Unternehmen die Verpflichtung in Zukunft erfüllen kann. Der Begriff „Erfüllungsbetrag“ verdeutlicht, dass künftige Preis- und Kostenänderungen bei der Rückstellungsbewertung zu berücksichtigen sind. Rückstellungen mit einer Restlaufzeit von mehr als einem Jahr sind mit einem von der Deutschen Bundesbank monatlich veröffentlichten Zinssatz zu diskontieren (§ 253 Abs. 2 Satz 1 HGB i. V. m. § 253 Abs. 2 Satz 4 HGB).

Im vorliegenden Sachverhalt lässt sich der Gegenwert der innerhalb der Vorperiode bereits „zu viel“ geleisteten Arbeitstage wie folgt für jeden Mitarbeiter berechnen:

- Das durchschnittliche monatliche Bruttoarbeitsentgelt jedes Mitarbeiters wird mit dem Faktor 1,2 multipliziert, um den Arbeitgeberanteil zur Sozialversicherung zu berücksichtigen.
- Im Anschluss wird der hieraus resultierende Betrag jeweils mit den gemäß Sachverhalt zu berücksichtigenden 20 Werktagen pro Monat ins Verhältnis gesetzt und mit der Anzahl der noch in Anspruch zu nehmenden Urlaubstage des jeweiligen Mitarbeiters multipliziert.

Unter Berücksichtigung der im Sachverhalt angegebenen Aufstellung der Mitarbeiterdaten aus dem Personalverwaltungssystem der Franke GmbH deckt der Betrag von 9.786 GE (= 5.500 GE · 1,2 / 20 · 11 + 3.200 GE · 1,2 / 20 · 10 + 2.800 GE · 1,2 / 20 · 7 + 3.400 GE · 1,2 / 20 · 15) die zu erwartende Zahlung des Gegenwertes der noch in Anspruch zu nehmenden Urlaubstage in Form des künftig zu zahlenden Gehaltes ab. Die Rückstellung ist also mit einem Betrag von 9.786 GE in der Bilanz der Franke GmbH zu bewerten. Der Erfüllungsbetrag wird nicht gemäß § 253 Abs. 2 Satz 1 HGB diskontiert, da die Restlaufzeit der Schuld aufgrund der betrieblichen Vereinbarung zum Bilanzstichtag weniger als ein Jahr beträgt.

Der **Ausweis** der Rückstellung für die ungewisse Verpflichtung zur Zahlung des Gegenwertes der noch in Anspruch zu nehmenden Urlaubstage in Form des künftig zu zahlenden Gehaltes erfolgt gemäß § 266 Abs. 3 B. 3. HGB in der Bilanz auf der Passivseite unter dem Posten „sonstige Rückstellungen“.

Übung 55: Rückstellungen für Gewährleistungsverpflichtungen nach HGB

Sachverhalt

Die Kaffee AG hatte in den vergangenen Jahren für die von ihr produzierten Espresso-Vollautomaten gesetzliche Gewährleistungsverpflichtungen – die Gewährleistungsfrist beträgt zwei Jahre – zu erfüllen. Die Gewährleistungsaufwendungen betrugen 25.000 GE im Jahr 03 (Jahresumsatz 03: 2.500.000 GE) und 35.000 GE im Jahr 04 (Jahresumsatz 04: 3.500.000 GE). Diese Aufwendungen entfallen anteilig wie folgt auf die in den Jahren 01 bis 04 hergestellten Espresso-Vollautomaten (alle Vollautomaten wurden in der Periode abgesetzt, in der sie hergestellt wurden):

Gewährleistungsaufwand im Jahr	01	02	03	04
03: 25.000 GE	50 %	40 %	10 %	0 %
04: 35.000 GE	0 %	55 %	45 %	0 %

Eine Änderung des vergangenen Preis- und Kostenniveaus wird für die Zukunft nicht erwartet.

Aufgabe

Wie ist der Sachverhalt in der handelsrechtlichen Bilanz der Kaffee AG zum 31.12.04 abzubilden? Erläutern Sie Ihre Lösung unter Bezugnahme auf die Grundsätze ordnungsmäßiger Buchführung und die relevanten handelsrechtlichen Vorschriften.

Literaturhinweis

BAETGE, JÖRG/KIRSCH, HANS-JÜRGEN/THIELE, STEFAN, Bilanzen, 16. Aufl., Düsseldorf 2021, Kap. IX Abschn. 3 und 511.

Lösung

Im vorliegenden Sachverhalt ist zu prüfen, ob für die Gewährleistungsverpflichtungen der Kaffee AG gegenüber den Käufern der Espresso-Vollautomaten zum 31.12.04 eine Schuld zu passivieren ist.

Eine Schuld ist dann anzusetzen, wenn der Sachverhalt dem **Passivierungsgrundsatz** entsprechend abstrakt passivierungsfähig ist, also

- eine Verpflichtung der Kaffee AG vorliegt,
- mit der Verpflichtung eine wirtschaftliche Belastung für die Kaffee AG verbunden ist und
- die wirtschaftliche Belastung quantifizierbar ist.

Eine **Verpflichtung** liegt vor, wenn sich das bilanzierende Unternehmen aus rechtlichen oder tatsächlichen Gründen der Leistungsabgabe nicht entziehen kann (Zwang zur Leistungserbringung) und darüber hinaus der Leistungszwang hinreichend konkret (vorhersehbar) ist.

Die Kaffee AG ist nach § 438 Abs. 1 Nr. 3 BGB dazu verpflichtet, Mängel an einer Sache innerhalb der Verjährungsfrist von zwei Jahren zu beheben. Insofern liegt eine rechtliche Verpflichtung des Unternehmens zur Erfüllung von Gewährleistungsansprüchen vor.

Eine **wirtschaftliche Belastung** i. S. d. Passivierungsgrundsatzes liegt vor, wenn sich durch die Erfüllung der Verpflichtung für das Unternehmen eine künftige Bruttovermögensminderung ergibt und diese Bruttovermögensminderung hinreichend konkret (vorhersehbar) ist. Ferner müssen sich die mit der Erfüllung der Verpflichtung entstehenden künftigen Ausgaben den Erträgen des abgelaufenen Geschäftsjahres zurechnen lassen (Grundsatz der Abgrenzung der Sache nach).

Im vorliegenden Sachverhalt ergibt sich für die Kaffee AG eine künftige Bruttovermögensminderung durch die rechtliche Verpflichtung zur Behebung der bei ihren Produkten auftretenden Sachmängel innerhalb der gesetzlichen Gewährleistungspflicht von zwei Jahren (z. B. durch anfallende Reparaturkosten). Die damit verbundenen Aufwendungen sind stets den Erträgen des Herstellungsjahres zuzurechnen, da alle Geräte laut Sachverhalt im Jahr der Herstellung abgesetzt wurden.

Eine Schuld ist **quantifizierbar**, wenn die Höhe der Verpflichtung am Bilanzstichtag entweder punktuell feststeht oder zumindest innerhalb einer Bandbreite angegeben werden kann.

Die Gewährleistungsaufwendungen der Jahre 03 und 04 beliefen sich auf 25.000 GE bzw. auf 35.000 GE. Setzt man diese ins Verhältnis zum Gesamtumsatz des jeweiligen Geschäftsjahres (2.500.000 GE im Jahr 03 bzw. 3.5000.000 GE im Jahr 04), ergibt sich ein durchschnittlicher relativer Anteil von 1 %. Der Sachverhalt enthält keine Informationen zu einer künftig zu erwartenden Verbesserung oder Verschlechterung der Qualität der hergestellten Espresso-Vollautomaten. Deshalb kann davon ausgegangen werden, dass der Anteil der Gewährleistungsaufwendungen am Jahresumsatz künftig konstant bleiben wird.

Da alle drei Kriterien des Passivierungsgrundsatzes erfüllt sind, ist die Verpflichtung der Kaffee AG zur Erfüllung künftiger Gewährleistungsansprüche abstrakt passivierungsfähig. Da kein handelsrechtliches Passivierungswahlrecht oder Passivierungsverbot für Gewährleistungsverpflichtungen besteht, ist der Sachverhalt zudem auch konkret passivierungspflichtig.

Die Pflicht der Kaffee AG zur Erfüllung der künftigen Gewährleistungsverpflichtungen ist am Bilanzstichtag weder dem Grunde noch der Höhe nach sicher. Entsprechend ist für diese Verpflichtung gemäß § 249 Abs. 1 Satz 1 HGB eine **Rückstellung für ungewisse Verbindlichkeiten** zu passivieren.

Die **Bewertung** von Rückstellungen ist in § 253 Abs. 1 Satz 2 HGB geregelt. Danach sind „Rückstellungen in Höhe des nach vernünftiger kaufmännischer Beurteilung notwendigen Erfüllungsbetrages anzusetzen“. Analog zur Bewertung von Verbindlichkeiten ist der Erfüllungsbetrag auch bei der Bewertung von Rückstellungen der Betrag, der notwendig ist, damit das Unternehmen die Verpflichtung in Zukunft erfüllen kann. Der Begriff „Erfüllungsbetrag“ verdeutlicht, dass künftige Preis- und Kostenänderungen bei der Rückstellungsbewertung zu berücksichtigen sind. Rückstellungen mit einer Restlaufzeit von mehr als einem Jahr sind im Falle von Altersversorgungsverpflichtungen mit dem durchschnittlichen laufzeitadäquaten Marktzinssatz der vergangenen zehn Geschäftsjahre zu diskontieren, während für sonstige Rückstellungen der durchschnittliche Marktzinssatz der letzten sieben Geschäftsjahre zu verwenden ist (§ 253 Abs. 2 Satz 1 HGB).

Bei der Bewertung von Rückstellungen ist der in § 252 Abs. 1 Nr. 4 HGB genannte Grundsatz der Vorsicht zu beachten. Danach ist aus der Bandbreite möglicher Werte derjenige Wert auszuwählen, der die zu erwartende Vermögensminderung mit sehr hoher Wahrscheinlichkeit erfasst.

Am Bilanzstichtag zum 31.12.04 sind bei der Bemessung der Rückstellungshöhe diejenigen Umsätze von Bedeutung, die innerhalb der vergangenen zwei Jahre realisiert worden sind. Nur für die in diesem Zeitraum realisierten Umsätze ist die gesetzliche Gewährleistungsfrist von zwei Jahren noch nicht erloschen. Im vorliegenden Sachverhalt betragen die Umsätze der Jahre 03 und 04 insgesamt 6.000.000 GE. In der Vergangenheit hatte die Kaffee AG 1 % des jeweiligen Jahresumsatzes für die Erfüllung von Gewährleistungsverpflichtungen aufzuwenden. Daher sind für die kumulierten Umsätze von 6.000.000 GE Gewährleistungsaufwendungen in Höhe von 60.000 GE (= 6.000.000 GE · 1 %) zu erwarten. Indes ist zu beachten, dass der Kaffee AG für die Jahre 03 und 04 bereits Gewährleistungsaufwendungen in Höhe von 18.250 GE entstanden sind, wie folgende Berechnung zeigt:

Jahr	Gesamter Gewährleistungsaufwand	Anteil bereits erfüllter Gewährleistungsansprüche	Anteiliger Gewährleistungsaufwand
03	25.000 GE	10 % + 0 % = 10 %	2.500 GE
04	35.000 GE	45 % + 0 % = 45 %	15.750 GE
Summe			18.250 GE

Zum 31.12.04 sind folglich noch Gewährleistungsaufwendungen in Höhe von 41.750 GE (= 60.000 GE – 18.250 GE) zu erwarten. Nach dem Sachverhalt sind keine künftigen Preis- und Kostenänderungen zu berücksichtigen. Die Rückstellung ist daher mit einem Betrag von 41.750 GE zu bewerten.

Eine Diskontierung der Rückstellung nach § 253 Abs. 2 Satz 1 HGB ist nicht erforderlich, da die durchschnittliche Restlaufzeit aller Gewährleistungsansprüche der Kunden der Kaffee AG ein Jahr beträgt.

Der **Ausweis** der Rückstellung erfolgt in der Bilanz gemäß § 266 Abs. 3 B. 3. HGB unter dem Posten „sonstige Rückstellungen“.

Übung 56: Rückstellungen für Pensionen und ähnliche Verpflichtungen

Sachverhalt

Der am 01.01.1950 geborene Rudi Rüstig tritt am 01.01.2001 (Zeitpunkt D) als Angestellter in die Lines AG ein. Nach fünf Jahren, am 01.01.2006 (Zeitpunkt Z), wird ihm zugesagt, dass er mit Vollendung seines 65. Lebensjahres, also ab dem 01.01.2015 (Zeitpunkt V), fünf Jahre lang eine vorschüssig zu zahlende Betriebsrente in Höhe von 25.000 GE p. a. erhält. Die Betriebsrente soll direkt von der Lines AG an Rudi Rüstig gezahlt werden.

Aufgaben

(a) Begründen Sie, weshalb die Lines AG nach den handelsrechtlichen Vorschriften verpflichtet ist, in ihrer Bilanz eine Rückstellung für Pensionen und ähnliche Verpflichtungen auszuweisen.

(b) Erläutern Sie die Rechnungsgrundlagen für Pensionsrückstellungen.

(c) Ermitteln Sie die Höhe der am 31.12.2010 (Zeitpunkt B_1) in der Bilanz der Lines AG auszuweisenden Rückstellung für Pensionen und ähnliche Verpflichtungen. Unterscheiden Sie bei der Berechnung der Rückstellungshöhe zwischen dem Teilwertverfahren und dem Gegenwartswertverfahren, und legen Sie als Diskontierungszinssatz den entsprechenden durchschnittlichen Marktzinssatz i. S. d. § 253 Abs. 2 HGB aus Übersicht 56-1 zugrunde. Aus Vereinfachungsgründen werden biometrische Wahrscheinlichkeiten (z. B. Sterbewahrscheinlichkeiten) vernachlässigt.

(d) Ermitteln Sie die Höhe der am 31.12.2011 (Zeitpunkt B_2) in der Bilanz der Lines AG auszuweisenden Rückstellung für Pensionen und ähnliche Verpflichtungen. Welcher Betrag ist der Rückstellung im Jahr 2011 zuzuführen? Unterscheiden Sie auch hier zwischen Teilwertverfahren und Gegenwartswertverfahren.

(e) Ermitteln Sie die Höhe der am 31.12.2010 (Zeitpunkt B_1) und der am 31.12.2011 (Zeitpunkt B_2) in der Bilanz der Lines AG auszuweisenden Verpflichtungen für Pensionen gemäß den Vorschriften des IAS 19 (Leistungen an Arbeitnehmer). Der Abzinsungssatz betrage 6 % p. a. Die Betriebsrente soll für Rudi Rüstigs gesamte Dienstzeit gewährt werden. Aus Vereinfachungsgründen werden biometrische Wahrscheinlichkeiten auch in diesem Fall vernachlässigt.

Restlaufzeit ab 31.12.2010 (in Jahren)	Diskontierungszinssatz
15	5,25 %
14	5,20 %
13	5,15 %
12	5,09 %
11	5,03 %
10	4,95 %
9	4,87 %
8	4,78 %
7	4,68 %
6	4,57 %
5	4,44 %
4	4,31 %
3	4,15 %
2	3,97 %
1	3,82 %

Übersicht 56-1: *Diskontierungszinssätze*

Literaturhinweis

BAETGE, JÖRG/KIRSCH, HANS-JÜRGEN/THIELE, STEFAN, Bilanzen, 16. Aufl., Düsseldorf 2021, Kap. IX Abschn. 513 und 73.

Lösungen

Lösung zu Teilaufgabe (a)

Bei Pensionsverpflichtungen sind handelsrechtlich die Vorschriften des § 249 Abs. 1 Satz 1 HGB i. V. m. Art. 28 EGHGB sowie das in § 246 Abs. 1 HGB kodifizierte Vollständigkeitsgebot zu beachten. Demnach besteht

- eine **Passivierungspflicht** für **unmittelbare Pensionsverpflichtungen**, die nach dem 31.12.1986 eingegangen wurden („Neuzusagen");
- ein **Passivierungswahlrecht** für **unmittelbare Pensionsverpflichtungen**, die vor dem 01.01.1987 eingegangen wurden, einschließlich nachträglicher Erhöhungen („Altzusagen");
- ein **Passivierungswahlrecht** für **mittelbare Pensionsverpflichtungen** aus einer Zusage oder für **Anwartschaften auf eine Pension** sowie für ähnliche unmittelbare oder mittelbare Verpflichtungen.

Bei einer unmittelbaren Pensionsverpflichtung verpflichtet sich ein Unternehmen gegenüber dem Pensionsempfänger zur Zahlung einer Pensionsleistung ohne Einschaltung eines selbständigen Versorgungsträgers (Versicherungsunternehmen, Unterstützungskasse, Pensionskasse). Bei einer mittelbaren Pensionsverpflichtung werden die Pensionsleistungen durch einen selbständigen Versorgungsträger erbracht. Zu den ähnlichen Verpflichtungen werden Leistungen gezählt, die zum einen an Leib und Leben des Berechtigten gebunden sind und zum anderen mit einem Ereignis in Zusammenhang stehen, das eine Pensionszahlung auslöst oder auslösen könnte (Überbrückungsgeld, Vorruhestandsverpflichtungen).

Im Fall von Rudi Rüstig handelt es sich um eine unmittelbare Pensionsverpflichtung, die nach dem 31.12.1986 von der Lines AG eingegangen wurde (Zeitpunkt Z). Die Lines AG ist daher verpflichtet, auf der Passivseite ihrer Bilanz eine Rückstellung für Pensionen und ähnliche Verpflichtungen auszuweisen.

Lösung zu Teilaufgabe (b)

Rechnungsgrundlagen sind jene Einflussgrößen, die die Höhe der zu bildenden Pensionsrückstellungen maßgeblich beeinflussen. Die wesentlichen Rechnungsgrundlagen sind:

(1) die biometrischen Wahrscheinlichkeiten, wie Sterbe-, Invaliditäts- und Eheschließungswahrscheinlichkeiten,

(2) die künftigen Steigerungssätze für das Gehalt und die Rente des Pensionsberechtigten,

(3) der Rechnungszins,

(4) die Fluktuation und

(5) das Renteneintrittsalter, d.h. die Altersgrenze, ab der die Leistungen fällig werden.

Zu (1): **Biometrische Wahrscheinlichkeiten**

Dauer und Höhe der künftigen Rentenzahlungen hängen davon ab, ob und wann der Versorgungsberechtigte vor oder nach Erreichen der Altersgrenze stirbt oder invalide wird und ob er bei seinem Tod leistungsberechtigte Hinterbliebene hinterlässt. Diese biologischen Unsicherheitsfaktoren werden über biometrische Wahrscheinlichkeiten berücksichtigt. Die biologischen Rechnungsgrundlagen sind **Sterbewahrscheinlichkeiten, Invaliditätswahrscheinlichkeiten** sowie **Eheschließungs- und Heiratswahrscheinlichkeiten**, die durch Beobachtung der relativen Häufigkeit bei großen Personengesamtheiten gewonnen werden. Diese Rechnungsgrundlagen stellen unechte, d. h. auf wahrscheinliche Erwartungen reduzierbare Glaubwürdigkeitsfälle dar. Die biometrischen Wahrscheinlichkeiten sind Bestandteil der versicherungsmathematischen Bewertungsmethode und in versicherungsmathematischen Tafelwerken zusammengestellt (z. B. Richttafeln des Büros Prof. Dr. Heubeck). Die versicherungsmathematische Methode besitzt den Vorteil, dass subjektive Einschätzungen des bilanzierenden Unternehmens über die seine Arbeitnehmer betreffenden biologischen Wahrscheinlichkeiten unberücksichtigt bleiben.

Zu (2): **Künftige Steigerungssätze für das Gehalt und die Rente**

Bei den Versorgungsplänen wird zwischen beitragsorientierten und leistungsorientierten Versorgungsplänen unterschieden. Bei den **beitragsorientierten Versorgungsplänen** zahlt der Arbeitgeber festgelegte Beiträge an eine Versorgungseinrichtung. Die Leistungsansprüche des Versorgungsberechtigten ergeben sich aus den geleisteten Beiträgen und der vereinbarten Verzinsung. Die beitragsorientierten Versorgungspläne werden in Deutschland (noch) selten angewendet (z. B. Direktversicherungen). Bei den zur Bildung von Pensionsrückstellungen zu führenden **leistungsorientierten Versorgungsplänen** sind die Leistungsansprüche des Versorgungsberechtigten festgelegt. Innerhalb der leistungsorientierten Versorgungspläne wird zwischen dynamischen und statischen Leistungssystemen unterschieden. In den **dynamischen Leistungssystemen** ist die Höhe der künftigen Leistungsverpflichtungen unmittelbar von der Lohn- und Gehaltsentwicklung abhängig. Der Leistungsanspruch ergibt sich bspw. aus dem letzten Einkommen des Versorgungsberechtigten bei Eintritt des Versorgungsfalles oder nach einem durchschnittlich bezogenen Gehalt. Inflation und Produktivitätsfortschritte wirken sich über die Lohn- und Gehaltsentwicklung automatisch auf die Höhe der Verpflichtung aus. Bei den **statischen Leistungssystemen** wird ein fester Geldbetrag zugesagt. In der Regel werden diese auch regelmäßig entsprechend der Lohn- und Gehaltsentwicklung angepasst. Für beide Leistungssysteme ist darüber hinaus § 16 BetrAVG sowie die Rechtsprechung des Bundesarbeitsgerichts zu beachten, nach der Kaufkraftverluste nach Eintritt des Versorgungsfalles auszugleichen sind, soweit dies für den Arbeitgeber wirtschaftlich tragbar ist.

Zu (3): **Rechnungszins**

Für Rentenverpflichtungen gilt analog zu den allgemeinen Regeln der Rückstellungsbewertung nach § 253 Abs. 2 Satz 1 HGB ein **Diskontierungsgebot**. Wenn die Restlaufzeit von Altersversorgungsverpflichtungen mehr als ein Jahr beträgt, sind diese mit dem ihrer Restlaufzeit entsprechenden durchschnittlichen Marktzinssatz der vergangenen zehn Jahre zu diskontieren. Bei der Diskontierung ist zu beachten, dass jede Pensionsverpflichtung grundsätzlich einzeln unter Berücksichtigung ihrer individuellen Restlaufzeit zu bewerten und zu diskontieren ist. Indes dürfen Pensions- und vergleichbare langfristige Altersversorgungsverpflichtungen gemäß § 253 Abs. 2 Satz 2 HGB vereinfachend pauschal mit dem durchschnittlichen Marktzinssatz diskontiert werden, der sich bei einer angenommenen Restlaufzeit von 15 Jahren ergibt, sofern die wirtschaftliche Lage des Bilanzierenden weiterhin den tatsächlichen Verhältnissen entsprechend dargestellt wird.

Steuerrechtlich sind Pensionsrückstellungen stets mit 6 % p. a. zu diskontieren (§ 6a Abs. 3 Satz 3 EStG). Da der handels- und steuerrechtliche Diskontierungssatz regelmäßig auseinanderfallen werden, ist eine identische Bewertung der Pensionsrückstellung in der Handels- und Steuerbilanz regelmäßig nicht möglich.

Zu (4): **Fluktuation**

Unter Fluktuation versteht man die freiwillige (gegebenenfalls auch unfreiwillige) Aufgabe des Dienstverhältnisses vor Eintritt des Versorgungsfalles. Durch die Aufgabe des Dienstverhältnisses fällt beim Arbeitgeber die Pensionsverpflichtung weg, wenn Versorgungsberechtigte das Unternehmen verlassen, bevor ihre Ansprüche unverfallbar geworden sind. Sofern die Ansprüche unverfallbar geworden sind, sind Pensionsrückstellungen in Höhe des anteiligen Barwertes der künftigen Versorgungsleistungen anzusetzen. Da die **Frage der Unverfallbarkeit von Versorgungsansprüchen** im Wesentlichen von der Dauer der abgegebenen Pensionszusage abhängt, führt die Fluktuation nur bei jüngeren Mitarbeitern und älteren Mitarbeitern mit kurzer Betriebszugehörigkeit zu einer Minderung der Pensionslast des Arbeitgebers. Gemäß § 1b Abs. 1 Satz 1 BetrAVG ist ein Versorgungsanspruch unverfallbar, wenn der Arbeitnehmer das 21. Lebensjahr vollendet und die Versorgungszusage bereits über einen Zeitraum von drei Jahren bestanden hat.

Zu (5): **Renteneintrittsalter**

Durch das Renteneintrittsalter wird die Länge des Finanzierungszeitraumes und damit auch der Wertansatz der Pensionsverpflichtungen während der Anwartschaft beeinflusst. Zwar sehen viele Pensionsvereinbarungen eine **feste Altersgrenze** vor, indes werden verstärkt **Vorruhestands- und Altersteilzeitregelungen** in Anspruch genommen. Es ist hier dem unternehmensspezifischen Renteneintrittsverhalten Rechnung zu tragen, sofern nicht eine Kürzung der Leistungshöhe für den Fall des frühzeitigen Renteneintritts vorgesehen ist.

Lösung zu Teilaufgabe (c)

Obgleich ein spezielles Bewertungsverfahren für Pensionsrückstellungen und Anwartschaften auf Pensionen nicht vorgeschrieben ist, muss der Bilanzierende gemäß § 264 Abs. 2 Satz 1 HGB bei der Rückstellungsbewertung ein versicherungsmathematisches Verfahren anwenden, mit dem die wirtschaftliche Lage des Bilanzierenden zutreffend dargestellt wird. Sowohl handelsrechtlich als auch steuerrechtlich herrscht Einigkeit, dass eine Pensionsrückstellung ratierlich so anzusammeln ist, dass bei Rentenbeginn der Barwert der erwarteten Rentenzahlungen in die Rückstellung eingestellt worden ist. Für die handelsrechtliche Bemessung der ratierlichen, also am Ende eines jeden Geschäftsjahres einzustellenden Beträge, kommen unter anderem das **Teilwertverfahren** und das **Gegenwartswertverfahren** in Frage.

Das Handelsrecht schreibt kein anzuwendendes versicherungsmathematisches Bewertungsverfahren vor. Da Rückstellungen gemäß § 253 Abs. 1 Satz 2 HGB mit ihrem nach vernünftiger kaufmännischer Beurteilung notwendigen Erfüllungsbetrag zu bewerten sind, dürfen nur solche Bewertungsverfahren angewandt werden, die künftige Gehalts- und Rentenentwicklungen berücksichtigen. Das steuerlich vorgeschriebene Teilwertverfahren nach § 6a EStG ist handelsrechtlich für Abschlüsse, die nach dem 31.12.2009 beginnen (Art. 66 Abs. 3 EGHGB), nicht mehr zulässig, da es künftige Gehalts- und Rententrends nicht berücksichtigt und einen festen Zinssatz von 6 % unterstellt. Ein den handelsrechtlichen Ansprüchen angepasstes Teilwertverfahren ist indes zulässig. Neben dem Teilwertverfahren und dem Gegenwartswertverfahren ist auch die nach IAS 19 (Leistungen an Arbeitnehmer) anzuwendende **Methode der laufenden Einmalprämien** (projected unit credit method) ein handelsrechtlich zulässiges versicherungsmathematisches Bewertungsverfahren.

Beim **Teilwertverfahren** wird der Zeitpunkt des Diensteintritts (Zeitpunkt D) bei der Bemessung der Rückstellungshöhe zugrunde gelegt. Indes wird die Rückstellung erst im Zeitpunkt der Pensionszusage (Zeitpunkt Z) gebildet. Im Zeitpunkt Z ist für die auf den Zeitraum zwischen Diensteintritt (Zeitpunkt D) und der Pensionszusage (Zeitpunkt Z) entfallenden Teilbeträge eine Einmalrückstellung zu bilden. Beim **Gegenwartswertverfahren** wird der Zeitpunkt der Pensionszusage (Zeitpunkt Z) bei der Bemessung der Rückstellungshöhe zugrunde gelegt. In diesem Zeitpunkt Z wird die Rückstellung erstmalig gebildet. Die folgende Übersicht 56-2 verdeutlicht den Verlauf der Rückstellungshöhe bei Anwendung des Teilwertverfahrens und des Gegenwartswertverfahrens:

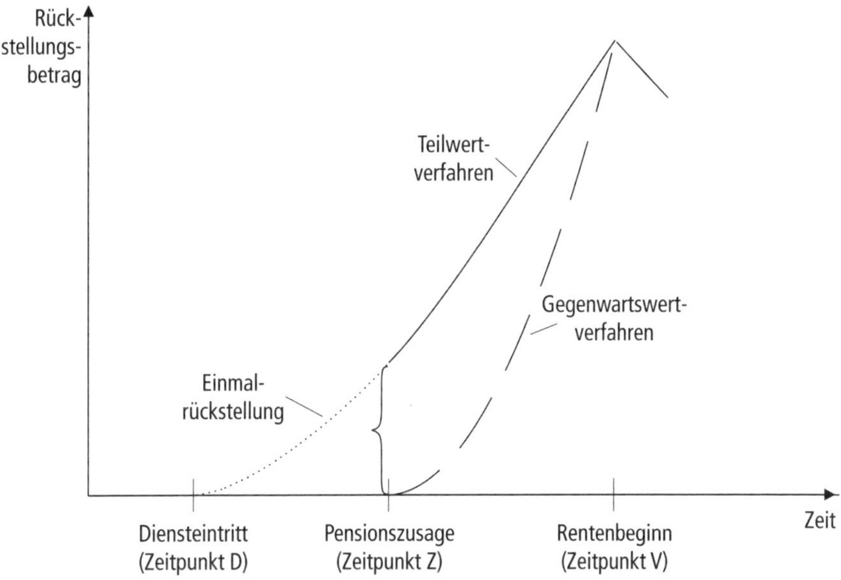

Übersicht 56-2: *Verlauf der Pensionsrückstellung nach dem Teilwert- und dem Gegenwartswertverfahren*

Das **Teilwertverfahren** verteilt die Gegenleistung des Arbeitnehmers über die gesamte Dienstzeit. Diese Vorgehensweise entspricht eher der Abgrenzung der Sache und der Zeit nach als die Vorgehensweise beim Gegenwartswertverfahren. Das **Gegenwartswertverfahren** verteilt die Gegenleistung des Arbeitnehmers über den Zeitraum ab der Pensionszusage bis zum Versorgungszeitpunkt. Die beiden Verfahren führen bis zum Eintritt des Versorgungsfalles (Zeitpunkt V) zu unterschiedlich hohen Pensionsrückstellungen. Sowohl beim Teilwertverfahren als auch beim Gegenwartswertverfahren ist indes sichergestellt, dass die Höhe der Pensionsrückstellungen bei Eintritt des Versorgungsfalles dem Barwert der künftigen Pensionsleistungen zu diesem Zeitpunkt entspricht. Bei Eintritt des Versorgungsfalles ist der Barwert der fiktiven Prämien gleich Null, da keine Gegenleistung des Arbeitnehmers mehr zu erwarten ist.

Der Berechnung der **Höhe der Rückstellung** zu einem beliebigen Zeitpunkt t ist folgende Formel zugrunde zu legen:

	Barwert der künftigen Pensionsleistungen im Zeitpunkt t
–	Barwert der im Zeitraum [t + 1; V] vom Arbeitnehmer erbrachten Gegenleistungen (fiktive Nettoprämien) im Zeitpunkt t
=	Teilwert bzw. Gegenwartswert im Zeitpunkt t

Übersicht 56-3: *Berechnung der Höhe der Pensionsrückstellungen*

Die Formel trägt der Überlegung Rechnung, dass der Arbeitnehmer mindestens einen Teil der Pensionsleistungen erst noch erdienen muss. Das Teilwertverfahren und das Gegenwartswertverfahren unterscheiden sich in der Hinsicht, dass die fiktive Nettoprämie beim Teilwertverfahren kleiner ist, da bei diesem Verfahren die „Erdienungsperiode" länger ist und eine Einmalrückstellung zum Zeitpunkt der Pensionszusage (Zeitpunkt Z) gebildet wird.

Im Einzelnen sind sechs Schritte bei der Berechnung des Rückstellungswertes bei beiden Verfahren zu unterscheiden. Diese werden zunächst für die Berechnung des Rückstellungswertes nach dem **Teilwertverfahren** dargestellt:

Im **ersten Schritt** wird der versicherungsmathematische Barwert künftiger Pensionsleistungen ab dem Eintritt des Versorgungsfalles, also ab dem Beginn der Pensionszahlung (Zeitpunkt V), ermittelt. Für den Barwert (V) gilt:

Barwert (V)	= 25.000,00 GE
	+ 25.000,00 GE · $1{,}0382^{-1}$
	+ 25.000,00 GE · $1{,}0397^{-2}$
	+ 25.000,00 GE · $1{,}0415^{-3}$
	+ 25.000,00 GE · $1{,}0431^{-4}$
	= 115.453,60 GE

Im **zweiten Schritt** ist der Barwert künftiger Pensionsleistungen (Anwartschaftsbarwert) auf den Bilanzstichtag 31.12.2010 (B_1), also um vier Jahre, zu diskontieren. Die künftigen Pensionsleistungen sind hierzu auf den Bilanzstichtag (B_1), also um vier Jahre, zu diskontieren. Für den Barwert (B_1) gilt:

Barwert (B_1)=	Barwert (V) · Abzinsungsfaktor (4,31 %, 4 Jahre)
	= 115.453,60 GE · $1{,}0431^{-4}$
	= 97.522,25 GE

Der Anwartschaftsbarwert der Pensionsleistung zum Bilanzstichtag am 31.12.2010 beträgt 97.522,25 GE.

Im **dritten Schritt** ist der Anwartschaftsbarwert zusätzlich um 14 Jahre auf den Zeitpunkt des Diensteintritts am 01.01.2001 (Zeitpunkt D) zu diskontieren. Für den Barwert (D) gilt:

$$\begin{aligned} \text{Barwert (D)} &= \text{Barwert (V)} \cdot \text{Abzinsungsfaktor (5,20 \%, 14 Jahre)} \\ &= 115.453{,}60 \text{ GE} \cdot 1{,}0520^{-14} \\ &= 56.778{,}92 \text{ GE} \end{aligned}$$

Der Barwert (D) wird im **vierten Schritt** in Annuitäten oder sog. „fiktive Nettoprämien" (Gegenleistungen des Arbeitnehmers während seiner gesamten Arbeitszeit für den Pensionsanspruch) umgerechnet. Diese für das Teilwertverfahren ermittelten Annuitäten (A_T) ermöglichen es, den Barwert der künftigen Pensionsleistungen während der gesamten Arbeitszeit von Rudi Rüstig gleichmäßig anzusammeln. Für die Annuität (A_T) gilt:

$$\begin{aligned} \text{Annuität } (A_T) &= \text{Barwert (D)} \cdot \text{Annuitätenfaktor (5,20 \%, 14 Jahre)} \\ &= 56.778{,}92 \text{ GE} \cdot 0{,}1023 \\ &= 5.809{,}61 \text{ GE} \end{aligned}$$

mit:

$$\text{Annuitätenfaktor} = (1+i)^n \cdot \frac{i}{(1+i)^n - 1}$$

Im **fünften Schritt** ist die Frage nach der Höhe des Barwertes der Gegenleistung (G) des Arbeitnehmers zu stellen, die dieser in der Zeit zwischen dem jeweiligen Bilanzstichtag (B_1) und dem Eintritt des Versorgungsfalles (V) noch erbringen wird. Mit anderen Worten: Bezogen auf den 31.12.2010 ist der Barwert der zu diesem Zeitpunkt noch nicht verrechneten (ausstehenden), d. h. auf die Jahre zwischen dem 31.12.2010 und dem Eintritt des Versorgungsfalles am 01.01.2015 entfallenden Annuitäten zu berechnen. Diese errechnen sich mit Hilfe des sog. Rentenbarwertfaktors, der mit der Annuität multipliziert wird. Es gilt:

$$\begin{aligned} \text{Barwert (G)} &= \text{Annuität } (A_T) \cdot \text{Rentenbarwertfaktor (4,31 \%, 4 Jahre)} \\ &= 5.809{,}61 \text{ GE} \cdot 3{,}6035 \\ &= 20.935{,}12 \text{ GE} \end{aligned}$$

mit:

$$\text{Rentenbarwertfaktor} = \frac{(1+i)^n - 1}{(1+i)^n \cdot i}$$

Die noch zu erwartende Arbeitsleistung von Rudi Rüstig während der letzten vier Arbeitsjahre 2011 bis 2014 wird bei Anwendung des Teilwertverfahrens am 31.12.2010 mit 20.935,12 GE bewertet.

Im **sechsten Schritt** ergibt sich dann der Wert der Rückstellung zum Bilanzstichtag 31.12.2010 als Differenz zwischen dem Barwert der künftigen Pensionsleistungen am Bilanzstichtag (Anwartschaftsbarwert, Barwert (B_1)) und dem Barwert der vom Arbeitnehmer in Zukunft noch zu erwartenden Gegenleistungen (Barwert (G)):

Pensionsrückstellung	= Barwert (B_1) – Barwert (G)
	= 97.522,25 GE – 20.935,12 GE
	= 76.587,12 GE

Die Pensionsrückstellung ist bei Anwendung des Teilwertverfahrens zum 31.12.2010 mit 76.587,12 GE in der Bilanz der Lines AG zu bewerten.

Nach dem **Gegenwartswertverfahren** wird die Höhe der Rückstellung wie folgt ermittelt:

Die **ersten beiden Schritte** führen beim Gegenwartswertverfahren zu den gleichen Beträgen wie bei Anwendung des Teilwertverfahrens. Der Barwert der Versorgungsleistungen ab dem Eintritt des Versorgungsfalles (Barwert (V)) beträgt 115.453,60 GE und der Barwert der künftigen Pensionsleistungen (Anwartschaftsbarwert) zum Bilanzstichtag 31.12.2010 (Barwert (B_1)) beträgt 97.522,25 GE.

Im **dritten Schritt** ist der Barwert der künftigen Pensionsleistungen auf den Zeitpunkt der Pensionszusage, im vorliegenden Sachverhalt auf den 01.01.2006 (Zeitpunkt Z), zu diskontieren. Für den Barwert (Z) gilt:

Barwert (Z)	= Barwert (V) · Abzinsungsfaktor (4,87 %, 9 Jahre)
	= 115.453,60 GE · $1{,}0487^{-9}$
	= 75.256,86 GE

Im **vierten Schritt** wird der Barwert (Z) in Annuitäten oder sog. „fiktive Nettoprämien“ (Gegenleistungen des Arbeitnehmers während seiner Arbeitszeit ab der Pensionszusage für den Pensionsanspruch) umgerechnet. Diese für das Gegenwartswertverfahren ermittelten Annuitäten (A_G) ermöglichen es, den Barwert der künftigen Pensionsleistungen während der Arbeitszeit ab der Pensionszusage von Rudi Rüstig gleichmäßig anzusammeln. Für die Annuität (A_G) gilt:

Annuität (A_G)	= Barwert (Z) · Annuitätenfaktor (4,87 %, 9 Jahre)
	= 75.256,86 GE · 0,1399
	= 10.526,68 GE

Analog zum Teilwertverfahren ist im **fünften Schritt** die Frage nach der Höhe des Barwertes der Gegenleistung G (Barwert (G)) des Arbeitnehmers zu stellen, die dieser in der Zeit zwischen dem jeweiligen Bilanzstichtag 31.12.2010 und dem Eintritt des Versorgungsfalles (Zeitpunkt V) noch erbringen wird. Mit anderen Worten: Bezogen auf den 31.12.2010 ist der Barwert der zu diesem Zeitpunkt noch nicht verrechneten, d. h. auf die Jahre zwischen dem 31.12.2010 und dem 01.01.2015 (Eintritt des Versorgungsfalles) entfallenden (ausstehenden) Annuitäten zu berechnen:

Barwert (G) = Annuität (A_G) · Rentenbarwertfaktor (4,31 %, 4 Jahre)
= 10.526,86 GE · 3,6035
= 37.933,24 GE

Die noch zu erwartende Arbeitsleistung von Rudi Rüstig während der letzten vier Arbeitsjahre 2011 bis 2015 wird beim Gegenwartswertverfahren am 31.12.2010 mit 37.933,24 GE bewertet.

Im **sechsten Schritt** ergibt sich – analog zum Teilwertverfahren – der in der Bilanz der Lines AG als Rückstellung für Pensionen und ähnliche Verpflichtungen auszuweisende Betrag als Differenz zwischen dem Barwert der künftigen Pensionsleistungen am Bilanzstichtag (Anwartschaftsbarwert, Barwert (B_1)) und dem Barwert der vom Arbeitnehmer in Zukunft noch zu erwartenden Gegenleistungen:

Pensionsrückstellung = Barwert (B_1) – Barwert (G)
= 97.522,25 GE – 37.933,24 GE
= 59.589,01 GE

Die Pensionsrückstellung ist bei Anwendung des Gegenwartswertverfahrens zum 31.12.2010 mit 59.589,01 GE in der Bilanz der Lines AG zu bewerten.

Lösung zu Teilaufgabe (d)

Die am 31.12.2011 (Zeitpunkt B_2) erforderlichen Schritte zur Berechnung der zu diesem Zeitpunkt auszuweisenden Rückstellungen nach dem Teilwertverfahren bzw. nach dem Gegenwartswertverfahren werden im Folgenden verkürzt dargestellt, da sie sich von den im Vorjahr vorgenommenen Schritten grundsätzlich nicht unterscheiden. Am 31.12.2011 ist analog zur Vorgehensweise zum 31.12.2010 (Zeitpunkt B_1) zu verfahren.

Der Rückstellungswert nach dem **Teilwertverfahren** wird wie folgt ermittelt:

Der **erste Schritt** erfolgt analog zum 31.12.2010 und führt somit zu einem Barwert künftiger Pensionsleistungen zum Zeitpunkt des Eintritts des Versorgungsfalles (Zeitpunkt V) in Höhe von 115.453,60 GE.

Im **zweiten Schritt** ist der Barwert der künftigen Pensionsleistungen auf den Bilanzstichtag 31.12.2011 (Zeitpunkt B_2) zu diskontieren (Anwartschaftsbarwert):

Barwert (B_2)= Barwert (V) · Abzinsungsfaktor (4,15 %, 3 Jahre)
= 115.453,60 GE · $1{,}0415^{-3}$
= 102.195,00 GE

Am Bilanzstichtag zum 31.12.2011 beträgt der Anwartschaftsbarwert der Pensionsleistung 102.195 GE.

Der **dritte Schritt** erfolgt ebenfalls analog zum 31.12.2010. Der Barwert der künftigen Pensionsleistungen bei Diensteintritt (Zeitpunkt D) beträgt:

$$\begin{aligned} \text{Barwert (D)} &= \text{Barwert (V)} \cdot \text{Abzinsungsfaktor (5,20 \%, 14 Jahre)} \\ &= 102.195{,}00 \text{ GE} \cdot 1{,}0520^{-14} \\ \hline &= 50.258{,}47 \text{ GE} \end{aligned}$$

Die im **vierten Schritt** zu ermittelnde Annuität (A_T) beträgt:

$$\begin{aligned} \text{Annuität } (A_T) &= \text{Barwert (D)} \cdot \text{Annuitätenfaktor (5,20 \%, 14 Jahre)} \\ &= 50.258{,}47 \text{ GE} \cdot 0{,}1023 \\ \hline &= 5.141{,}44 \text{ GE} \end{aligned}$$

Im **fünften Schritt** ist der Barwert der zum Bilanzstichtag 31.12.2011 noch nicht verrechneten, d. h. auf die Jahre zwischen 31.12.2011 und dem Eintritt des Versorgungsfalles am 01.01.2015 (Zeitpunkt V) entfallenden Annuitäten (A_T) zu ermitteln:

$$\begin{aligned} \text{Barwert (G)} &= \text{Annuität } (A_T) \cdot \text{Rentenbarwertfaktor (4,15 \%, 3 Jahre)} \\ &= 5.141{,}44 \text{ GE} \cdot 2{,}7672 \\ \hline &= 14.227{,}39 \text{ GE} \end{aligned}$$

Im **sechsten Schritt** ist die Höhe der am 31.12.2011 zu passivierenden Pensionsrückstellung zu ermitteln:

$$\begin{aligned} \text{Pensionsrückstellung} &= \text{Barwert } (B_2) - \text{Barwert (G)} \\ &= 102.195{,}00 \text{ GE} - 14.227{,}39 \text{ GE} \\ \hline &= 87.967{,}61 \text{ GE} \end{aligned}$$

Die Pensionsrückstellung ist am 31.12.2011 bei Anwendung des Teilwertverfahrens mit einem Wert in Höhe von 87.967,61 GE in der Bilanz der Lines AG auszuweisen. Da die Höhe der Rückstellung am 31.12.2010 (Zeitpunkt B_1) 78.601,90 GE betrug, sind am 31.12.2011 (Zeitpunkt B_2) 9.365,71 GE (= 87.967,61 GE – 78.601,90 GE) den Rückstellungen für Pensionen und ähnliche Verpflichtungen zuzuführen.

Der Rückstellungswert nach dem **Gegenwartswertverfahren** wird wie folgt ermittelt:

Die **ersten beiden Schritte** bei Anwendung des Gegenwartswertverfahrens führen zu den gleichen Beträgen wie bei Anwendung des Teilwertverfahrens. Der Barwert der künftigen Pensionsleistungen zum Zeitpunkt des Eintritts des Versorgungsfalles (Zeitpunkt V) beträgt 115.453,60 GE. Der Anwartschaftsbarwert der künftigen Pensionsleistungen beträgt zum Bilanzstichtag 31.12.2011 (Zeitpunkt B_2) 102.195 GE.

Der **dritte Schritt** erfolgt analog zum 31.12.2010. Der Barwert der künftigen Pensionsleistungen zum Zeitpunkt der Pensionszusage (Zeitpunkt Z) beträgt:

$$\begin{aligned} \text{Barwert (Z)} &= \text{Barwert (V)} \cdot \text{Abzinsungsfaktor (4,87 \%, 9 Jahre)} \\ &= 115.453{,}60 \text{ GE} \cdot 1{,}0487^{-9} \\ \hline &= 75.256{,}86 \text{ GE} \end{aligned}$$

Der Barwert (Z) wird im **vierten Schritt** in Annuitäten umgerechnet:

Annuität (A_G)	= Barwert (Z) · Annuitätenfaktor (4,87 %, 9 Jahre)
	= 75.256,86 GE · 0,1399
	= 10.526,68 GE

Der im **fünften Schritt** zu ermittelnde Barwert der zum Zeitpunkt B_2 noch nicht verrechneten, d. h. auf die Jahre zwischen 31.12.2011 und dem Eintritt des Versorgungsfalles am 01.01.2015 (Zeitpunkt V) entfallenden Annuitäten (A_G) beträgt:

Barwert (G)	= Annuität (A_G) · Rentenbarwertfaktor (4,15 %, 3 Jahre)
	= 10.526,68 GE · 2,7672
	= 29.129,54 GE

Die im **sechsten Schritt** zu ermittelnde Höhe der am 31.12.2011 zu passivierenden Pensionsrückstellung beträgt:

Pensionsrückstellung	= Barwert (B_2) – Barwert (G)
	= 102.195,00 GE – 29.129,54 GE
	= 73.065,46 GE

Die Pensionsrückstellung ist am 31.12.2011 bei Anwendung des Gegenwartswertverfahrens mit einem Wert von 73.065,46 GE in der Bilanz der Lines AG auszuweisen. Da die Höhe der Rückstellung am 31.12.2010 (Zeitpunkt B_1) 59.589,00 GE betrug, sind 13.476,45 GE (= 73.065,46 GE – 59.589,01 GE) am 31.12.2011 den Rückstellungen für Pensionen und ähnliche Verpflichtungen zuzuführen.

Lösung zu Teilaufgabe (e)

IAS 19 (Leistungen an Arbeitnehmer) findet Anwendung bei Leistungen nach Beendigung des Arbeitsverhältnisses, Leistungen aus Anlass der Beendigung eines Arbeitsverhältnisses, bei Kapitalbeteiligungsleistungen, bei langfristigen Verbindlichkeiten aus Arbeitsverhältnissen sowie bei kurzfristigen Zahlungsverpflichtungen gegenüber Arbeitnehmern oder für Arbeitnehmer. IAS 19 unterscheidet die **Leistungen nach Beendigung des Arbeitsverhältnisses** in **beitragsorientierte Pensionspläne** (defined contribution plans) und in **leistungsorientierte Pensionspläne** (defined benefit plans). Unter den beitragsorientierten Plänen versteht man solche Pläne für Leistungen, bei denen das Unternehmen festgelegte Beiträge an einen eigenständigen Fonds entrichtet und weder rechtlich noch faktisch zur Zahlung darüber hinausgehender Beiträge verpflichtet ist, falls der Fonds nicht über ausreichende Mittel verfügt, um alle Leistungen in Bezug auf Arbeitsleistungen der Arbeitnehmer zu erbringen. Die beitragsorientierten Pläne zeichnen sich dadurch aus, dass der Arbeitnehmer das Risiko trägt, dass die Leistungen geringer ausfallen können als erwartet (versicherungsmathematisches Risiko) und dass die angelegten Mittel nicht ausreichen könnten, um die erwarteten Leistungen zu erbringen (Anlagerisiko). Leistungsorientierte Pläne sind alle Pläne für Leistungen, die nicht zu den beitragsorientierten Plänen zählen. Bei den leistungsorientierten Plänen trägt das Unternehmen das versicherungsmathematische Risiko und das Anlagerisiko.

Die **Höhe der Pensionsrückstellung nach IAS 19** setzt sich aus folgendem Saldo zusammen:

	Barwert der nicht über einen Fonds finanzierten Verpflichtungen zum Bilanzstichtag
+	Barwert der ganz oder teilweise über einen Fonds finanzierten leistungsorientierten Verpflichtungen zum Bilanzstichtag
–	Beizulegender Zeitwert eines etwaigen Planvermögens am Bilanzstichtag
+/–	Noch nicht in der Bilanz erfasste versicherungsmathematische Gewinne (+) / Verluste (–)
–	Noch nicht in der Bilanz erfasster nachzuverrechnender Dienstzeitaufwand
=	In der Bilanz ausgewiesener Betrag für Pensionsverpflichtungen und etwaiges Fondsvermögen

Übersicht 56-4: *Berechnung der Höhe der Pensionsrückstellungen nach IFRS*

Planvermögen bezeichnet Vermögenswerte, die von einer Einheit (Fonds) gehalten werden. Der Fonds muss rechtlich unabhängig von dem bilanzierenden Unternehmen sein. Zusätzlich muss das vom Fonds gehaltene Vermögen außerhalb jeder Verfügungsmacht des bilanzierenden Unternehmens liegen. Darüber hinaus ist das bilanzierende Unternehmen weder rechtlich noch faktisch verpflichtet, Leistungen unmittelbar an den Arbeitnehmer zu zahlen, soweit ausreichendes Vermögen im Fonds vorhanden ist. Das Planvermögen ist grundsätzlich mit dem Marktwert oder aus diesem abgeleiteten Werten zu bewerten. Die Differenz zwischen erwartetem und tatsächlichem Ertrag aus dem Planvermögen ist ein versicherungsmathematischer Gewinn oder Verlust.

Versicherungsmathematische Gewinne und Verluste resultieren aus

- einer unerwartet hohen oder niedrigen Anzahl von Fluktuationsfällen, vorzeitigen Renteneintritten oder Todesfällen oder unerwartet hohen oder niedrigen Anstiegen der Gehälter, laufender Leistungen oder Kosten der medizinischen Versorgung,
- der Auswirkung von Änderungen bei den Annahmen im Hinblick auf die Wahlrechte für Leistungsauszahlungen,
- dem Effekt von Schätzungsänderungen hinsichtlich der angenommenen Arbeitnehmerfluktuation, dem Renteneintrittsverhalten, der Sterbewahrscheinlichkeit oder des Anstiegs von Gehältern, Leistungen oder der Kosten medizinischer Versorgung sowie
- der Auswirkung einer Änderung des Abzinsungssatzes.

Versicherungsmathematische Gewinne bzw. Verluste treten jedes Jahr auf und schwanken im Zeitablauf. Sie sind nach IAS 19.120(c) erfolgsneutral im sonstigen Ergebnis zu erfassen.

Die **jährliche Zuführung zu den Pensionsrückstellungen** wird wie folgt berechnet:

=	Anstieg des Barwertes einer leistungsorientierten Verpflichtung, der auf die von den Arbeitnehmern in der laufenden Periode erbrachte Dienstleistung entfällt (laufender Dienstzeitaufwand)
+	Zinsaufwand bezogen auf den Barwert zu Beginn der Periode
–	Erwartete Erträge des ausgesonderten Planvermögens
–/+	Versicherungsmathematische Verluste (–) und Gewinne (+)
+	Nachzuverrechnender Dienstzeitaufwand
–/+	Auswirkungen von Plankürzungen oder -abgeltungen (Gewinne (–)/Verluste (+))

Übersicht 56-5: *Berechnung der Zuführung zu den Pensionsrückstellungen nach IFRS*

Im Fall des Rudi Rüstig handelt es sich um einen leistungsorientierten Plan, da die Lines AG die Pensionsleistungen nicht in einen eigenständigen Fonds einzahlt, sondern die Leistungen direkt an Rudi Rüstig ausgezahlt werden. Im Fall des Rudi Rüstig besitzt die Lines AG kein Planvermögen. Außerdem entspricht der Barwert der Pensionsverpflichtung dem Zeitwert der Pensionsverpflichtung. Daher müssen keine versicherungsmathematischen Gewinne bzw. Verluste berücksichtigt werden.

Bei den leistungsorientierten Plänen wird die Verpflichtung nach der **project-unit-credit-Methode** bewertet. Diese Methode wird auch **Anwartschaftsansammlungsverfahren** oder **Anwartschaftsbarwertverfahren** genannt. Gemäß dieser Methode ist der Sollwert der Pensionsverpflichtung gleich dem Barwert der zum Bewertungsstichtag durch den Arbeitnehmer in der Vergangenheit erdienten Pensionsansprüche. Die Leistungsteile werden denjenigen Perioden zugeordnet, in denen sich Rudi Rüstig seinen Anspruch auf die Zahlung der Pensionsleistungen erdient. Entsprechend dem Sachverhalt hat sich Rudi Rüstig die Pensionsleistungen während seiner gesamten Dienstzeit bei der Lines AG (14 Jahre) erarbeitet.

In der folgenden Übersicht werden die Verpflichtungen für Pensionsleistungen ab dem Zeitpunkt der Zusage (Zeitpunkt Z) aufgeführt (alle Zahlenangaben in GE):

	31.12.05	31.12.06	31.12.07	31.12.08	31.12.09
Leistung erdient in ▪ früheren Dienstjahren ▪ dem laufenden Dienstjahr	 31.893,61 7.973,40	 39.867,01 7.973,40	 47.840,41 7.973,40	 55.813,81 7.973,40	 63.787,21 7.973,40
▪ dem laufenden und früheren Dienstjahren	39.867,01	47.840,41	55.813,81	63.787,21	71.760,63
Verpflichtung zu Beginn des Berichtszeitraumes	17.809,21	23.597,20	30.015,64	37.119,35	44.967,44
Zinsen von 6 %	1.068,55	1.415,83	1.800,94	2.227,16	2.698,05
Laufender Dienstzeitaufwand	4.719,44	5.002,61	5.302,77	5.620,93	5.958,19
Verpflichtung am Ende des Berichtszeitraumes	23.597,20	30.015,64	37.119,35	44.967,44	53.623,68
	31.12.10	**31.12.11**	**31.12.12**	**31.12.13**	**31.12.14**
Leistung erdient in ▪ früheren Dienstjahren ▪ dem laufenden Dienstjahr	 71.760,63 7.973,40	 79.734,03 7.973,40	 87.707,43 7.973,40	 95.680,83 7.973,40	 103.654,23 7.973,40
▪ dem laufenden und früheren Dienstjahren	79.734,03	87.707,43	95.680,83	103.654,23	111.627,64
Verpflichtung zu Beginn des Berichtszeitraumes	53.623,69	63.156,79	73.640,82	85.155,57	97.786,99
Zinsen von 6 %	3.217,42	3.789,41	4.418,45	5.109,34	5.867,22
Laufender Dienstzeitaufwand	6.315,68	6.694,62	7.096,30	7.522,08	7.973,40
Verpflichtung am Ende des Berichtszeitraumes	63.156,79	73.640,82	85.155,57	97.786,99	111.627,61

Übersicht 56-6: *Pensionsrückstellungen an den Stichtagen der Jahre 2005 bis 2014*

Die jeweilige Verpflichtung zu Beginn des Berichtszeitraumes entspricht dem Barwert der Leistungen, die früheren Jahren zugeordnet werden (bspw. zum 31.12.2010: $71.760{,}63 \cdot 1{,}06^{-5} = 53.623{,}69$ GE). Der laufende Dienstaufwand entspricht dem Barwert der Leistungsansprüche, die sich Rudi Rüstig während der Berichtsperiode erdient hat. Diese Leistungsansprüche werden auf den jeweiligen Bilanzstichtag diskontiert (bspw. zum 31.12.2010: $7.973{,}40 \cdot 1{,}06^{-4} = 6.315{,}68$ GE). Die jeweilige Verpflichtung am Ende des Berichtszeitraumes entspricht dem Barwert der Leistungsansprüche, die sich Rudi Rüstig in den früheren Dienstjahren und dem laufenden Dienstjahr erdient hat (zum Beispiel zum 31.12.2010: $79.734{,}03 \cdot 1{,}06^{-4} = 63.156{,}79$ GE).

Zum Bilanzstichtag 31.12.2010 (Zeitpunkt B_1) ist eine Verpflichtung für Pensionsleistungen in Höhe von 63.156,79 GE zu bilanzieren. Zum folgenden Bilanzstichtag 31.12.2011 (Zeitpunkt B_2) ist die Verpflichtung um 10.484,03 GE zu erhöhen, damit die Verpflichtung für Pensionsleistungen in Höhe von 73.640,82 GE in der Bilanz der Lines AG ausgewiesen wird.

Übung 57: Rückstellungen für Sozialplanverpflichtungen

Sachverhalt

Bei einer außerordentlichen Vorstandssitzung der Möbelunion AG am 26.11.01 wird diskutiert, ob das Werk „Havel" zu schließen ist und die Produktion nur noch mit dem Personal und den Maschinen des Werkes „Spree" fortgeführt werden soll. Der Vorstandsvorsitzende, Herr Tenstaag, rechnet den anderen Vorstandsmitgliedern vor, dass das kleine Werk „Havel" mit seinen 40 Tischlern und zwei Materialdisponenten in jedem Jahr einen operativen Verlust von ca. 1 Mio. GE erwirtschaftet. Schlösse man das Werk allerdings zum 30.06.02, würde sich diese Maßnahme nicht nur langfristig positiv bemerkbar machen, sondern bereits das Ergebnis im Geschäftsjahr 02, an das eine Optionsausgabe für die Vorstandsmitglieder gebunden ist, entlasten.

Für das Grundstück und die Maschinenhalle des Werkes „Havel" mit sämtlichen Maschinen ist bereits ein potentieller Käufer für eine Übergabe zum 01.09.02 gefunden. Obwohl der Buchwert nach allen planmäßigen Abschreibungen bis zum 31.08.02 noch 150.000 GE betragen wird, bietet der potentielle Käufer nur 140.000 GE. Das Personal würde er allerdings nicht übernehmen, so dass Abfindungszahlungen in Höhe von insgesamt 200.000 GE auf die Möbelunion AG zukämen. Der für das Werk „Havel" erwartete Verlust würde sich durch die Schließung bereits im Jahr 02 von 1 Mio. GE auf nur noch 710.000 GE reduzieren. Herr Tenstaag fügt hinzu, dass sich der Aufwand in den Jahresabschluss zum 31.12.01 vorziehen ließe, so dass die Ausgabe der Optionen im Jahr 02 nicht gefährdet sei.

Nachdem der Vorstand dem Plan zur Schließung zugestimmt hat, wird der Personalvorstand beauftragt, ein Konzept für die Restrukturierung des Personals auszuarbeiten. Der Vertrag über den Verkauf des Grundstücks und der Maschinenhalle wird unverzüglich abgeschlossen. Herr Tenstaag überträgt dem Produktionsvorstand, Herrn Wichert, die Aufgabe, zuerst den Betriebsrat und dann die gesamte Belegschaft über die Schließung des Werkes zu informieren. Da es Herrn Wichert sichtlich schwer fällt, eines seiner Werke zu schließen und die Vorweihnachtszeit bereits begonnen hat, bringt er es nicht übers Herz, dem Betriebsrat und der Belegschaft die schlechte Nachricht zu verkünden.

Am 05.01.02 wird Herr Tenstaag in seinem Urlaub beim Golfspielen gestört. Der Personalvorstand unterrichtet ihn telefonisch, dass seine Planung seit drei Wochen abgeschlossen sei und auf Wicherts Tisch liege, dieser aber noch keine Mitteilung an den Betriebsrat und die Belegschaft gemacht habe. Daraufhin ruft Herr Tenstaag sofort in der Buchhaltung an und fragt um Rat, welche Aufwendungen sich bei der Aufstellung des Jahresabschlusses zum 31.12.01 noch berücksichtigen ließen.

Aufgaben

(a) Wie ist die Entscheidungssituation des Vorstandes der Möbelunion AG zu beurteilen? Darf der Aufwand im Zusammenhang mit der Schließung des Werkes „Havel" bereits im IFRS-Abschluss zum 31.12.01 berücksichtigt werden?

(b) Wie würde sich die Bilanzierung des Falles ändern, wenn der Personalvorstand bereits am zweiten Weihnachtstag den Vorstandsvorsitzenden angerufen hätte? Welche Maßnahme hätte Herr Tenstaag ergreifen sollen, um möglichst viele Aufwendungen in den IFRS-Abschluss zum 31.12.01 vorzuziehen?

(c) Wie ist der Sachverhalt im handelsrechtlichen Jahresabschluss der Möbelunion AG zum 31.12.01 zu berücksichtigen?

Literaturhinweis

BAETGE, JÖRG/KIRSCH, HANS-JÜRGEN/THIELE, STEFAN, Bilanzen, 16. Aufl., Düsseldorf 2021, Kap. III Abschn. 3 und 5 sowie Kap. IX Abschn. 1-4 und 71-72.

Lösungen

Lösung zu Teilaufgabe (a)

Aufwendungen für eine **Restrukturierungsmaßnahme** sind im Jahr der Beschlussfassung zu berücksichtigen und führen zur Passivierung von **Rückstellungen**, sofern die Restrukturierungsmaßnahme als ein vom Management geplantes und kontrolliertes Programm gemäß IAS 37.10 definiert werden kann, das zu wesentlichen Änderungen

- in einem vom Unternehmen abgedeckten Geschäftsfeld oder
- in der Art und Weise, wie das Unternehmen dieses Geschäft betreibt,

führt. Überdies müssen die Voraussetzungen für den **Ansatz** einer Rückstellung gemäß IAS 37.14 erfüllt sein. Danach muss

- einem Unternehmen aus einem vergangenen Ereignis eine gegenwärtige Verpflichtung (rechtlich oder faktisch) entstanden sein,
- bei der es wahrscheinlich ist, dass für die Erfüllung der Verpflichtung ein Abfluss von Ressourcen mit wirtschaftlichem Nutzen erforderlich sein wird und
- für die eine verlässliche Schätzung der Höhe der Verpflichtung möglich ist.

Zunächst ist das Kriterium des Vorliegens einer **Verpflichtung** genauer zu prüfen. Eine rechtliche Verpflichtung zur Zahlung etwaiger Abfindungen ist die Möbelunion AG bis zum Bilanzstichtag noch nicht eingegangen, da diese noch keine Kündigungen gegenüber ihren Mitarbeitern des zu schließenden Werkes ausgesprochen hat. Eine faktische Verpflichtung liegt gemäß IAS 37.10 nur dann vor, wenn das Unternehmen durch sein Vorgehen bei den betroffenen Parteien eine gerechtfertigte Erwartung für die Restrukturierung geweckt hat. Die Verpflichtung muss also nach den allgemeinen Bestimmungen gegenüber Dritten bekannt sein oder von diesen erwartet werden. In IAS 37.72 wird diese Voraussetzung der faktischen Verpflichtung für Restrukturierungsrückstellungen weiter konkretisiert. Zusätzlich wird dort das Vorliegen eines detaillierten, formalen Restrukturierungsplans mit bestimmten Mindestangaben vorausgesetzt.

Die Voraussetzung der geweckten **Erwartungen** wird durch die Situation in der Möbelunion AG nicht erfüllt, da Herr Wichert im Geschäftsjahr 01 die schlechte Nachricht weder dem Betriebsrat noch der Belegschaft mitgeteilt hat. Somit lag zum Abschlussstichtag keine Verpflichtung vor. Die Restrukturierungsmaßnahme darf im IFRS-Abschluss zum 31.12.01 nicht berücksichtigt werden.

Ferner ist zu prüfen, ob **belastende Verträge** im IFRS-Abschluss zum 31.12.01 zu berücksichtigen sind.

Durch den bereits bestehenden Kaufvertrag über das Grundstück und die Maschinenhalle ist eine Rückstellung für **belastende Verträge** begründet. Da der nachteilige Kaufvertrag, für den sonst im Jahr 02 ein Verlust aus dem Abgang von Sachanlagen entsteht, bereits im Jahr 01 geschlossen wurde, liegt eine rechtliche Verpflichtung aus einem Ereignis in der Vergangenheit vor, das mit hoher Wahrscheinlichkeit zum Abfluss wirtschaftlichen Nutzens führen wird. Darüber hinaus lässt sich die Höhe der Verpflichtung aufgrund des bereits festgesetzten Kaufbetrages verlässlich schätzen. Somit sind alle Voraussetzungen des IAS 37.14 zur Passivierung einer entsprechenden Rückstellung erfüllt. Daraus folgt unmittelbar die Pflicht zum Ansatz der Rückstellung.

Lösung zu Teilaufgabe (b)

Vor dem Abschlussstichtag hätte Herr Tenstaag noch aktiv werden und die fehlende Voraussetzung zur Passivierung der Restrukturierungsmaßnahme erfüllen können. Er hätte neben der Erstellung des geforderten Restrukturierungsplans diesen Plan den Betroffenen noch vor dem Abschlussstichtag mitteilen können.

Herr Tenstaag hätte also sicherstellen müssen, dass der vom Personalvorstand ausgearbeitete Plan den Anforderungen eines **Restrukturierungsplans** genügt. Abgesehen von der Berechnung des Restrukturierungsaufwandes sind die meisten Angaben bereits in der Vorstandssitzung vom 26.11.01 genannt worden. Nach IAS 37.72 (a) muss der erforderliche Restrukturierungsplan mindestens folgende Angaben enthalten:

- den betroffenen Geschäftsbereich oder Teil eines Geschäftsbereiches (hier die Möbelproduktion und alle im Werk „Havel" angeschlossenen Verwaltungsbereiche);
- die wichtigsten betroffenen Standorte (hier ausschließlich das Werk „Havel");
- die ungefähre Anzahl abzufindender Arbeitnehmer sowie deren Funktion und Standort (hier alle 42 Arbeitnehmer in der Produktion und im Verwaltungsbereich des Werkes „Havel");

- die mit der Restrukturierung verbundenen Ausgaben (hier 200.000 GE);
- den Umsetzungszeitpunkt des Plans (hier soll die Produktion zum 30.06.02 eingestellt und alle Mitarbeiter des Werkes „Havel" betriebsbedingt gekündigt werden).

Neben dem Plan muss der Vorstand auch bei den Betroffenen eine gerechtfertigte Erwartung hinsichtlich der Durchführung der Restrukturierungsmaßnahmen geweckt haben. Dies kann nur durch den Beginn der **Umsetzung des Plans** oder durch die **Ankündigung** seiner wesentlichen Bestandteile den Betroffenen gegenüber erreicht werden. Da im vorliegenden Sachverhalt der Beginn der Restrukturierungsmaßnahmen noch aussteht, kann die faktische Verpflichtung nur durch eine Bekanntgabe an die Belegschaft begründet werden.

Die **Höhe der Rückstellung** darf nur den Aufwand widerspiegeln, der durch die Restrukturierung verursacht wird. Es sind also nur Ausgaben zu berücksichtigen, die zwangsweise im Zuge der Maßnahme entstehen und nicht mit dem laufenden Geschäftsbetrieb in Zusammenhang stehen (IAS 37.80). Für die geschilderte Situation sind also lediglich die Abfindungszahlungen an die Arbeitnehmer zu berücksichtigen. Der bis zum Tag der Restrukturierung entstehende, identifizierbare künftige Verlust in Höhe von 710.000 GE darf nicht berücksichtigt werden und ist als Aufwand des Geschäftsjahres 02 zu erfassen (IAS 37.82).

Der Verlust aus dem Abgang der Sachanlagen ist zu antizipieren, indem zuerst eine mögliche Wertminderung vorzunehmen ist und anschließend, sofern der Kaufvertrag weiterhin belastend ist, eine entsprechende Rückstellung passiviert wird.

Lösung zu Teilaufgabe (c)

Für den **Ansatz** einer Rückstellung in der handelsrechtlichen Bilanz müssen die Kriterien des Passivierungsgrundsatzes erfüllt und die zugrunde liegende Verpflichtung dem Grunde und/oder der Höhe nach ungewiss sein.

Gemäß dem Passivierungsgrundsatz ist der Sachverhalt **abstrakt passivierungsfähig**, wenn

- eine Verpflichtung der Möbelunion AG gegenüber einem Dritten vorliegt,
- mit der Verpflichtung eine wirtschaftliche Belastung verbunden ist und
- die wirtschaftliche Belastung quantifizierbar ist.

Im vorliegenden Sachverhalt sind die Kriterien der Quantifizierbarkeit und der wirtschaftlichen Belastung erfüllt. Zu prüfen ist, ob es sich bei dem Beschluss des Vorstandes bereits zum 31.12.01 um eine **Verpflichtung** gegenüber Dritten handelt.

Bei **Außenverpflichtungen** lassen sich (auch) im Handelsrecht rechtliche und faktische Verpflichtungen unterscheiden. Da zum Abschlussstichtag noch keine Kündigungen gegenüber der Belegschaft der Möbelunion AG ausgesprochen wurden, handelt es sich nicht um ein bereits bestehendes Schuldverhältnis. Zu den rechtlichen

Verpflichtungen gehören allerdings auch solche Verpflichtungen, die noch nicht vollständig entstanden sind, d. h., bei denen noch nicht alle Tatbestandsmerkmale erfüllt sind, die eine rechtliche Verpflichtung begründen.

Die Schwierigkeit im vorliegenden Fall liegt in der Feststellung, wann die Verpflichtung hinreichend **konkretisiert** ist, so dass diese als bilanzielle Verpflichtung berücksichtigt werden muss. Das HGB enthält – im Gegensatz zu den IFRS – keine Definition des Begriffs „Verpflichtung". Es existiert auch keine Konkretisierung für den Spezialfall der Restrukturierung. Indes konkretisiert sich eine bilanzielle Verpflichtung allgemein durch das Kriterium der Unabwendbarkeit und der wahrscheinlichen Inanspruchnahme des Kaufmanns. Zur Erfüllung des Kriteriums der Unabwendbarkeit darf sich die Möbelunion AG ihrer Verpflichtung nicht mehr entziehen können. Dies ist im vorliegenden Sachverhalt der Fall, da der Vorstand bereits den Entschluss gefasst hat und die Maßnahme wirtschaftlich notwendig erscheint. Unterstrichen wurde die Endgültigkeit des Vorstandsbeschlusses mit dem Verkauf des Grundstücks und der Maschinenhalle. Dass die Abfindungen in Anspruch genommen werden, ist wiederum nicht fraglich, wenn die Entlassungen ausgesprochen worden sind. Im Unterschied zu den IFRS ist es nach den handelsrechtlichen Vorschriften daher im Fall von Restrukturierungsrückstellungen nicht erforderlich, dass die von den Restrukturierungsplänen Betroffenen bis zum Abschlussstichtag über die bevorstehenden Maßnahmen informiert worden sind.

Neben der Frage, ob eine Restrukturierungsrückstellung für die Abfindung zu bilden ist, muss handelsrechtlich – analog zur Bilanzierung nach IFRS – geprüft werden, ob das Sachanlagevermögen (hier die Maschinenhalle) im Wert gemindert und daher **außerplanmäßig abzuschreiben** ist. Sofern eine ggf. zu erfassende außerplanmäßige Abschreibung die erwarteten Verluste des kommenden Geschäftsjahres 02 nicht abdeckt, ist zudem eine **Rückstellung für drohende Verluste aus schwebenden Geschäften** zu passivieren.

Übung 58: Rückstellungen für Rückbaukosten

Sachverhalt

Die Aviatio AG plant, am Ufer der Kieler Förde kleine Wasserflugzeuge herzustellen. Um den ersten Prototypen des Modells „Fördebucht X" künftig unabhängig von Außenstehenden am eigenen Wasserzugang testen zu können, ist zu Beginn des Jahres 01 eine Tankstelle auf dem gepachteten Werksgelände fertiggestellt worden. Die Tankstelle besteht oberirdisch aus einem kleinen Gebäude und einer Zapfsäule, deren Entsorgung am Ende ihrer Nutzungsdauer unproblematisch erscheint. Der Tank durfte aufgrund der hohen Entzündbarkeit des Treibstoffs nur unterirdisch gebaut werden.

Der installierte Tank wird zu Beginn des Jahres 01 in Betrieb genommen und muss nach Ablauf der Garantiezeit von zehn Jahren aus dem Erdreich entfernt werden, um ein Auslaufen des Treibstoffs zu verhindern. Die Bergung und Entsorgung des Depots wurde vom Verpächter, dem Betreiber des Gewerbeparks, vertraglich vorgeschrieben. Für die Entfernung des Tanks aus der Grube wird unter Berücksichtigung aller Risiken mit Kosten in Höhe von 100.000 GE gerechnet. Eine Änderung der geschätzten Rückbaukosten im Zeitverlauf ist nicht zu erwarten. Der risikolose Zinssatz beträgt 5 % während der Nutzungsdauer des Tanks.

Aufgaben

(a) Wie sind die Rückbaukosten des Tanks im IFRS-Abschluss der Aviatio AG abzubilden? Welche Aufwendungen entstehen im Zusammenhang mit den erfassten Positionen?

(b) Wie würde sich die Bilanzierung des Falles ändern, wenn die Aviatio AG den Rückbau des Tanks aus Umweltschutzgründen einplant, obwohl der Verpächter des Gewerbeparks vertraglich nicht auf eine Entsorgung besteht?

(c) Welche Unterschiede ergeben sich zur handelsrechtlichen Rechnungslegung?

Literaturhinweis

BAETGE, JÖRG/KIRSCH, HANS-JÜRGEN/THIELE, STEFAN, Bilanzen, 16. Aufl., Düsseldorf 2021, Kap. III Abschn. 5 und Kap. IX Abschn. 7.

Lösungen

Lösung zu Teilaufgabe (a)

Die mit dem Rückbau einer Sachanlage verbundenen Kosten werden – unter bestimmten Voraussetzungen – in den IFRS durch die Passivierung einer Rückstellung und gleichzeitiger Aktivierung dieser Kosten als Anschaffungsnebenkosten eines Vermögenswertes (hier der Tankstelle) berücksichtigt. Somit ergibt sich bei der Vermögensdarstellung – entgegen dem handelsrechtlichen Vorgehen – nicht nur eine Aktivierung der Kosten für den Rückbau im Zeitpunkt der Anschaffung und im Laufe der Nutzungsdauer, sondern zum Zeitpunkt der Rückstellungsbildung auch eine Aktivierung des Barwertes der Rückbaukosten, die erst nach Ablauf der Nutzungsdauer entstehen. Die Bildung einer solchen Rückstellung wird folglich nicht durch eine Aufwandsbuchung, sondern durch eine erfolgsneutrale Bilanzverlängerung erfasst.

Nach IAS 37.14 sind die **Voraussetzungen** für den **Ansatz** einer Rückstellung, dass

- einem Unternehmen aus einem vergangenen Ereignis eine gegenwärtige Verpflichtung (rechtlich oder faktisch) entstanden ist,
- es wahrscheinlich ist, dass für den Ausgleich der Verpflichtung ein Abfluss von Ressourcen mit wirtschaftlichem Nutzen erforderlich ist, und
- eine verlässliche Schätzung der Höhe der Verpflichtung möglich ist.

Die Entsorgung des Tanks ist vom Verpächter des Grundstücks vertraglich vorgeschrieben worden. Somit ist durch die Anerkennung der Pachtbedingungen, spätestens aber durch den Einbau des Tanks, eine **rechtliche Verpflichtung** der Aviatio AG zum Rückbau entstanden.

Es ist davon auszugehen, dass diese Verpflichtung in der Zukunft zu einem Abfluss von Ressourcen mit wirtschaftlichem Nutzen führen wird. Da die Verpflichtung zum Rückbau nach Ablauf der zehn Jahre vertraglich fixiert ist, ist der künftige Mittelabfluss **wahrscheinlich** und damit hinreichend konkretisiert.

Die Kosten, die der Aviatio AG am Ende der Nutzungsdauer entstehen werden, sind unter Berücksichtigung möglicher Risiken in Zusammenhang mit dem Rückbau auf 100.000 GE geschätzt worden. Verlässlichkeit ist dabei nicht zwingend mit einer punktuell genauen Schätzung gleichzusetzen. Vielmehr stellt IAS 37.25 fest, dass Rückstellungen in höherem Maße unsicher sind als die meisten anderen Bilanzposten. In den meisten Fällen kann allerdings eine hinreichend verlässliche Schätzung künftiger Ereignisszenarien abgegeben werden. Bei einem Rückbau-Auftrag in zehn Jahren ist davon auszugehen, dass die künftigen Entsorgungskosten verlässlich geschätzt werden können.

Die **Bewertung** der Rückstellung ist nach IAS 37.36 zur bestmöglichen Schätzung der Ausgaben, die zur Erfüllung der gegenwärtigen Verpflichtung zum Abschlussstichtag erforderlich sind, vorzunehmen. Rückstellungen, die einen wesentlichen Zinseffekt enthalten, sind zum Barwert anzusetzen (IAS 37.45). Der Diskontierungszinssatz soll gemäß IAS 37.47 die für die Schuld spezifischen Risiken widerspiegeln. Dabei darf der Diskontierungszinssatz kein Risiko enthalten, das bereits bei der Ermittlung der Schätzgröße berücksichtigt worden ist, da das Risiko andernfalls doppelt erfasst würde. Im vorliegenden Sachverhalt sind sämtliche Risiken in den geschätzten Ausgaben von 100.000 GE enthalten. Somit ist der Barwert der Verpflichtung durch Diskontierung der geschätzten Ausgaben mit dem risikolosen Zinssatz in

Höhe von 5 % zu bestimmen. Im Zeitpunkt der Aktivierung des Tanks im Anlagevermögen errechnet sich der Barwert der „Anschaffungsnebenkosten für den Rückbau", bezogen auf eine Laufzeit von zehn Jahren (Barwert (10)), wie folgt:

Barwert (10)	=	Rückbaukosten · Abzinsungsfaktor (5 %, 10 Jahre)
	=	100.000 GE · $1{,}05^{-10}$
	=	61.391,33 GE

Dieser Betrag ist in den Anschaffungskosten der Tankstelle als separate Komponente zu berücksichtigen und über die voraussichtliche Nutzungsdauer abzuschreiben. Die Rückstellung wird mit folgendem (erfolgsneutralen) Buchungssatz gebildet:

Sachanlagen	61.391,33 GE	an	Rückstellungen	61.391,33 GE

Änderungen des Barwertes (der Höhe) der Rückstellung während der Nutzungsdauer werden im **Zinsaufwand** erfasst, so dass der Zinseffekt im Zeitablauf zunimmt, während der Barwert der aktivierten Rückbaukosten sich durch die Abschreibung des Vermögenswertes über die Laufzeit verteilt. Der Barwert der Rückstellung am Bilanzstichtag zum 31.12.01 (Barwert (9)) errechnet sich – analog zur Vorgehensweise bei der Aktivierung der Rückbaukosten zu Beginn des Jahres – durch Diskontierung der geschätzten Ausgaben für den Rückbau über die verbleibende Restlaufzeit von neun Jahren:

Barwert (9)	=	Rückbaukosten · Abzinsungsfaktor (5 %, 9 Jahre)
	=	100.000 GE · $1{,}05^{-9}$
	=	64.460,89 GE

Für das erste Jahr ergibt sich somit aus der Differenz zwischen dem Barwert zu Beginn des Jahres 01 (Barwert (10)) und Ende des Jahres 01 (Barwert (9)) der zu erfassende Zinsaufwand für das Jahr 01:

Zinsaufwand	=	Barwert (9) – Barwert (10)
	=	64.460,89 GE – 61.391,33 GE
	=	3.069,56 GE

Die **Abschreibung** auf die aktivierten Ausgaben beträgt bei Anwendung der linearen Abschreibungsmethode 6.139,13 GE p. a. (= 61.391,30 GE / 10 Jahre). Somit ergeben sich für die folgenden Jahre nachstehende Aufwandsbeträge, die der Rückstellung gegenüberstehen:

Zeitpunkt	Höhe der Rückstellung (in GE)	Zuführung zur Rückstellung (zugleich Zinsaufwand) (in GE)	Abschreibung des aktivierten Barwertes (in GE)
01.01.01	61.391,33	–	–
31.12.01	64.460.89	3.069,56	6.139,13
31.12.02	67.683,94	3.223,05	6.139,13
31.12.03	71.068,13	3.384,19	6.139,13
31.12.04	74.621,54	3.553,41	6.139,13
31.12.05	78.352,62	3.731,08	6.139,13
31.12.06	82.270,25	3.917,63	6.139,13
31.12.07	86.383,76	4.113,51	6.139,13
31.12.08	90.702,95	4.319,19	6.139,13
31.12.09	95.238,10	4.535,15	6.139,13
31.12.10	100.000,00	4.761,90	6.139,16
Summe	–	38.608,67	61.391,33
		= 100.000,00	

Übersicht 58-1: *Rückstellungshöhe und Aufwendungen der Aviatio AG für die Rückbauverpflichtung eines Tanks*

Der **Ausweis** der Rückstellung erfolgt im IFRS-Abschluss unter den Schulden. Auf der Aktivseite werden die zusätzlichen Anschaffungskosten beim Vermögenswert als separate Komponente aktiviert.

Lösung zu Teilaufgabe (b)

Die Bedingungen der verlässlichen Schätzung und der Wahrscheinlichkeit des Eintritts des Mittelabflusses sind weiterhin erfüllt. Zu prüfen ist indes, ob der fehlende vertragliche Zwang zum Rückbau und die Absicht der Aviatio AG den Rückbau aus Umweltschutzgründen durchzuführen noch das Kriterium einer rechtlichen oder faktischen Verpflichtung, die aus einem Ereignis in der Vergangenheit entstanden ist, erfüllt.

Da die rechtliche Verpflichtung aus dem Vertrag mit dem Verpächter nicht mehr besteht, ist zu untersuchen, ob es sich um eine faktische Verpflichtung handelt. Eine **faktische Verpflichtung** ist der Definition in IAS 37.10 zufolge eine aus den Aktivitäten eines Unternehmens entstehende Verpflichtung, wenn

- das Unternehmen durch sein bisher übliches Geschäftsgebaren, öffentlich angekündigte Maßnahmen oder eine ausreichend spezifische, aktuelle Aussage anderen Parteien gegenüber die Übernahme gewisser Verpflichtungen angedeutet hat und
- das Unternehmen dadurch bei den anderen Parteien eine gerechtfertigte Erwartung geweckt hat, dass es diesen Verpflichtungen nachkommen wird.

Die Verpflichtung muss Dritten also bekannt sein oder von diesen erwartet werden. In der neuen Situation ist zu bestimmen, ob sich eine zu berücksichtigende Verpflichtung aus dem Vorgehen der Aviatio AG in der Vergangenheit ergeben hat. Das freiwillige Einräumen der nicht mehr vertraglich vereinbarten Entsorgung durch eine ausdrückliche Erklärung gegenüber dem Verpächter würde eine solche faktische Verpflichtung begründen. Hingegen sind unternehmensinterne Pläne und Entscheidungen keine Grundlage für eine solche Verpflichtung.

Im Fall einer verspäteten Aussage gegenüber dem Verpächter über die freiwillige Übernahme der Rückbaukosten bspw. am 01.01.06, wäre die Rückstellung nachträglich zu passivieren. Allerdings ist zusätzlich zur nachträglichen Passivierung auch zu prüfen, ob eine Wertminderung nach IAS 36 (Wertminderung von Vermögenswerten) vorliegt.

Lösung zu Teilaufgabe (c)

Die Behandlung von Rückstellungen nach IFRS unterscheidet sich deutlich von der Vorgehensweise nach HGB. Die Unterschiede sind sowohl in der Darstellung von Vermögen und Schulden als auch in der Darstellung der Ergebnisrechnung und der Belastung des Ergebnisses zu finden.

Ähnlich sind die beiden Konzepte dadurch, dass sowohl die handelsrechtliche Rechnungslegung als auch die Rechnungslegung nach IFRS von einer Verteilung des durch die Rückstellung entstehenden Aufwandes auf die Leistung einer zu entsorgenden Anlage ausgehen. Dies geschieht nach den handelsrechtlichen Normen durch den ratierlichen Aufbau der Rückstellung gegen den sonstigen betrieblichen Aufwand. Die Erhöhung der Rückstellung wird dabei i. d. R. anhand der Nutzungsdauer oder der Gesamtleistung der Sachanlage (hier der Tankstelle) bestimmt. Dies entspricht rechnerisch der Abschreibungsmethode des aktivierten Betrages im IFRS-Abschluss.

Entscheidende **konzeptionelle Unterschiede** ergeben sich bei der bilanziellen Abbildung. Während die Rückstellung nach IFRS im Zeitpunkt der Passivierung zwangsläufig in voller Höhe des Barwertes berücksichtigt wird und durch die Gegenbuchung unter den Aktiva zu einer Bilanzverlängerung führt, werden Rückbauverpflichtungen in der handelsrechtlichen Bilanz nur als Rückstellung und nicht als Anschaffungsnebenkosten betrachtet. Der Wert der Rückstellung wird jährlich aufwandswirksam erhöht, bis der erforderliche Rückstellungsbetrag erreicht ist. Somit ergibt sich bei gleichen Ausgangsbedingungen und linearer Verteilung des Aufwandes über die Zeit nach IFRS ein höherer Ausweis von Schulden und Vermögen.

Betragsmäßige Unterschiede in der Aufwandsverteilung ergeben sich durch die unterschiedliche Berücksichtigung von Zinseffekten in den beiden Regelwerken. Einerseits wird der Zinsaufwand durch die unterschiedliche Höhe der Rückstellungen in den einzelnen Perioden unterschiedlich periodisiert, andererseits sind nach den beiden Regelwerken unterschiedliche Zinssätze für die Diskontierung der Rückstellungen zu verwenden. Während Rückstellungen mit einer Restlaufzeit von mehr als einem Jahr gemäß § 253 Abs. 2 Satz 1 HGB im Falle von Altersversorgungsverpflichtungen mit dem laufzeitadäquaten durchschnittlichen Marktzinssatz der vergangenen zehn Geschäftsjahre abzuzinsen sind, sind sonstige Rückstellungen mit dem Marktzinssatz der letzten sieben Geschäftsjahre abzuzinsen. IAS 37.47 schreibt indes die Verwendung eines Vorsteuerzinssatzes vor, der die aktuellen Markterwartungen im Hinblick auf den Zinseffekt sowie die für die Schuld spezifischen Risiken widerspiegelt. Entsprechend handelt es sich hierbei um einen Stichtagszinssatz, den das bilanzierende Unternehmen selbst zu ermitteln hat.

Ein weiterer Unterschied besteht darin, dass die ratierliche Berücksichtung der Entsorgungskosten in der handelsrechtlichen GuV nicht vorgeschrieben ist. Während die Vorschrift zur vollständigen Passivierung und anschließenden Abschreibung der Gegenposition auf der Aktivseite zwingend eine ratierliche Berücksichtigung des Aufwandes nach sich zieht, führt eine nach Handelsrecht alternativ zulässige, vollständige Passivierung der Rückstellung zu einem **Einmalaufwand** im Zeitpunkt der Entstehung der Verpflichtung.

Übung 59: Bilanzierung eines verunreinigten Grundstücks nach HGB

Sachverhalt

Die Chemie AG betreibt auf einem separaten Betriebsgrundstück eine eigene Tankstelle. Das Erdreich im Bereich der Zapfsäulen ist durch Öle und Reinigungsmittel verschmutzt. Die Umweltorganisation „Kleinmünster lebt" hat ein Gerichtsverfahren gegen die Chemie AG angestrengt, dessen Abschluss am 31.03.02 erwartet wird. Es ist davon auszugehen, dass das Gericht das Unternehmen zum Aushub und Austausch des Bodens verpflichten wird. Aufgrund der neu bekannt gewordenen Untersuchungsergebnisse eines eingeschalteten Untersuchungslabors ist der Ersatz des Bodens erforderlich, da bei unveränderter Weiternutzung der Tankstelle in naher Zukunft ein Abrutschen des Bodens durch veränderte Zusammensetzung droht. Dies würde die weitere Nutzung der Tankstelle unmöglich machen. Das Erdreich muss laut Gutachten und Forderung von „Kleinmünster lebt" um 6 m abgetragen und ersetzt werden, wofür Kosten in Höhe von 2 Mio. GE entstehen werden. Das Grundstück, auf dem die Tankstelle erbaut wurde, ist zu Anschaffungskosten in Höhe von 11 Mio. GE in der Bilanz der Chemie AG aktiviert.

Aufgabe

Wie ist der Sachverhalt im handelsrechtlichen Jahresabschluss der Chemie AG zum 31.12.01 abzubilden?

Literaturhinweis

BAETGE, JÖRG/KIRSCH, HANS-JÜRGEN/THIELE, STEFAN, Bilanzen, 16. Aufl., Düsseldorf 2021, Kap. III Abschn. 3 und Kap. IX Abschn. 3-5.

Lösung

Durch die Verunreinigung des Bodens müssen zwei Sachverhalte getrennt voneinander überprüft werden: zum einen eine eventuelle Abwertung des Grundstücks und zum anderen eine eventuelle Verpflichtung zum Ansatz einer Schuld für die Sanierung des Erdreichs.

Bei dem Grundstück handelt es sich um einen Vermögensgegenstand des Anlagevermögens, da davon ausgegangen werden kann, dass die darauf errichtete Tankstelle dazu bestimmt ist, der Chemie AG dauerhaft zu dienen. Vermögensgegenstände des Anlagevermögens sind zum Bilanzstichtag nach Maßgabe der gemilderten Niederstwertvorschrift gemäß § 253 Abs. 3 Satz 5 HGB auf die Notwendigkeit außerplanmäßiger Abschreibungen zu überprüfen. Danach ist der bisher in der Bilanz angesetzte Wert bei einer voraussichtlich dauernden Wertminderung außerplanmäßig auf den zum Abschlussstichtag niedrigeren beizulegenden Wert abzuschreiben.

Der Buchwert des Grundstücks vor außerplanmäßiger Abschreibung in Höhe von 11 Mio. GE entspricht dem Wert des Grundstücks vor dessen Verunreinigung. Um die Verunreinigung des Bodens sowie die damit verbundene Gefahr des Abrutschens zu beseitigen und das Grundstück wieder vollständig im Wert aufzuholen, muss die Chemie AG 2 Mio. GE aufbringen. Der dem Grundstück am Abschlussstichtag beizulegende Wert in Höhe von 9 Mio. GE liegt damit um 2 Mio. GE unter dem Buchwert. Die Chemie AG hätte eine außerplanmäßige Abschreibung auf das Grundstück in Höhe von 2 Mio. GE vorzunehmen, wenn es sich um eine voraussichtlich dauernde Wertminderung handeln würde. Dies ist im vorliegenden Sachverhalt nicht der Fall, da davon auszugehen ist, dass die Gesellschaft durch das am 31.03.02 erwartete Gerichtsurteil dazu verpflichtet wird, das verunreinigte Erdreich zu ersetzen. Zudem ist der Ersatz des Erdreichs zwingend erforderlich, um ein Abrutschen des Bodens zu verhindern und zu gewährleisten, dass die Tankstelle weiterhin betrieben werden kann. Das Grundstück ist demnach **nicht außerplanmäßig abzuschreiben**, sondern weiterhin mit 11 Mio. GE zu bewerten.

Neben der Abwertung des Grundstücks ist zu prüfen, ob die Chemie AG verpflichtet ist, eine Schuld für die anfallenden Bodenreinigungskosten in ihrer Bilanz zum 31.12.01 zu passivieren.

Das Vollständigkeitsgebot gemäß § 246 Abs. 1 Satz 1 HGB schreibt vor, dass die Bilanz sämtliche Schulden zu enthalten hat, sofern das Gesetz nichts anderes bestimmt. Im ersten Schritt ist daher zu prüfen, ob im vorliegenden Sachverhalt die Ansatzkriterien einer Schuld erfüllt sind. Ein Schuldposten wäre dann anzusetzen, wenn das laufende Gerichtsverfahren

- eine Verpflichtung begründet,
- die mit einer wirtschaftlichen Belastung für die Chemie AG verbunden ist und
- diese punktuell oder innerhalb einer Bandbreite quantifizierbar ist.

Laut Sachverhalt entscheidet das Gericht wahrscheinlich zugunsten der Umweltorganisation „Kleinmünster lebt". Die Chemie AG muss also damit rechnen, zur Sanierung des Bodens öffentlich-rechtlich verpflichtet zu werden. Die Erfüllung der Verpflichtung führt zu einer Bruttovermögensminderung, so dass auch das Kriterium der wirtschaftlichen Belastung erfüllt ist. Die Verpflichtung ist mit der voraussichtlichen Höhe des Aufwandes zur Sanierung des Bodens in Höhe von 2 Mio. GE quantifizierbar, wenngleich die exakte Höhe des Aufwandes noch unbekannt ist. Somit sind die drei Kriterien des Passivierungsgrundsatzes erfüllt und der vorliegende Sachverhalt ist abstrakt passivierungsfähig. Da ferner keine konkrete handelsrechtliche Vorschrift besteht, die dem Bilanzierenden die Passivierung dieses Sachverhaltes freistellt (Passivierungswahlrecht) oder untersagt (Passivierungsverbot), ist die abstrakt passivierungsfähige Schuld auch konkret passivierungspflichtig.

Im vorliegenden Sachverhalt ist zum einen noch kein rechtskräftiges Urteil gesprochen worden und zum anderen können die mit der Bodensanierung verbundenen Kosten nicht exakt punktuell angegeben, sondern nur geschätzt werden, so dass die

Verpflichtung zur Bodensanierung dem Grunde und der Höhe nach ungewiss ist. Folglich hat die Chemie AG gemäß § 249 Abs. 1 Satz 1 HGB eine Rückstellung für ungewisse Verbindlichkeiten zu passivieren.

Die Bewertung von Rückstellungen erfolgt gemäß § 253 Abs. 1 Satz 2 HGB in Höhe des Betrages, der nach vernünftiger kaufmännischer Beurteilung notwendig sein wird, um die künftige Verpflichtung zu erfüllen. Rückstellungen mit einer Restlaufzeit von mehr als einem Jahr sind gemäß § 253 Abs. 2 Satz 1 HGB im Falle von Altersversorgungsverpflichtungen mit dem laufzeitadäquaten durchschnittlichen Marktzinssatz der vergangenen zehn Geschäftsjahre zu diskontieren, während für sonstige Rückstellungen der durchschnittliche Marktzinssatz der letzten sieben Geschäftsjahre zu verwenden ist. Sofern die Chemie AG dazu verpflichtet wird, das verunreinigte Grundstück zu sanieren, muss sie hierfür voraussichtlich 2 Mio. GE zahlen. Der Erfüllungsbetrag der Verbindlichkeitsrückstellung beträgt demnach 2 Mio. GE. Eine Diskontierung dieses Betrages ist dann notwendig, wenn die Chemie AG eine eventuell notwendige Sanierung des Grundstücks erst nach Ablauf des Geschäftsjahres 02 vornehmen möchte. Sofern die Sanierung bereits im Geschäftsjahr 02 durchgeführt wird, ist die Rückstellung mit 2 Mio. GE zu bewerten.

Zusammenfassend muss die Chemie AG unter dem Bilanzposten „sonstige Rückstellungen" (§ 266 Abs. 3 B. 3. HGB) eine **Rückstellung für ungewisse Verbindlichkeiten in Höhe von 2 Mio. GE** ausweisen.

Übung 60: Rekultivierungsrückstellungen nach HGB

Sachverhalt

Die Buddelviel AG hat im Juli 01 mit dem Abbau von Braunkohle begonnen. Das geschätzte Vorkommen an Braunkohle liegt bei 20 Mio. Tonnen. Bis zum Ende des Jahres 01 hat die Buddelviel AG 1 Mio. Tonnen Braunkohle gefördert. Geplant ist, die Förderung der Braunkohle bis zum Ende des Jahres 05 abzuschließen. Die Förderung der Braunkohle soll dabei in allen Perioden nahezu gleichmäßig erfolgen.

Um die benötigte Förderungsgenehmigung von der zuständigen Behörde zu erhalten, musste sich die Buddelviel AG verpflichten, das komplette Fördergebiet nach Abschluss der Fördermaßnahmen zu rekultivieren. Für die Rekultivierung des kompletten Fördergebietes sind unabhängig vom Umfang der Fördermaßnahmen 1 Mio. GE notwendig. Die restlichen Zahlungen richten sich nach der tatsächlich geförderten Menge Braunkohle. Sofern von der Buddelviel AG die maximale Fördermenge abgebaut wird, sind weitere 10 Mio. GE für die Rekultivierung zu zahlen. Sämtliche Zahlungen für die Rekultivierungsmaßnahmen werden zu Beginn des Jahres 07 zu leisten sein. Ein Anstieg der Kosten für die Rekultivierungsmaßnahmen ist nicht zu erwarten. In der folgenden Übersicht sind die der Restlaufzeit der Verpflichtung entsprechenden durchschnittlichen Marktzinssätze der vergangenen sieben Geschäftsjahre dargestellt:

Bilanzstichtag zum 31.12.	Restlaufzeit der Verpflichtung zum Bilanzstichtag (in Jahren)	Diskontierungszinssatz
01	5	4,57 %
02	4	4,45 %
03	3	4,33 %
04	2	4,15 %
05	1	3,98 %
06	0	3,83 %

Übersicht 60-1: *Diskontierungszinssätze*

Aufgaben

(a) Wie ist der Sachverhalt im handelsrechtlichen Jahresabschluss der Buddelviel AG zum 31.12.01 abzubilden? Erläutern Sie Ihre Lösung unter Bezugnahme auf die relevanten GoB und die relevanten handelsrechtlichen Vorschriften.

(b) Wie ist der Sachverhalt in den handelsrechtlichen Jahresabschlüssen der Geschäftsjahre 02 bis 06 abzubilden?

Literaturhinweise

BAETGE, JÖRG/KIRSCH, HANS-JÜRGEN/THIELE, STEFAN, Bilanzen, 16. Aufl., Düsseldorf 2021, Kap. III Abschn. 3 und Kap. IX Abschn. 3-4.

BAETGE, JÖRG, Diskussionsbeitrag zum Thema „Realisationsprinzip und Rückstellungsbildung", in: BFuP 1994, S. 39-65, hier S. 51-55.

Lösungen

Lösung zu Teilaufgabe (a)

Im vorliegenden Sachverhalt ist zu prüfen, ob für die Rekultivierungsverpflichtung der Buddelviel AG eine Rückstellung in der Bilanz zum 31.12.01 zu passivieren ist.

Notwendige Bedingung für den Ansatz einer Rückstellung ist, dass die drei Kriterien des Passivierungsgrundsatzes erfüllt sind. Damit wird geklärt, ob ein Sachverhalt (vorbehaltlich gesetzlicher Regelungen) in der Bilanz passivierungsfähig ist (abstrakte Passivierungsfähigkeit):

- Für die Buddelviel AG besteht bereits im Jahr 01 durch den Beginn der Fördermaßnahmen eine öffentlich-rechtliche Verpflichtung zur Rekultivierung des Fördergebietes.
- Die Rekultivierungsverpflichtung wird künftig zu Auszahlungen und einer Bruttovermögensminderung führen, d. h. sie stellt eine wirtschaftliche Belastung für die Buddelviel AG dar.
- Mit voraussichtlich 11 Mio. GE ist die Höhe der Gesamtverpflichtung quantifizierbar, wobei dies keine Aussage über die Bewertung der Rückstellung ist.

Die Kriterien des Passivierungsgrundsatzes sind erfüllt. Damit ist der Sachverhalt abstrakt passivierungsfähig. Diese abstrakt passivierungsfähige Schuld ist auch konkret passivierungspflichtig, da für den Fall einer Rekultivierungsverpflichtung weder ein Passivierungswahlrecht noch ein Passivierungsverbot im HGB kodifiziert ist. Da die Höhe der Schuld nicht eindeutig punktuell, sondern nur näherungsweise feststeht, besteht nach § 249 Abs. 1 Satz 1 HGB die Pflicht, zum 31.12.01 eine **Rückstellung für ungewisse Verbindlichkeiten** zu bilden.

Die **Bewertung** der Rückstellung erfolgt gemäß § 253 Abs. 1 Satz 2 HGB in Höhe des „nach vernünftiger kaufmännischer Beurteilung notwendigen Erfüllungsbetrages". Im vorliegenden Sachverhalt setzt sich der nach vernünftiger kaufmännischer Beurteilung notwendige Erfüllungsbetrag aus einem fixen Betrag, der unabhängig von der tatsächlichen Fördermenge zu zahlen ist, und einem variablen Betrag zusammen. Der variable Betrag bestimmt sich nach der tatsächlich geförderten Menge im Verhältnis zur maximal förderbaren Menge an Braunkohle. Die Rückstellung ist daher – entsprechend den in den einzelnen Geschäftsjahren verrechneten Aufwendungen – über den Zeitraum der Fördermaßnahmen anzusammeln, um einen „richtigen" Erfolgsausweis zu gewährleisten.

Nach dem **Grundsatz der Abgrenzung der Sache nach** wäre der künftige Gesamtumsatz (d. h. die künftigen Preise und die verkauften Mengen) bis zur vollständigen Ausbeutung des Vorkommens, also bis zum Fälligkeitszeitpunkt der Rekultivierungsverpflichtung, zu schätzen, um die jährlichen Rückstellungszuführungen proportional zu den jährlichen Erträgen zu bemessen. Wegen des erheblichen Schätzspielraumes – unter anderem im Hinblick auf künftige Preisverhältnisse – ist dieses Vorgehen allerdings in erheblichem Umfang ermessensabhängig. Darüber hinaus ist dieses Vorgehen verhältnismäßig aufwändig.

Wird für die Bemessung der Ansammlungsrückstellung anstelle des Grundsatzes der Abgrenzung der Sache nach der **Grundsatz der Abgrenzung der Zeit nach** zugrunde gelegt, reduziert sich der Ermittlungsaufwand i. d. R. erheblich. Bei dieser Vorgehensweise ist die Höhe der Verpflichtung im Fälligkeitszeitpunkt zu schätzen und über die Laufzeit des Grundstücks proportional zu verteilen. Auf diese Weise werden die Rückstellungsentwicklung und die korrespondierenden Ergebnisbeiträge transparent. Zudem wird dem Bilanzierenden hierbei ein geringerer Ermessens- und Gestaltungsspielraum eröffnet. Lediglich bei einem stark schwankenden Fördervolumen wäre diese Verstetigung des Rückstellungsverlaufs nicht angemessen. Da das Fördervolumen im vorliegenden Sachverhalt in allen Perioden nahezu gleichmäßig erfolgen soll, dürfen die Beträge, die der Rückstellung jährlich zuzuführen sind, dem Grundsatz der Abgrenzung der Zeit nach ermittelt werden.

Im vorliegenden Sachverhalt betragen die **fixen Rekultivierungsaufwendungen** 1 Mio. GE und sind unabhängig von der tatsächlichen Fördermenge bei der Ermittlung des nach vernünftiger kaufmännischer Beurteilung notwendigen Erfüllungsbetrages zu berücksichtigen.

Wird von der Buddelviel AG die maximale Menge an Braunkohle gefördert, sind weitere 10 Mio. GE für die Durchführung der Rekultivierungsmaßnahmen notwendig. Bis zum 31.12.01 wurden 1 Mio. Tonnen Kohle gefördert. Die in der Bilanz zum 31.12.01 zu berücksichtigenden **variablen Rekultivierungsaufwendungen** errechnen sich wie folgt:

Variabler Rekultivierungsaufwand	= (Fördermenge der Periode / maximale Fördermenge) · maximale variable Rekultivierungskosten
	= (1 Mio. Tonnen / 20 Mio. Tonnen) · 10 Mio. GE
	= 500.000 GE

Der nach vernünftiger kaufmännischer Beurteilung notwendige Erfüllungsbetrag der Rekultivierungsverpflichtung zum 31.12.01 setzt sich aus den fixen und variablen Rekultivierungsaufwendungen zusammen und beträgt insgesamt 1,5 Mio. GE.

Gemäß § 253 Abs. 2 Satz 1 HGB sind Rückstellungen mit einer Restlaufzeit von mehr als einem Jahr abzuzinsen. Es besteht also ein generelles Diskontierungsgebot für alle langfristigen Rückstellungen. Als Diskontierungssatz ist ein der Restlaufzeit der Verpflichtung entsprechender durchschnittlicher Marktzinssatz der vergangenen sieben Geschäftsjahre, der von der Deutschen Bundesbank vorgegeben wird, anzuwenden.

Im vorliegenden Sachverhalt beträgt die Restlaufzeit der Rekultivierungsverpflichtung zum 31.12.01 fünf Jahre, so dass der ermittelte, nach vernünftiger kaufmännischer Beurteilung notwendige Erfüllungsbetrag in Höhe von 1,5 Mio. GE mit dem laufzeitadäquaten Diskontierungssatz von 4,57 % über fünf Jahre abzuzinsen ist:

Barwert der Verpflichtung zum 31.12.01	$= 1{,}5$ Mio. GE $\cdot$ $1{,}0457^{-5}$
	= 1.199.653 Mio. GE

Die in der Bilanz zum 31.12.01 anzusetzende Rekultivierungsrückstellung ist mit 1.199.653 Mio. GE zu bewerten.

Der **Ausweis** der Rückstellung für die Rekultivierungsverpflichtung erfolgt auf der Passivseite der Bilanz unter dem Posten „sonstige Rückstellungen" (§ 266 Abs. 3 B. 3. HGB).

Lösung zu Teilaufgabe (b)

In den Folgejahren 02 bis 06 werden die Förderung und der Verkauf der Kohle fortgesetzt. Die Verpflichtung zur Rekultivierung des Fördergebietes wird erst zu Beginn des Jahres 07 fällig, so dass die Kriterien des Passivierungsgrundsatzes weiterhin erfüllt sind. Der **Ansatz** einer Rekultivierungsrückstellung ist somit auch in den Bilanzen der Jahre 02 bis 06 geboten.

Die **Bewertung** der Rückstellungen erfolgt gemäß § 253 Abs. 1 Satz 2 HGB in Höhe des nach vernünftiger kaufmännischer Beurteilung notwendigen Erfüllungsbetrages. Für die Jahre 02 bis 06 ergibt sich dieser zum einen aus den fixen Rekultivierungsaufwendungen in Höhe von 1 Mio. GE und zum anderen aus den variablen Rekultivierungsaufwendungen, die von der tatsächlichen Fördermenge der jeweiligen Geschäftsjahre abhängig sind. Dem Grundsatz der Abgrenzung der Zeit nach folgend ist die zu Beginn des Jahres 02 noch förderbare Menge Braunkohle (19 Mio. Tonnen) über den verbleibenden Zeitraum der Fördermaßnahmen (4 Jahre) zu verteilen. Dies bedeutet, dass jährlich ca. 4,75 Mio. Tonnen Braunkohle gefördert werden. Der sich für das Jahr 02 ergebende, nach vernünftiger kaufmännischer Beurteilung notwendige Erfüllungsbetrag berechnet sich wie folgt:

Erfüllungsbetrag in 02	= 1 Mio. GE + 10 Mio. GE $\cdot$ 28,75 %
	= 3,875 Mio. GE

Der nach vernünftiger kaufmännischer Beurteilung notwendige Erfüllungsbetrag erhöht sich jährlich um einen prozentualen Anteil vom Gesamtbetrag der zu zahlenden Rekultivierungskosten in Höhe von 2,375 Mio. GE (vgl. Übersicht 60-2).

Die folgende Übersicht 60-2 fasst die von der Buddelviel AG in den Jahren 01 bis 05 geförderten Mengen, die bis zum jeweiligen Stichtag insgesamt geförderte Menge, den Anteil der geförderten Menge an der maximal förderbaren Menge, den nach vernünftiger kaufmännischer Beurteilung notwendigen Erfüllungsbetrag zur Rekultivierung des Fördergebietes sowie dessen Veränderung im Vergleich zur Vorperiode zusammen:

Jahr	Geförderte Menge (in Tonnen)	Kumulierte geförderte Menge (in Tonnen)	Relativer Anteil der geförderten Menge	Erfüllungs-betrag (in GE)	Veränderung des Erfüllungs-betrages (in GE)
01	1.000.000	1.000.000	5,00 %	1.500.000	1.500.000
02	4.750.000	5.750.000	28,75 %	3.875.000	2.375.000
03	4.750.000	10.500.000	52,50 %	6.250.000	2.375.000
04	4.750.000	15.250.000	76,25 %	8.625.000	2.375.000
05	4.750.000	20.000.000	100,00 %	11.000.000	2.375.000

Übersicht 60-2: *Nach vernünftiger kaufmännischer Beurteilung notwendige Erfüllungsbeträge zur Rekultivierung eines Braunkohletagebaus*

Der Rückstellungsbetrag der Bilanzen der Jahre 02 bis 05 ergibt sich als Barwert des nach vernünftiger kaufmännischer Beurteilung notwendigen Erfüllungsbetrages, da dieser gemäß § 253 Abs. 2 Satz 1 HGB abzuzinsen ist, sofern die Restlaufzeit der Rekultivierungsverpflichtung zu den jeweiligen Bilanzstichtagen mehr als ein Jahr beträgt. In der Bilanz zum 31.12.06 ist der nach vernünftiger kaufmännischer Beurteilung notwendige Erfüllungsbetrag gemäß § 253 Abs. 2 Satz 1 HGB nicht abzuzinsen, da die der Rückstellung zugrunde liegende Verpflichtung zu Beginn des Jahres 07 fällig wird und deren Restlaufzeit daher weniger als ein Jahr beträgt.

Folgende Übersicht fasst die Barwerte der diskontierten Erfüllungsbeträge zu Beginn und zum Ende der Jahre 01 bis 06, die der Rückstellung jährlich zuzuführenden Beträge sowie die periodisch zu erfassenden Zinsaufwendungen zusammen:

Jahr	Rückstellungs-betrag zum 01.01. (in GE)	Zuführung zur Rückstellung (in GE)	Zinsaufwand der Periode (in GE)	Rückstellungs-betrag zum 31.12. (in GE)
01	0	1.199.653	0	1.199.653
02	1.199.653	1.995.399	60.599	3.255.652
03	3.255.652	2.091.395	156.624	5.503.670
04	5.503.670	2.189.501	258.174	7.951.344
05	7.951.344	2.284.093	343.520	10.578.957
06	10.578.957	0	421.043	11.000.000

Übersicht 60-3: *Rückstellungsbeträge zur Rekultivierung eines Braunkohletagebaus*

Die Veränderung des Rückstellungsbetrages im Vergleich zum Vorjahr ist in drei Komponenten aufzuteilen, die jeweils gesondert in der GuV zu berücksichtigen sind:

- Aufwand aus der Rückstellungszuführung,
- Aufwand aus der Aufzinsung der Verpflichtung,
- Aufwand oder Ertrag aus der Veränderung des Diskontierungssatzes.

Der Aufwand aus der Rückstellungszuführung resultiert aus der jährlich geförderten Menge an Braunkohle (Grundsatz der Abgrenzung der Sache nach) und ist in der GuV innerhalb des Betriebsergebnisses auszuweisen. Der Aufwand aus der Aufzinsung der Verpflichtung ergibt sich aus dem Produkt der Höhe der Verpflichtung zum Ende der Vorperiode und dem Diskontierungssatz der Vorperiode. Aufwendungen, die aus der Aufzinsung der Verpflichtung resultieren, sind gesondert – als Bestandteil des Finanzergebnisses – unter dem Posten „Zinsen und ähnliche Aufwendungen" (§ 275 Abs. 2 Nr. 13 bzw. § 275 Abs. 3 Nr. 12 HGB) in der GuV auszuweisen. Bei einem im Vergleich zur Vorperiode niedrigeren (höheren) Diskontierungssatz ergibt sich ebenfalls Aufwand (Ertrag), der im Finanzergebnis unter dem Posten „Zinsen und ähnliche Aufwendungen" (§ 275 Abs. 2 Nr. 13 bzw. § 275 Abs. 3 Nr. 12 HGB) oder „sonstige Zinsen und ähnliche Erträge" (§ 275 Abs. 2 Nr. 11 bzw. § 275 Abs. 3 Nr. 10 HGB) in der GuV auszuweisen ist. Der Aufwand aus der Veränderung des Diskontierungssatzes für das Jahr 02 berechnet sich wie folgt:

$$\text{Aufwand aus Zinssatzänderung in 02} = 1{,}5 \text{ Mio. GE} \cdot (1{,}0445^{-4} - 1{,}0457^{-4}) = 5.775 \text{ GE}$$

Die folgende Übersicht fasst die Aufwendungen aus der Aufzinsung, der Zinssatzänderung und der Summe dieser für die Geschäftsjahre 01 bis 06 zusammen:

Jahr	Aufwand aus der Aufzinsung (in GE)	Ertrag (–) / Aufwand (+) aus Zinssatzänderung (in GE)	Zinsertrag (–) / Zinsaufwand (+) der Periode (in GE)
01	0	0	0
02	54.824	5.775	60.599
03	144.877	11.747	156.624
04	238.309	19.865	258.174
05	329.981	13.539	343.520
06	421.043	0	421.043

Übersicht 60-4: *Aufwendungen aus der Aufzinsung und der Zinssatzänderung in der GuV der Buddelviel AG in den Geschäftsjahren 01 bis 06*

Im Geschäftsjahr 06 werden die Rekultivierungsmaßnahmen durchgeführt. Zu Beginn des Geschäftsjahres 07 verringert sich das Bankguthaben der Buddelviel AG in entsprechender Höhe und die hierfür passivierte Rekultivierungsrückstellung wird in Anspruch genommen. Die Inanspruchnahme der Rückstellung ist erfolgsneutral und wirkt sich daher nicht auf das Ergebnis des Geschäftsjahres 07 der Buddelviel AG aus. Die Inanspruchnahme der Rückstellung wird durch folgenden Buchungssatz in der Finanzbuchhaltung der Buddelviel AG erfasst:

Sonstige Rückstellungen	11 Mio. GE	an	Bank	11 Mio. GE

Auswirkungen auf das Jahresergebnis ergeben sich nur dann, wenn der Rückstellungsbetrag nicht exakt geschätzt werden konnte. Wurde die Rückstellung zu hoch bemessen (z. B. weil die Kosten für die Rekultivierung tatsächlich nur insgesamt 10,5 Mio. GE anstatt der kalkulierten 11 Mio. GE betragen), ist die Differenz zwischen tatsächlichen Kosten und Rückstellungsbetrag als sonstiger betrieblicher Ertrag in der GuV zu erfassen. Bei einer zu niedrig bewerteten Rückstellung ist der den Rückstellungsbetrag übersteigende Auszahlungsbetrag als sonstiger betrieblicher Aufwand des Geschäftsjahres 07 zu erfassen.

Übung 61: Rückstellungen für drohende Verluste aus schwebenden Geschäften nach HGB

Sachverhalt

Die Mobiliar AG ist ein regional bekannter Küchenmöbelhersteller mit Direktvertrieb. Ende Dezember 01 verkauft der erst kürzlich eingestellte Vertriebsangestellte Harry Hurtig eine Komfort-Küche zum Festpreis von 25.000 GE. Da die Produktion der Mobiliar AG derzeit voll ausgelastet ist, wird die Fertigungszeit der Küche ca. sechs Monate betragen, so dass sie Ende Juni 02 ausgeliefert werden kann.

Freudestrahlend meldet Harry seinen ersten großen Verkaufserfolg direkt dem Vertriebschef. Dieser bemerkt, dass Harry in den Verkaufsverhandlungen seine Kompetenzen überschritten hat, da er einen viel zu hohen Preisnachlass gewährt hat. Damit Harry künftig realistischere Vorstellungen hinsichtlich der bei Küchen erzielbaren Margen in seinen Verkaufsgesprächen hegt, schickt ihn der Vertriebschef in die Kalkulationsabteilung. Dort wird ihm die Kalkulation der Kosten für die von ihm verkaufte Komfort-Küche erläutert. Für eine Komfort-Küche fallen variable Produktionskosten in Höhe von 20.000 GE und fixe Kosten in Höhe von 10.000 GE an. So dämmert es Harry, dass sein erster Verkaufserfolg zu einem negativen Erfolgsbeitrag von 5.000 GE führen wird. Hinzu kommt, dass die Kostenrechner mit Kostensteigerungen von 5 % bei allen Kostenarten innerhalb der nächsten sechs Monate rechnen.

Aufgabe

Wie ist der Sachverhalt in der handelsrechtlichen Bilanz des Unternehmens zum 31.12.01 abzubilden? Erläutern Sie Ihre Lösung unter Bezugnahme auf die relevanten GoB und die relevanten handelsrechtlichen Vorschriften.

Literaturhinweis

BAETGE, JÖRG/KIRSCH, HANS-JÜRGEN/THIELE, STEFAN, Bilanzen, 16. Aufl., Düsseldorf 2021, Kap. IX Abschn. 52.

Lösung

Im vorliegenden Sachverhalt ist im ersten Schritt zu prüfen, ob eine Rückstellung für drohende Verluste aus schwebenden Geschäften in der Bilanz zum 31.12.01 der Mobiliar AG anzusetzen ist. Der Ansatz von Drohverlustrückstellungen ist Ausdruck des Imparitätsprinzips. Dem Wortlaut des § 252 Abs. 1 Nr. 4 HGB entsprechend ist eine Drohverlustrückstellung dann zu bilden, wenn das zu dem künftigen Verlust führende Ereignis oder das zu antizipierende Risiko im Entstehen begriffen ist. In diesem Fall liegt eine der Ursachen für dieses Ereignis bereits am Abschlussstichtag vor. Das Risiko ist damit für das Unternehmen vorhersehbar.

Ferner ist der **Ansatz** von Drohverlustrückstellungen nach § 249 Abs. 1 Satz 1 HGB geboten, wenn folgende Kriterien kumulativ erfüllt sind:

- Es liegt ein schwebendes Geschäft vor und
- aus diesem Geschäft droht ein Verlust.

Ein schwebendes Geschäft liegt vor, da sich die Mobiliar AG zur Leistungserbringung vertraglich verpflichtet hat, aber noch keiner der Vertragspartner eine Lieferung oder Leistung erbracht hat.

Aus dem schwebenden Geschäft droht ein Verlust, der sich unter Vernachlässigung von Preissteigerungen wie folgt berechnet:

	Erwartete Erträge aus dem Absatzgeschäft	25.000 GE
–	Bereits aktivierte Anschaffungs- oder Herstellungskosten	0 GE
–	Noch entstehende Aufwendungen	– 30.000 GE
=	Drohender Verlust (negativer Erfolgsbeitrag)	– 5.000 GE

Da beide Ansatzkriterien einer Rückstellung für drohende Verluste aus schwebenden Geschäften kumulativ erfüllt sind, führt die Regelung des § 249 Abs. 1 Satz 1 HGB zwingend zur Abbildung des Sachverhaltes als Drohverlustrückstellung in der Bilanz der Mobiliar AG.

Bei der Bewertung ist zu klären, ob zur Berechnung des Drohverlustes

- eine Bewertung zur handelsrechtlichen Herstellungskostenober- oder Herstellungskostenuntergrenze zu erfolgen hat und ob
- künftige Preissteigerungen zu berücksichtigen sind.

Drohverlustrückstellungen dienen dem **Zweck der Kapitalerhaltung**. Sind die Kapazitäten – wie im vorliegenden Sachverhalt – bereits voll ausgelastet, so wird durch einen zusätzlich angenommenen Auftrag ein Teil des bereits bestehenden Auftragsbestandes verdrängt, so dass (profitable Aufträge vorausgesetzt) die Deckungsbeiträge der Aufträge abnehmen. Daher sind bei der Bewertung der Drohverlustrückstellung alle noch entstehenden Aufwendungen unabhängig davon einzubeziehen, ob es sich um fixe oder variable Aufwendungen handelt.

Die **Bewertung** von Rückstellungen ist in § 253 Abs. 1 Satz 2 HGB geregelt. Danach sind „Rückstellungen in Höhe des nach vernünftiger kaufmännischer Beurteilung notwendigen Erfüllungsbetrages anzusetzen." Da die Rückstellungsbewertung zukunftsgerichtet ist, müssen Preissteigerungen berücksichtigt werden, um dem Kapitalerhaltungszweck Rechnung zu tragen. Im Sachverhalt basieren die Kosten auf dem derzeitigen Preisniveau; die tatsächlich entstehenden Kosten werden voraussichtlich höher sein. Die im Sachverhalt angegebene Kostensteigerung von 5 % innerhalb der nächsten sechs Monate muss allerdings belegbar und nachprüfbar sein, um willkürliche Wertansätze auszuschließen (z. B. tarifvertragliche Vereinbarungen über die künftige Lohnentwicklung).

Wird angenommen, dass die Einschätzung der Preisniveauänderung belegbar ist und positive Deckungsbeiträge verdrängt werden, ist die Drohverlustrückstellung mit 6.500 GE zu bewerten, wie folgende Berechnung verdeutlicht:

	Erwartete Erträge aus dem Absatzgeschäft	25.000 GE
–	Bereits aktivierte Anschaffungs- oder Herstellungskosten	0 GE
–	Noch entstehende Aufwendungen unter Berücksichtigung einer 5 %-igen Preissteigerung bei allen Kosten (30.000 GE · 1,05)	– 31.500 GE
=	Drohender Verlust (negativer Erfolgsbeitrag)	– 6.500 GE

Der **Ausweis** von Rückstellungen für drohende Verluste aus schwebenden Geschäften erfolgt in der Bilanz auf der Passivseite unter dem Posten „sonstige Rückstellungen" (§ 266 Abs. 3 B. 3. HGB).

Übung 62: Rückstellungen für künftige Verluste nach IFRS

Sachverhalt

Die Tortenguss AG stellt auf einer Produktionslinie exklusiv eine Verzierung für Tiefkühltorten her. Bei dieser Produktart, die ausschließlich für andere Unternehmen der Lebensmittelindustrie gefertigt wird, handelte es sich in der Vergangenheit um eines der erfolgreichsten Produkte des Unternehmens. Mittlerweile haben sich aber auch andere „Standbeine", wie der direkte Absatz anderer Produkte an den Einzelhandel entwickelt.

Nachdem sich der Markt für Tortenverzierungen in den letzten Monaten des Jahres 01 durch eine Konsolidierung auf dem Abnehmermarkt zunehmend verschlechtert hat, steht im Dezember 01 das erste Verkaufsgespräch mit einem der verbliebenen Großabnehmer für die Verzierungen an. Die neue Verhandlungssituation fördert zutage, dass die Produktionskapazitäten in diesem Markt die Nachfrage durch die Produzenten von Tiefkühltorten weit überschreiten. Neue Technologien machen es für einige Produzenten attraktiv, die Verzierung selbst herzustellen anstatt sie fremd zu beziehen. Um in dieser traditionellen Produktsparte noch weiter auf dem Markt vertreten zu bleiben, unterzeichnet der Verkaufsdirektor der Tortenguss AG, Herr Müller, unter dem Druck der neuen Situation einen Liefervertrag für das folgende Geschäftsjahr. Dieser Liefervertrag wird in der Geschäftsleitung der Tortenguss AG aufgrund des großen Preiszugeständnisses, das Herr Müller dem Kunden gemacht hat (vormals 6 GE/kg auf nun 3,5 GE/kg), intensiv diskutiert. Der Vertrag enthält eine Vereinbarung über 12 Lieferungen von jeweils 10 Tonnen. Wenn die Tortenguss AG von den monatlichen Lieferungen abweicht, wird der Vertrag gekündigt und eine Vertragsstrafe von 15.000 GE fällig.

Die Produktion der Verzierungen verursacht Kosten in Höhe von 3,75 GE/kg. Während Herr Müller an dieser Sparte festhalten möchte, wird in der übrigen Geschäftsleitung erörtert, dass Preise oberhalb der bereits erreichten 3,5 GE/kg künftig kaum zu erreichen seien. Es wird als Vorteil betrachtet, dass keine weiteren Geschäftsbeziehungen zu den sonstigen Kunden für dieses Produkt bestehen, da in diesem Fall eine Einstellung der Produktion keine weiteren Einflüsse auf die übrige Geschäftstätigkeit habe. Eine Stilllegung dieser Sparte sei eventuell sogar dem potentiellen Verlust von insgesamt ca. 75.000 GE im Jahr 02 vorzuziehen.

Aufgabe

Wie ist die geschäftliche Situation der Tortenguss AG, die sich zum Ende des Jahres 01 für das kommende Jahr ergeben hat, in der IFRS-Bilanz zum 31.12.01 abzubilden?

Literaturhinweis

BAETGE, JÖRG/KIRSCH, HANS-JÜRGEN/THIELE, STEFAN, Bilanzen, 16. Aufl., Düsseldorf 2021, Kap. III Abschn. 5 und Kap. IX Abschn. 7.

Lösung

Der im Dezember 01 geschlossene Vertrag wird in der Tortenguss AG als Indikator für die allgemeine Geschäftssituation in dem Produktbereich Tortenverzierungen angesehen. Die Ertragslage wird im Jahr 02 als verlustbringend eingeschätzt und weitere Verträge werden sich vermutlich ausschließlich ergebnisbelastend auswirken. Deshalb ist zum einen zu prüfen, ob wegen der allgemeinen Geschäftssituation eine Rückstellung zu bilanzieren oder eine Wertminderung der Vermögenswerte der Tortenguss AG zu berücksichtigen ist. Zum anderen ist zu prüfen, ob für die aus dem Liefervertag entstehenden künftigen Verluste eine Drohverlustrückstellung zum 31.12.01 zu bilden ist.

Für den **Vertrag**, der im Dezember 01 geschlossen wurde, ist eine Drohverlustrückstellung anzusetzen, sofern dieser Vertrag, der ein schwebendes Geschäft darstellt, zu negativen Erfolgsbeiträgen führen wird.

Voraussetzungen für den **Ansatz** einer Rückstellung sind gemäß IAS 37.14, dass

- einem Unternehmen aus einem vergangenen Ereignis eine gegenwärtige Verpflichtung (rechtlich oder faktisch) entstanden ist,
- es wahrscheinlich ist, dass die Erfüllung der Verpflichtung zu einem Abfluss von Ressourcen mit wirtschaftlichem Nutzen führen wird, und
- eine verlässliche Schätzung der Höhe der Verpflichtung möglich ist.

Mit der kumulativen Erfüllung dieser Voraussetzungen ist die Pflicht zur Passivierung einer Rückstellung nach IAS 37 (Rückstellungen, Eventualverbindlichkeiten und Eventualforderungen) gegeben.

Der vom Verkaufsdirektor im Dezember 01 geschlossene Vertrag führt zu einer **rechtlichen Verpflichtung** der Tortenguss AG gegenüber dem Vertragspartner zur Lieferung von monatlich zehn Tonnen Tortenverzierungen. Somit besteht zum Abschlussstichtag 31.12.01 eine aus einem vergangenen Ereignis resultierende Verpflichtung.

Diese Verpflichtung wird zu einem Abfluss wirtschaftlichen Nutzens führen, da die Tortenguss AG das zu liefernde Produkt nur mit einem negativen Deckungsbeitrag (Erlöse < Kosten) herstellen kann oder im Fall der Nicht-Lieferung zu einer Vertragsstrafe verpflichtet wird. Somit ist auch die Voraussetzung des **wahrscheinlichen Ressourcenabflusses** erfüllt.

Die dritte Voraussetzung für den Ansatz einer Rückstellung ist durch die Abschätzbarkeit des Verlustes durch den Vertrag, den Herr Müller mit dem Kunden geschlossen hat, erfüllt. Der Vertrag enthält eine festgelegte Liefermenge von insgesamt

120 Tonnen zu einem Preis von 3.500 GE/Tonne. Es steht allerdings bereits zum Zeitpunkt der Jahresabschlusserstellung fest, dass die Kosten der Produktion 3.750 GE/Tonne betragen werden und somit 250 GE/Tonne oberhalb des vereinbarten Absatzpreises liegen werden. Somit ist die Höhe der Verpflichtung **verlässlich schätzbar**.

Weitere Ausführungen zu drohenden Verlusten aus schwebenden Geschäften sind in IAS 37.66-69 unter der Bezeichnung **belastende Verträge** zusammengefasst. Danach werden Verträge, die ohne Zahlung einer Entschädigung an eine andere Partei storniert werden können, nicht als belastende Verträge aufgefasst (IAS 37.67). In der angegebenen Situation ist die Lösung vom Vertrag nur durch die Zahlung einer Vertragsstrafe möglich. Der im Dezember 01 abgeschlossene Vertrag ist daher ein belastender Vertrag i. S. d. IAS 37, für den eine Rückstellung anzusetzen ist (IAS 37.66).

Zur **Bewertung** ist gemäß IAS 37.36 der Betrag der Rückstellung bestmöglich zu schätzen, und zwar mit den Ausgaben, die notwendig sind, um die zum Bilanzstichtag bestehende Verpflichtung zu erfüllen. In IAS 37.68 wird diese Vorschrift für belastende Verträge konkretisiert. Der belastende Vertrag ist in der Höhe der unvermeidbaren Kosten, d. h. der bei Ausstieg aus dem Vertrag anfallenden Nettokosten, zu passivieren. Für diese Nettokosten ist der niedrigere Betrag aus den Kosten der Erfüllung der Vertragsleistung und der aus der Nichterfüllung resultierenden Entschädigung zu wählen. Im Fall des vorliegenden Vertrages ist also der Betrag, um den die Aufwendungen die Erlöse des Auftrages überschreiten, mit der Vertragsstrafe zu vergleichen, die fällig wird, wenn der Lieferant von den Leistungsbedingungen abweicht. Der Verlust aus der Erfüllung der im Vertrag vereinbarten Leistungen beträgt 30.000 GE (= 120 Tonnen · 250 GE/Tonne). Dem steht eine Vertragsstrafe in Höhe von 15.000 GE bei Nichterfüllung des Vertrages gegenüber. Somit betragen die unvermeidbaren Kosten 15.000 GE. In dieser Höhe ist für den belastenden Vertrag eine Rückstellung zu passivieren.

Der **Ausweis** der Drohverlustrückstellung erfolgt im IFRS-Abschluss unter den langfristigen Schulden.

Ferner ist zu prüfen, ob eine **Rückstellung für allgemeine künftige Verluste aus dem operativen Geschäft** in der IFRS-Bilanz der Tortenguss AG anzusetzen ist.

Der abgeschlossene Vertrag wird in der Tortenguss AG als Indikator für die allgemeine Geschäftssituation in dem Produktbereich Tortenverzierungen angesehen. Für das Jahr 02 wird eine schlechte Ertragslage des Unternehmens erwartet, die durch den Abschluss unprofitabler Geschäfte vermutlich zusätzlich belastet wird. Obwohl die Geschäftsleitung dazu in der Lage ist, die Verluste zu schätzen, genügt diese Situation nicht, um die beiden übrigen Bedingungen des IAS 37.14 zum Ansatz einer Rückstellung zu erfüllen. Erst im Fall weiterer Vertragsabschlüsse würden die wirtschaftlichen Belastungen wahrscheinlich. Es bestehen auch keine rechtlichen oder faktischen Verpflichtungen aufgrund von Ereignissen in der Vergangenheit. Somit darf für die künftige Verlustsituation keine Rückstellung für ungewisse Verbindlichkeiten passiviert werden. In IAS 37.63 ist normiert, dass im Zusammenhang mit künftigen betrieblichen Verlusten keine Rückstellungen angesetzt werden dürfen. Für den geschätzten Verlust der Produktsparte des Jahres 02, der auf der Entwicklung des Jahres 01 beruht, darf also keine Rückstellung gebildet werden.

In der vorliegenden Situation ist indes nach IAS 37.65 die Prüfung einer Wertminderung der Produktionslinie oder der übergeordneten zahlungsmittelgenerierenden Einheit vorzunehmen. Eine Wertminderung der Produktionslinie oder der der übergeordneten zahlungsmittelgenerierenden Einheit zugehörigen Vermögenswerte erscheint aufgrund der speziellen Eignung für diese Produktart und der künftigen Ertragslage bzw. der infragegestellten Fortführung der Produktion wahrscheinlich. Sind die der Produktionslinie oder der zahlungsmittelgenerierenden Einheit zugehörigen Vermögenswerte tatsächlich im Wert gemindert, ist dies im IFRS-Abschluss durch eine außerplanmäßige Abschreibung der Vermögenswerte zu berücksichtigen.

Bei einer außerplanmäßigen Abschreibung der an der Produktion beteiligten Vermögenswerte ist indes zu beachten, dass der Rückstellungsbetrag für den belastenden Vertrag erst auf Basis der neubewerteten Anlage berechnet werden darf (IAS 37.69). So wird verhindert, dass der Aufwand in der Gesamtergebnisrechnung zum einen als Abschreibung und zum anderen als Drohverlust doppelt erfasst wird.

Übung 63: Rückstellungen für unterlassene Aufwendungen für Instandhaltungen nach HGB

Sachverhalt

Die Blitz AG hat im abgelaufenen Geschäftsjahr 01 regelmäßig anfallende Instandhaltungsmaßnahmen an der Karosseriestanze aufgrund einer guten Auftragslage und einer hohen Kapazitätsauslastung nicht durchgeführt. Die Instandhaltungsmaßnahmen sind indes nunmehr notwendig geworden, da die Maschine, die von der Blitz AG tolerierbare Ausschussquote fortwährend überschreitet. Aus diesem Grund musste bereits die produzierbare Menge eines Kleinwagens vermindert werden. Um den ordnungsgemäßen Betriebsablauf und die volle Leistungsfähigkeit der Maschine dauerhaft wiederherzustellen, wären im abgelaufenen Geschäftsjahr 01 Aufwendungen für Instandhaltungsmaßnahmen in Höhe von geschätzten 200.000 GE notwendig gewesen. Die Blitz AG plant, diese Maßnahmen im Zeitraum vom 15.01.02 bis zum 30.01.02 nachzuholen. Kostenänderungen werden bis dahin nicht erwartet.

Aufgabe

Wie ist der Sachverhalt der unterlassenen Instandhaltung im handelsrechtlichen Jahresabschluss der Blitz AG zum 31.12.01 abzubilden?

Literaturhinweis

BAETGE, JÖRG/KIRSCH, HANS-JÜRGEN/THIELE, STEFAN, Bilanzen, 16. Aufl., Düsseldorf 2021, Kap. III Abschn. 3 und Kap. IX Abschn. 53.

Lösung

Im vorliegenden Sachverhalt ist zu prüfen, ob eine Aufwandsrückstellung für unterlassene Instandhaltungsmaßnahmen zu bilden ist.

Für den **Ansatz** einer Rückstellung müssen grundsätzlich die Kriterien des Passivierungsgrundsatzes erfüllt und die zugrunde liegende Verpflichtung dem Grunde und/oder der Höhe nach ungewiss sein.

Gemäß dem Passivierungsgrundsatz ist der Sachverhalt **abstrakt passivierungsfähig**, wenn

- eine Verpflichtung der Blitz AG vorliegt,
- mit der Verpflichtung eine wirtschaftliche Belastung für die Blitz AG verbunden ist und
- die wirtschaftliche Belastung quantifizierbar ist.

Eine Verpflichtung liegt vor, wenn sich das bilanzierende Unternehmen aus rechtlichen oder wirtschaftlichen Gründen der Leistungsabgabe nicht entziehen kann (Zwang zur Leistungserbringung) und darüber hinaus der Leistungszwang hinreichend konkret (vorhersehbar) ist. Bei der Frage der Passivierungsfähigkeit müssen Außen- und Innenverpflichtungen unterschieden werden. Bei Außenverpflichtungen handelt es sich um Verpflichtungen gegenüber Dritten, denen sich das bilanzierende Unternehmen entweder aus rechtlichen oder wirtschaftlichen Gründen nicht entziehen kann. Innenverpflichtungen lassen sich demgegenüber dadurch charakterisieren, dass keine Verpflichtung gegenüber Dritten vorliegt. Vielmehr werden Sachverhalte erfasst, bei denen eine Verpflichtung des Bilanzierenden gegenüber sich selbst besteht.

Im vorliegenden Sachverhalt sind die unterlassenen Instandhaltungsmaßnahmen zwingend von der Blitz AG nachzuholen, um die betriebsinterne Ausschussquote einzuhalten und den ordnungsgemäßen Geschäftsbetrieb wiederherstellen zu können. Innenverpflichtungen begründen – im Gegensatz zu Außenverpflichtungen – keine bilanzrechtliche Schuld und sind daher auch nicht abstrakt passivierungsfähig.

Indes sind neben dem Passivierungsgrundsatz auch die gesetzlichen Vorschriften zu beachten, die den Ansatz eines Passivpostens fordern, ohne dass der zugrunde liegende Sachverhalt eine handelsrechtliche Schuld begründet (konkrete Passivierungsfähigkeit). Gemäß § 249 Abs. 1 Satz 2 Nr. 1 HGB sind Rückstellungen für unterlassene Aufwendungen für Instandhaltung zu bilden, sofern diese innerhalb von drei Monaten nach dem Abschlussstichtag nachgeholt werden. Die Blitz AG plant die unterlassenen Instandhaltungsmaßnahmen im ersten Monat nach dem Abschlussstichtag nachzuholen, so dass die Blitz AG gemäß § 249 Abs. 1 Satz 2 Nr. 1 HGB zwingend eine **Rückstellung für unterlassene Aufwendungen für Instandhaltung** zu passivieren hat, obwohl der Sachverhalt keine Schuld im handelsrechtlichen Sinne begründet.

Die **Bewertung** von Rückstellungen erfolgt gemäß § 253 Abs. 1 Satz 2 HGB. Hiernach sind „Rückstellungen in Höhe des nach vernünftiger kaufmännischer Beurteilung notwendigen Erfüllungsbetrages anzusetzen." Der nach vernünftiger kaufmännischer Beurteilung notwendige Erfüllungsbetrag ist der Betrag, der notwendig sein wird, um die künftige Verpflichtung zu erfüllen. Rückstellungen, deren Restlaufzeit mehr als ein Jahr beträgt, sind gemäß § 253 Abs. 2 Satz 1 HGB im Falle von Altersversorgungsverpflichtungen mit dem laufzeitadäquaten durchschnittlichen Marktzinssatz der vergangenen zehn Geschäftsjahre auf den Abschlussstichtag zu diskontieren, während für sonstige Rückstellungen der durchschnittliche Marktzinssatz der letzten sieben Geschäftsjahre relevant ist.

Im vorliegenden Sachverhalt wird der Aufwand für die Durchführung der Instandhaltungsmaßnahmen auf 200.000 GE geschätzt. Da die der Rückstellung zugrunde liegende Verpflichtung voraussichtlich bereits im Januar 02 fällig wird, beträgt die Restlaufzeit der Rückstellung weniger als ein Jahr, so dass die Rückstellung nicht zu diskontieren ist. Die Blitz AG hat die Rückstellung folglich mit einem Betrag in Höhe von 200.000 GE zu bewerten.

Der **Ausweis** von Rückstellungen für unterlassene Aufwendungen für Instandhaltung erfolgt unter dem Bilanzposten „sonstige Rückstellungen" (§ 266 Abs. 3 B. 3. HGB).

Kapitel X: Die Bilanzierung des Eigenkapitals

Übung 64: Bilanzierung des Eigenkapitals nach HGB

Sachverhalt

Die zwei Münsteraner Brüder Grimm gründen im Dezember 01 die Gebrüder Grimm AG. Das Grundkapital der Gesellschaft beträgt € 100.000 und wird in 20.000 Aktien im Nennbetrag von € 5 verbrieft. Jeder Bruder zeichnet 50 % der Aktien. In Art. 1 der notariell beurkundeten Satzung wird als Gesellschaftszweck das Verlegen von Märchenbüchern genannt. Art. 2 der Satzung legt fest, dass in jedem Jahr 5 % des Jahresüberschusses in eine Rücklage einzustellen sind. Diese Rücklage soll die allgemeine Bestandsfestigkeit der AG erhöhen. Der Ausgabekurs der Aktien soll 105 % betragen. Außerdem wird gesellschaftsvertraglich festgelegt, dass nur 80 % der Einlagen sofort (im Dezember) und in bar, die übrigen Einlagen erst bei ihrer Einforderung durch den Vorstand zu leisten sind. Der Geschäftsbetrieb wird mit der Eintragung in das Handelsregister am 02.01.02 aufgenommen. Die beiden Gründer werden zum Vorstand bestellt.

Im Jahr 02 erzielt die Gebrüder Grimm AG einen erstaunlichen Jahresüberschuss in Höhe von € 100.000. Außerdem werden die ausstehenden Einlagen auf das gezeichnete Kapital zu 50 % eingefordert.

Die Inventur am 31.12.02 hat folgende Bestände ergeben: Betriebs- und Geschäftsausstattung € 20.000, Forderungen aus Lieferungen und Leistungen € 80.000, Kasse und Guthaben bei Kreditinstituten € 85.000.

Der Vorstand soll zusammen mit dem Aufsichtsrat, in den die beiden Gattinnen und die Mutter der Gründer bestellt wurden, den bis dahin geprüften Jahresabschluss zum 31.03.03 feststellen. Die beiden Organe sind sich einig, dass sie den maximal möglichen Betrag in die Rücklagen einstellen.

Aufgaben

(a) Erstellen Sie die handelsrechtliche Eröffnungsbilanz zum 02.01.02. Erläutern Sie dabei auch die Bestandteile des bilanziellen Eigenkapitals.

(b) Stellen Sie die Bilanz und die Gewinnverwendungsrechnung der Gebrüder Grimm AG zum 31.12.02 nach teilweiser Ergebnisverwendung durch den Vorstand und Aufsichtsrat auf.

Literaturhinweis

BAETGE, JÖRG/KIRSCH, HANS-JÜRGEN/THIELE, STEFAN, Bilanzen, 16. Aufl., Düsseldorf 2021, Kap. X Abschn. 2.

Lösungen

Lösung zu Teilaufgabe (a)

Dem **gezeichneten Kapital** i. S. d. § 272 Abs. 1 Satz 1 HGB entspricht das **Grundkapital** bei einer AG (§ 152 Abs. 1 Satz 1 AktG). Das gezeichnete Kapital muss gemäß § 272 Abs. 1 Satz 1 HGB zum Nennbetrag (hier: € 100.000) ausgewiesen werden. Der Name „gezeichnetes Kapital“ soll ausdrücken, dass es sich nicht notwendigerweise auch um das eingezahlte Kapital handeln muss. Im Fall der Gebrüder Grimm AG sind nur 80 % des gezeichneten Kapitals eingezahlt, die übrigen 20 % werden zu einem späteren Zeitpunkt eingezahlt.

Die Untergrenze des gezeichneten Kapitals beträgt bei der AG € 50.000 (§ 7 AktG). Die Höhe kann nur durch Beschluss der Hauptversammlung über eine Kapitalerhöhung oder Kapitalherabsetzung geändert werden (§§ 182-240 AktG).

Aktien können entweder als Nennbetragsaktien oder als Stückaktien begründet werden (§ 8 Abs. 1 AktG). Nach § 8 Abs. 2 AktG müssen Nennbetragsaktien auf einen Euro oder höhere, volle Euro-Beträge lauten. Hier werden Nennbetragsaktien begeben, die auf fünf Euro lauten.

Gemäß § 36a Abs. 1 AktG muss lediglich ein Viertel des gezeichneten Kapitalbetrages in bar eingezahlt werden. Somit kann sich eine Differenz zwischen dem gezeichneten Kapital und dem eingezahlten Kapital ergeben. Diese Differenz wird als „**ausstehende Einlagen auf das gezeichnete Kapital**“ bezeichnet und ist in der Bilanz gesondert auszuweisen (§ 272 Abs. 1 Satz 2 HGB). Die Differenz hat eine Doppelnatur:

- Vom juristischen Standpunkt aus betrachtet stellt der Posten eine Forderung der Gesellschaft an die Gesellschafter dar.
- Wirtschaftlich betrachtet sind die ausstehenden Einlagen ein Korrekturposten zum gezeichneten Kapital.

Um dem wirtschaftlichen Gehalt gerecht zu werden, sind die nicht eingeforderten ausstehenden Einlagen auf das gezeichnete Kapital nach § 272 Abs. 1 Satz 2 HGB offen von dem gezeichneten Kapital in der Vorspalte der Bilanz abzusetzen und in der Hauptspalte ist der Saldo als „Eingefordertes Kapital" auszuweisen. Unter den Forderungen ist nur der eingeforderte Teil der ausstehenden Einlagen gesondert als Forderung zu aktivieren.

Die **Kapitalrücklage** enthält Beträge, die dem Eigenkapital des Unternehmens von **außen** über das gezeichnete Kapital hinaus zufließen. Gemäß § 272 Abs. 2 Nr. 1 HGB ist in die Kapitalrücklage unter anderem der Betrag, der bei der Ausgabe von Anteilen einschließlich von Bezugsanteilen über den Nennbetrag hinaus erzielt wird (**Agio**), einzustellen. Ein Agio muss bei Aktiengesellschaften stets in voller Höhe eingezahlt werden. Im Sachverhalt beträgt das Agio oder Aufgeld 5 % des Nennbetrages der bereits ausgegebenen Aktien, so dass € 5.000 (= € 100.000 • 5 %) in die Kapitalrücklage eingestellt werden. Danach hat die handelsrechtliche Eröffnungsbilanz der Gebrüder Grimm AG zum 02.01.02 folgendes Aussehen:

Eröffnungsbilanz der Gebrüder Grimm AG zum 02.01.02 (alle Zahlenangaben in T€)				
B. Umlaufvermögen		A. Eigenkapital		
IV. Kassenbestand, Bundesbankguthaben, Guthaben bei Kreditinstituten und Schecks	85	I. Gezeichnetes Kapital	100	
		– Nicht eingeforderte ausstehende Einlagen	20	
		= Eingefordertes Kapital		80
		II. Kapitalrücklage		5
Bilanzsumme	85	Bilanzsumme		85

Übersicht 64-1: *Ausweis der ausstehenden Einlagen*

Lösung zu Teilaufgabe (b)

Als **Gewinnrücklagen** sind in der Bilanz getrennt auszuweisen (§ 266 Abs. 3 A. III. HGB i. V. m. § 272 Abs. 3 und 4 HGB):

1. gesetzliche Rücklage,
2. Rücklage für eigene Anteile an einem herrschenden oder mehrheitlich beteiligten Unternehmen,
3. satzungsmäßige Rücklagen und
4. andere Gewinnrücklagen.

Gewinnrücklagen werden im Zuge der **Ergebnisverwendung aus den Gewinnen** der Kapitalgesellschaft gebildet. Die Bildung einer **gesetzlichen Rücklage** ist für die AG in § 150 Abs. 1 und 2 AktG zwingend vorgeschrieben. § 150 Abs. 2 AktG bestimmt, dass 5 % des um einen eventuellen Verlustvortrag bereinigten Jahresüberschusses in die gesetzliche Rücklage einzustellen sind, soweit die gesetzliche Rücklage und die Kapitalrücklage gemäß § 272 Abs. 2 Nr. 1-3 HGB zusammen 10 % oder den in der Satzung bestimmten höheren Teil des gezeichneten Kapitals noch nicht erreicht haben. Die Gebrüder Grimm AG hat ausschließlich eine Kapitalrücklage i. S. d. § 272 Abs. 2 Nr. 1 HGB, die bisher 5 % des gezeichneten Kapitals ausmacht, so dass die gesetzlich geforderten 10 % nicht erreicht werden. Aus diesem Grund sind 5 % des Überschusses des Jahres 02, also € 5.000, in die gesetzliche Rücklage einzustellen.

Grundlage für die Bildung **satzungsmäßiger Rücklagen** ist § 58 Abs. 1 AktG, nach dem die Satzung vorsehen kann, bestimmte Beträge zu thesaurieren. Sofern die Satzung lediglich ein Wahlrecht zur Bildung satzungsmäßiger Rücklagen vorsieht, sind diese Rücklagen unter den anderen Gewinnrücklagen auszuweisen. Sind die Rücklagen indes laut Satzung zwingend zu bilden, so sind solche Rücklagen als satzungsmäßige Rücklagen gesondert auszuweisen. Hier fordert die Satzung der Gebrüder Grimm AG, dass 5 % des Jahresüberschusses in eine Rücklage einzustellen sind, die dem besseren Bestandsschutz der Gesellschaft dient. € 5.000 sind daher als satzungsmäßige Rücklage gesondert auszuweisen.

Die **anderen Gewinnrücklagen** sind ein Sammelposten für alle Rücklagen, die nicht der gesetzlichen Rücklage oder den satzungsmäßigen Rücklagen zuzurechnen sind. Bei der Dotierung der anderen Gewinnrücklagen ist § 58 Abs. 2 AktG zu beachten. Danach dürfen Vorstand und Aufsichtsrat einer AG, falls sie den Jahresabschluss feststellen, höchstens 50 % des vorher um die Einstellung in die gesetzliche Rücklage und um einen Verlustvortrag gekürzten Jahresüberschusses in die anderen Gewinnrücklagen einstellen (§ 58 Abs. 2 Satz 4 i. V. m. Abs. 1 Satz 3 AktG). Sofern eine entsprechende Satzungsbestimmung besteht, dürfen auch größere oder kleinere Beträge zugeführt werden (§ 58 Abs. 2 Satz 2 AktG). Diese Zuführungsmöglichkeit aufgrund einer Satzungsbestimmung besteht indes nur, soweit die anderen Gewinnrücklagen die Hälfte des Grundkapitals nicht übersteigen oder soweit sie nach der Einstellung nicht die Hälfte übersteigen würden (§ 58 Abs. 2 Satz 3 AktG).

Der Vorstand und der Aufsichtsrat der Gebrüder Grimm AG stellen – wie dies der Regelfall ist – den Jahresabschluss gemäß § 172 AktG fest und beschließen, den maximal zulässigen Betrag in die anderen Gewinnrücklagen einzustellen. Der um die Einstellung in die gesetzliche Rücklage geminderte Jahresüberschuss beträgt € 95.000, so dass gemäß § 58 Abs. 2 Satz 1 AktG höchstens ein Betrag von € 47.500 (= € 95.000 · 50 %) in die anderen Gewinnrücklagen eingestellt werden darf. Durch die Einstellung des Betrages in Höhe von € 47.500 in die anderen Gewinnrücklagen überschreiten diese auch nicht die nach § 58 Abs. 2 Satz 3 AktG festgelegte Grenze von 50 % des Grundkapitals.

In der folgenden Übersicht 64-2 werden die verschiedenen Ausweismöglichkeiten des Jahresergebnisses in der Bilanz dargestellt:

Aufstellung des Jahresabschlusses	**Ausweis des Jahresergebnisses**
(1) **Ohne** Berücksichtigung der Verwendung des Jahresergebnisses (§ 266 Abs. 3 HGB)	A. Eigenkapital I. Gezeichnetes Kapital II. Kapitalrücklage III. Gewinnrücklagen IV. Gewinnvortrag/Verlustvortrag (aus dem Vorjahr) V. Jahresüberschuss/Jahresfehlbetrag (aus dem laufenden Geschäftsjahr)
(2) **Unter** Berücksichtigung der **teilweisen** Verwendung des Jahresergebnisses (§ 268 Abs. 1 HGB)	A. Eigenkapital I. Gezeichnetes Kapital II. Kapitalrücklage III. Gewinnrücklagen IV. Bilanzgewinn/Bilanzverlust
(3) **Unter** Berücksichtigung der **vollständigen** Verwendung des Jahresergebnisses (§ 268 Abs. 1 HGB)	A. Eigenkapital I. Gezeichnetes Kapital II. Kapitalrücklage III. Gewinnrücklagen

Übersicht 64-2: *Ausweis des Jahresergebnisses in der Bilanz*

Nach dem Wortlaut des § 268 Abs. 1 HGB sind die drei Varianten für den Ausweis des Jahresergebnisses in der Bilanz als Möglichkeiten i. S. e. Wahlrechtes zu verstehen. Dieses Wahlrecht kommt allerdings nur für eine GmbH in Betracht und ist für eine AG i. d. R. nicht von Bedeutung. Das Wahlrecht darf durch die bilanzaufstellenden Organe nämlich nicht ausgeübt werden, wenn die Ergebnisverwendung aufgrund gesetzlicher – wie bei der AG – oder satzungsmäßiger Bestimmungen zwingend durch diese Organe durchzuführen ist. In diesem Fall muss der Jahresabschluss unter Berücksichtigung der teilweisen oder vollständigen Ergebnisverwendung aufgestellt werden.

Im Sachverhalt wird der Jahresabschluss unter Berücksichtigung der teilweisen Verwendung des Jahresergebnisses aufgestellt, da entsprechende gesetzliche und satzungsmäßige Bestimmungen bestehen. Außerdem wird der Gewinnverwendungsbeschluss des Vorstandes und des Aufsichtsrates berücksichtigt. Der Posten „Bilanzgewinn" steht der Hauptversammlung zur weiteren Verwendung zur Verfügung.

Da die Hälfte der ausstehenden Einlagen durch den Vorstand eingefordert wurde, müssen die eingeforderten ausstehenden Einlagen in Höhe von € 10.000 (= 50 % · 20 % · € 100.000) mit einem „davon"-Vermerk von den ausstehenden Einlagen auf der Passivseite abgesetzt werden (§ 272 Abs. 1 Satz 2 HGB):

Bilanz der Gebrüder Grimm AG zum 31.12.02 nach teilweiser Gewinnverwendung (alle Zahlenangaben in T€)				
Aktiva				Passiva
A. Anlagevermögen		A. Eigenkapital		
II. Sachanlagen		I. Gezeichnetes Kapital	100,0	
3. Andere Anlagen, Betriebs- und Geschäftsausstattung	20,0	– Nicht eingeforderte ausstehende Einlagen	10,0	
B. Umlaufvermögen		= Eingefordertes Kapital		90,0
II. Forderungen und sonstige Vermögensgegenstände		II. Kapitalrücklage		5,0
1. Forderungen aus Lieferungen und Leistungen	80,0	III. Gewinnrücklagen		
2. Eingefordertes, noch nicht eingezahltes Kapital	10,0	1. Gesetzliche Rücklage		5,0
IV. Kassenbestand, Bundesbankguthaben, Guthaben bei Kreditinstituten und Schecks	85,0	2. Rücklage für Anteile an einem herrschenden oder mehrheitlich beteiligten Unternehmen		0,0
		3. Satzungsmäßige Rücklage		5,0
		4. Andere Gewinnrücklagen		47,5
		IV. Bilanzgewinn		42,5
Bilanzsumme	195,0	Bilanzsumme		195,0

Übersicht 64-3: *Bilanz der Gebrüder Grimm AG zum 31.12.02*

Für die AG ist eine Überleitung vom Jahresüberschuss/Jahresfehlbetrag zum Bilanzgewinn/Bilanzverlust in der GuV gemäß § 158 Abs. 1 Satz 1 AktG zwingend. Diese Gewinnverwendungsrechnung schließt unmittelbar an die GuV an und führt deren Nummerierung fort. Die Angaben der Gewinnverwendungsrechnung können indes auch im Anhang gemacht werden (§ 158 Abs. 1 Satz 2 AktG). Im Folgenden ist die Gewinnverwendungsrechnung der Gebrüder Grimm AG dargestellt, die sich an die hier nach dem Gesamtkostenverfahren aufgestellte GuV anschließt:

17. Jahresüberschuss	€ 100.000
18. Einstellung in die Gewinnrücklagen	
a) In die gesetzliche Rücklage	– € 5.000
b) In satzungsmäßige Rücklagen	– € 5.000
c) In andere Gewinnrücklagen	– € 47.500
19. Bilanzgewinn	€ 42.500

Übersicht 64-4: *Gewinnverwendungsrechnung der Gebrüder Grimm AG*

Übung 65: Möglichkeiten der bilanziellen Sanierung einer AG nach HGB

Sachverhalt

Sie sollen den Vorstand einer Aktiengesellschaft bei der **bilanziellen Sanierung der AG** beraten. Zum 31.12.01 liegen folgende drei Vorschläge auf dem Tisch:

(1) Der Hauptgläubiger erklärt, im Fall der Insolvenz mit seiner **Forderung im Rang** hinter alle übrigen Gläubiger **zurückzutreten**.

(2) Der Gläubiger **verzichtet auf die Forderung**, allerdings nur solange und soweit in Zukunft nicht ein Jahresüberschuss auszuweisen wäre.

(3) Die Verbindlichkeiten gegenüber dem Hauptgläubiger werden in **Genussrechtskapital** umgewandelt, das den folgenden Bedingungen unterliegen soll:

- Die Vergütung für die Kapitalüberlassung beträgt 8 % des Jahresüberschusses vor Abzug der Vergütung, es sei denn, das Jahresergebnis reicht hierzu nicht aus. Gegebenenfalls wird eine ausgefallene Vergütung in späteren Jahren bevorrechtigt nachgezahlt.
- Im Fall der Liquidation wird maximal der Nennbetrag des Genussrechtskapitals zurückgezahlt.
- Die ordentliche Kündigung durch den Kapitalgeber ist erstmals mit einer Frist von zwei Jahren zum 31.12.18 möglich.

Aufgaben

(a) Erläutern und begründen Sie, welche der drei genannten Maßnahmen geeignet sind, das bilanzielle Eigenkapital des Unternehmens unter Fortführungsabsicht zu erhöhen.

(b) Erläutern Sie für die Sanierungsalternativen (1), (2) und (3), wie sie in der Bilanz des genannten Hauptgläubigers zu behandeln sind (Ansatz und Bewertung).

Literaturhinweise

BAETGE, JÖRG/KIRSCH, HANS-JÜRGEN/LEUSCHNER, CARL-FRIEDRICH/JERZEMBEK, LOTHAR, Die Kapitalabgrenzung nach IFRS – ein Vorschlag zur Modifizierung des IAS 32, in: DB 2006, S. 2133-2138.

BRÜGGEMANN, BENEDIKT/LÜHN, MICHAEL/SIEGEL, MIKOSCH, Die Bilanzierung von hybriden Finanzinstrumenten nach HGB, IFRS und US-GAAP, in: KoR 2004, S. 340-352 und S. 389-402.

GROH, MANFRED, Eigenkapitalersatz in der Bilanz, in: BB 1993, S. 1882-1892.

HFA DES IDW, Zur Behandlung von Genußrechten im Jahresabschluß von Kapitalgesellschaften, Stellungnahme Hauptfachausschuss 1/1994, in: WPg 1994, S. 419-423.

Lösungen

Lösung zu Teilaufgabe (a)

Der **Rangrücktritt** führt nicht zum Erlöschen der Verbindlichkeit. Unter der Going-concern-Prämisse ist die Verbindlichkeit daher weiterhin als solche zu passivieren. Der Rangrücktritt kann lediglich die Überschuldung und damit die Insolvenzantragspflicht beseitigen. Zur bilanziellen Sanierung ist sie deshalb nicht geeignet.

Der **Forderungsverzicht** wird hier nicht unbedingt, sondern unter einer auflösenden Bedingung erklärt. Die Verbindlichkeit ist damit nicht endgültig erloschen, sondern lebt wieder auf, wenn und soweit in einem folgenden Jahresabschluss ein Gewinn auszuweisen wäre. Im Hinblick auf die wirtschaftliche Austauschbarkeit mit einem unbedingten Verzicht mit Besserungsschein ist die Verbindlichkeit nach überwiegend vertretener Auffassung auch bei diesem Sanierungsmodell auszubuchen. Dadurch wird das Eigenkapital erhöht. Auf ausdrückliche Erklärung des verzichtenden Gläubigers kann der Betrag auch erfolgsneutral in das Eigenkapital eingestellt werden (Kapitalrücklage nach § 272 Abs. 2 Nr. 4 HGB bzw. gesonderter Posten, wenn der Gläubiger nicht gleichzeitig Gesellschafter ist). Solange die auflösende Bedingung des Gewinnausweises nicht eintritt, ist die Verbindlichkeit nicht zu passivieren. Insofern ist diese Sanierungsmaßnahme geeignet, das Eigenkapital zu erhöhen.

Genussrechtskapital ist nur dann in das bilanzielle Eigenkapital einzustellen, wenn es die erforderliche Haftungsqualität des Eigenkapitals erreicht. Hierzu müssen folgende Kriterien erfüllt sein:

- Risikoübernahme:

  Minderung des Kapitals durch eintretende Verluste, Erfolgsabhängigkeit der Vergütung, **Rangrücktritt für den Fall der Insolvenz**.

- Dauerhaftigkeit der Kapitalüberlassung:

  Strittig ist, ob eine lange Laufzeit verbunden mit einer mehr als einjährigen Kündigungsfrist zum Geschäftsjahresende ausreicht. Da allerdings auch die übrigen Eigenkapitalteile nicht bis zur Liquidation im Unternehmen gebunden sind, ist es aus dem Gesichtspunkt des Gläubigerschutzes nicht erforderlich, die Unkündbarkeit zu verlangen (so aber die Stellungnahme des HFA DES IDW). Entscheidend ist dann aber die Angabe der Restlaufzeit.

- Ergebnisabhängige Vergütung:

  Die hier vorgesehene feste Vergütung wird nur gezahlt, wenn und soweit (vor ihrer Berücksichtigung) ein Jahresüberschuss vorhanden ist. Gegebenenfalls sind ausgefallene Zahlungen in späteren Jahren nachzuholen. Damit bleibt die Vergütung insgesamt ergebnisabhängig.

Da die Bedingungen für den Fall der vorzeitigen Insolvenz nicht vorsehen, dass der Kapitalgeber mit seiner Forderung hinter alle anderen Gläubiger zurücktritt, und auch keine Teilnahme am Verlust vorgesehen ist, sind die Voraussetzungen für die Eigenkapitalqualität des Genussrechtskapitals nicht erfüllt. Folglich begründet die Umwandlung der Verbindlichkeiten gegenüber dem Hauptgläubiger in Genussrechtskapital in diesem Fall keine Erhöhung des bilanziellen Eigenkapitals.

Lösung zu Teilaufgabe (b)

Der **Rangrücktritt** selbst hat keine Auswirkungen auf die Bilanzierung der Forderung. Da es sich allerdings um einen Sanierungsfall handelt, ist die Forderung auf den vorsichtig geschätzten Erfüllungsbetrag abzuschreiben, der häufig dem Erinnerungswert entspricht.

Im Fall des **Forderungsverzichtes** ist die Forderung auf den Erinnerungswert abzuschreiben. Im Gegensatz zum Fall des unbedingten Forderungsverzichtes mit Besserungsschein lebt hier im Erfolgsfall die alte Forderung wieder auf. Deshalb ist nicht das Recht aus dem Besserungsschein, sondern die alte Forderung weiterhin anzusetzen.

Die Umwandlung von Forderungen in **Genussrechtskapital** (Tauschvorgang) führt beim Gläubiger zu Anschaffungskosten in Höhe des Zeitwertes der aufgegebenen Forderung. Da diese Forderung notleidend war und sich durch die Umwandlung in Genussrechtskapital nichts geändert hat, ist der vorsichtig geschätzte Erfüllungsbetrag auch hier maßgebend, d. h., dass der Erinnerungswert anzusetzen ist.

Kapitel XI: Besondere Bilanzposten und Haftungsverhältnisse

Übung 66: Bilanzierung der Rechnungsabgrenzungsposten

Sachverhalt

Wie jeden Dezember wächst eine neue Falte auf Gregor Grundbuchs leidgeprüfter Stirn, wenn er an die bevorstehende Erstellung des Jahresabschlusses zum 31.12. denkt. Diesmal ist es eine bunte Reihe potentieller Kandidaten für Rechnungsabgrenzungsposten im Jahresabschluss des Geschäftsjahres 01 (= Kalenderjahr), über die der Chefbilanzierer der Donnervogel AG nachdenken muss.

Besonders die folgenden vier Geschäftsvorfälle verursachen Gregor Grundbuch Kopfschmerzen:

(1) Im September 01 hat die Donnervogel AG die Leasingraten für drei Flugzeuge in Höhe von 1 Mio. GE für den Zeitraum Juni 01 bis einschließlich März 02 überwiesen.

(2) Der Geschäftsführer des Unternehmens hat vergessen, im Dezember 01 fällige Sozialversicherungsbeiträge in Höhe von 30.000 GE zu überweisen.

(3) Ein Mitarbeiter der Donnervogel AG hat die Miete für den Monat Januar 02 für eine firmeneigene Wohnung bereits im November 01 überwiesen (2.000 GE).

(4) Erst ab dem zweiten Quartal 02 kalkuliert Gregor Grundbuch mit Umsatzsteigerungen aus einem groß angelegten Werbefeldzug, der im November 01 begonnen wurde. Bis Ende Dezember 01 betrugen die Kosten für den Werbefeldzug 200.000 GE. Gregor Grundbuch hofft auf eine Umsatzsteigerung von 350.000 GE im kommenden Jahr.

Aufgaben

(a) Definieren Sie, was nach HGB unter Rechnungsabgrenzungsposten zu verstehen ist, und erläutern Sie kurz die möglichen Formen.

(b) Helfen Sie Gregor Grundbuch bei der Bilanzierung dieser vier Geschäftsvorfälle im handelsrechtlichen Jahresabschluss.

(c) Wie sind die vier Geschäftsvorfälle im IFRS-Abschluss zu bilanzieren?

Literaturhinweis

BAETGE, JÖRG/KIRSCH, HANS-JÜRGEN/THIELE, STEFAN, Bilanzen, 16. Aufl., Düsseldorf 2021, Kap. XI Abschn. 11-12 und 14.

Lösungen

Lösung zu Teilaufgabe (a)

Rechnungsabgrenzungsposten sind Korrekturposten, die dazu dienen, bestimmte Zahlungs- und Erfolgskomponenten zu periodisieren, um eine gemäß den Abgrenzungsgrundsätzen periodengerechte Erfolgsermittlung zu gewährleisten. Betriebswirtschaftlich notwendig ist eine Rechnungsabgrenzung, wenn zeitraumbezogene Aufwendungen/Erträge und die zugehörigen Zahlungen in unterschiedliche Rechnungsperioden fallen. Rechtlich geboten sind Rechnungsabgrenzungsposten, wenn die Voraussetzungen des § 250 Abs. 1 HGB oder § 250 Abs. 2 HGB erfüllt sind. Bei den Rechnungsabgrenzungsposten sind die folgenden vier Fälle zu unterscheiden:

(1) Auszahlung vor, Aufwand nach dem Abschlussstichtag:
transitorischer aktiver Rechnungsabgrenzungsposten (Ansatzpflicht gemäß § 250 Abs. 1 HGB)

(2) Einzahlung vor, Ertrag nach dem Abschlussstichtag:
transitorischer passiver Rechnungsabgrenzungsposten (Ansatzpflicht gemäß § 250 Abs. 2 HGB)

(3) Aufwand vor, Auszahlung nach dem Abschlussstichtag:
antizipativer passiver Rechnungsabgrenzungsposten (Ausweis als sonstige Verbindlichkeit)

(4) Ertrag vor, Einzahlung nach dem Abschlussstichtag:
antizipativer aktiver Rechnungsabgrenzungsposten (Ausweis als sonstiger Vermögensgegenstand)

Lösung zu Teilaufgabe (b)

(1) Die im Jahr 01 bezahlten Leasingraten für Januar 02 bis März 02 stellen Aufwand des Jahres 02 dar. Sie sind nach § 250 Abs. 1 Satz 1 HGB als aktiver Rechnungsabgrenzungsposten in Höhe von 300.000 GE auszuweisen (Auszahlung vor, Aufwand nach dem Abschlussstichtag).

(2) Wegen der am Abschlussstichtag noch nicht überwiesenen Sozialversicherungsbeiträge muss Gregor Grundbuch eine sonstige Verbindlichkeit von 30.000 GE in der Bilanz zum 31.12.01 buchen (Aufwand vor, Auszahlung nach dem Abschlussstichtag).

(3) Die bereits im November 01 erhaltene Mietzahlung eines Mitarbeiters (2.000 GE) darf im Jahr 01 noch nicht als Ertrag gebucht werden, sondern ist als passiver Rechnungsabgrenzungsposten abzugrenzen (Einzahlung vor, Ertrag nach dem Abschlussstichtag).

(4) Der Werbefeldzug stellt zwar eine zukunftsbezogene Zahlung des abgelaufenen Geschäftsjahres dar, doch fehlt der Bezug auf einen bestimmten Zeitraum. Der Zeitpunkt des Eintretens, die Dauer und die Höhe der Erfolgswirksamkeit des Werbefeldzuges sowie die erwartete Umsatzsteigerung, sind unbekannt. Da kein „Aufwand für eine bestimmte Zeit" (§ 250 Abs. 1 Satz 1 HGB) gegeben ist und auch kein Vermögensgegenstand i. S. d. Aktivierungsgrundsatzes vorliegt, darf der Werbefeldzug nicht aktiviert werden.

Lösung zu Teilaufgabe (c)

Die Bilanzierung von Rechnungsabgrenzungsposten ist nach IFRS nicht ausdrücklich geregelt. Die periodengerechte Abgrenzung der Aufwendungen und Erträge wird grundsätzlich allerdings von IAS 1.27 verlangt. Die Rechnungsabgrenzung nach IFRS weicht im Wesentlichen in den folgenden drei Punkten von den entsprechenden HGB-Vorschriften ab:

- In der IFRS-Bilanz ist keine separate Bilanzposition für die Rechnungsabgrenzung neben den Vermögenswerten und Schulden vorgesehen. Rechnungsabgrenzungsposten werden vielmehr innerhalb der kurz- oder langfristigen Vermögenswerte (assets) und Schulden (liabilities) ausgewiesen.
- Ein aktiver oder passiver Rechnungsabgrenzungsposten darf in der IFRS-Bilanz nur angesetzt werden, wenn er die Eigenschaften (Definitions- und Ansatzkriterien des Frameworks) eines Vermögenswertes bzw. einer Schuld erfüllt.
- Die Bildung eines Rechnungsabgrenzungspostens erfordert nach IFRS nicht das Kriterium der bestimmten Zeit. Entscheidend ist allein der mit dem Vermögenswert (der Schuld) einhergehende Nutzenzufluss (Nutzenabfluss), unabhängig vom zeitlichen Nutzenverlauf.

Vor diesem Hintergrund sind die genannten Geschäftsvorfälle wie folgt zu beurteilen:

(1) Die im Jahr 01 bezahlten Leasingraten für Januar 02 bis März 02 stellen Aufwand des Jahres 02 dar. Der Betrag von 300.000 GE ist auch nach IFRS abzugrenzen und unter den „current assets" (da Verrechnung innerhalb eines Jahres) als „prepaid expenses" auszuweisen.

(2) Die noch nicht überwiesenen Sozialversicherungsbeiträge in Höhe von 30.000 GE muss Gregor Grundbuch in der IFRS-Bilanz unter den „trade and other payables" ausweisen.

(3) Die Mietvorauszahlung des Mitarbeiters über 2.000 GE ist unter den „current liabilities" als „deferred income" auszuweisen.

(4) Die i. V. m. dem Werbefeldzug anfallenden Ausgaben sind sofort als Aufwand zu erfassen. Gemäß IAS 38.69 (c) dürfen Ausgaben für Werbekampagnen und Maßnahmen der Verkaufsförderung nicht als Vermögenswert aktiviert werden.

Übung 67: Bilanzierung latenter Steuern nach HGB

Sachverhalt

Peter Neuling ist für die mittelgroße Witz-AG tätig und vergleicht den aufgestellten Entwurf der Handelsbilanz (ohne Berücksichtigung von latenten Steuern) für das Jahr 01 mit der Steuerbilanz desselben Jahres. Er stellt fest, dass die handelsrechtlichen Wertansätze einiger Vermögensgegenstände und Schulden von deren steuerrechtlichen Wertansätzen abweichen. Herr Neuling erwartet deshalb, dass diese Unterschiede künftig zu höheren bzw. niedrigeren Steuerzahlungen führen, als der Bilanzleser bei einer Betrachtung der handelsbilanziellen Werte erwarten würde. Ein Vermögensausweis, der die tatsächlichen wirtschaftlichen Verhältnisse zeigt, kann seiner Meinung nach nur gewährleistet werden, wenn diese künftigen steuerlichen Be- und Entlastungen in der Handelsbilanz dargestellt werden. Er möchte daher die künftigen steuerlichen Be- bzw. Entlastungen, die aus den unterschiedlichen Wertansätzen resultieren, in der aktuellen Periode erfassen.

Die unterschiedlichen Wertansätze führen u. a. dazu, dass im Geschäftsjahr 01 das handelsrechtliche Ergebnis von der steuerrechtlichen Bemessungsgrundlage abweicht. Folgende Ergebnisse liegen diesbezüglich bisher vor:

- Handelsrechtliches Ergebnis vor Steuern 10.100 GE
- Steuerliche Bemessungsgrundlage 10.800 GE
- Steuersatz 30 %
- Tatsächlich zu zahlende Steuern vom Einkommen und vom Ertrag (= 10.800 GE · 30 %) 3.240 GE

Folgende Geschäftsvorfälle haben zu unterschiedlichen Wertansätzen in der Handelsbilanz und der Steuerbilanz geführt:

(1) Eine zum 01.01.01 angeschaffte Maschine, deren Anschaffungskosten in der Handelsbilanz um eine steuerfreie Investitionszulage von 1.000 GE gemindert wurden, wird handelsrechtlich über zehn Jahre linear abgeschrieben. Steuerrechtlich wird die Zulage **steuerfrei** vereinnahmt, die Anschaffungskosten in der Steuerbilanz werden also nicht gekürzt.

(2) Der steuerliche Wertansatz von nicht zum Verkauf bestimmten betriebsnotwendigen Grund und Boden übersteigt den entsprechenden handelsrechtlichen Wertansatz um 1.000 GE. Der Grund hierfür ist eine handelsrechtlich vorgenommene, außerplanmäßige Abschreibung, die steuerrechtlich nicht anerkannt wird.

(3) Die Witz-AG nimmt am 31.12.01 ein Darlehen über 5.000 GE zu einem Zinssatz von 6 % auf. Die Laufzeit des Darlehens beträgt vier Jahre. Die Darlehenssumme wurde abzüglich eines Disagios von 4 % ausgezahlt. Die Witz-AG nahm das handelsrechtliche Wahlrecht zur Aktivierung des Disagios nicht in Anspruch und erfasste das Disagio handelsrechtlich direkt als Aufwand des Jahres 01. In der Steuerbilanz besteht indes eine Pflicht zur Aktivierung des Disagios.

(4) Die Witz-AG hat ein selbst genutztes Patent entwickelt und zum Ende des Jahres 01 in Höhe von 400 GE in der Handelsbilanz aktiviert. Der immaterielle Vermögensgegenstand darf in der Steuerbilanz gemäß § 5 Abs. 2 EStG nicht angesetzt werden. In der Handelsbilanz wird dieser ab dem Jahr 02 über vier Jahre linear abgeschrieben.

Aufgaben

(a) Wie erklärt sich bei der Witz-AG der Unterschied zwischen handelsrechtlichem Ergebnis vor Steuern (10.100 GE) und der steuerlichen Bemessungsgrundlage (10.800 GE)?

(b) Welche Kapitalgesellschaften müssen in ihren Handelsbilanzen latente Steuern erfassen?

(c) Auf welchem theoretischen Konzept beruhen die aktuellen HGB-Regelungen zur Bildung latenter Steuern?

(d) In welcher Höhe bestehen bei der Witz-AG aktivische und passivische Bilanzdifferenzen zum 31.12.01? Welche aktiven und passiven latenten Steuern sind auf Basis einer Einzeldifferenzenbetrachtung anzusetzen, wenn die Witz-AG sich für den Ansatz aktiver latenter Steuern entscheidet?

(e) Angenommen, die Witz-AG hat sich noch nicht auf den Ansatz aktiver latenter Steuern festgelegt. Welche unterschiedlichen Möglichkeiten hat die Witz-AG, die latenten Steuern in ihrer Handelsbilanz zum 31.12.01 auszuweisen? Wie lauten die entsprechenden Buchungssätze?

(f) Zeigen Sie, wie sich bei der Witz-AG die gebildeten latenten Steuern in den Jahren 02 bis 05 wieder auflösen.

Literaturhinweis

BAETGE, JÖRG/KIRSCH, HANS-JÜRGEN/THIELE, STEFAN, Bilanzen, 16. Aufl., Düsseldorf 2021, Kap. XI Abschn. 2.

Lösungen

Lösung zu Teilaufgabe (a)

Der Unterschied zwischen handelsrechtlichem Ergebnis vor Steuern und steuerlicher Bemessungsgrundlage erklärt sich wie folgt:

Handelsrechtliches Ergebnis	10.100 GE
+ Differenz aus Zulage (Geschäftsvorfall 1)	+ 1.000 GE
– Abschreibungsdifferenz (Geschäftsvorfall 1)	– 100 GE
+ Abschreibungsdifferenz (Geschäftsvorfall 2)	+ 1.000 GE
+ Zinsdifferenz aus Disagio (Geschäftsvorfall 3)	+ 200 GE
– Differenz aus der Aktivierung des selbst geschaffenen Patents (Geschäftsvorfall 4)	– 400 GE
= Steuerrechtliches Ergebnis	11.800 GE
– Differenz aus Zulage (Geschäftsvorfall 1)	– 1.000 GE
= Steuerliche Bemessungsgrundlage	10.800 GE

Übersicht 67-1: *Überleitungsrechnung vom handelsrechtlichen Ergebnis zur steuerlichen Bemessungsgrundlage*

Lösung zu Teilaufgabe (b)

Ob eine Kapitalgesellschaft in ihrer Bilanz latente Steuern bilden muss, hängt von ihrer Größe ab. Gemäß § 274 HGB sind mittelgroße und große Kapitalgesellschaften zur Steuerabgrenzung verpflichtet, während kleine Kapitalgesellschaften gemäß § 274a Nr. 4 HGB hiervon befreit sind. Große Kapitalgesellschaften müssen darüber hinaus gemäß § 285 Nr. 29 HGB im Anhang erläutern, wie sich die latenten Steuern zusammensetzen, und die bei der Berechnung der latenten Steuern zugrunde gelegten Steuersätze angeben. Zusätzlich sind gemäß § 285 Nr. 30 HGB die latenten Steuersalden am Ende des Geschäftsjahres sowie während des Geschäftsjahres erfolgte Änderungen dieser Salden anzugeben. Kleine Kapitalgesellschaften sind hiervon gemäß § 288 Abs. 1 Nr. 1 HGB befreit. Mittelgroße Kapitalgesellschaften sind hingegen gemäß § 288 Abs. 2 HGB lediglich von der Angabe nach § 285 Nr. 29 befreit.

Lösung zu Teilaufgabe (c)

Die Regelungen zur Bilanzierung latenter Steuern im HGB basieren konzeptionell auf dem bilanzorientierten **Temporary-Konzept**, genauso wie die Abbildung von latenten Steuern nach IFRS und nach US-GAAP. Das Temporary-Konzept verfolgt vorrangig das Ziel, in der Bilanz künftige steuerliche Belastungen und Entlastungen darzustellen, um so einen möglichst „richtigen" Vermögensausweis zu gewährleisten. Differenzen bei der Bildung latenter Steuern dürfen hierbei nur berücksichtigt werden, sofern sie sich in späteren Geschäftsjahren voraussichtlich auflösen.

Lösung zu Teilaufgabe (d)

Nach **Geschäftsvorfall (1)** führt die steuerfreie Investitionszulage in Höhe von 1.000 GE dazu, dass die Maschine im Zeitpunkt des Zuganges in der Handelsbilanz um diesen Betrag niedriger bewertet ist als in der Steuerbilanz. Nach Berücksichtigung der planmäßigen Abschreibung für das Jahr 01 beträgt die Differenz zum 31.12.01 900 GE. Da es sich um eine abzugsfähige Differenz handelt, folgen daraus aktive latente Steuern in Höhe von 270 GE.

Die handelsrechtlich gemäß **Geschäftsvorfall (2)** vorgenommene, steuerrechtlich nicht anerkannte Abschreibung mindert den Buchwert des Grund und Bodens in der Handelsbilanz. Da der Grund und Boden steuerlich nicht abgeschrieben wird, unterscheiden sich die Wertansätze zwischen Handels- und Steuerbilanz um einen Betrag von 1.000 GE. Die abzugsfähige Bilanzdifferenz löst sich bei der Veräußerung des Grundstücks, spätestens bei der Liquidation des Unternehmens, auf. In der Bilanz zum 31.12.01 führt die Bilanzdifferenz zu aktiven latenten Steuern in Höhe von 300 GE.

Das laut **Geschäftsvorfall (3)** im handelsrechtlichen Jahresabschluss des Jahres 01 ergebniswirksam erfasste Disagio in Höhe von 200 GE wird in der Steuerbilanz erst in den Jahren 02 bis 05 um 50 GE p. a. abgeschrieben. Die am 31.12.01 entstandene Differenz zwischen Handelsbilanz und Steuerbilanz gleicht sich somit in den Jahren 02 bis 05 wieder aus. Zum 31.12.01 folgen daraus aktive latente Steuern in Höhe von 60 GE.

In der Steuerbilanz wird das selbst geschaffene Patent nicht aktiviert. Da dieses in der Handelsbilanz nach **Geschäftsvorfall (4)** aktiviert und in den Jahren 02 bis 05 abgeschrieben wird, verringert sich die im Zeitpunkt der Aktivierung entstandene Bilanzdifferenz um 100 GE p. a. Somit handelt es sich um eine Bilanzdifferenz, die sich im Zeitablauf auflösen wird. Hierfür sind zum 31.12.01 gemäß § 274 Abs. 1 HGB passive latente Steuern in Höhe von 120 GE zu bilden.

Zusammengefasst ergeben sich bei einer Einzeldifferenzenbetrachtung die folgenden latenten Steuern:

GV	Bilanzdifferenz (StB-BW – HB-BW)	s	Aktive latente Steuern (StB-BW > HB-BW)	Passive latente Steuern (StB-BW < HB-BW)
(1)	900 GE (= 1.000 GE – 100 GE)	0,3	270 GE	
(2)	1.000 GE	0,3	300 GE	
(3)	200 GE	0,3	60 GE	
(4)	– 400 GE	0,3		120 GE
Summe	1.700 GE		630 GE	120 GE

Legende:
GV ≙ Geschäftsvorfall
HB-BW ≙ Handelsbilanz-Buchwert
s ≙ Steuersatz
StB-BW ≙ Steuerbilanz-Buchwert

Übersicht 67-2: *Berechnung der latenten Steuern nach der Einzeldifferenzenbetrachtung in der Handelsbilanz der Witz-AG*

Lösung zu Teilaufgabe (e)

Gemäß § 274 HGB besteht für passive latente Steuern eine Ansatzpflicht (§ 274 Abs. 1 Satz 1 HGB) und für aktive latente Steuern ein Ansatzwahlrecht (§ 274 Abs. 1 Satz 2 HGB). Das Ansatzwahlrecht für aktive latente Steuern ist allerdings nur für den Betrag aktiver latenter Steuern vorgesehen, der die passiven latenten Steuern übersteigt (Aktivüberhang). Vorliegende aktive latente Steuern müssen also bis zur Höhe der passiven latenten Steuern berücksichtigt werden. Gleichzeitig können die aktiven und die passiven latenten Steuern gemäß § 274 Abs. 1 Satz 3 HGB entweder gesondert oder saldiert ausgewiesen werden.

Daraus ergeben sich vier Möglichkeiten zur Bilanzierung der latenten Steuern:

(1) Die aktiven und die passiven latenten Steuern werden jeweils gesondert, d. h. unsaldiert, ausgewiesen. In diesem Fall werden sowohl aktive latente Steuern in Höhe von 630 GE als auch passive latente Steuern in Höhe von 120 GE angesetzt. Der Buchungssatz lautet:

Aktive latente Steuern	630 GE	an	Passive latente Steuern	120 GE
			Steuern vom Einkommen und vom Ertrag	510 GE

(2) Die beiden Beträge werden miteinander saldiert, und der verbleibende aktive Überhang in Höhe von 510 GE wird ausgewiesen. Der Buchungssatz lautet:

Aktive latente Steuern	510 GE	an	Steuern vom Einkommen und vom Ertrag	510 GE

(3) Die beiden Beträge werden miteinander saldiert. Für den Aktivüberhang wird von dem Ansatzwahlrecht des § 274 Abs. 1 Satz 2 HGB in der Weise Gebrauch gemacht, dass keine latenten Steuern ausgewiesen werden. Eine Buchung ist nicht erforderlich.

(4) Die aktiven und passiven latenten Steuern werden jeweils gesondert, d. h. unsaldiert, ausgewiesen, indes wird hier in Abgrenzung zu Möglichkeit (1) vom Ansatzwahlrecht für den Aktivüberhang latenter Steuern kein Gebrauch gemacht. In diesem Fall werden sowohl aktive latente Steuern in Höhe von 120 GE als auch passive latente Steuern in Höhe von 120 GE angesetzt. Der Buchungssatz lautet:

Aktive latente Steuern	120 GE	an	Passive latente Steuern	120 GE

Lösung zu Teilaufgabe (f)

Die folgende Übersicht 67-3 zeigt, wie die einzelnen latenten Steuern gebildet und in den folgenden Geschäftsjahren 02 bis 05 wieder aufgelöst werden:

GV	Jahr	StB-BW – HB-BW	s	Aktive latente Steuern	Passive latente Steuern
	01	900 GE	0,3	270 GE	
	02	800 GE	0,3	240 GE	
(1)	03	700 GE	0,3	210 GE	
	04	600 GE	0,3	180 GE	
	05	500 GE	0,3	150 GE	
	01	+ 1.000 GE	0,3	300 GE	
	02	+ 1.000 GE	0,3	300 GE	
(2)	03	+ 1.000 GE	0,3	300 GE	
	04	+ 1.000 GE	0,3	300 GE	
	05	+ 1.000 GE	0,3	300 GE	
	01	+ 200 GE	0,3	60 GE	
	02	+ 150 GE	0,3	45 GE	
(3)	03	+ 100 GE	0,3	30 GE	
	04	+ 50 GE	0,3	15 GE	
	05	0 GE	0,3	0 GE	
	01	– 400 GE	0,3		120 GE
	02	– 300 GE	0,3		90 GE
(4)	03	– 200 GE	0,3		60 GE
	04	– 100 GE	0,3		30 GE
	05	0 GE	0,3		0 GE

Legende:

GV	≙	Geschäftsvorfall	StB-BW	≙	Steuerbilanz-Buchwert
HB-BW	≙	Handelsbilanz-Buchwert	Typ	≙	Typ der latenten Steuern (aktiv/passiv)
s	≙	Steuersatz			

Übersicht 67-3: *Bestand an latenten Steuern nach der Einzeldifferenzenbetrachtung in den Handelsbilanzen der Jahre 01 bis 05 der Witz-AG*

Übung 68: Bilanzierung latenter Steuern nach IFRS

Sachverhalt

Die Scherz AG hat am 01.01.01 eine Spezialmaschine zur Herstellung von Gummibärchen in Motorradform zum Preis von 1 Mio. GE erworben. Die Maschine soll linear abgeschrieben werden. In der IFRS-Bilanz wird eine Nutzungsdauer von fünf Jahren und in der Steuerbilanz eine Nutzungsdauer von acht Jahren herangezogen. Am 31.12.01 weist die Scherz AG vor Berücksichtigung von Abschreibungen in der IFRS- und der Steuerbilanz einen Gewinn in Höhe von 5 Mio. GE aus, der in den nächsten acht Jahren wahrscheinlich konstant bleiben wird. Am 31.12.01 beträgt der Steuersatz der Scherz AG 30 %. Steuersatzänderungen werden nicht erwartet. Abschlussstichtag der Scherz AG ist der 31.12. Am 31.12.02 ist der Wiederbeschaffungsneuwert der Maschine auf 1,3 Mio. GE gestiegen. Zwei Jahre später ist der Wiederbeschaffungsneuwert auf 0,7 Mio. GE gesunken. Die Scherz AG bilanziert ihr gesamtes Sachanlagevermögen nach dem Neubewertungsmodell gemäß IAS 16.29.

Aufgaben

(a) Wie ist der Sachverhalt in den Geschäftsjahren 01 bis 08 bei der Scherz AG nach IFRS zu bilanzieren?

(b) Im Oktober 05 wird eine Steuerreform vom Gesetzgeber beschlossen. Der Steuersatz sinkt ab dem 01.01.07 von 30 % auf 24 %. Am 31.12.05 erwartet das Management der Scherz AG, dass der Gesetzgeber den Steuersatz im Jahr 08 auf 20 % senken wird. Wie verändert sich die Bilanzierung des Sachverhaltes nach IFRS?

(c) In den Jahren 01 bis 03 erwirtschaftet die Scherz AG ein Ergebnis vor Ertragsteuern in Höhe von 5 Mio. GE. Für die folgenden fünf Jahre wird im Businessplan aufgrund der schwierigen Geschäftsaussichten mit einem steuerlichen Ergebnis von 0 GE gerechnet. Die in den früheren Businessplänen abgegebenen Prognosen stimmten im Wesentlichen mit den tatsächlichen Ergebnissen überein. Auch die aktuelle Planung ist als realistisch anzusehen. Sind die latenten Steuern der Scherz AG zum Bilanzstichtag des Geschäftsjahres 03 werthaltig und in welcher Höhe sind daher latente Steuern zu bilden?

Literaturhinweis

BAETGE, JÖRG/KIRSCH, HANS-JÜRGEN/THIELE, STEFAN, Bilanzen, 16. Aufl., Düsseldorf 2021, Kap. XI Abschn. 26.

Lösungen

Lösung zu Teilaufgabe (a)

Die Bilanzierung latenter Steuern nach IFRS ist in IAS 12 (Ertragsteuern) geregelt. Dabei wird analog zum Vorgehen im HGB das **Temporary-Konzept** zugrunde gelegt. Eine grundsätzliche Ansatzpflicht besteht ferner für sämtliche latente Steuern und es bestehen keine Wahlrechte, die zu den Regelungen des HGB vergleichbar sind. Die Ermittlung der latenten Steuern ist nach der Einzeldifferenzenbetrachtung notwendig, da der Bruttoausweis von aktiven und passiven latente Steuern verlangt wird.

Eine hierarchische Ermittlung des beizulegenden Zeitwertes ist aus den Hinweisen in IFRS 13.37-38 erkennbar. Grundsätzlich ist nach den folgenden drei Stufen vorzugehen, um den beizulegenden Zeitwert eines Vermögenswertes zu bestimmen:

(1) Der beizulegende Zeitwert eines Vermögenswertes wird durch seinen Marktwert bestimmt (mark to market),

(2) bei der Ermittlung des beizulegenden Zeitwertes eines Vermögenswertes wird auf Marktwerte von ähnlichen Vermögenswerten zurückgegriffen (mark to market) oder

(3) der beizulegende Zeitwert eines Vermögenswertes wird mit Hilfe eines Bewertungsmodells bestimmt (z. B. mit Hilfe eines Discounted Cashflow-Verfahrens) (mark to model).

Die Bestimmung des beizulegenden Zeitwertes auf Basis von Marktdaten (Stufe (1) und Stufe (2)) ist nur möglich, wenn für den jeweiligen Vermögenswert ein aktiver Markt vorliegt. Nach IFRS 13.A ist ein aktiver Markt gegeben, wenn die folgenden drei Kriterien kumulativ erfüllt sind:

- Die auf dem Markt gehandelten Produkte sind homogen,
- es muss jederzeit eine ausreichende Zahl potentieller Käufer und Verkäufer existieren und
- die Preise sind öffentlich zugänglich.

Ein aktiver Markt liegt i. d. R. nur für Finanzinstrumente, wie Wertpapiere, oder für in großer Zahl gehandelte gleichartige Rohstoffe, z. B. Metalle oder landwirtschaftliche Erzeugnisse, vor. Im Fall von technischen Anlagen und Maschinen sowie Betriebs- und Geschäftsausstattung lässt sich der beizulegende Zeitwert allerdings häufig direkt am Markt ablesen. Im vorliegenden Fall sind solche Marktwerte bzw. marktnahen Werte nicht vorhanden, da es sich um eine nicht marktfähige Spezialmaschine handelt. Somit sind ihre Wiederbeschaffungskosten als Hilfswert zugrunde zu legen.

Der Abschreibungsplan wird dabei bei jeder Neubewertung für die folgenden Geschäftsjahre auf seine Angemessenheit überprüft. Der Abschreibungsausgangsbetrag wird durch den beizulegenden Zeitwert zum Zeitpunkt der Neubewertung bestimmt.

Die Abschreibung auf neubewertete Vermögenswerte ist erfolgswirksam zu buchen. Die Neubewertungsrücklage wird dagegen bei Ausbuchung oder während der Nutzung des Vermögenswertes gemäß IAS 16.41 erfolgsneutral in die Gewinnrücklage übertragen. Im Ergebnis werden somit die Abschreibungen nach Maßgabe der Neubewertung in voller Höhe erfolgswirksam im Gewinn oder Verlust erfasst, während die Neubewertungsrücklage selbst in voller Höhe erfolgsneutral über das sonstige Ergebnis gebildet bzw. verändert wird.

Somit sind folgende Buchungen vorzunehmen:

01.01.01

Maschine	1.000.000 GE	an	Bank	1.000.000 GE

31.12.01

Abschreibung	200.000 GE	an	Maschine	200.000 GE

Aktive latente Steuern	22.500 GE	an	Latenter Steuerertrag	22.500 GE

Steueraufwand	1.462.500 GE	an	Bank	1.462.500 GE

31.12.02

Abschreibung	200.000 GE	an	Maschine	200.000 GE

Aktive latente Steuern	22.500 GE	an	Latenter Steuerertrag	22.500 GE

Maschine	180.000 GE	an	Sonstiges Ergebnis	126.000 GE
			Aktive latente Steuern	45.000 GE
			Passive latente Steuern	9.000 GE

Sonstiges Ergebnis	126.000 GE	an	Neubewertungsrücklage	126.000 GE

Steueraufwand	1.462.500 GE	an	Bank	1.462.500 GE

31.12.03

Abschreibung	260.000 GE	an	Maschine	260.000 GE

Aktive latente Steuern	22.500 GE	an	Latenter Steuerertrag	22.500 GE

Neubewertungsrücklage	42.000 GE	an	Gewinnrücklage	42.000 GE

Passive latente Steuern	9.000 GE	an	Sonstiges Ergebnis	18.000 GE
Aktive latente Steuern	9.000 GE			

Steueraufwand	1.462.500 GE	an	Bank	1.462.500 GE

31.12.04

Abschreibung	260.000 GE	an	Maschine	320.000 GE
Außerplanmäßige Abschreibung	60.000 GE			

Latenter Steueraufwand	4.500 GE	an	Aktive latente Steuern	4.500 GE

Neubewertungsrücklage	84.000 GE	an	Gewinnrücklage	42.000 GE
			Maschine	42.000 GE

Aktive latente Steuern	36.000 GE	an	Sonstiges Ergebnis	36.000 GE

Steueraufwand	1.417.500 GE	an	Bank	1.417.500 GE

31.12.05

Abschreibung	140.000 GE	an	Maschine	140.000 GE

Aktive latente Steuern	15.750 GE	an	Latenter Steuerertrag	15.750 GE

Steueraufwand	1.473.750 GE	an	Bank	1.473.750 GE

31.12.06

Latenter Steueraufwand	26.250 GE	an	Aktive latente Steuern	26.250 GE

Steueraufwand	1.473.750 GE	an	Bank	1.473.750 GE

31.12.07

Latenter Steueraufwand	26.250 GE	an	Aktive latente Steuern	26.250 GE

Steueraufwand	1.473.750 GE	an	Bank	1.473.750 GE

31.12.08

Latenter Steueraufwand	26.250 GE	an	Aktive latente Steuern	26.250 GE

Steueraufwand	1.473.750 GE	an	Bank	1.473.750 GE

Folgende Übersicht 68-1 fasst die Behandlung des Geschäftsvorfalls zusammen (alle Zahlenangaben in GE):

Jahr	01	02	03	04	05	06	07	08
Brutto-Ergebnis	5.000.000	5.000.000	5.000.000	5.000.000	5.000.000	5.000.000	5.000.000	5.000.000
Steuerliche Abschreibungen	125.000	125.000	125.000	275.000	87.500	87.500	87.500	87.500
Zu versteuerndes Ergebnis	4.875.000	4.875.000	4.875.000	4.725.000	4.912.500	4.912.500	4.912.500	4.912.500
Steuerzahlung	1.462.500	1.462.500	1.462.500	1.417.500	1.473.750	1.473.750	1.473.750	1.473.750
IFRS-Buchwert	800.000	780.000	520.000	140.000	0	0	0	0
Neubewertungsrücklage	0	126.000	84.000	0	0	0	0	0
Steuerlicher Buchwert	875.000	750.000	625.000	350.000	262.500	175.000	87.500	0
Temporäre Differenzen	75.000	– 30.000	105.000	210.000	262.500	175.000	87.500	0
Aktive latente Steuern	22.500	– 9.000	31.500	63.000	78.750	52.500	26.250	0
Zuführung/Auflösung aktiver latenter Steuern	22.500	– 31.500	40.500	31.500	15.750	– 26.250	– 26.250	– 26.250
Davon erfolgswirksam	22.500	22.500	22.500	– 4.500	15.750	– 26.250	– 26.250	– 26.250
Davon erfolgsneutral	0	– 54.000	18.000	36.000	0	0	0	0

Übersicht 68-1: *Behandlung des Geschäftsvorfalls*

Lösung zu Teilaufgabe (b)

Aktive und passive latente Steuern sind gemäß IAS 12.47 mit den Steuersätzen zu bewerten, die erwartungsgemäß im Zeitpunkt der Realisierung des Vermögenswertes bzw. der Auflösung der Schuld gelten. Der erwartete Steuersatz ist in der Regel der aktuell geltende Steuersatz. Sehen geltende Steuergesetze vor, dass sich ein Steuersatz künftig ändert, so ist dies zu berücksichtigen. Steuersatzänderungen sind gemäß IAS 12.48 aufgrund einer Gesetzesänderung zu berücksichtigen, sobald mit hinreichender Wahrscheinlichkeit davon auszugehen ist, dass die Änderung in Kraft treten wird. Dies ist dann der Fall, wenn die Änderung zumindest vom Deutschen Bundestag und Bundesrat beschlossen wurde. Die neuen Steuersätze, die ab dem Jahr 07 anzuwenden sind, waren am Bilanzstichtag beschlossen. Sie sind somit bei der Ermittlung der latenten Steuern zu berücksichtigen.

Da die aktiven latenten Steuern am 31.12.05 ermittelt werden, ist an diesem Tag einzuschätzen, welche Steuersätze für die Berechnung der aktiven latenten Steuern zu verwenden sind. Es wird erwartet, dass der neue Steuersatz (20 %) durch den Gesetzgeber beschlossen und ab dem Jahr 08 gültig wird. Der Steuersatz kann nicht für die Bewertung der latenten Steuern genutzt werden, da dieser Steuersatz am 31.12.05 weder beschlossen ist noch substanziell feststeht.

Übersicht 68-2 zeigt die Kalkulation der aktiven latenten Steuern zum 31.12.05 (alle Zahlenangaben in GE).

Jahr	Temporäre Differenzen am Anfang des Jahres	Umkehr der temporären Differenzen während des Jahres	Anzuwendender Steuersatz	Realisierung der aktiven latenten Steuern
05	210.000	52.500	30 %	15.750 (– 10.500)
06	262.500	– 87.500	30 %	– 26.250
07	175.000	– 87.500	24 %	– 21.000
08	87.500	– 87.500	24 %	– 21.000
09	0	0	24 %	0
Summe 06-08				– 68.250
Summe 06-08 ohne Steuersenkung				3 · (– 26.250) = – 78.750
Auflösung der latenten Steuern in 05 durch Steuersenkung				68.250 – 78.750 = – 10.500

Übersicht 68-2: *Kalkulation der aktiven latenten Steuern zum 31.12.05*

Die Buchungen sind somit vom 01.01.01 bis zum 31.12.04 wie in Teilaufgabe (a) zu erfassen. Für die Jahre 05 bis 08 sind die folgenden Buchungen vorzunehmen:

31.12.05

Abschreibung	140.000 GE	an	Maschine	140.000 GE

Aktive latente Steuern	5.250 GE	an	Latenter Steuerertrag	5.250 GE

Steueraufwand	1.462.500 GE	an	Bank	1.462.500 GE

31.12.06

Latenter Steueraufwand	26.500 GE	an	Aktive latente Steuern	26.500 GE

Steueraufwand	1.462.500 GE	an	Bank	1.462.500 GE

31.12.07

Latenter Steueraufwand	21.000 GE	an	Aktive latente Steuern	21.000 GE

Steueraufwand	1.462.500 GE	an	Bank	1.462.500 GE

31.12.08

Latenter Steueraufwand	21.000 GE	an	Aktive latente Steuern	21.000 GE

Steueraufwand	1.462.500 GE	an	Bank	1.462.500 GE

Übersicht 68-3 fasst die Behandlung des Geschäftsvorfalls ab dem Jahr 04 zusammen (alle Zahlenangaben in GE):

Jahr	04	05	06	07	08
Brutto-Ergebnis	5.000.000	5.000.000	5.000.000	5.000.000	5.000.000
Steuerliche Abschreibungen	275.000	87.500	87.500	87.500	87.500
Zu versteuerndes Ergebnis	4.725.000	4.912.500	4.912.500	4.912.500	4.912.500
Steuerzahlung	1.417.500	1.473.750	1.473.750	1.473.750	1.473.750
IFRS-Buchwert	140.000	0	0	0	0
Neubewertungs-rücklage	0	0	0	0	0
Steuerlicher Buchwert	350.000	262.500	175.000	87.500	0
Temporäre Differenzen	210.000	262.500	175.000	87.500	0
Aktive latente Steuern	63.000	68.250	42.000	21.000	0
Zuführung / Auflösung aktiver latenter Steuern	31.500	5.250	– 26.250	– 21.000	– 21.000
Davon erfolgswirksam	– 4.500	5.250	– 26.250	– 21.000	– 21.000
Davon erfolgsneutral	36.000	0	0	0	0

Übersicht 68-3: *Behandlung des Geschäftsvorfalls ab dem Jahr 04*

Lösung zu Teilaufgabe (c)

Aktive latente Steuern sind für abzugsfähige temporäre Differenzen anzusetzen, wenn es wahrscheinlich ist, dass künftig ein zu versteuerndes Ergebnis zur Verfügung stehen wird, mit dem die abzugsfähigen temporären Differenzen verrechnet werden können (IAS 12.27). Die latente Forderung gegenüber der Finanzverwaltung muss hinreichend sicher konkretisiert sein. Demnach muss es wahrscheinlich sein (über 50 %; more likely than not), dass ein zu versteuerndes Einkommen verfügbar sein wird, mit dem die abzugsfähige temporäre Differenz bei derselben Steuerbehörde verrechnet werden kann. Ergänzende Voraussetzungen für den Ansatz aktiver latenter Steuern werden in IAS 12.28-31 konkretisiert.

Die folgenden Szenarien stehen in einer Rangfolge: Die Verlässlichkeit der Methoden nimmt von (1) bis (4) kontinuierlich ab. Je stärker die Verlässlichkeit der Gewinnprognose sinkt, umso mehr sind die Prognosen durch geeignete Nachweise zu untermauern.

(1) Bestehen zum Bilanzstichtag zu versteuernde temporäre Differenzen, welche sich voraussichtlich in dem gleichen Geschäftsjahr auflösen, wie die zu betrachtenden abzugsfähigen temporären Differenzen und beziehen sich diese Differenzen auf dieselbe Steuerbehörde und dasselbe Steuersubjekt, so gleichen sich diese

Differenzen im Zeitpunkt ihrer Auflösung per Saldo aus (IAS 12.28). Die Auflösung der abzugsfähigen temporären Differenz ist also an keine weitere Bedingung geknüpft. Der Nutzen der künftigen Steuerentlastung träfe somit sicher ein.

(2) Da im Sachverhalt keine zu versteuernden temporären Differenzen bestehen, welche die abzugsfähigen Differenzen kompensieren könnten, ist als nächstes zu prüfen, ob das Unternehmen voraussichtlich künftige steuerliche Gewinne erwirtschaften wird (IAS 12.29 (a)). Dies ist nicht der Fall und es entstehen keine künftigen Steuerzahlungen, gegen die die latenten Steueransprüche aufgerechnet werden könnten.

(3) Da es aufgrund der voraussichtlichen Geschäftsentwicklung nicht hinreichend wahrscheinlich ist, dass zum Zeitpunkt der Auflösung der abzugsfähigen temporären Differenz ein ausreichendes zu versteuerndes Ergebnis zur Verfügung steht, ist im nächsten Schritt zu prüfen, ob mit Hilfe steuerrechtlicher Bilanzierungs- und Bewertungswahlrechte Ergebnisse auf den Zeitpunkt der Auflösung der abzugsfähigen temporären Differenz verlagert werden können (IAS 12.29 (b)). Die Realisierung der latenten Steueransprüche gilt unter dieser Voraussetzung als wahrscheinlich, unabhängig davon, ob ein Unternehmen diese Gestaltungsmöglichkeiten tatsächlich wahrnimmt oder nicht. Im vorliegenden Sachverhalt gibt es keine Anzeichen für diese Möglichkeit.

(4) Die höchsten Anforderungen an den Nachweis künftiger Gewinne sind zu erfüllen, wenn ein Unternehmen in der Vergangenheit wiederholt Verluste erwirtschaftet hat. Dieselben Voraussetzungen, die für die allgemeinen Ansatzkriterien latenter Steueransprüche zu erfüllen sind, sind auch für latente Steueransprüche auf Verlustvorträge zu erfüllen. Detaillierte Planungsrechnungen gelten als substanzieller Hinweis auf die künftige Ertragslage.

Verluste wurden in der Vergangenheit zwar nicht erwirtschaftet, aber die Planungsrechnung lässt auch keine künftigen Gewinne erkennen. Den im Jahr 03 verbleibenden aktiven latenten Steuern in Höhe von 31.500 GE steht in den folgenden fünf Jahren ein prognostizierter Gewinn in Höhe von 0 GE gegenüber. Die Realisierung der latenten Steueransprüche ist damit im vorliegenden Fall nicht wahrscheinlich. Als aktive latente Steuern ist daher ein Betrag von 0 GE anzusetzen.

Für den Fall, dass die Wahrscheinlichkeit des künftigen Nutzenzuflusses nicht hinreichend sicher beurteilt werden könnte, dürfte ebenfalls kein latenter Steueranspruch angesetzt werden.

Die Buchungen vom 01.01.01 bis zum 31.12.02 sind somit wie in Teilaufgabe (a) zu erfassen. Zum 31.12.03 sind folgende Buchungen vorzunehmen:

Abschreibung	260.000 GE	an	Maschine	260.000 GE

Neubewertungsrücklage	42.000 GE	an	Gewinnrücklage	42.000 GE

Latenter Steuerertrag	45.000 GE	an	Sonstiges Ergebnis	54.000 GE
Passive latente Steuern	9.000 GE			

Steueraufwand	1.462.500 GE	an	Bank	1.462.500 GE

An jedem folgenden Bilanzstichtag ist erneut zu überprüfen, ob die Ansatzkriterien für latente Steueransprüche erfüllt sind.

Übersicht 68-4 fasst die Behandlung des Geschäftsvorfalls für die Jahre 01 bis 03 zusammen (alle Zahlenangaben in GE):

Jahr	01	02	03
Brutto-Ergebnis	5.000.000	5.000.000	5.000.000
Steuerliche Abschreibungen	125.000	125.000	125.000
Zu versteuerndes Ergebnis	4.875.000	4.875.000	4.875.000
Steuerzahlung	1.462.500	1.462.500	1.462.500
IFRS-Buchwert	800.000	780.000	520.000
Neubewertungsrücklage	0	180.000	120.000
Steuerlicher Buchwert	875.000	750.000	625.000
Temporäre Differenzen	75.000	– 30.000	105.000
Aktive latente Steuern	22.500	– 9.000	0
Zuführung / Auflösung aktiver latenter Steuern	22.500	– 31.500	9.000
Davon erfolgswirksam	22.500	22.500	– 45.000
Davon erfolgsneutral	0	– 54.000	54.000

Übersicht 68-4: *Behandlung des Geschäftsvorfalls ab dem Jahr 01*

Übung 69: Rechnungslegung von Haftungsverhältnissen

Sachverhalt

Einzelkaufmann Dominik Deuter ist sich als erfahrener Kaffeesatzleser völlig sicher, dass seine im Januar 01 gegenüber einer Bank übernommene Bürgschaft für einen von Eugen Braues Krediten nicht in Anspruch genommen werden wird (er ist einer seiner besten Kunden). Dominik Deuter hat allerdings darauf bestanden, dass die Bürgschaft auf einen Betrag von 100.000 GE begrenzt wird.

Entgegen seinen Erwartungen und zutiefst verärgert muss Dominik ab Dezember 02 damit rechnen, dass er aufgrund einer möglichen Insolvenz Eugen Braues eventuell mit 40.000 GE für dessen Schulden einstehen muss. Ende Dezember 03 teilt ihm Eugen Braues Bank knapp mit, dass er mit 30.000 GE in Anspruch genommen wird und den Betrag Anfang Januar des kommenden Jahres zu zahlen hat.

Aufgaben

(a) Erläutern Sie kurz, was unter Haftungsverhältnissen zu verstehen ist und wie diese grundsätzlich zu bilanzieren sind.

(b) Wie muss Dominik Deuter den Sachverhalt in den handelsrechtlichen Jahresabschlüssen (jeweils zum 31.12.) der Jahre 01 bis 03 berücksichtigen?

(c) Wie muss Dominik Deuter den Sachverhalt in den IFRS-Abschlüssen (jeweils zum 31.12.) der Jahre 01 bis 03 berücksichtigen?

Literaturhinweis

BAETGE, JÖRG/KIRSCH, HANS-JÜRGEN/THIELE, STEFAN, Bilanzen, 16. Aufl., Düsseldorf 2021, Kap. XI Abschn. 3.

Lösungen

Lösung zu Teilaufgabe (a)

Als Haftungsverhältnisse werden in § 251 HGB neben der Begebung und Übertragung von Wechseln und Verbindlichkeiten aus Gewährleistungsverträgen unter anderem auch Verbindlichkeiten aus Bürgschaften aufgezählt. Durch einen Bürgschaftsvertrag verpflichtet sich der Bürge (hier: Dominik Deuter) gegenüber dem Gläubiger eines Dritten (hier: Eugen Braues Bank), für die Erfüllung der Verbindlichkeit des Dritten (hier: Eugen Braue) einzustehen.

Bei einem Bürgschaftsvertrag, der voraussichtlich nicht zu einer Verbindlichkeit führen wird (hier: vor der Mitteilung über die mögliche Inanspruchnahme), besteht zwar eine rechtliche Grundlage für eine Verpflichtung, ökonomisch spricht indes mehr dagegen, dass die Verpflichtung zu erfüllen ist. Das zweite Kriterium des Passivierungsgrundsatzes (Vorliegen einer wirtschaftlichen Belastung) ist damit nicht erfüllt.

Haftungsverhältnisse eines Unternehmens sind nach § 251 Satz 1 HGB „unter der Bilanz" zu vermerken, sofern sie nicht als Verbindlichkeit oder Rückstellung zu passivieren sind. Die Vermerkpflicht von Haftungsverhältnissen soll die Jahresabschlussadressaten auf Risiken für die Vermögens-, Finanz- und Ertragslage hinweisen, auch wenn das Eintreten eines solchen Risikos noch als unwahrscheinlich anzusehen ist. Kapitalgesellschaften und haftungsbeschränkte Personenhandelsgesellschaften müssen ihre Haftungsverhältnisse gemäß § 268 Abs. 7 HGB im Anhang angeben. Nach § 285 Nr. 27 HGB sind die Gründe der Einschätzung des Risikos der Inanspruchnahme für alle im Anhang angegebenen Haftungsverhältnisse zu erläutern.

Grundsätzlich kann Dominik Deuter eine Rückgriffsforderung gegenüber Eugen Braue geltend machen, sobald er eine Zahlung an Eugen Braues Bank aufgrund seiner Bürgschaft leisten muss. Diese (bis zur Zahlung nur potentielle) Rückgriffsforderung darf ebenfalls im Anhang angegeben werden, eine Pflicht dazu besteht indes nicht. In der Praxis wird eine mögliche Rückgriffsforderung i. d. R. nicht vermerkt, da sie häufig nicht werthaltig ist. Nicht zulässig ist gemäß § 251 Satz 2 HGB die Saldierung des Haftungsbetrages mit dem Betrag der Rückgriffsforderung.

Lösung zu Teilaufgabe (b)

Dominik Deuter hat als Einzelkaufmann „unter der Bilanz" des Jahres 01 anzugeben, dass ein Haftungsverhältnis in Höhe von 100.000 GE besteht. Als Einzelkaufmann und damit Nicht-Kapitalgesellschaft darf Dominik Deuter seine sämtlichen Haftungsverhältnisse (sofern weitere vorhanden sind) in einem Betrag angeben (§ 251 Satz 1 Halbsatz 2 HGB). Der nicht explizit vorgeschriebene Ausweis unter der Passivseite der Bilanz könnte folgendes Aussehen haben:

Haftungsverhältnis aus Bürgschaften	100.000 GE

Da Dominik Deuter im Dezember 02 erfährt, dass er voraussichtlich wegen des Bürgschaftsvertrages in Anspruch genommen werden wird, spricht zum Bilanzstichtag des Jahres 02 mehr für als gegen eine Verbindlichkeit aus der Bürgschaft. Wegen der voraussichtlichen Inanspruchnahme in Höhe von 40.000 GE durch Eugen Braues Bank muss Dominik Deuter daher im handelsrechtlichen Jahresabschluss des Jahres 02 eine Rückstellung für ungewisse Verbindlichkeiten bilden. Die Rückstellung ist auf der Passivseite der Bilanz des Jahres 02 auszuweisen:

Rückstellung für ungewisse Verbindlichkeiten	40.000 GE

Die Gegenbuchung erfolgt unter „sonstiger betrieblicher Aufwand" in Höhe von 40.000 GE.

Das weiterhin unter dem Strich der Bilanz zu vermerkende Haftungsverhältnis wird daher um diesen Betrag auf 60.000 GE gekürzt:

Haftungsverhältnis aus Bürgschaften	60.000 GE

Wird die Bürgschaft in Anspruch genommen, so erhält Dominik Deuter gleichzeitig einen Rückzahlungsanspruch in Höhe des gleichen Betrages gegenüber Eugen Braue. Der Rückzahlungsanspruch darf indes nicht aktiviert werden, da er wegen der Insolvenz von Eugen Braue nicht sicher ist. Auf der Aktivseite dürfen nur sichere, aber keine wahrscheinlichen Forderungen angesetzt werden.

Durch die Mitteilung der Bank im Dezember 03 sind Höhe und Fälligkeit des Betrages bekannt, so dass die Rückstellung aufzulösen und eine Verbindlichkeit zu passivieren ist. Bei der Auflösung der Rückstellung entsteht ein sonstiger betrieblicher Ertrag in Höhe der Differenz zwischen der bisherigen Rückstellung und der Verbindlichkeit. Der zugehörige Buchungssatz lautet:

Rückstellung für ungewisse Verbindlichkeiten	40.000 GE	an	Sonstige Verbindlichkeiten	30.000 GE
			Sonstige betriebliche Erträge	10.000 GE

Die Verbindlichkeit ist auf der Passivseite der Bilanz des Jahres 03 auszuweisen:

Sonstige Verbindlichkeiten	30.000 GE

„Unter der Bilanz“ bzw. im Anhang ist der noch verbleibende Betrag des Haftungsverhältnisses, der sich von 60.000 GE um 10.000 GE auf 70.000 GE erhöht hat, zu vermerken:

Haftungsverhältnis aus Bürgschaften	70.000 GE

Lösung zu Teilaufgabe (c)

Gemäß IAS 37.10 liegt eine Eventualverbindlichkeit vor, wenn eine der folgenden Bedingungen erfüllt ist:

- Es besteht die Möglichkeit einer Verpflichtung, die aus vergangenen Ereignissen resultiert, deren Existenz allerdings vom Eintreten oder Nichteintreten eines oder mehrerer unsicherer und nicht unter der vollständigen Kontrolle des Unternehmens stehender Ereignisse abhängt.
- Es liegt eine gegenwärtige Verpflichtung vor, die auf vergangenen Ereignissen beruht, allerdings nicht erfasst wird, weil sie wahrscheinlich nicht zu einem Ressourcenabfluss führen wird oder die Höhe der Verpflichtung nicht ausreichend verlässlich geschätzt werden kann.

Auf die Verpflichtung des Dominik Deuter trifft der erste Teil der Definition zu: Die Bürgschaft bedeutet eine mögliche Verpflichtung, deren Eintritt indes noch von der künftigen Zahlungsunfähigkeit des Eugen Braue abhängt. Im Gegensatz zur deutschen handelsrechtlichen Regelung ist die Eventualverbindlichkeit nach IAS 37 (Rückstellungen, Eventualverbindlichkeiten und Eventualforderungen) nicht bereits bei Entstehen anzugeben, sondern erst, sobald zumindest eine geringe Wahrscheinlichkeit für die Inanspruchnahme und einem damit verbundenen Abfluss von Ressourcen mit wirtschaftlichem Nutzen aus dieser Verpflichtung besteht (IAS 37.28). Die

Eventualverbindlichkeit ist im IFRS-Abschluss zwingend im Anhang anzugeben (IAS 37.86). Sobald die Inanspruchnahme aus der Bürgschaft wahrscheinlich ist (more likely than not), ist auch nach IAS 37 eine Rückstellung anzusetzen (IAS 37.14).

Unter Berücksichtigung dieser Vorschriften ergibt sich folgender Ausweis der Bürgschaft in den IFRS-Abschlüssen der Jahre 01 bis 03:

- IFRS-Abschluss zum 31.12.01

  Zum 31.12.01 besteht die Verpflichtung aus der Bürgschaft zwar rechtlich, der Ressourcenabfluss aus dieser Verpflichtung ist indes zu diesem Zeitpunkt noch unwahrscheinlich. Folglich ist im Anhang (noch) keine Eventualverbindlichkeit anzugeben.

- IFRS-Abschluss zum 31.12.02

  Zum 31.12.02 geht Dominik Deuter davon aus, dass er mit 40.000 GE aus der Bürgschaft in Anspruch genommen wird. Entsprechend muss er eine Rückstellung in Höhe von 40.000 GE ansetzen. Die im Anhang anzugebende Eventualverbindlichkeit verringert sich gleichzeitig auf den Restbetrag von 60.000 GE. Gleichzeitig mit der Bildung der Rückstellung ist die Rückgriffsforderung gegenüber Eugen Braue zu aktivieren und gegebenenfalls – abhängig von Eugen Braues aktueller Zahlungsfähigkeit – abzuschreiben.

- IFRS-Abschluss zum 31.12.03

  Zum 31.12.03 ist eine Verbindlichkeit in Höhe der tatsächlichen Inanspruchnahme von 30.000 GE zu passivieren. Unter der Annahme, dass die Bank danach keine weiteren Ansprüche mehr aus diesem Bürgschaftsverhältnis gegenüber Dominik Deuter geltend machen kann, erlischt die bisher noch im Anhang angegebene Eventualverbindlichkeit. Die zum 31.12.02 aktivierte Rückgriffsforderung gegenüber Eugen Braue bleibt indes bestehen.

Kapitel XII: Die Gewinn- und Verlustrechnung

Übung 70: Inhalt und Gliederung der Gewinn- und Verlustrechnung nach HGB

Sachverhalt

Die nach § 267 Abs. 2 HGB mittelgroße LaLeLu AG produziert und verkauft Schlafmatratzen. Für die Erstellung der GuV der LaLeLu AG für das am 31.12.02 endende Geschäftsjahr sind folgende Informationen gegeben:

1.	Herstellungskosten von unfertigen Erzeugnissen und Fertigmatratzen am 31.12.01	2.300.000 GE
2.	Herstellungskosten von unfertigen Erzeugnissen und Fertigmatratzen am 31.12.02	2.280.000 GE
3.	Erträge aus dem Verkauf von Schlafmatratzen	23.760.000 GE
4.	Bruttolöhne und Bruttogehälter	5.300.000 GE
5.	Weihnachts- und Urlaubsgelder	200.000 GE
6.	Arbeitgeberanteile zur gesetzlichen Renten-, Kranken-, Pflege- und Arbeitslosenversicherung	1.050.000 GE
7.	An Matratzenkunden gewährte Boni	1.680.000 GE
8.	Planmäßige Abschreibungen auf Sachanlagen	900.000 GE

Übersicht 70-1: *Angaben für die GuV der LaLeLu AG vom 01.01.02 bis 31.12.02*

9.	Außerplanmäßige Abschreibungen auf Forderungen	153.000 GE
10.	Erträge aus dem Verkauf von Vermögensgegenständen des Anlagevermögens	58.000 GE
11.	Gebäudemiete (inkl. Nebenkosten)	680.000 GE
12.	Aufwand für verbrauchten Schaumstoff, Draht, Matratzenbezugsstoffe, Nähgarn, Kleber	13.000.000 GE
13.	Aufwendungen für Ausgangsfrachten	240.000 GE
14.	Erträge aus der Auflösung von Rückstellungen	78.000 GE
15.	Im Jahr 02 aktivierte Aufwendungen für selbsterstellte Vermögensgegenstände des Anlagevermögens	90.000 GE
16.	Erträge aus der Herabsetzung von Pauschalwertberichtigungen auf Forderungen	24.000 GE
17.	Außerplanmäßige Abschreibungen auf die zum 31.12.02 auf Lager liegenden Matratzenbezugsstoffe	120.000 GE
18.	Versicherungsprämien	156.000 GE
19.	Rechts- und Steuerberatungsaufwendungen	45.000 GE
20.	Wartungsaufwendungen	54.000 GE
21.	Zinsaufwand für Bankkredite	3.600 GE
22.	Nicht aktivierter Unterschiedsbetrag zwischen dem Rückzahlungsbetrag einer im Geschäftsjahr 02 entstandenen Verbindlichkeit und dem niedrigeren Ausgabebetrag dieser Verbindlichkeit.	10.000 GE
23.	Gewinnvortrag aus dem Vorjahr	80.000 GE
24.	Einstellungen in die anderen Gewinnrücklagen	34.000 GE
25.	Aufwendungen für Körperschaftsteuer, Gewerbesteuer und Solidaritätszuschlag	119.360 GE
26.	Aufwendungen für Kfz- und Grundsteuer	37.000 GE
27.	Reise- und Bewirtungsaufwendungen	41.000 GE
28.	Außerplanmäßige Abschreibungen auf Sachanlagen	45.000 GE
29.	Zinserträge für Guthaben bei Kreditinstituten	23.000 GE

Fortsetzung Übersicht 70-1

Aufgaben

(a) Erläutern Sie allgemein die Gestaltung einer handelsrechtlichen GuV als Produktionserfolgsrechnung sowie als Absatzerfolgsrechnung. Gehen Sie vor allem jeweils auf die Ermittlung des Periodenaufwandes ein. Stellen Sie **nicht** die handelsrechtlichen Gliederungsschemata der GuV dar.

(b) Erstellen Sie anhand der gegebenen Informationen die handelsrechtliche GuV der LaLeLu AG nach dem Gesamtkostenverfahren für das Geschäftsjahr 02 bis zum Posten „Bilanzgewinn". Geben Sie als Zwischensummen bzw. als Endsumme das Rohergebnis, das Ergebnis nach Steuern, den Jahresüberschuss und den Bilanzgewinn an.

Literaturhinweis

BAETGE, JÖRG/KIRSCH, HANS-JÜRGEN/THIELE, STEFAN, Bilanzen, 16. Aufl., Düsseldorf 2021, Kap. XII Abschn. 1-4.

Lösungen

Lösung zu Teilaufgabe (a)

Bei der **Produktionserfolgsrechnung** (Gesamtkostenverfahren) werden sämtliche der Produktion des Unternehmens zurechenbaren Aufwendungen („Produktionsaufwendungen") der Abrechnungsperiode in der GuV erfasst und den Umsatzerlösen gegenübergestellt. Dies führt nur dann zu einem richtigen Periodenergebnis, wenn produzierte und abgesetzte Leistungen einander entsprechen, was aber i. d. R. nicht der Fall ist. Weichen produzierte und abgesetzte Leistungen voneinander ab, wird bei der Produktionserfolgsrechnung die Differenz zwischen Menge bzw. Wert der produzierten und abgesetzten Leistungen durch die Posten „Bestandsveränderungen" und „andere aktivierte Eigenleistungen" berücksichtigt.

Wird **mehr produziert als abgesetzt**, lässt sich der Absatzaufwand – als der „richtige" Periodenaufwand – ermitteln, indem die aktivierten Eigenleistungen sowie die Bestandserhöhungen unfertiger und fertiger Erzeugnisse vom Produktionsaufwand abgezogen werden. Die Bestandserhöhungen werden in der GuV nach Gesamtkostenverfahren aber nicht vom Aufwand abgezogen, sondern sie werden technisch zu den Umsatzerlösen addiert. Bestandserhöhungen stellen indes keine Erträge i. S. d. Definition dar. Sie sind vielmehr Korrekturposten zu den im Fall der Produktion auf Lager überhöhten Produktionsaufwendungen, die nicht nur Aufwendungen der abgelaufenen Periode, sondern auch künftiger Perioden darstellen. Es werden also für die Bestandserhöhungen Aufwendungen in der GuV ausgewiesen, die nach den Abgrenzungsgrundsätzen der Sache und der Zeit nach, also i. S. e. periodengerechten Erfolgsermittlung, nicht in der GuV erscheinen dürften, da ihnen keine realisierten Erträge gegenüberstehen.

Ist die **Produktionsmenge** in einem Jahr **geringer als die Absatzmenge**, kommt es zu einer Bestandsverminderung. Bestandsverminderungen unfertiger und fertiger Erzeugnisse wären zum Produktionsaufwand hinzuzurechnen, wenn man den „richtigen" Periodenaufwand, den wir als Absatzaufwand bezeichnet haben, ermitteln will. Buchungstechnisch werden die Bestandsverminderungen bei der GuV nach dem Gesamtkostenverfahren von den Umsatzerlösen abgezogen und man erhält die Gesamtleistung. Betriebswirtschaftlich sind die Bestandsverminderungen an unfertigen und fertigen Erzeugnissen aber eine Aufwandserhöhung.

In einer **Absatzerfolgsrechnung** werden den Umsatzerlösen von vornherein nur diejenigen Aufwendungen gegenübergestellt, die durch den Umsatzprozess verursacht worden sind. Durch die hierbei dem Ertrag (= Umsatzerlöse) entsprechend dem Prinzip der Abgrenzung der Sache und der Zeit nach richtig zugerechneten Aufwendungen (Absatz- bzw. Umsatzaufwand) sind die Aufwandsposten dem Umsatz mengenmäßig adäquat angepasst. Herstellungskosten produzierter, aber in der Periode nicht verkaufter Leistungen sowie Herstellungskosten für Eigenleistungen sind kein Periodenaufwand, sondern werden aktiviert und dementsprechend in der Bilanz ausgewiesen.

Im Ergebnis stimmen die beiden Techniken der Erfolgsrechnung überein. Der Gesetzgeber verwendet in § 275 HGB statt der Begriffe „Produktionserfolgsrechnung" und „Absatzerfolgsrechnung" die Bezeichnungen „Gesamtkostenverfahren" (§ 275 Abs. 2 HGB) und „Umsatzkostenverfahren" (§ 275 Abs. 3 HGB).

Lösung zu Teilaufgabe (b)

Die handelsrechtliche GuV der LaLeLu AG nach dem Gesamtkostenverfahren setzt sich auf Basis der im Sachverhalt gegebenen Informationen für das Geschäftsjahr 02 aus den in der folgenden Übersicht fett gedruckten Posten zusammen (alle Zahlenangaben in GE). Die normal gedruckten Posten verdeutlichen, aus welchen Einzelbeträgen sich die fett gedruckten Posten der GuV für das Geschäftsjahr 02 ergeben:

1.	**Umsatzerlöse**		
	Erträge aus dem Verkauf von Schlafmatratzen	23.760.000	
	An Matratzenkunden gewährte Boni	– 1.680.000	**22.080.000**
2.	**Verminderung des Bestandes an fertigen und unfertigen Erzeugnissen**	– 20.000	**– 20.000**
3.	**Andere aktivierte Eigenleistungen**		
	Im Jahr 02 aktivierte Aufwendungen für selbsterstellte Vermögensgegenstände des Anlagevermögens	90.000	**90.000**
4.	**Sonstige betriebliche Erträge**		
	Erträge aus dem Verkauf von Vermögensgegenständen des Anlagevermögens	58.000	
	Erträge aus der Auflösung von Rückstellungen	78.000	
	Erträge aus der Herabsetzung von PWB auf Forderungen	24.000	**160.000**
5.	**Materialaufwand**		
	a) Aufwendungen für RHB und für bezogene Waren		
	Aufwand für verbrauchte(n) Schaumstoff, Draht, Matratzenbezugsstoffe, Nähgarn, Kleber	– 13.000.000	
	Außerplanmäßige Abschreibungen auf die zum 31.12.02 auf Lager liegenden Matratzenbezugsstoffe	– 120.000	**– 13.120.000**
6.	**Personalaufwand**		
	a) Löhne und Gehälter		
	Bruttolöhne und Bruttogehälter	– 5.300.000	
	Weihnachts- und Urlaubsgelder	– 200.000	**– 5.500.000**
	b) Soziale Abgaben		
	Arbeitgeberanteile zur gesetzlichen Renten-, Kranken-, Pflege- und Arbeitslosenversicherung	– 1.050.000	**– 1.050.000**
7.	**Abschreibungen**		
	a) Auf immaterielle VG des AV und SachAV		
	Planmäßige Abschreibungen auf Sachanlagen	– 900.000	
	Außerplanmäßige Abschreibungen auf Sachanlagen	– 45.000	**– 945.000**

Legende:

AV	≙	Anlagevermögen	VG	≙	Vermögensgegenstände
PWB	≙	Pauschalwertberichtigung	RHB	≙	Roh-, Hilfs- und Betriebsstoffe

Übersicht 70-2: *Handelsrechtliche GuV der LaLeLu AG nach dem Gesamtkostenverfahren für das Geschäftsjahr 02 (in GE)*

8.	**Sonstige betriebliche Aufwendungen**		
	Außerplanmäßige Abschreibungen auf Forderungen	– 153.000	
	Gebäudemiete (inkl. Nebenkosten)	– 680.000	
	Aufwendungen für Ausgangsfrachten	– 240.000	
	Versicherungsprämien	– 156.000	
	Rechts- und Steuerberatungsaufwendungen	– 45.000	
	Wartungsaufwendungen	– 54.000	
	Reise- und Bewirtungsaufwendungen	– 41.000	**– 1.369.000**
9.	**Sonstige Zinsen und ähnliche Erträge**		
	Zinserträge für Guthaben bei Kreditinstituten	23.000	**23.000**
10.	**Zinsen und ähnliche Aufwendungen**		
	Zinsaufwand für Bankkredite	– 3.600	
	Nicht aktivierter Unterschiedsbetrag zwischen dem Rückzahlungsbetrag einer im Geschäftsjahr 02 entstandenen Verbindlichkeit und dem niedrigeren Ausgabebetrag dieser Verbindlichkeit	– 10.000	**– 13.600**
11.	**Steuern vom Einkommen und vom Ertrag**		
	Körperschaftsteuer, Gewerbesteuer, Solidaritätszuschlag	– 119.360	**– 119.360**
12.	**Ergebnis nach Steuern**		**216.040**
13.	**Sonstige Steuern**		
	Kfz- und Grundsteuer	– 37.000	**– 37.000**
14.	**Jahresüberschuss**		**179.040**
15.	**Gewinnvortrag**		**80.000**
16.	**Einstellungen in andere Gewinnrücklagen**		**– 34.000**
17.	**Bilanzgewinn**		**225.040**
Rohergebnis			**9.190.000**

Fortsetzung Übersicht 70-2

Übung 71: Gewinn- und Verlustrechnung nach dem Gesamtkostenverfahren und nach dem Umsatzkostenverfahren nach HGB

Sachverhalt

Fridolin Funk ist Geschäftsführer der Sound GmbH, die Autoradios produziert und vertreibt. Um sich einen Überblick über die Zahlen des Jahres 01 zu verschaffen, beauftragt Funk seinen Rechnungswesenleiter Peter Peacounter, eine Aufstellung über Produktions-, Absatz- und Lagermengen sowie Absatzpreise und Kosten für das Jahr 01 zu erstellen. Nach kurzer Zeit legt ihm Peter Peacounter die gewünschte Aufstellung vor. Sie enthält folgende Werte:

Lagerbestand zu Beginn der Periode	0 Stück
Lagerbestand zum Ende der Periode (per Inventur)	2.000 Stück
Produktionsmenge	10.000 Stück
Absatzmenge	7.500 Stück
Absatzpreis (ohne Umsatzsteuer)	650 GE/Stück
Fertigungseinzelkosten	2.000.000 GE
Materialeinzelkosten	1.000.000 GE
Fertigungsgemeinkosten	1.000.000 GE
Davon lediglich kalkulatorische Abschreibungen auf die gestiegenen Wiederbeschaffungskosten	200.000 GE
Materialgemeinkosten	800.000 GE
Verwaltungsgemeinkosten	600.000 GE
Davon nicht pagatorisch	100.000 GE
Vertriebskosten	300.000 GE
Kalkulatorischer Unternehmerlohn	150.000 GE
Kosten für die betriebliche Altersvorsorge	50.000 GE

Übersicht 71-1: *Aufstellung der Produktions-, Absatz- und Lagermengen der Sound GmbH*

Fridolin Funk rechnet die Aufstellung kurz durch und kommt zu folgendem (voreiligen) Schluss: „Eigentlich hatte ich mit einem durchaus positiven Ergebnis gerechnet. Wenn ich diese Aufstellung nachrechne, komme ich indes auf ein negatives Jahresergebnis in Höhe von 1.025.000 GE, das in der GuV auszuweisen ist."

Aufgaben

(a) Welche Fehleinschätzungen liegen der Rechnung von Fridolin Funk zugrunde?

(b) Auf welches Ergebnis kommt Fridolin Funk, wenn er

- eine GuV nach dem Umsatzkostenverfahren aufstellt oder
- sich für eine GuV nach dem Gesamtkostenverfahren entscheidet?

Unterstellt sei jeweils eine Bewertung der Lagerbestände zur handelsrechtlichen Herstellungskostenuntergrenze.

(c) Auf welches Ergebnis kommt Fridolin Funk, wenn er wiederum eine GuV nach dem Gesamtkostenverfahren aufstellt, diesmal allerdings die Lagerbestände zur handelsrechtlichen Herstellungskostenobergrenze bewertet?

Literaturhinweis

BAETGE, JÖRG/KIRSCH, HANS-JÜRGEN/THIELE, STEFAN, Bilanzen, 16. Aufl., Düsseldorf 2021, Kap. XII Abschn. 32 und 41-42.

Lösungen

Lösung zu Teilaufgabe (a)

Fridolin Funk hat bei seiner Überschlagsrechnung sämtliche Kosten der Periode von den Umsätzen subtrahiert. Demnach hat er das Ergebnis der Periode auch mit den Kosten der noch gar nicht abgesetzten Produkte (2.000 Stück) belastet. Im Ergebnis errechnet Fridolin Funk somit einen zu niedrigen Periodenerfolg, da er Bestandserhöhungen nicht berücksichtigt.

Darüber hinaus unterstellt Fridolin Funk bei seiner Rechnung implizit, dass die in der Aufstellung enthaltenen Daten unverändert in die GuV übernommen werden dürfen. In der Aufstellung sind allerdings auch Daten der Kostenrechnung berücksichtigt. Aus den verschiedenen Zwecken von Kostenrechnung und Finanzbuchhaltung ergibt sich, dass sich auch die Maßgrößen und die Wertansätze für die beiden Elemente des betrieblichen Rechnungswesens unterscheiden. Werden nun Größen aus einem Rechnungssystem in das andere übernommen, entstehen Probleme. Größen, die aus der Kostenrechnung in die Finanzbuchhaltung übernommen werden sollen, sind so zu korrigieren, dass sie den Zwecken der Finanzbuchhaltung und damit des Jahresabschlusses gerecht werden. Ohne die Korrekturen, die von Fridolin Funk übersehen wurden, näher zu erläutern, sind folgende Modifikationen notwendig:

- Korrekturen aufgrund eines fehlenden Ausgabencharakters der Kosten,
- Korrekturen aufgrund eines fehlenden zeitlichen Bezuges zur Produktion der Periode und
- Korrekturen aufgrund eines fehlenden sachlichen Bezuges zum Herstellungsprozess.

Lösung zu Teilaufgabe (b)

Die Grundrechenregel des **Umsatzkostenverfahrens** lautet:

	Ertrag	(Umsatzerlöse der Periode)	
–	**Aufwand**	(Umsatzaufwand =	Produktionsaufwendungen der Periode
		–	Produktionsaufwand für fertige und unfertige Erzeugnisse, die in der Periode auf Lager produziert wurden
		+	Produktionsaufwand in früheren Perioden für fertige und unfertige Erzeugnisse, die in der Periode dem Lager entnommen wurden
		–	Aufwand für andere aktivierte Eigenleistungen)
=	**Erfolg**		

Übersicht 71-2: *Berechnungsschema des Erfolges nach dem Umsatzkostenverfahren*

Für den angegebenen Sachverhalt ergibt sich folgende Rechnung:

	Umsatzerlöse (7.500 Stück · 650 GE/Stück)	4.875.000 GE
–	Umsatzaufwand:	
	Fertigungseinzelkosten (der abgesetzten Produkte)	1.600.000 GE
	Materialeinzelkosten (der abgesetzten Produkte)	800.000 GE
	Fertigungsgemeinkosten (der abgesetzten Produkte)	640.000 GE
	Materialgemeinkosten (der abgesetzten Produkte)	640.000 GE
	Verwaltungsgemeinkosten	500.000 GE
	Vertriebskosten	300.000 GE
	Kosten für die betriebliche Altersvorsorge	50.000 GE
	Summe Umsatzaufwand	4.530.000 GE
=	Erfolg der Periode nach dem Umsatzkostenverfahren (Bewertung der Lagerbestände zur handelsrechtlichen Herstellungskostenuntergrenze)	345.000 GE

Übersicht 71-3: *Ermittlung des handelsrechtlichen Erfolges des Jahres 01 der Sound GmbH nach dem Umsatzkostenverfahren (Bewertung der Lagerbestände zur handelsrechtlichen Herstellungskostenuntergrenze)*

In den Fertigungseinzelkosten und in den Materialeinzelkosten der vorstehenden Berechnung sind die anteiligen Einzelkosten der verkauften (7.500 Stück) und durch Schwund abgegangenen (500 Stück) Autoradios enthalten. Die Fertigungsgemeinkosten sind um die nicht pagatorischen Elemente in den Abschreibungen vermindert (200.000 GE). Bei den Verwaltungsgemeinkosten sind ebenfalls die nicht pagatorischen Elemente zu subtrahieren. Darüber hinaus darf der kalkulatorische Unternehmerlohn wegen seines fehlenden Ausgabencharakters nicht in der GuV berücksichtigt werden.

Die Grundrechenregel des **Gesamtkostenverfahrens** lautet:

	Ertrag	(Umsatzerlöse der Periode + Aufwand für andere aktivierte Eigenleistungen + Bestandserhöhungen fertiger und unfertiger Erzeugnisse – Bestandsverminderungen fertiger und unfertiger Erzeugnisse)
–	**Aufwand**	(Produktionsaufwendungen der Periode)
=	**Erfolg**	

Übersicht 71-4: *Berechnungsschema des Erfolges nach dem Gesamtkostenverfahren*

Für den angegebenen Sachverhalt ergibt sich folgende Rechnung:

	Umsatzerlöse (7.500 Stück · 650 GE/Stück)	4.875.000 GE
+	Bestandserhöhungen:	
	Fertigungseinzelkosten	400.000 GE
	Materialeinzelkosten	200.000 GE
	Fertigungsgemeinkosten	160.000 GE
	Materialgemeinkosten	160.000 GE
	Summe Bestandserhöhungen	920.000 GE
–	Produktionsaufwendungen der Periode:	
	Fertigungseinzelkosten	2.000.000 GE
	Materialeinzelkosten	1.000.000 GE
	Fertigungsgemeinkosten	800.000 GE
	Materialgemeinkosten	800.000 GE
	Verwaltungsgemeinkosten	500.000 GE
	Vertriebskosten	300.000 GE
	Kosten für die betriebliche Altersvorsorge	50.000 GE
	Summe Produktionsaufwendungen	5.450.000 GE
=	Erfolg der Periode nach dem Gesamtkostenverfahren (Bewertung der Lagerbestände zur handelsrechtlichen Herstellungskostenuntergrenze)	345.000 GE

Übersicht 71-5: *Ermittlung des handelsrechtlichen Erfolges des Jahres 01 der Sound GmbH nach dem Gesamtkostenverfahren (Bewertung der Lagerbestände zur handelsrechtlichen Herstellungskostenuntergrenze)*

Die bei der Ermittlung des Erfolges nach dem Umsatzkostenverfahren vorgenommenen Korrekturen bezüglich der nicht pagatorischen Elemente der Kosten gelten analog für das in der vorstehenden Berechnung dargestellte Gesamtkostenverfahren. Im Gegensatz zum Umsatzkostenverfahren wird beim Gesamtkostenverfahren das Mengengerüst der Aufwendungen nicht unmittelbar um die Bestandsveränderungen dem Mengengerüst des Umsatzes angepasst. Vielmehr werden sämtliche der Produktion zurechenbaren Aufwendungen den Umsatzerlösen gegenübergestellt. Weichen produzierte und abgesetzte Menge – wie im Beispiel – voneinander ab, wird die Differenz zwischen dem Wert der produzierten und dem Wert der abgesetzten Leistungen durch die Posten „Bestandsveränderungen" und „andere aktivierte Eigenleistungen" berücksichtigt. Dabei werden die für Lagerzugänge (Produktion > Absatz) angefallenen Aufwendungen durch den Ausweis einer Bestandserhöhung als „Erträge" kompensiert. Im umgekehrten Fall des Lagerabganges (Produktion < Absatz) ist die Bestandsverminderung als Aufwandserhöhung zu berücksichtigen.

Lösung zu Teilaufgabe (c)

Werden die Lagerbestände zur handelsrechtlichen Herstellungskostenobergrenze bewertet, ergibt sich für das **Gesamtkostenverfahren** folgende Rechnung:

	Umsatzerlöse (7.500 Stück · 650 GE/Stück)	4.875.000 GE
+	Bestandserhöhungen:	
	Fertigungseinzelkosten	400.000 GE
	Materialeinzelkosten	200.000 GE
	Fertigungsgemeinkosten	160.000 GE
	Materialgemeinkosten	160.000 GE
	Verwaltungsgemeinkosten	100.000 GE
	Kosten für die betriebliche Altersvorsorge	10.000 GE
	Summe Bestandserhöhungen	1.030.000 GE
–	Produktionsaufwendungen der Periode:	
	Fertigungseinzelkosten	2.000.000 GE
	Materialeinzelkosten	1.000.000 GE
	Fertigungsgemeinkosten	800.000 GE
	Materialgemeinkosten	800.000 GE
	Verwaltungsgemeinkosten	500.000 GE
	Vertriebskosten	300.000 GE
	Kosten für die betriebliche Altersvorsorge	50.000 GE
	Summe Produktionsaufwendungen	5.450.000 GE
=	Erfolg der Periode nach dem Gesamtkostenverfahren (Bewertung der Lagerbestände zur handelsrechtlichen Herstellungskostenobergrenze)	455.000 GE

Übersicht 71-6: *Ermittlung des handelsrechtlichen Erfolges des Jahres 01 der Sound GmbH nach dem Gesamtkostenverfahren (Bewertung der Lagerbestände zur handelsrechtlichen Herstellungskostenobergrenze)*

Im Gegensatz zur Bewertung der Lagerbestände zur handelsrechtlichen Herstellungskostenuntergrenze werden bei der eben dargestellten Bewertung der Lagerbestände zur handelsrechtlichen Herstellungskostenobergrenze die auf den Zugang entfallenden Gemeinkosten (Ausnahme: Vertriebsgemeinkosten) nicht erfolgswirksam in der GuV berücksichtigt. Dementsprechend erhöht sich im Vergleich zur Bewertung der Lagerzugänge zur handelsrechtlichen Herstellungskostenuntergrenze der Periodenerfolg um den Betrag der aktivierten Verwaltungsgemeinkosten und der Kosten für die betriebliche Altersvorsorge. Dieses Vorgehen trägt unseres Erachtens der Rechenschaft durch periodengerechte Erfolgsermittlung besser Rechnung als eine Aktivierung zur handelsrechtlichen Herstellungskostenuntergrenze. Daher sehen wir die Aktivierung zur handelsrechtlichen Herstellungskostenobergrenze als die betriebswirtschaftlich richtige Bewertungsmethode an.

Kapitel XIII: Spezielle Bilanzierungsprobleme

Übung 72: Einstufung von Leasingverhältnissen nach HGB

Sachverhalt

Die Königs GmbH ist eine große Kapitalgesellschaft i. S. d. § 267 Abs. 3 HGB mit Sitz in Münster. Im Geschäftsjahr 01 beschließt die Geschäftsführung, die Gebäudekapazitäten des Unternehmens zu erweitern. Innerhalb der Geschäftsführung ist eine hitzige Diskussion über die Finanzierung des neuen Gebäudes entstanden. Der Geschäftsführer Herr Kaiser präferiert, das Gebäude zu leasen: „Ich habe noch unlängst in einer Verkaufspublikation der Leasinggesellschaft Berger AG gesehen, dass diese mit dem off-balance-sheet-Effekt geworben haben! Liebe Kolleginnen und Kollegen, das würde bedeuten, dass unser Verschuldungsgrad im Vergleich zu einer Kreditfinanzierung erheblich niedriger sein würde!"

Herr Kaiser kann schließlich die gesamte Geschäftsführung von seinen Vorstellungen überzeugen, woraufhin am 29.12.01 eine Leasingvereinbarung zwischen der Königs GmbH und der Berger AG geschlossen wird. Diese Vereinbarung enthält folgende Eckdaten:

- Gegenstand des Vertrages ist ein Gebäude im Norden der Stadt Münster, Beginn der Laufzeit ist der 01.01.02.
- Die vereinbarte Grundmietzeit beträgt 20 Jahre.
- Die jährlich zu zahlende Leasingrate für das Gebäude beträgt 150.000 GE. Sie ist stets nachschüssig zu leisten.
- Nach Ablauf der Grundmietzeit hat die Königs GmbH die Option, das Gebäude zu einem Preis von 500.000 GE zu kaufen.

Für die bilanzielle Behandlung der Leasingvereinbarung sind zudem folgende Prämissen zu berücksichtigen:

- Bei der Leasingvereinbarung zwischen der Königs GmbH und der Berger AG handelt es sich annahmegemäß um einen Teilamortisationsvertrag, d. h. die

Berger AG erreicht keine vollständige Kostendeckung über die Leasingraten während der Grundmietzeit.

- Die betriebsgewöhnliche Nutzungsdauer des Gebäudes beträgt gemäß § 7 Abs. 4 EStG 33 1/3 Jahre (400 Monate).
- Das Gebäude wird linear abgeschrieben.
- Die Anschaffungskosten des Leasingobjektes für die Königs GmbH belaufen sich auf 2.000.000 GE. Dies entspricht dem beizulegenden Zeitwert des Leasingobjektes am 01.01.02. Es ist davon auszugehen, dass der Restbuchwert am Ende der Grundmietzeit dem beizulegenden Zeitwert zum 31.12.21 entspricht. Der Leasing-Vereinbarung liegt ein Zinssatz von 4 % zugrunde.

Aufgaben

Ist das Leasingobjekt wirtschaftlich der Königs GmbH oder der Berger AG zuzurechnen? Beurteilen Sie auf Basis der in der Leasingvereinbarung fixierten Eckdaten und der zugrunde gelegten Prämissen, ob der von Herrn Kaiser beabsichtigte off-balance-sheet-Effekt im handelsrechtlichen Jahresabschluss der Königs GmbH tatsächlich realisiert werden kann.

Literaturhinweis

BAETGE, JÖRG/KIRSCH, HANS JÜRGEN/THIELE, STEFAN, Bilanzen, 16. Aufl., Düsseldorf 2021, Kap. XIII Abschn. 1.

BMF, Schreiben vom 19.04.1971 – IV B2-S 2170-31/71, in: BStBl. I 1971, S. 264 f.

BMF, Schreiben vom 21.03.1972 – IV B2-S 2170-11/72, in: BStBl. I 1972, S. 188.

BMF, Schreiben vom 22.12.1975 – IV B2-S 2170-161/75, in: DB 1976, S. 172-174.

BMF, Schreiben vom 23.12.1991 – IV B6-S 2170-115/91, in: BStBl. I 1992, S. 13.

Lösungen

Ein off-balance-sheet-Effekt, d. h. die Bilanzierung des Leasingobjektes im Jahresabschluss des Leasinggebers, kann nur realisiert werden, sofern das Leasingverhältnis zwischen der Königs GmbH und der Berger AG als **Operating-Leasing** einzustufen ist. Gemäß § 246 Abs. 1 Satz 2 HGB ist ein Vermögensgegenstand grundsätzlich dem wirtschaftlichen Eigentümer zuzurechnen. Wirtschaftlicher Eigentümer ist, wer die wesentlichen Chancen und Risiken aus dem Vermögensgegenstand trägt. Da dieses allgemeine Kriterium der wirtschaftlichen Zurechnung sehr abstrakt ist und keine intersubjektiv nachvollziehbare Regel für die Klassifizierung einer Leasingvereinbarung als **Operating-Leasing** oder **Finanzierungs-Leasing** darstellt, sind die auf der BFH-Rechtsprechung beruhenden steuerrechtlichen Leasing-Erlasse[1] auch für die handelsrechtliche Klassifizierung bedeutsam.

Im vorliegenden Sachverhalt ist auf den Immobilien-Teilamortisationserlass vom 23.12.1991 abzustellen. Da die Leasingvereinbarung zwischen der Königs GmbH und der Berger AG eine Kaufoption enthält, die die Königs GmbH berechtigt, das Gebäude am Ende der Grundmietzeit zu einem Preis von 500.000 GE zu erwerben, ist die Prüfung der Zurechnung des Vermögensgegenstandes in zwei Schritten zu vollziehen. Gemäß dem Immobilien-Teilamortisationserlass ist das Leasingobjekt bei Leasingverträgen mit Kaufoption dem **Leasingnehmer zuzurechnen**, wenn

- die Grundmietzeit mehr als 90 % der betriebsgewöhnlichen Nutzungsdauer beträgt oder
- der vorgesehene Kaufpreis geringer ist als der Restbuchwert des Leasingobjektes unter Berücksichtigung der Absetzung für Abnutzungen gemäß § 7 Abs. 4 EStG nach Ablauf der Grundmietzeit (wirtschaftlich günstige Kaufoption).

Folglich ist zunächst das Verhältnis zwischen Grundmietzeit und betriebsgewöhnlicher Nutzungsdauer des Gebäudes zu überprüfen. Laut Leasingvereinbarung zwischen der Königs GmbH und der Berger AG beträgt die Grundmietzeit 20 Jahre (240 Monate). Wird diese Grundmietzeit ins Verhältnis zur betriebsgewöhnlichen Nutzungsdauer (400 Monate) gesetzt, so ergibt sich ein Anteil der Grundmietzeit an der betriebsgewöhnlichen Nutzungsdauer von 60 %. Der Grenzwert von 90 % wird somit nicht überschritten.

Da der Immobilien-Teilamortisationserlass vorsieht, dass ein Leasingobjekt dem Leasingnehmer zuzurechnen ist, wenn alternativ eines der beiden oben genannten Kriterien erfüllt ist, ist im nächsten Schritt zu prüfen, ob eine wirtschaftlich günstige Kaufoption vorliegt. Hierzu muss der Restbuchwert des Leasingobjektes unter Berücksichtigung der Absetzung für Abnutzungen gemäß § 7 Abs. 4 EStG nach Ablauf der Grundmietzeit dem Kaufpreis gegenübergestellt werden.

Die Anschaffungskosten der Königs GmbH belaufen sich annahmegemäß auf 2.000.000 GE. Zur Bestimmung des Restbuchwertes am Ende der Grundmietzeit sind die Anschaffungskosten linear über einen Zeitraum von 400 Monaten abzuschreiben. Der Restbuchwert am Ende der Grundmietzeit berechnet sich wie folgt:

1 Vgl. BMF, Schreiben vom 19.04.1971; BMF, Schreiben vom 21.03.1972; BMF, Schreiben vom 22.12.1975; BMF, Schreiben vom 23.12.1991.

	Anschaffungskosten	2.000.000 GE
–	Kumulierte Absetzung für Abnutzungen während der Grundmietzeit	– 1.200.000 GE
=	Restbuchwert am Ende der Grundmietzeit	800.000 GE

Da der in der Leasingvereinbarung festgesetzte Kaufpreis in Höhe von 500.000 GE geringer ist als der Restbuchwert am Ende der Grundmietzeit, ist davon auszugehen, dass die Königs GmbH die Kaufoption ausüben wird. Damit wird das Verwertungsrecht am Gebäude am Ende der Grundmietzeit auf den Leasingnehmer übergehen.

Durch die konkrete Gestaltung der zwischen der Königs GmbH und der Berger AG geschlossenen Vereinbarung ist das zugrunde liegende Leasinggeschäft als **Finanzierungs-Leasing** einzustufen. Der gewünschte off-balance-sheet-Effekt, der ausschließlich bei Operating-Leasing eintritt, lässt sich bei der Königs GmbH folglich nicht realisieren.

Übung 73: Bilanzierung von Leasingverhältnissen nach IFRS

Sachverhalt

Die Lieferschnell AG, ein international tätiges Handelsunternehmen, hat einen Vertrag mit einem in Südamerika ansässigen Landwirtschaftskonzern abgeschlossen. Der Vertrag sieht den Ankauf großer Mengen unterschiedlicher Südfrüchte vor, die dann von der Lieferschnell AG in Europa verkauft werden. Um die Früchte nach Europa zu transportieren, benötigt die Lieferschnell AG ein Containerschiff mit integrierter Kühlung. Der Leiter der Einkaufsabteilung, Max Handelfix, beschließt daher, ein Containerschiff bei der Vielkapazität AG, einer global tätigen Reederei, anzumieten.

Die Vielkapazität AG verlangt für ein Containerschiff der benötigten Größe eine jährliche Miete von 150.000 GE und eine Mindestmietdauer von fünf Jahren. Da die Lieferschnell AG ein langfristiges Engagement in Südamerika im Auge hat und sich daher Kostensicherheit verschaffen möchte, wählt sie ein Vertragsmodell mit einer Mietdauer von zehn Jahren, wobei davon auszugehen ist, dass die gesamte Nutzungsdauer eines Containerschiffes üblicherweise ca. 25 Jahre beträgt. Der Mietvertrag sieht weiterhin vor, dass die Lieferschnell AG die Instandhaltung und Reparatur des Schiffes übernimmt, wobei bei Nichteinhaltung der Sorgfaltspflichten empfindliche Schadensersatzforderungen durch die Vielkapazität AG geltend gemacht werden können. Dafür sichert sich die Lieferschnell AG die komplette Kontrolle über den Einsatz des Containerschiffes innerhalb der Mietdauer. Dies ist Herrn Handelfix besonders wichtig, da er mit dieser Vertragsgestaltung auf etwaige Einbrüche im Südfruchtmarkt flexibel reagieren kann, indem er das Containerschiff anderweitig einsetzt.

Da Herr Handelfix zurzeit unter großer Anspannung steht (die Lieferschnell AG bereitet aktuell ihren Börsengang vor), hat er leider vergessen, den dem Vertrag zugrundeliegenden Zinssatz bei der Vielkapazität AG zu erfragen. Er kann sich jedoch dunkel daran erinnern, dass der Grenzfremdkapitalkostensatz des Unternehmens bei 10,56 % liegt. Glücklicherweise hat er jedoch daran gedacht, den üblichen Werteverzehr von Containerschiffen bei der Reederei zu erfragen, welcher nach Aussage eines langjährigen Mitarbeiters des dortigen Controllings problemlos als linear angenommen werden kann. Da die wirtschaftliche Nutzungsdauer des Containerschiffes nach Ende des Leasingvertrags noch nicht beendet ist, will es die Vielkapazität AG zu seinem beizulegenden Zeitwert an eine südafrikanische Reederei weiterverkaufen. Der beizulegende Zeitwert des Containerschiffes zu Beginn des Mietvertrages beträgt 2,5 Mio. GE, was den Anschaffungskosten entspricht.

Aufgaben

(a) Handelt es sich im vorliegenden Sachverhalt um ein Leasingverhältnis gemäß IFRS 16?

(b) Wie ist das Containerschiff zu Beginn des Leasingverhältnisses bei der Lieferschnell AG abzubilden? Geben Sie an, welche Buchungen während der Laufzeit der Leasingvereinbarung aus Sicht der Lieferschnell AG vorzunehmen sind.

(c) Wie ist das Leasingverhältnis im IFRS Einzelabschluss der Vielkapazität AG abzubilden, unter der Annahme, dass die Vielkapazität AG das Containerschiff kurz vor Abschluss des Leasingvertrages erworben hat?

Literaturhinweis

BAETGE, JÖRG/KIRSCH, HANS-JÜRGEN/THIELE STEFAN, Bilanzen, 16. Aufl., Düsseldorf 2021, Kap. XIII Abschn. 1.

Lösungen

Lösung zu Teilaufgabe (a)

Nach IFRS 16.9 begründet eine vertragliche Vereinbarung ein Leasingverhältnis, wenn sie den Leasingnehmer dazu berechtigt, einen identifizierten Vermögenswert gegen Zahlung eines Entgelts für einen bestimmten Zeitraum zu kontrollieren.

Es ist also zunächst zu prüfen, ob sich der Vertrag auf einen **identifizierten Vermögenswert** bezieht. Ein Vermögenswert gilt als identifiziert, wenn er entweder explizit im Vertrag spezifiziert ist oder wenn er dem Leasingnehmer zur Nutzung zur Verfügung gestellt und dadurch implizit spezifiziert wird (IFRS 16.B13). Darüber hinaus muss ein identifizierter Vermögenswert physisch abgrenzbar sein (IFRS 16.BC116). So können auch Vermögensteile, wie eine Etage in einem Gebäude, ein identifizierter Vermögenswert sein (IFRS 16.B20). Die vertragliche Vereinbarung muss außerdem daraufhin überprüft werden, ob der Leasinggeber während der Laufzeit des Leasingverhältnisses über ein substanzielles Austauschrecht verfügt, dass es ihm ermöglicht den Vermögenswert jederzeit während der Laufzeit des Leasingverhältnisses auszutauschen. Ist es für den Leasinggeber wirtschaftlich auch noch profitabel, das Austauschrecht auszuüben, so liegt kein identifizierter Vermögenswert vor (IFRS 16.B14).

Im vorliegenden Sachverhalt ist der Leasinggegenstand „Containerschiff" im Vertrag explizit spezifiziert. Dem Sachverhalt lässt sich allerdings nicht entnehmen, ob die Vielkapazität AG über ein substanzielles Austauschrecht verfügt. Kann der Leasingnehmer nicht ohne Weiteres erkennen, ob der Leasinggeber über ein substanzielles Austauschrecht verfügt, hat er davon auszugehen, dass das Austauschrecht nicht substanziell ist (IFRS 16.B19).

Liegt ein identifizierter Vermögenswert vor, ist anschließend zu prüfen, ob der Leasinggeber dem Leasingnehmer tatsächlich das Recht übertragen hat, den identifizierten Vermögenswert zu kontrollieren. Hierfür ist entscheidend, ob der Leasingnehmer im Wesentlichen den gesamten wirtschaftlichen Nutzen aus der Verwendung des Leasinggegenstandes ziehen kann (IFRS 16.B21-B23) und ob er über den Einsatz des Leasinggegenstandes entscheiden kann (IFRS 16.B24-B30).

Im vorliegenden Sachverhalt ist die Lieferschnell AG dazu berechtigt, das Containerschiff zum Transport der erworbenen Südfrüchte und Autos zu nutzen und kann daher den wesentlichen Teil des wirtschaftlichen Nutzens aus dem Containerschiff ziehen. Laut der Leasingvereinbarung zwischen der Lieferschnell AG und der Vielkapazität AG erhält die Lieferschnell AG außerdem die volle Kontrolle über das Containerschiff innerhalb der Mietdauer.

Es liegt folglich ein bilanzwirksames Leasingverhältnis im Sinne des IFRS 16 vor.

Lösung zu Teilaufgabe (b)

Zu Beginn des Leasingverhältnisses muss der Leasingnehmer das Nutzungsrecht und die korrespondierende Leasingverbindlichkeit bilanziell erfassen (IFRS 16.22). Die **Bewertung** der Leasingverbindlichkeit und des Nutzungsrechtes **zu Beginn des Leasingverhältnisses** bestimmt sich nach den Vorschriften des IFRS 16.23-28.

Die **Leasingverbindlichkeit** ist zu Beginn des Leasingverhältnisses in Höhe des Barwerts der noch nicht geleisteten Leasingzahlungen zu bewerten. Die Leasingzahlungen sind mit dem Zinssatz zu diskontieren, der dem Leasingverhältnis zugrundeliegt. Falls dieser Zinssatz nicht bekannt ist, hat der Leasingnehmer den Grenzfremdkapitalzinssatz heranzuziehen (IFRS 16.26). Die Leasingzahlungen setzen sich im vorliegenden Sachverhalt aus fixen jährlich nachschüssig zu leistenden Zahlungen in Höhe von 150.000 GE zusammen und sind über eine Mietdauer von 10 Jahren zu leisten. Der zur Ermittlung des Barwertes der Leasingzahlungen erforderliche Abzinsungssatz beträgt laut Sachverhalt 10,56 %. Der Barwert der Leasingzahlungen entspricht somit 899.923 GE (=150.000 · ((1,1056)^10 – 1) / (1,1056^10 · 0,1056)).

Das **Nutzungsrecht** ist zunächst in Höhe der Anschaffungskosten zu aktivieren. Die Anschaffungskosten entsprechen dabei dem Betrag, der sich im Zuge der erstmaligen Bewertung der Leasingverbindlichkeit ergeben hat zzgl. etwaiger Kosten oder Vorauszahlungen (IFRS 16.24 f.). Etwaige anfängliche Kosten oder Vorauszahlungen sind im Sachverhalt nicht gegeben. Daher entspricht der Wert des Nutzungsrechtes dem Wert der Leasingverbindlichkeit.

Der Buchungssatz zu Beginn des Leasingverhältnisses lautet wie folgt:

Nutzungsrecht	899.923 GE	an	Leasingverbindlichkeit	899.923 GE

Die **Leasingverbindlichkeit** wird in den folgenden Perioden mittels der Effektivzinsmethode bewertet. Die Leasingzahlungen sind hierbei in einen Zins- und Tilgungsanteil aufzuteilen, die Aufwand bzw. eine Verminderung der Verbindlichkeit darstellen. Darüber hinaus ist die Höhe der Leasingverbindlichkeit anzupassen, sofern sie im Rahmen von IFRS 16.39-43 neu bewertet wird oder das dem Leasingverhältnis zugrunde liegende Vertragswerk geändert wird. Der Zinsaufwand in der Periode 1 beträgt 95.032 GE (= 899.923 GE · 0,1056) und der Tilgungsanteil 54.968 GE

(=150.000 GE – 95.032 GE). Die Leasingverbindlichkeit ist schließlich um den Tilgungsanteil zu verringern und beträgt für die erste Periode 844.955 GE (=899.923 GE – 54.968 GE). Im vorliegenden Sachverhalt deutet nichts daraufhin, dass die Leasingverbindlichkeit neu bewertet werden muss.

Der Buchungssatz für die Periode 1 lautet:

Leasingverbindlichkeit	54.968 GE			
Zinsaufwand	95.032 GE	an	Bank	150.000 GE

Der Buchungssatz für die Periode 2 lautet:

Leasingverbindlichkeit	60.773 GE			
Zinsaufwand	89.227 GE	an	Bank	150.000 GE

Das Nutzungsrecht an dem Containerschiff ist in den folgenden Perioden nach den Grundsätzen des IAS 16 (Sachanlagen) über den kürzeren der beiden Zeiträume, Laufzeit des Leasingverhältnisses oder voraussichtliche Nutzungsdauer des Vermögenswertes, **planmäßig abzuschreiben** (IFRS 16.31). Das Nutzungsrecht ist folglich über den vereinbarten Zeitraum des Leasingverhältnisses von zehn Jahren planmäßig abzuschreiben. Bei Anwendung der linearen Abschreibungsmethode ergibt sich ein jährlicher Abschreibungsbetrag in Höhe von 89.923 GE (= 899.923 GE / 10 Jahre). Es gibt darüber hinaus keine Hinweise auf eine Wertminderung, so dass auf eine Werthaltigkeitsprüfung nach IAS 36 verzichtet werden kann. Der entsprechende Buchungssatz in der Periode 1 lautet.

Abschreibung	89.923GE	an	Nutzungsrecht	89.923 GE

Lösung zu Teilaufgabe (c)

Anders als beim Leasingnehmer wird das Leasingverhältnis beim **Leasinggeber** nach dem **„Risk-and-Rewards"-Ansatz** bilanziert. Hierbei hat der Leasinggeber zunächst zu prüfen, ob das Leasingverhältnis als Operating-Leasingverhältnis (operating lease) oder Finanzierungs-Leasingverhältnis (finance lease) einzustufen ist (IFRS 16.61). Die Einordnung eines Leasingverhältnisses als Finanzierungs-Leasing bzw. als Operating-Leasing bestimmt dessen bilanzielle Behandlung.

IFRS 16 stellt auf die Zuordnung der wesentlichen mit dem Vermögenswert verbundenen Risiken und Chancen ab. Werden bei einem Leasingverhältnis die Risiken und Chancen im Wesentlichen auf den Leasingnehmer übertragen, so liegt nach IFRS 16.62 ein Finanzierungs-Leasing vor. Alle anderen Leasingverhältnisse werden als Operating-Leasing eingestuft (IFRS 16 Anhang A).

IFRS 16.63 f. nennt eine Reihe von **Kriterien**, die normalerweise zur Einstufung eines Leasingverhältnisses als Finanzierungs-Leasing führen. Danach reicht es für die Zuordnung eines Leasingverhältnisses zum Finanzierungs-Leasing aus, wenn eines der folgenden, in IFRS 16.63 f. genannten Kriterien erfüllt ist:

- Dem Leasingnehmer wird am Ende der Vertragslaufzeit das Eigentum am Leasinggegenstand übertragen,
- der Leasingnehmer hat eine Kaufoption, die er mit hinreichender Sicherheit ausüben wird,
- die Laufzeit des Leasingverhältnisses umfasst den überwiegenden Teil der wirtschaftlichen Nutzungsdauer des Leasinggegenstandes, auch wenn das Eigentum am Leasinggegenstand nicht übertragen wird,
- zu Beginn des Leasingverhältnisses entspricht der Barwert der Leasingzahlungen im Wesentlichen mindestens dem beizulegenden Zeitwert des Leasinggegenstandes,
- der Leasinggegenstand ist aufgrund seiner Beschaffenheit nur vom Leasingnehmer zu nutzen, sofern nicht wesentliche Änderungen vorgenommen werden,
- Verluste, die dem Leasinggeber im Fall einer vorzeitigen Kündigung des Leasingnehmers entstehen, sind vom Leasingnehmer zu tragen,
- Gewinne und Verluste, die durch Schwankungen des beizulegenden Restzeitwertes entstehen, fallen dem Leasingnehmer zu und/oder
- der Leasingnehmer hat ein Mietverlängerungsoptionsrecht bei vergleichsweise geringen Leasingraten.

Es liegen im vorliegenden Sachverhalt keine Anhaltspunkte dafür vor, dass die wesentlichen Chancen und Risiken auf die Lieferschnell AG übergehen. Daher hat der Leasinggeber das Leasingverhältnis als **Operating-Leasing** einzustufen.

Der Leasinggeber hat im Fall des Operating-Leasings die Leasingzahlungen linear erfolgswirksam zu vereinnahmen. Der Sachverhalt enthält keine Hinweise, dass eine nicht-lineare Vereinnahmung sachgerechter sein könnte (IFRS 16.81). Das Containerschiff ist zu Anschaffungskosten zu bewerten. Die Anschaffungskosten des Vermögenswertes entsprechen im Sachverhalt dem beizulegenden Zeitwert von 2,5 Mio. GE. Der Vermögenswert ist in den folgenden Perioden nach den Grundsätzen des IAS 16 (Sachanlagen) über die wirtschaftliche Nutzungsdauer von 25 Jahren planmäßig abzuschreiben. Die entsprechenden Buchungssätze für die kommenden Perioden lauten wie folgt:

Abschreibung	100.000 GE	an	Sachanlagen	100.000 GE
Bank	150.000 GE	an	sonst. betrieblicher Ertrag	150.000 GE

Übung 74: Sale-and-lease-back-Transaktionen nach IFRS

Sachverhalt

Die Lindhaus AG ist eine große Kapitalgesellschaft i. S. d. § 267 Abs. 3 HGB mit Sitz in Deutschland. Die Gesellschaft nimmt das Wahlrecht des § 325 Abs. 2a i. V. m. Abs. 2b HGB in Anspruch und stellt zu Offenlegungszwecken einen Einzelabschluss nach IFRS auf.

Aufgrund ihres Wachstums sieht sich die Lindhaus AG einem hohen Liquiditätsbedarf ausgesetzt. Der Vorstand beschließt daher, eine ihrer Maschinen an ein Leasing-Unternehmen zu verkaufen und zurückzuleasen. Nach Verhandlungen mit mehreren Leasinggesellschaften wird am 31.12.01 der Sale-and-lease-back-Vertrag zwischen der Lindhaus AG und der Leasing-Profi GmbH geschlossen. Diese Vereinbarung enthält folgende Eckpunkte:

- Gegenstand der Vereinbarung ist eine Maschine, Übergang des juristischen Eigentums sowie Beginn der Grundmietzeit ist der 01.01.02.
- Die vereinbarte Grundmietzeit beträgt acht Jahre.
- Die jährlich zu zahlende Leasingrate für die Maschine beträgt 160.000 GE und ist stets nachschüssig zu zahlen.
- Der vereinbarte Verkaufspreis für die Maschine beläuft sich auf 1.200.000 GE.

Für die bilanzielle Beurteilung des Sachverhaltes sind zudem folgende Prämissen zu beachten:

- Die Übertragung der Maschine erfüllt die Anforderungen des IFRS 15 zur Einstufung der Sale-and-lease-back-Transaktion als Verkaufsgeschäft.
- Der vereinbarte Verkaufspreis von 1.200.000 GE entspricht dem beizulegenden Zeitwert der Maschine zum Zeitpunkt des Abschlusses des Leasingvertrages.
- Zum 31.12.01 beträgt der Buchwert der Maschine 800.000 GE.
- Die wirtschaftliche Nutzungsdauer der Maschine beträgt zum Zeitpunkt des Vertragsabschlusses zehn Jahre (vereinbarte Grundmietzeit: acht Jahre).
- Die Maschine wird linear abgeschrieben.
- Der relevante Zinssatz beträgt 4,94 %. Es ist von einem nicht garantierten Restwert in Höhe von 240.000 GE auszugehen. Anfängliche direkte Kosten beim Leasinggeber sind nicht zu berücksichtigen.
- Steuerwirkungen sind zu vernachlässigen.

Aufgaben

(a) Wie ist der Sachverhalt im IFRS-Einzelabschluss der Lindhaus AG abzubilden? Geben Sie an, welche Buchungen während der Laufzeit der Leasingvereinbarung aus Sicht der Lindhaus AG vorzunehmen sind, um zum einen das Veräußerungsgeschäft und zum anderen die Rückmietung der Maschine bilanziell abzubilden.

(b) Wie ist der Sachverhalt im IFRS-Einzelabschluss der Leasing-Profi GmbH abzubilden? Geben Sie an, welche Buchungen während der Laufzeit der Leasingvereinbarung aus Sicht der Leasing-Profi GmbH vorzunehmen sind, um zum einen das Veräußerungsgeschäft und zum anderen die Rückvermietung der Maschine bilanziell abzubilden.

(c) Wie wäre der Sachverhalt im IFRS-Einzelabschluss der Lindhaus AG und der Leasing-Profi GmbH abzubilden, wenn die Maschine c. p. zu einem Preis von 1.400.000 GE verkauft worden wäre?

Literaturhinweis

BAETGE, JÖRG/KIRSCH, HANS-JÜRGEN/THIELE STEFAN, Bilanzen, 16. Aufl., Düsseldorf 2021, Kap. XIII Abschn. 1.

Lösungen

Lösung zu Teilaufgabe (a)

Für die bilanzielle Behandlung der Transaktion zwischen der Lindhaus AG und der Leasing-Profi GmbH ist zu berücksichtigen, dass eine Sale-and-lease-back-Transaktion einerseits einen **Veräußerungsvorgang und** andererseits eine **Rückvermietung** desselben Vermögenswertes umfasst (IFRS 16.98). Für die Bilanzierung einschlägig sind IFRS 16.99-103.

Nach IFRS 16.99 ist zunächst zu prüfen, ob die Übertragung des Vermögenswertes überhaupt einen Verkauf darstellt. Maßgeblich hierfür sind die Anforderungen des IFRS 15 zum **Kontrollübergang** im Rahmen der Erfüllung von Leistungsverpflichtungen (IFRS 15.33-34). Entscheidend ist hiernach, dass die Verfügungsgewalt über den betreffenden Vermögenswert im Zuge der Transaktion tatsächlich auf den Käufer übergeht. Der Käufer des Vermögenswertes erlangt die Verfügungsgewalt über den betreffenden Vermögenswert, sofern er die Fähigkeit erlangt, über die Nutzung des Vermögenswertes zu bestimmen, im Wesentlichen den verbleibenden Nutzen aus ihm ziehen kann und dazu fähig ist, anderen Unternehmen ebenjene Privilegien zu verwehren. Im vorliegenden Sachverhalt sind die Voraussetzungen des IFRS 15 erfüllt. Die Transaktion ist demnach als Verkauf zu bilanzieren.

Für die **bilanzielle Behandlung des Leasing-Verhältnisses** im IFRS-Abschluss des Leasingnehmers ist der Vermögenswert (Maschine) auszubuchen und zeitgleich ein Nutzungsrecht im Anlagevermögen zu aktivieren sowie eine Leasingverbindlichkeit zu passivieren (erfolgsneutraler Anschaffungsvorgang).

Die **Bewertung** der Leasingverbindlichkeit und des Nutzungsrechtes **zu Beginn des Leasingverhältnisses** bestimmt sich nach den Vorschriften des IFRS 16.23-28. Die Leasingverbindlichkeit ist zu Beginn des Leasingverhältnisses in Höhe des Barwerts der noch nicht geleisteten Leasingzahlungen zu bewerten. Die Leasingzahlungen setzen sich im vorliegenden Sachverhalt aus fixen jährlich nachschüssig zu leistenden Zahlungen in Höhe von 160.000 GE zusammen. Der zur Ermittlung des Barwertes der Leasingzahlungen erforderliche Abzinsungssatz beträgt laut Sachverhalt 4,94 %. Der Barwert der Leasingzahlungen entspricht somit 1.036.771 GE (=160.000 · ((1,0494)^8 – 1) / (1,0494^8 · 0,0494)).

Das mit der Rückmietung verbundene Nutzungsrecht ist mit dem Anteil des ursprünglichen Buchwertes anzusetzen, der sich auf das vom Verkäufer/Leasingnehmer zurückbehaltene Nutzungsrecht bezieht und hier 691.181 GE (= 800.000 GE / 1.200.000 GE · 1.036.771 GE) beträgt (IFRS 16.100(a)).

Den Gewinn aus dem Verkauf der Maschine erfasst der Verkäufer/Leasingnehmer nur insoweit, als dieser sich auf die dem Käufer/Leasinggeber übertragenen Rechte bezieht (IFRS 16.100(a)). Die Differenz zwischen dem beizulegenden Zeitwert (entspricht hier dem vereinbarten Veräußerungspreis) und dem Buchwert der Maschine zum Zeitpunkt der Veräußerung entspricht hier:

	Beizulegender Zeitwert (vereinbarter Veräußerungspreis)	1.200.000 GE
–	Buchwert zum Zeitpunkt der Veräußerung	800.000 GE
=	Differenz	400.000 GE

Davon bezieht sich ein Betrag in Höhe von 345.590 GE (= 400.000 GE / 1.200.000 GE · 1.036.771 GE) auf das vom Verkäufer/Leasingnehmer zurückbehaltene Nutzungsrecht. Erfolgswirksam zu erfassen ist lediglich ein Betrag in Höhe von 54.410 GE (= 400.000 GE / 1.200.000 · (1.200.000 GE – 1.036.771 GE)), der sich auf die dem Käufer/Leasinggeber übertragenen Rechte bezieht.

Sofern der Wert der vereinnahmten Gegenleistung vom beizulegenden Zeitwert des dem Leasingverhältnis zugrundeliegenden Vermögenswertes abweicht oder die vertraglich vereinbarten Leasingzahlungen **nicht marktüblichen Konditionen** entsprechen, sind Anpassungen notwendig. Bei unter dem Marktniveau liegenden Konditionen ist die Differenz als Vorauszahlung auf die Leasingzahlungen zu bilanzieren (IFRS 16.101(a)). Bei über dem Marktniveau liegenden Konditionen ist die Differenz wiederum als zusätzliche Finanzierung des Käufers/Leasinggebers an den Verkäufer/Leasingnehmer zu behandeln (IFRS 16.101(b)).

Der Verkaufspreis für die Maschine i. H. v. 1.200.000 GE entspricht im vorliegenden Sachverhalt dem beizulegenden Zeitwert der Maschine. Es sind folglich keine Anpassungen notwendig.

Zum Zeitpunkt der Veräußerung am 01.01.02 ist das Veräußerungsgeschäft wie folgt zu buchen:

Bank	1.200.000 GE	an	Technische Anlagen und Maschinen	800.000 GE
Nutzungsrecht	691.181 GE		Sonstige Verbindlichkeiten	1.036.771 GE
			sonst. betriebliche Erträge	54.410 GE

In den folgenden Perioden ist das Nutzungsrecht an der Maschine nach den Grundsätzen des IAS 16 (Sachanlagen) über den kürzeren der beiden Zeiträume, Laufzeit des Leasingverhältnisses oder voraussichtliche Nutzungsdauer des Vermögenswertes, **planmäßig abzuschreiben** (IFRS 16.31). Die Laufzeit des Leasingverhältnisses beträgt acht Jahre und die wirtschaftliche Nutzungsdauer zehn Jahre. Demnach ist das Nutzungsrecht im vorliegenden Sachverhalt über die Laufzeit des Leasingverhältnisses planmäßig abzuschreiben. Bei Anwendung der linearen Abschreibungsmethode ergibt sich ein jährlicher Abschreibungsbetrag in Höhe von 86.398 GE (= 691.181 GE / 8 Jahre). Der entsprechende Buchungssatz lautet:

Abschreibungen	86.398 GE	an	Nutzungsrecht	86.398 GE

Mit den jährlichen **Leasingzahlungen** des Leasingnehmers an den Leasinggeber werden

- die Finanzierungskosten beglichen (Zinsaufwand) und
- mit dem darüber hinausgehenden Betrag die bestehende Verbindlichkeit gegenüber dem Leasinggeber getilgt.

Die jährlichen Leasingraten in Höhe von 160.000 GE sind also in einen **Tilgungs- und** einen **Zinsanteil aufzuteilen**. Der Zinsanteil ergibt sich aus dem Produkt des Buchwertes der Verbindlichkeit zu Beginn des Geschäftsjahres und dem Zinssatz des Leasinggeschäftes in Höhe von 4,94 %. Die Differenz aus Leasingzahlung und Zinsaufwand ist der Tilgungsanteil und reduziert die Verbindlichkeit gegenüber dem Leasinggeber.

Im vorliegenden Sachverhalt ergibt sich für das Geschäftsjahr 01 ein Zinsaufwand in Höhe von 51.181 GE (= 1.036.771 GE · 4,94 %). Der verbleibende Tilgungsanteil beträgt 108.819 GE (= 160.000 GE – 51.181 GE). Der Buchungssatz lautet:

Sonstige Verbindlichkeiten	108.819 GE			
Zinsaufwand	51.181 GE	an	Bank	160.000 GE

Das Jahresergebnis 01 der Lindhaus AG wird zum einen durch die planmäßige Abschreibung auf das Nutzungsrecht in Höhe von 86.398 GE und zum anderen durch den in der Leasingzahlung enthaltenen Zinsaufwand in Höhe von 51.181 GE beeinflusst. Insgesamt wird das Ergebnis des Jahres 01 mit 137.578 GE belastet.

Die Entwicklung des Buchwertes des Nutzungsrechts und der Verbindlichkeit über die Dauer des Leasingverhältnisses sowie die sich ergebenden Ergebnisbelastungen werden in der folgenden Übersicht zusammengefasst (alle Zahlenangaben in GE):

Jahr	Verbindlichkeit zum 01.01.	Leasingrate	Zinsanteil	Tilungsanteil (II–III)	Verbindlichkeit zum 31.12. (I–IV)	Buchwert des Nutzungsrechts zum 01.01.	Abschreibung	Buchwert des Nutzungsrechts zum 31.12. (VI–VII)	Ergebnisbelastung (III+VII)
	I	II	III	IV	V	VI	VII	VIII	IX
01	1.036.771	160.000	51.181	108.819	927.952	691.181	86.398	604.783	137.578
02	927.952	160.000	45.809	114.191	813.761	604.783	86.398	518.386	132.207
03	813.761	160.000	40.172	119.828	693.933	518.386	86.398	431.988	126.569
04	693.933	160.000	34.256	125.744	568.189	431.988	86.398	345.590	120.654
05	568.189	160.000	28.049	131.951	436.238	345.590	86.398	259.193	114.447
06	436.238	160.000	21.535	138.465	297.773	259.193	86.398	172.795	107.933
07	297.773	160.000	14.700	145.300	152.473	172.795	86.398	86.398	101.097
08	152.473	160.000	7.527	152.473	0	86.398	86.398	0	93.925
Summe		1.280.000	243.229	1.036.771			691.181		934.410

Übersicht 74-1: *Entwicklung des Buchwertes des Nutzungsrechts und der Verbindlichkeit sowie die sich ergebenden Ergebniseffekte bei der Bilanzierung der sale-and-lease-back-Transkation bei der Lindhaus AG*

Lösung zu Teilaufgabe (b)

Der Käufer/Leasinggeber hat zunächst zu prüfen, ob das Leasingverhältnis als Operating-Leasingverhältnis (operating lease) oder Finanzierungs-Leasingverhältnis (finance lease) einzustufen ist (IFRS 16.61). Die Einordnung eines Leasingverhältnisses als Finanzierungs-Leasing bzw. als Operating-Leasing bestimmt dessen bilanzielle Behandlung.

Gemäß IFRS 16.62 liegt ein **Finanzierungs-Leasing** immer dann vor, wenn im Wesentlichen alle mit dem Eigentum an dem Leasinggegenstand verbundenen Chancen und Risiken auf den Leasingnehmer übertragen werden. In IFRS 16.63 f. werden Vertragskonstellationen genannt, die ein Finanzierungs-Leasing begründen:

- Dem Leasingnehmer wird am Ende der Vertragslaufzeit das Eigentum am Leasinggegenstand übertragen,
- der Leasingnehmer hat eine Kaufoption, die er mit hinreichender Sicherheit ausüben wird,

- die Laufzeit des Leasingverhältnisses umfasst den überwiegenden Teil der wirtschaftlichen Nutzungsdauer des Leasinggegenstandes, auch wenn das Eigentum am Leasinggegenstand nicht übertragen wird,
- zu Beginn des Leasingverhältnisses entspricht der Barwert der Leasingzahlungen im Wesentlichen mindestens dem beizulegenden Zeitwert des Leasinggegenstandes,
- der Leasinggegenstand ist aufgrund seiner Beschaffenheit nur vom Leasingnehmer zu nutzen, sofern nicht wesentliche Änderungen vorgenommen werden,
- Verluste, die dem Leasinggeber im Fall einer vorzeitigen Kündigung des Leasingnehmers entstehen, sind vom Leasingnehmer zu tragen,
- Gewinne und Verluste, die durch Schwankungen des beizulegenden Restzeitwertes entstehen, fallen dem Leasingnehmer zu und/oder
- der Leasingnehmer hat ein Mietverlängerungsoptionsrecht bei vergleichsweise geringen Leasingraten.

Ein **Operating-Leasing** liegt hingegen vor, wenn nicht im Wesentlichen alle mit dem Eigentum an dem Leasinggegenstand verbundenen Chancen und Risiken auf den Leasingnehmer übertragen werden (IFRS 16 Anhang A).

Für die Einstufung eines Leasingverhältnisses als Finanzierungs-Leasing reicht es i. d. R. aus, wenn **eines** der in IFRS 16.63 f. genannten Beispiele erfüllt ist. Gemäß IFRS 16.63 (c) ist ein Leasingverhältnis als Finanzierungs-Leasing einzustufen, wenn die Laufzeit des Leasingverhältnisses den überwiegenden Teil der wirtschaftlichen Nutzungsdauer des Vermögenswertes umfasst, auch wenn das juristische Eigentum am Leasingobjekt nicht übertragen wird. Laut Sachverhalt umfasst die Dauer des Leasingverhältnisses acht Jahre und damit den überwiegenden Teil der wirtschaftlichen Nutzungsdauer der Maschine. Bei der vorliegenden Sale-and-lease-back-Vereinbarung handelt es sich somit um ein Finanzierungs-Leasing.

Zum Zeitpunkt der Veräußerung am 01.01.02 ist das Veräußerungsgeschäft wie folgt zu buchen:

Technische Anlagen und Maschinen	1.200.000 GE	an	Bank	1.200.000 GE
Leasing-Forderung	1.200.000 GE	an	Technische Anlagen und Maschinen	1.200.000 GE

Der Käufer/Leasinggeber hat die Maschine zunächst zu buchen und im Anschluss gegen eine Forderung in Höhe des Nettoinvestitionswerts (beizulegender Zeitwert) auszubuchen. Im Rahmen der Folgebewertung ist die jährliche Leasingrate in Höhe von 160.000 GE in einen Zins- und einen Tilgungsanteil aufzuteilen. Der Zinsanteil ergibt sich aus dem Produkt des Buchwertes der Forderung zu Beginn des Geschäftsjahres und dem Zinssatz des Leasinggeschäftes in Höhe von 4,94 %. Die Differenz aus Leasingzahlung und Zinsaufwand ist der Tilgungsanteil und reduziert die Forderung gegenüber dem Leasingnehmer.

Im vorliegenden Sachverhalt ergibt sich für das Geschäftsjahr 01 ein Zinsertrag in Höhe von 59.239 GE (= 1.200.000 GE · 4,94 %). Der verbleibende Tilgungsanteil beträgt 100.761 GE (= 160.000 GE – 59.239 GE).

Am Ende der Grundmietzeit verbleibt ein Restbuchwert in Höhe von 240.000 GE. Dieser ist abhängig von der geplanten Weiterverwendung des Vermögenswertes zu behandeln.

Lösung zu Teilaufgabe (c)

Sofern der Wert der vereinnahmten Gegenleistung vom beizulegenden Zeitwert des dem Leasingverhältnis zugrundeliegenden Vermögenswertes abweicht oder die vertraglich vereinbarten Leasingzahlungen **nicht marktüblichen Konditionen** entsprechen, sind Anpassungen notwendig. Bei unter dem Marktniveau liegenden Konditionen ist die Differenz als Vorauszahlung auf die Leasingzahlung zu bilanzieren (IFRS 16.101(a)). Bei über dem Marktniveau liegenden Konditionen ist die Differenz wiederum als zusätzliche Finanzierung des Käufers/Leasinggebers an den Verkäufer/Leasingnehmer zu behandeln (IFRS 16.101(b)).

Der Verkaufspreis für die Maschine übersteigt den beizulegenden Zeitwert der Maschine um 200.000 GE (= 1.400.000 GE – 1.200.000 GE). Dieser Betrag ist als Darlehen des Käufers/Leasinggebers an den Verkäufer/Leasingnehmer zu behandeln. Hinsichtlich des Barwerts der noch ausstehenden Leasingzahlungen in Höhe von 1.036.771 GE bezieht sich daher ein Betrag in Höhe von 200.000 GE auf die zusätzliche Finanzierung durch den Käufer/Leasinggeber und ein Betrag in Höhe von 836.771 GE auf das Leasinggeschäft. Bezogen auf die jährlichen Leasingzahlungen entfallen damit 30.865 GE (= 200.000 GE / 1.036.771 GE · 160.000 GE) auf das Darlehen und 129.135 GE (= 836.771 GE / 1.036.771 GE · 160.000 GE) auf das Leasinggeschäft.

Die Differenz zwischen dem beizulegenden Zeitwert und dem Buchwert der Maschine zum Zeitpunkt der Veräußerung beträgt, wie in Aufgabenteil (a), 400.000 GE. Davon bezieht sich ein Betrag in Höhe von 278.924 GE (= 400.000 GE / 1.200.000 GE · 836.771 GE) auf das vom Verkäufer/Leasingnehmer zurückbehaltene Nutzungsrecht. Erfolgswirksam zu erfassen ist lediglich ein Betrag in Höhe von 121.076 GE (= 400.000 GE / 1.200.000 GE · (1.200.000 GE – 836.771 GE)), der sich auf die dem Käufer/Leasinggeber übertragenen Rechte bezieht.

Zum Zeitpunkt der Veräußerung am 01.01.02 ist die Sale-and-lease-back-Transaktion wie folgt zu buchen:

Bank	1.400.000 GE	an	Technische Anlagen und Maschinen	800.000 GE
Nutzungsrecht	557.847 GE		Sonstige Verbindlichkeiten	1.036.771 GE
			sonstiger betrieblicher Ertrag	121.076 GE

Der Käufer/Leasinggeber hat zum Zeitpunkt der Veräußerung am 01.01.02 die Transaktion wie folgt zu buchen:

Technische Anlagen und Maschinen	1.200.000 GE	an		
sonstige Forderung	200.000 GE	an	Bank	1.400.000 GE
Leasing-Forderung	1.200.000 GE	an	Technische Anlagen und Maschinen	1.200.000 GE

In der Folgezeit sind die im Rahmen des Leasingverhältnisses jährlich vereinnahmten Zahlungen in Höhe von 160.000 GE vom Käufer/Leasinggeber auf das Leasingverhältnis und das Darlehen aufzuteilen. Dabei entfallen 30.865 GE auf das Darlehen und 129.135 GE auf das Leasinggeschäft. Die sonstige Forderung ist analog zur Leasing-Forderung erfolgswirksam über die Laufzeit des Leasingverhältnisses aufzulösen.

Übung 75: Imparitätische Bewertung und Bildung von Bewertungseinheiten nach HGB

Sachverhalt

Die Clever & Smart AG mit Sitz in Frankfurt am Main hat aus laufenden Einkaufs- und Verkaufsgeschäften mit Lieferanten und Kunden in den USA folgende Verbindlichkeiten und Forderungen in US-Dollar, wobei allen Devisenkursen die Mengennotierung zugrunde liegt:

Forderungen			Verbindlichkeiten		
Datum	Betrag (in $)	Briefkurs (in $/€)	Datum	Betrag (in $)	Geldkurs (in $/€)
13.04.01	200.000	1,230	15.04.01	1.100.000	1,230
14.04.01	150.000	1,240	10.09.01	200.000	1,260
15.04.01	500.000	1,250	15.10.01	500.000	1,270
23.06.01	350.000	1,260			
11.11.01	1.200.000	1,270			
Summe	2.400.000		Summe	1.800.000	

Übersicht 75-1: *Forderungen und Verbindlichkeiten der Clever & Smart AG in US-Dollar*

Die Forderungen und Verbindlichkeiten sind alle am 01.03.02, und damit innerhalb von drei Monaten nach dem Bilanzstichtag, fällig.

Aufgaben

(a) Mit welchem €-Betrag sind die Forderungen und die Verbindlichkeiten am Bilanzstichtag (31.12.01) in der Bilanz anzusetzen? Am Bilanzstichtag gelten folgende Kurse:

Zeitpunkt	Kassa (in $/€)			Termin 3 Monate (in $/€)	
	Geldkurs	Briefkurs	Mittelkurs	Geldkurs	Briefkurs
31.12.01	1,270	1,274	1,272	1,230	1,235

(b) Unterstellen Sie abweichend von Teilaufgabe (a), dass keine Verbindlichkeiten bestehen. Mit welchem Betrag wären die Forderungen anzusetzen, wenn die Währungsrisiken durch ein Termingeschäft (drei Monate) am Bilanzstichtag ausgeschlossen worden wären?

(c) Welche Probleme und Lösungsmöglichkeiten zur bilanziellen Behandlung sehen Sie bei der Kurssicherung langfristiger Positionen durch den revolvierenden Einsatz kurzfristiger Instrumente?

Literaturhinweis

BAETGE, JÖRG/KIRSCH, HANS-JÜRGEN/THIELE, STEFAN, Bilanzen, 16. Aufl., Düsseldorf 2021, Kap. VI Abschn. 333, Kap. VIII Abschn. 35 und Kap. XIII Abschn. 2.

HFA DES IDW, Stellungnahme zur Rechnungslegung: Handelsrechtliche Bilanzierung von Bewertungseinheiten (IDW RS HFA 35), in: WPg Supplement 2011, S. 59-73.

Lösungen

Lösung zu Teilaufgabe (a)

Die **Buchwerte der Forderungen** betragen auf der Basis der Briefkurse bei Einbuchung insgesamt € 1.906.229[1]. Zur Vereinfachung wäre alternativ eine Umrechnung auf Basis der Devisenkassamittelkurse zulässig, sofern die Auswirkung auf die Darstellung der Vermögens-, Finanz- und Ertragslage nicht wesentlich ist. Am Bilanzstichtag muss gemäß § 256a HGB die Umrechnung der Forderung zum Devisenkassamittelkurs geschehen. Es ergibt sich ein Wert von € 1.886.792 (= $ 2.400.000 / 1,272 $/€). Da bei Forderungen aufgrund der strengen Niederstwertvorschrift gemäß § 253 Abs. 4 HGB grundsätzlich der niedrigere Wert anzusetzen ist, muss eine Abschreibung auf die Forderung in Höhe von € 19.437 vorgenommen werden.

Die **Buchwerte der Verbindlichkeiten** betragen auf der Basis der Geldkurse bei Einbuchung insgesamt € 1.446.740. Auch in diesem Fall wäre eine Umrechnung auf Basis der Devisenkassamittelkurse zulässig, sofern die Auswirkung auf die Darstellung der Vermögens-, Finanz- und Ertragslage nicht wesentlich ist. Die Umrechnung am Bilanzstichtag erfolgt nach § 256a HGB zum Devisenkassamittelkurs. Es ergibt sich ein Wert in Höhe von € 1.415.094 (= $ 1.800.000 / 1,272 $/€). Da die Restlaufzeit der Verbindlichkeit weniger als ein Jahr beträgt, darf dieser Wert in der Bilanz angesetzt werden, obwohl er einem nicht realisierten Gewinn entspricht.

Zudem ist es auch möglich, die Forderungen und die Verbindlichkeiten zu einer Bewertungseinheit zusammenzufassen. Die Bildung von Bewertungseinheiten ist in § 254 HGB geregelt. Zum Ausgleich gegenläufiger Wertänderungen oder Zahlungsströme können danach Vermögensgegenstände, Schulden, schwebende Geschäfte und mit hoher Wahrscheinlichkeit erwartete Transaktionen mit Finanzinstrumenten zu einer Bewertungseinheit zusammengefasst werden. In dem Umfang und für den Zeitraum, in dem die gegenläufigen Wertänderungen oder Zahlungsströme sich aus-

1 Alle Umrechnungsbeträge wurden auf volle € gerundet.

gleichen, sind § 249 Abs. 1 HGB, § 252 Abs. 1 Nr. 3 und 4 HGB, § 253 Abs. 1 Satz 1 HGB und § 256a HGB nicht anzuwenden. Hierbei werden auch Termingeschäfte als Finanzinstrumente angesehen.

Unter bestimmten Voraussetzungen ist es möglich, die Forderungen und die Verbindlichkeiten zu einer Bewertungseinheit zusammenzufassen. Dafür müssen die folgenden drei Bedingungen kumulativ erfüllt sein (vgl. hierzu IDW RS HFA 35, Tz. 47):

- die Sicherungsabsicht des Bilanzierenden muss ex ante gegeben sein,
- die Wirksamkeit einer Sicherungsbeziehung muss prospektiv nachgewiesen werden und
- die Wirksamkeit einer Sicherungsbeziehung muss retrospektiv nachgewiesen werden.

Die **Sicherungsabsicht** des Bilanzierenden ist in diesem Fall ex ante gegeben, wenn davon ausgegangen wird, dass die eingehenden Dollar zur Begleichung der Verbindlichkeiten genutzt werden. Weiterhin kann davon ausgegangen werden, dass die **Wirksamkeit** der Sicherungsbeziehung sowohl **prospektiv** als auch **retrospektiv** nachgewiesen werden kann. Daher können die Forderungen und die Verbindlichkeiten zu einer Bewertungseinheit zusammengefasst werden.

Unter Verwendung der Einfrierungsmethode[1] wirkt sich der wirksame Teil der Sicherungsbeziehung, in diesem Fall $ 1.800.000, bilanziell nicht aus. Lediglich der ineffektive Teil, hier Forderungen in Höhe von $ 600.000, wird imparitätisch in der Bilanz erfasst. Dieser Betrag wurde mit einem Wert von € 472.441 (= $ 600.000 / 1,27 $/€) in die Bilanz eingebucht. Die Umrechnung zum Devisenkassamittelkurs wäre aus Vereinfachungszwecken zulässig. Zum Bilanzstichtag muss der Betrag zum Devisenkassamittelkurs von 1,272 $/€ umgerechnet werden. Es ergibt sich ein anzusetzender Wert in Höhe von € 471.698. Da der Wert zum Bilanzstichtag unter dem Buchwert liegt, ist eine Abschreibung auf die Forderung in Höhe von € 743 erforderlich.

Lösung zu Teilaufgabe (b)

Werden die Fremdwährungsbeträge durch ein individuelles Kurssicherungsgeschäft gesichert, so darf anstelle der Anschaffungskosten auch der Sicherungskurs angesetzt werden. In diesem Fall werden die $-Beträge per Termin (drei Monate) am 31.12.01 zum €-Briefkurs von 1,235 $/€ ($-Verkauf entspricht €-Kauf) verkauft. Der umgerechnete Betrag beträgt dann € 1.943.320 (= $ 2.400.000 / 1,235 $/€).

1 Zulässig ist ebenfalls die Verwendung der Durchbuchungsmethode, bei welcher sämtliche Wertänderungen von Grund- und Sicherungsgeschäft in der Bilanz erfasst werden.

Lösung zu Teilaufgabe (c)

Das Problem liegt darin begründet, dass einmalig eingesetzte, kurzfristige Instrumente (z. B. Kauf einer Put-Option, Devisenterminverkauf) das Währungsrisiko aus einer längerfristigen Fremdwährungsforderung nicht ausschließen können. Durch einen revolvierenden Einsatz lässt sich allerdings, verbunden mit entsprechenden Kosten, das Risiko ausschließen. Wird z. B. nach dem Verfalltag einer Option jeweils eine neue Option gekauft, so ist das Währungsrisiko bis zum Geldeingang ausgeschlossen. Sinkt während der Laufzeit der Forderung der Fremdwährungskurs, so wird das Management die Option mit Gewinn verkaufen bzw. ausüben und sich am Markt mit der Währung eindecken. Steigt der Kurs zwischenzeitlich, so wird man die Option verfallen lassen oder glattstellen. Die Anschaffungskosten der Option wären als Aufwand zu behandeln. Die – in anderem Zusammenhang – vorgeschlagene Aktivierung der Aufwendungen als Anschaffungskosten für das folgende Sicherungsgeschäft ist abzulehnen, da diese Vorgehensweise dazu führt, dass die Kurssicherungskosten nicht während der Laufzeit erfolgswirksam werden, sondern erst mit dem Geldeingang der Forderung. Da aber im Zeitpunkt des Verfalls der Option nicht mit einem sicheren Kursgewinn aus der Forderung gerechnet werden kann, besteht das Risiko, dass bei Fälligkeit der Forderung ein Währungsverlust (gegebenenfalls ausgeglichen durch die Ausübung der Put-Option) und ein zusätzlicher Aufwand aus den kumulierten Anschaffungskosten der Optionen entstehen.

Übung 76: Bilanzierung von Sicherungsbeziehungen nach IFRS

Sachverhalt

Die Invest AG, eine international tätige Investment-Gesellschaft, kauft zum 01.10.01 ein festverzinsliches Wertpapier für 100 Mio. GE (in Hauswährung). Das Unternehmen möchte das Wertpapier bei Liquiditätsbedarf verkaufen und ordnet es daher der Kategorie „Ergebnisneutral zum beizulegenden Zeitwert bewertet" (Kategorie FVOCI) zu. Zum Bilanzstichtag am 31.12.01 kauft das Unternehmen zusätzlich einen interest rate swap (payer swap), um sich gegen das marktzinsinduzierte Wertänderungsrisiko des Wertpapiers abzusichern. Durch das Swap-Geschäft werden die festen Zinsen des Wertpapiers in variable Marktzinsen getauscht. Alle wesentlichen Ausgestaltungsmerkmale des Zinsswaps (= Sicherungsgeschäft) stimmen mit dem Wertpapier (= Grundgeschäft) überein (z. B. Nominalbetrag, Zinstermine, Laufzeit etc.), so dass von einer effektiven Sicherungsbeziehung ausgegangen werden kann. Ferner wird die Designation des Zinsswaps als Sicherungsgeschäft für das Wertpapier umfangreich dokumentiert.

Die beizulegenden Zeitwerte des Grund- und Sicherungsgeschäftes entwickeln sich wie folgt:

Zeitpunkt	Beschreibung	Marktzins	Grundgeschäft (in Mio. GE)	Sicherungsgeschäft (in Mio. GE)
01.10.01	Beizulegender Zeitwert bei Kauf des Wertpapiers	5,0 %	100	–
31.12.01	Beizulegender Zeitwert zum Bilanzstichtag	4,0 %	110	0
31.12.02	Beizulegender Zeitwert zum Bilanzstichtag	6,5 %	80	25

Aufgaben

(a) Nennen Sie die drei Arten von Sicherungsbeziehungen nach IFRS und geben Sie jeweils geeignete Beispiele. Welche Art von Sicherungsbeziehung liegt im vorliegenden Sachverhalt vor?

(b) Wie hat die Invest AG den oben beschriebenen Sachverhalt am 01.10.01, am 31.12.01 sowie am 31.12.02 zu bilanzieren?

Literaturhinweise

BAETGE, JÖRG/KIRSCH, HANS-JÜRGEN/THIELE, STEFAN, Bilanzen, 16. Aufl., Düsseldorf 2021, Kap. XIII Abschn. 25.

Lösungen

Lösung zu Teilaufgabe (a)

Grundsätzlich unterscheidet IFRS 9.6.5.2 die folgenden drei Arten von Sicherungsbeziehungen:

- Absicherung des beizulegenden Zeitwertes (fair value hedge),
- Absicherung des Cashflows (cash flow hedge) und
- Absicherung einer Nettoinvestition in einen ausländischen Geschäftsbetrieb (hedge of a net investment in a foreign operation).

Die Abbildung einer Sicherungsbeziehung im IFRS-Abschluss richtet sich nach der Zuordnung der Sicherungsbeziehung zu einer der drei genannten Arten. Nach dem Sachverhalt möchte die Invest AG das marktzinsinduzierte Wertänderungsrisiko des festverzinslichen Wertpapiers mit Hilfe des Zinsswaps absichern. Es handelt sich folglich um eine Absicherung des beizulegenden Zeitwertes des Wertpapiers. Gemäß IFRS 9.6.5.8 sind sowohl die Wertänderungen aus der Zeitwertbewertung des Wertpapiers als auch die Wertänderungen aus der Zeitwertbewertung des Swaps erfolgswirksam in der Gesamtergbnisrechnung zu erfassen.

Weitere Beispiele für **fair value hedges** sind:

- Eine gekaufte Put-Option, mit der das Kursänderungsrisiko einer Finanzanlage abgesichert wird.
- Ein Devisentermingeschäft, das die wechselkursinduzierten Marktwertschwankungen einer Fremdwährungsforderung absichert.

Beispiele für **cash flow hedges** sind:

- Ein interest rate swap, der das Risiko einer Marktzinsschwankung einer variabel verzinslichen Anleihe absichert (Umwandlung von variablen in fixe Zinsen).
- Ein Devisentermingeschäft, das den künftigen Zahlungsstrom aus einer Fremdwährungsforderung absichert.

Die genannten Beispiele verdeutlichen, dass sich ein interest rate swap sowohl zur Absicherung einer Cashflow-Schwankung (Umwandlung einer variablen Zinszahlung in eine fixe Zinszahlung) als auch zur Absicherung einer fair value Schwankung (Umwandlung einer fixen Zinszahlung in eine variable Zinszahlung) eignet. Werden nämlich durch den interest rate swap die ursprünglich festen Zinsen eines Wertpapiers in variable (Markt-)Zinsen getauscht, ändert sich der fair value (Marktwert) des Wertpapiers c. p. nicht mehr, da das Wertpapier nun marktgerecht verzinst wird.

Lösung zu Teilaufgabe (b)

Der Zugang des Wertpapiers wird am 01.10.01 mit dem folgenden Buchungssatz erfasst (in Mio. GE):

Finanzanlagen (Wertpapier)	100	an	Bank	100

Da das Wertpapier der Kategorie „Ergebnisneutral zum beizulegenden Zeitwert bewertet“ zugeordnet wurde, erfolgt die Folgebewertung gemäß IFRS 9.5.7.1 (d) erfolgsneutral zum beizulegenden Zeitwert. Die Werterhöhung des Wertpapiers wird daher im sonstigen Ergebnis erfasst und am Ende des Geschäftsjahres durch eine Abschlussbuchung in die Neubewertungsrücklage eingestellt. Ein Zinsswap hat bei Vertragsabschluss grundsätzlich einen beizulegenden Zeitwert von null. Entsprechend ist keine Buchung bei dessen Zugang vorzunehmen. Am 31.12.01 ist die Werterhöhung des Wertpapiers im sonstigen Ergebnis und die anschließende Einstellung des Betrages in die Neubewertungsrücklage durch die folgenden Buchungssätze zu erfassen (in Mio. GE):

Finanzanlagen (Wertpapier)	10	an	Sonstiges Ergebnis	10

Sonstiges Ergebnis	10	an	Neubewertungsrücklage	10

Im Jahr 02 sind alle Voraussetzungen zur Bildung einer Sicherungsbeziehung erfüllt. Der Zinsswap wurde einerseits als Sicherungsgeschäft für die Wertschwankungen des Wertpapiers designiert und andererseits – laut Sachverhalt – als effektiv eingestuft. Der Zinsswap dient der Absicherung des beizulegenden Zeitwertes des Wertpapiers (fair value hedge), so dass alle zinsinduzierten Wertschwankungen von Grund- und Sicherungsgeschäft im Jahr 02 erfolgswirksam in der Gesamtergebnisrechnung erfasst werden müssen.

Die entsprechenden Buchungssätze zum 31.12.02 lauten (in Mio. GE):

Absicherungsaufwand	30	an	Finanzanlagen (Wertpapier)	30

Finanzanlagen (Zinsswap)	25	an	Absicherungsertrag	25

Kapitel XIV: Der Anhang

Übung 77: Anhang nach HGB

Sachverhalt

Die Heim & Bau AG ist eine nicht-börsennotierte, große Kapitalgesellschaft. Sie betreibt insgesamt 50 Baumärkte.

Der Rechnungswesenleiter der Heim & Bau AG versucht nun, im Zuge der Jahresabschlusserstellung für das Jahr 02, den Anhang zu verfassen. Da er sich nicht sicher ist, ob er alle Pflichtangaben nach HGB und alle rechtsformspezifischen Pflichtangaben berücksichtigt hat, bittet er seine Mitarbeiterin alle noch fehlenden relevanten Geschäftsvorfälle und Informationen zusammenzutragen, die im Anhang der Heim & Bau AG veröffentlicht werden müssen. Nach einigen Tagen hat die Mitarbeiterin folgende Liste von Geschäftsvorfällen und Informationen zusammengestellt, die bisher bei der Erstellung des Jahresabschlusses noch nicht berücksichtigt wurden:

(1) Bei der Bewertung von diversen Baumaterialien (Zement, Sand, Gips etc.) wurde die Lifo-Methode gemäß § 256 Satz 1 HGB angewendet. Nach der Lifo-Methode wurde ein Wert von 2,5 Mio. GE ermittelt. Bei der Inventur wurde ein Mengengerüst von 1.000 Tonnen dieser Baumaterialien gezählt. Der letzte vor dem 31.12.02 ermittelte Marktpreis für diese Baumaterialien betrug 3 GE/kg.

(2) Die Heim & Bau AG hat im Geschäftsjahr 02 einen Kredit bei ihrer Hausbank in Höhe von 25 Mio. GE aufgenommen, um ihr Filialnetz weiter auszubauen. Der Kredit wurde im Geschäftsjahr 02 ausbezahlt. Die Tilgung erfolgt erst ab dem Geschäftsjahr 07. Als Sicherheit hat die Heim & Bau AG ein Grundstück an die Bank verpfändet. Der Zeitwert des Grundstücks beträgt zum 31.12.02 10 Mio. GE.

(3) Für einige Standorte der Baumärkte hat die Heim & Bau AG langfristige Mietverträge abgeschlossen, die nicht vorzeitig kündbar sind. Die künftigen Mietaufwendungen belaufen sich auf 10 Mio. GE.

(4) Zu Beginn des Geschäftsjahres 02 waren insgesamt 850 Mitarbeiter in den Filialen beschäftigt. Aufgrund der hohen Expansion der Heim & Bau AG wurden im Geschäftsjahr 02 150 Mitarbeiter in den neu eröffneten Filialen eingestellt. Im Laufe des Geschäftsjahres schieden keine Mitarbeiter aus dem Unternehmen aus. In der Hauptverwaltung wurden im Geschäftsjahr weitere 20 Mitarbeiter eingestellt, so dass am Jahresende 120 Mitarbeiter in der Hauptverwaltung beschäftigt wurden.

(5) Herr Ludwig Schmitt hat am 15.02.02 die Nachfolge von Herrn Klaus Müller, dem vorherigen Vorstandsvorsitzenden der Heim & Bau AG, angetreten. Herr Klaus Müller ist am gleichen Tag in den Aufsichtsrat der Heim & Bau AG gewechselt und hat dort den Aufsichtsratsvorsitzenden Herrn Peter Schröder abgelöst. Neben dem Vorstandsvorsitzenden gibt es zwei weitere Vorstandsmitglieder: Frau Johanna Meier und Herr Jakob Schulz. Die Vorstandsmitglieder üben keine weiteren Berufe aus. Herr Schulz hat von der Heim & Bau AG im Geschäftsjahr 01 einen Kredit in Höhe von 500.000 GE zu einem Zinssatz von 8 % p. a. mit einer Laufzeit von zehn Jahren erhalten. Im Geschäftsjahr 02 hat Herr Schulz 50.000 GE an die Heim & Bau AG zurückbezahlt. Dem Vorstand stehen im Geschäftsjahr 02 Gesamtbezüge in Höhe von 1,3 Mio. GE zu. Dem ehemaligen Vorstandsvorsitzenden Klaus Müller wurde eine Abfindung in Höhe von 250.000 GE im Geschäftsjahr 02 überwiesen. Der Aufsichtsrat zählt insgesamt drei Mitglieder: Herr Klaus Müller, Herr August Sommer und Frau Elisabeth Jürgens. Das Aufsichtsratsmitglied August Sommer ist hauptberuflich Unternehmensberater. Die übrigen Aufsichtsratsmitglieder üben keine weiteren Berufe aus. Die Aufsichtsratsmitglieder erhalten Gesamtbezüge in Höhe von 60.000 GE p. a.

(6) Die Heim & Bau AG hält 30 % der Anteile an der Holzhütte GmbH, Winkelhausen, von denen die Heim & Bau AG einen großen Teil ihrer Spanplatten für den Einzelhandel bezieht. Die Holzhütte GmbH hat im Geschäftsjahr einen Jahresüberschuss in Höhe von 150.000 GE erzielt. Damit hat die Holzhütte GmbH eine Eigenkapitalrendite von 12 % erwirtschaftet. Zusätzlich ist die Heim & Bau AG die Komplementärin bei der Handwerker KG, Holzdetten, die bei Bedarf handwerkliche Dienstleistungen für die Einzelhandelskunden der Heim & Bau AG erbringt.

(7) Die Heim & Bau AG hat 100.000 Stammaktien zu einem Nennbetrag von 50 GE ausgegeben.

(8) Im Geschäftsjahr 02 hat die Heim & Bau AG folgende Mitteilung von der Einzelhandelskette KomfortKauf AG erhalten: „Hiermit teilen wir mit, dass die KomfortKauf AG am 22.05.02 einen Anteil von 26 % an der Heim & Bau AG erworben hat.“

Aufgaben

(a) Welche Aufgaben erfüllt der Anhang? Unterscheiden Sie die Vorschriften zum Anhang bezüglich der Art und des Umfangs der geforderten Informationen.

(b) Vervollständigen Sie den Inhalt des Anhangs der Heim & Bau AG um die handelsrechtlichen Pflichtangaben und um die rechtsformspezifischen Angaben, die aufgrund der aufgeführten Sachverhalte im Anhang veröffentlicht werden müssen. Nennen Sie die jeweils relevante Vorschrift.

Literaturhinweis

BAETGE, JÖRG/KIRSCH, HANS-JÜRGEN/THIELE, STEFAN, Bilanzen, 16. Aufl., Düsseldorf 2021, Kap. XIV Abschn. 1-9.

Lösungen

Lösung zu Teilaufgabe (a)

Der Anhang hat die Aufgabe, die durch die Bilanz und GuV vermittelten Informationen näher zu **erläutern**, zu **ergänzen** und zu **korrigieren**, bzw. die Bilanz und GuV von bestimmten Angaben zu **entlasten**. Hinsichtlich der Art und des Umfangs der geforderten Informationen kann folgendermaßen unterschieden werden:

- Angabe: Bloße quantitative oder verbale Nennung ohne weitere Zusätze.
- Ausweis: Quantitative Nennung eines Sachverhaltes.
- Aufgliederung: Quantitative Segmentierung einer Größe in einzelne Komponenten.
- Erläuterung: Verbale Kommentierung und Interpretation.
- Darstellung: Angabe, verbunden mit einer Aufgliederung oder Erläuterung (quantitativ oder verbal).
- Begründung: Verbale Offenlegung der Überlegungen und Argumente, die kausal für ein bestimmtes Tun oder Unterlassen sind.

Lösung zu Teilaufgabe (b)

Die Struktur des Anhangs ist weder gesetzlich vorgeschrieben noch gibt es im Schrifttum diesbezüglich einen einheitlichen Vorschlag. Mangels spezieller Regelungen wird die äußere Form des Anhangs allein durch den **Grundsatz der Klarheit und Übersichtlichkeit** festgelegt. Daher sind die Lösungen zu dieser Teilaufgabe als eine unter mehreren richtigen Möglichkeiten zu verstehen.

Sachverhalt (1)

Gemäß § 284 Abs. 2 Nr. 3 HGB müssen bei der Anwendung einer Bewertungsmethode nach § 256 Satz 1 HGB die Unterschiedsbeträge pauschal für die jeweilige Gruppe gleichartiger Vermögensgegenstände ausgewiesen werden, wenn die bilanziellen Werte erheblich von dem letzten vor dem Abschlussstichtag bekannten Börsenkurs oder Marktpreis abweichen.

Die Anhangangabe kann wie folgt lauten:

Aufgrund der Anwendung der Lifo-Methode zur Bewertung bestimmter Vermögensgegenstände des Vorratsvermögens sind folgende Unterschiedsbeträge im Vergleich zum letzten vor dem 31.12.02 bekannten Marktpreis anzugeben:

Vermögensgegenstände	Wert nach Lifo-Methode	Wert nach letztem bekannten Marktpreis	Unterschiedsbetrag
Baumaterialien	2.500.000 GE	3.000.000 GE	500.000 GE

Sachverhalt (2)

Gemäß § 285 Nr. 1a HGB ist der Gesamtbetrag der Verbindlichkeiten mit einer Restlaufzeit von mehr als fünf Jahren anzugeben. Sind Verbindlichkeiten durch Pfandrecht oder ähnliche Rechte gesichert, so sind diese unter der Angabe von Art und Form der Sicherheiten anzugeben (§ 285 Nr. 1b HGB).

Unter der Annahme, dass alle anderen Verbindlichkeiten mit einer Restlaufzeit von mehr als fünf Jahren bereits im Anhang der Heim & Bau AG angegeben wurden, kann die Anhangangabe wie folgt lauten:

Verbindlichkeiten mit einer Restlaufzeit > 5 Jahre	Sicherheiten	
	Höhe	Art und Form
25.000.000 GE	10.000.000 GE	Verpfändung eines Grundstücks

Sachverhalt (3)

Gemäß § 285 Nr. 3a HGB ist der Gesamtbetrag der sonstigen finanziellen Verpflichtungen anzugeben, die nicht in der Bilanz erscheinen und auch nicht nach § 268 Abs. 7 HGB oder § 285 Nr. 3 HGB anzugeben sind, sofern die Angabe für die Beurteilung der Finanzlage von Bedeutung ist.

Im Fall der Heim & Bau AG stellen die Verpflichtungen aus den langfristigen und nicht frühzeitig kündbaren Mietverträgen sonstige finanzielle Verpflichtungen dar, deren Gesamtbetrag von 10 Mio. GE für die Beurteilung der Finanzlage von Bedeutung ist. Daher kann die Anhangangabe folgendermaßen lauten:

Sonstige finanzielle Verpflichtungen aus langfristigen Mietverträgen bestehen in Höhe von 10 Mio. GE.

Sachverhalt (4)

Gemäß § 285 Nr. 7 HGB ist die durchschnittliche Zahl der während des Geschäftsjahres beschäftigten Arbeitnehmer getrennt nach Gruppen anzugeben.

Die geforderte Angabe kann im Anhang der Heim & Bau AG wie folgt aussehen:

Im Geschäftsjahr 02 wurden durchschnittlich 925 Mitarbeiter in den Filialen und 110 Mitarbeiter in der Hauptverwaltung beschäftigt.

Sachverhalt (5)

§ 285 Nr. 9 und Nr. 10 HGB verlangen ausführliche Anhangangaben über die Mitglieder der Geschäftsführungsorgane und die Aufsichtsratsmitglieder. Im Fall der Heim & Bau AG sind folgende Informationen im Anhang anzugeben:

Vorstand

Name	Dauer der Tätigkeit	Beruf
Ludwig Schmitt, Vorstandsvorsitzender	15.02.02-31.12.02	Vorstandsvorsitzender der Heim & Bau AG
Klaus Müller, Vorstandsvorsitzender	01.01.02-15.02.02	Vorstandsvorsitzender der Heim & Bau AG
Johanna Meier	01.01.02-31.12.02	Vorstandsmitglied der Heim & Bau AG
Jakob Schulz	01.01.02-31.12.02	Vorstandsmitglied der Heim & Bau AG

An die Vorstandsmitglieder wurden im Geschäftsjahr 02 Gesamtbezüge in Höhe von 1,3 Mio. GE ausgezahlt. Von der Anhangangabe gemäß § 285 Nr. 9b HGB wird in Ausübung des Wahlrechtes des § 286 Abs. 4 HGB abgesehen.

An die Vorstandsmitglieder sind folgende Kredite gewährt worden:

Betrag	Zinssatz p. a.	Laufzeit	Im Geschäftsjahr 02 zurückgezahlte Beträge
500.000 GE	8 %	10 Jahre	50.000 GE

Aufsichtsrat

Name	Dauer der Tätigkeit	Beruf
Klaus Müller, Aufsichtsratsvorsitzender	15.02.02-31.12.02	Aufsichtsratsvorsitzender der Heim & Bau AG
Peter Schröder, Aufsichtsratsvorsitzender	01.01.02-15.02.02	Aufsichtsratsvorsitzender der Heim & Bau AG
Elisabeth Jürgens	01.01.02-31.12.02	Aufsichtsratsmitglied der Heim & Bau AG
August Sommer	01.01.02-31.12.02	Unternehmensberater

An die Aufsichtsratsmitglieder wurden im Geschäftsjahr 02 Gesamtbezüge in Höhe von 60.000 GE ausgezahlt.

Sachverhalt (6)

Gemäß § 285 Nr. 11 HGB sind Name und Sitz anderer Unternehmen, an denen die Heim & Bau AG eine Beteiligung im Sinne des § 271 Abs. 1 HGB hält, anzugeben. Darüber hinaus müssen die Höhe des Anteils am Kapital, das Eigenkapital und das Ergebnis des letzten Geschäftsjahres dieser Unternehmen angegeben werden. Gemäß § 285 Nr. 11a HGB sind außerdem Name, Sitz und Rechtsform der Unternehmen, deren unbeschränkt haftender Gesellschafter die Heim & Bau AG ist, anzugeben.

Diese Angabe kann in einer sog. Anteilsbesitzliste erfolgen:

Anteilsbesitzliste

Name und Rechtsform	Sitz	Anteil am Kapital	Höhe des Eigenkapitals	Ergebnis des letzten Geschäftsjahres
Holzhütte GmbH	Winkelhausen	30 %	1.250.000 GE	150.000 GE
Handwerker KG	Holzdetten	–	–	–

Sachverhalt (7)

Gemäß § 160 Abs. 1 Nr. 3 AktG muss die Heim & Bau AG die Zahl und den Nennbetrag der Aktien je Gattung angeben, sofern sich diese Angaben nicht aus der Bilanz ergeben (Ausweiswahlrecht).

Die Anhangangabe kann wie folgt lauten:

Aktiengattung	Anzahl der Aktien	Nennbetrag je Aktie
Stammaktien	100.000	50 GE

Sachverhalt (8)

Gemäß § 160 Abs. 1 Nr. 8 AktG muss die Heim & Bau AG angeben, wenn ein anderes Unternehmen eine Beteiligung an der Heim & Bau AG von mehr als 25 % hält und das beteiligte Unternehmen dieses der Heim & Bau AG mitteilt (§ 20 Abs. 1 Satz 1 AktG).

Da die Heim & Bau AG im Geschäftsjahr 02 eine Mitteilung gemäß § 20 Abs. 1 Satz 1 AktG von der KomfortKauf AG erhalten hat, muss die Heim & Bau AG folgende Anhangangabe veröffentlichen:

> Im Geschäftsjahr 02 hat die KomfortKauf AG 26 % der Anteile an der Heim & Bau AG erworben. Folgende Mitteilung gemäß § 20 Abs. 1 AktG haben wir schriftlich von der KomfortKauf AG erhalten:
> „Hiermit teilen wir mit, dass die KomfortKauf AG am 22.05.02 einen Anteil von 26 % an der Heim & Bau AG erworben hat."

Kapitel XV: Der Lagebericht

Übung 78: Lagebericht nach HGB

Sachverhalt

Die Schroiber AG ist ein Unternehmen mittlerer Größe, das sich in den zurückliegenden Jahren auf den Bau von Solaranlagen spezialisiert hat. Durch das Spezialwissen und die zahlreichen internationalen Kontakte ihres Vorstandsvorsitzenden Herrn Dr. Gerdmund gelang es der Schroiber AG, sich eine Spitzenposition im europäischen Markt zu sichern. Am 28.12.01 kündigte der Vorstandsvorsitzende Herr Dr. Gerdmund sein Dienstverhältnis aufgrund unüberbrückbarer Differenzen mit dem Aufsichtsrat. Herr Dr. Gerdmund war ein absoluter Spezialist auf seinem Fachgebiet, und es ist äußerst fraglich, ob kurzfristig ein adäquater Ersatz für ihn gefunden werden kann.

Am 10.01.02 überrascht die Bundesregierung die Branche, indem sie einen bislang unbekannten Gesetzesentwurf im Kabinett verabschiedet. Der Gesetzesentwurf sieht vor, die Förderung der Installation von Solardächern einzustellen. Die Verabschiedung des Gesetzes gilt als sicher, weil der Inhalt mit den Bundestagsfraktionen abgestimmt und die Zustimmung des Bundesrates nicht erforderlich ist.

Die Schroiber AG hat im abgelaufenen Geschäftsjahr ein Entwicklungsprojekt abgeschlossen. Der Schroiber AG ist es gelungen, äußerst effiziente Sonnenkollektoren zu entwickeln, die vor allem im militärischen Bereich zur Versorgung von Satelliten und unbemannten Flugkörpern mit Energie eingesetzt werden können. Da dieser Einsatzbereich bewusst von der Schroiber AG geplant war, wurden frühzeitig Kontakte zum Bundesministerium der Verteidigung aufgenommen, das sich sehr für das Projekt interessierte und einen Einsatz der Sonnenkollektoren in neuartigen unbemannten Aufklärungsflugzeugen plant.

Die Schroiber AG hat vor einiger Zeit zur Finanzierung des Unternehmens Aktien ausgegeben. Im amtlichen Handel sind 100.000 Stammaktien und 20.000 stimmrechtslose Vorzugsaktien mit jeweils einem Nennwert von 5 GE notiert. Von den Stammaktien hält der ehemalige Alleininhaber Peter Meck noch 50.000 Stück. Die

Vorzugsaktien hat er noch vor dem Börsengang als Paket an seine Nachbarin Klaudia Kurela verkauft. Der Rest der Aktien befindet sich nach Kenntnis des neuen Vorstandes im Streubesitz.

Gina Schwinder, die nach ihrem Studium der Betriebswirtschaftslehre in der Rechnungslegungsabteilung der Schroiber AG angefangen hat, wurde von ihrem Vorgesetzten damit beauftragt, die Aufstellung des Lageberichts für das abgelaufene Geschäftsjahr vorzubereiten. Frau Schwinder erinnert sich allerdings nur sehr schwach an die theoretischen Grundlagen des Lageberichts und bittet Sie um Ihre Mithilfe.

Aufgaben

(a) Welche Unternehmen sind nach den HGB-Regelungen dazu verpflichtet, einen Lagebericht aufzustellen?

(b) Welche Aufgaben hat der Lagebericht?

(c) Welche Elemente umfasst der Lagebericht stets unabhängig von Rechtsform und Kapitalmarktorientierung des aufstellungspflichtigen Unternehmens?

(d) Um welche Elemente ist der Lagebericht abhängig von Rechtsform und Kapitalmarktorientierung ggf. zu ergänzen?

(e) Wie sollte Frau Schwinder im Lagebericht über

(1) die Kündigung des Vorstandsvorsitzenden,

(2) den Gesetzesentwurf der Bundesregierung,

(3) die Forschungs- und Entwicklungsaktivitäten und

(4) die Eigentumsverhältnisse an der Aktiengesellschaft

berichten? In welchem Teil des Lageberichts könnte sie jeweils darauf eingehen?

Literaturhinweis

BAETGE, JÖRG/KIRSCH, HANS-JÜRGEN/THIELE STEFAN, Bilanzen, 16. Aufl., Düsseldorf 2021, Kap. XV Abschn. 1-3.

DRSC (Hrsg.), DRS 20 – Konzernlagebericht – des Deutschen Rechnungslegungs Standards Committees e. V., Berlin 2022.

Lösungen

Lösung zu Teilaufgabe (a)

Das HGB knüpft die Pflicht zur Aufstellung eines Lageberichts an die Rechtsform und Größe eines Unternehmens. Mittelgroße sowie große Kapitalgesellschaften und haftungsbeschränkte Personenhandelsgesellschaften haben gemäß § 264 Abs. 1 Satz 1 HGB (ggf. i. V. m. § 264a Abs. 1 HGB) einen Lagebericht aufzustellen. Kleine Kapitalgesellschaften und haftungsbeschränkte Personenhandelsgesellschaften sind von der Aufstellung eines Lageberichts befreit (§ 264 Abs. 1 Satz 4 HGB).

Die Vorschriften der §§ 289-289f HGB regeln den Inhalt des Lageberichts. Dabei enthält § 289 HGB die Anforderungen, die jeder Lagebericht erfüllen muss. Darüber hinaus müssen bestimmte Unternehmen – abhängig von der Rechtsform und/oder von der Inanspruchnahme des Kapitalmarkts – ihren Lagebericht um die in den §§ 289a-289f HGB genannten Berichtselemente erweitern. Darüber hinaus wird empfohlen, die bei der Konzernlageberichterstattung verpflichtend zu beachtenden Deutschen Rechnungslegungs Standards (DRS) 17 und 20 auf den Lagebericht des Einzelabschlusses anzuwenden.

Lösung zu Teilaufgabe (b)

Der Lagebericht hat die Aufgabe, die im Jahresabschluss vermittelten Informationen zu verdichten und zu ergänzen.

Die **Verdichtungsaufgabe** des Lageberichts kommt in der Zusammenfassung der im Jahresabschluss abgebildeten Vermögens-, Finanz- und Ertragslage zur (Gesamt-)Lage des Unternehmens zum Ausdruck.

Die **Ergänzungsaufgabe** wird einerseits zeitlich durch die Einbeziehung von Prognosen in den Lagebericht und andererseits sachlich durch die Berichterstattung über die gesamte Lage des Unternehmens, die etwa auch die Personal- und Absatzlage umfasst, deutlich.

Lösung zu Teilaufgabe (c)

Der Lagebericht enthält stets die folgenden Elemente:

- **Wirtschaftsbericht**

  Im Wirtschaftsbericht sind Informationen zum Geschäftsverlauf und zur Lage der Gesellschaft nach § 289 Abs. 1 HGB zu geben. Die Angaben zum Geschäftsverlauf beziehen sich auf das abgelaufene Geschäftsjahr und sind folglich vergangenheitsbezogen. Sie sind die wesentliche Basis für die zeitpunktbezogenen Angaben zur Lage der Gesellschaft sowie zu den wirtschaftlichen Verhältnissen am Abschlussstichtag. Der Wirtschaftsbericht umfasst die Berichterstattung über die wirtschaftlichen Rahmenbedingungen und die spezifische Situation des Unternehmens und geht vor allem auf folgende Bereiche ein: Gesamtwirtschaftliche Situation, Branchensituation, Auftragsbestand, Absatz und Umsatz, Produktion, Beschaffung, Investitionen, Finanzierung, Personal- und Sozialangelegenheiten, Umweltschutz und weitere wichtige Vorgänge im Geschäftsjahr.

  Neben der Darstellung der wirtschaftlichen Lage sind in einem zweiten separaten Bestandteil des Wirtschaftsberichts die gegebenen Informationen gemäß § 289 Abs. 1 Satz 2 HGB ausgewogen, umfassend und der Geschäftstätigkeit in Umfang und Komplexität entsprechend zu analysieren. In die Analyse sind die für die Geschäftstätigkeit bedeutsamsten finanziellen Leistungsindikatoren einzubeziehen. Große Kapitalgesellschaften i. S. v. § 267 Abs. 3 HGB müssen zusätzlich auch nichtfinanzielle Leistungsindikatoren, wie Umwelt- und Arbeitnehmerbelange, soweit sie für das Verständnis von Geschäftsverlauf und Lage von Bedeutung sind, berücksichtigen (§ 289 Abs. 3 HGB).

- **Bericht über die voraussichtliche Entwicklung mit ihren wesentlichen Chancen und Risiken**

  Im Lagebericht ist gemäß § 289 Abs. 1 Satz 4 HGB „die voraussichtliche Entwicklung mit ihren wesentlichen Chancen und Risiken zu beurteilen und zu erläutern; zugrunde liegende Annahmen sind anzugeben“. Dieser Berichtsteil wird auch als Prognosebericht bezeichnet und umfasst mit der Berichterstattung über Chancen und Risiken auch ein Berichtselement, das vor der Reform durch das Bilanzrechtsreformgesetz einen eigenen als Risikobericht bezeichneten Teil des Lageberichts darstellte. Anknüpfend an den Wirtschaftsbericht und damit an die Berichterstattung über den Geschäftsverlauf gemäß § 289 Abs. 1 Satz 1 HGB soll das Unternehmen auch darlegen, welchen Geschäftsverlauf es in Zukunft erwartet. Im Prognosebericht ist daher grundsätzlich über die gleichen Sachverhalte zu berichten wie im Wirtschaftsbericht. Da Prognosen grundsätzlich mit Unsicherheit behaftet sind, sollte durch Intervall-Prognosen ein Kompromiss zwischen Sicherheit und Genauigkeit gefunden werden. Nach § 289 Abs. 1 Satz 4 HGB ist die voraussichtliche Entwicklung nicht nur in allgemeiner Form zu beurteilen und zu erläutern; vor allem ist auf wesentliche Chancen und Risiken der voraussichtlichen Entwicklung einzugehen. Es sollen wirtschaftliche und rechtliche Bestandsgefährdungspotentiale sowie sonstige Risiken mit besonderem Einfluss auf die Vermögens-, Finanz- und Ertragslage dargestellt werden. Die zukunftsorientierte Lageberichterstattung nach den handelsrechtlichen Regelungen umfasst explizit den Chancenaspekt. Somit ist im Prognosebericht auch über Chancen i. S. e. Möglichkeit von positiven künftigen Entwicklungen zu berichten.

- **Finanzrisikobericht**

  Der Bericht über Finanzrisiken nach § 289 Abs. 2 Nr. 1 HGB soll Risiken im Zusammenhang mit Finanzinstrumenten darstellen und erläutern. Dabei ist auf die Risikomanagementziele und -methoden wie die Absicherung der Unternehmenstransaktionen durch Sicherungsgeschäfte einzugehen. Des Weiteren ist über bestimmte finanzwirtschaftliche Risiken wie Preisänderungs-, Ausfall- und Liquiditätsrisiken sowie Risiken aus Zahlungsstromschwankungen zu berichten.

- **Forschungs- und Entwicklungsbericht**

  Der Forschungs- und Entwicklungsbericht nach § 289 Abs. 2 Nr. 2 HGB ist für die Beurteilung der Zukunftsaussichten eines Unternehmens von erheblicher Bedeutung, da aus ihm Folgerungen zur Wettbewerbsfähigkeit und zu Entwicklungschancen gezogen werden können. Im Forschungs- und Entwicklungsbericht soll auf Ziele, Aufwendungen und Investitionen, Mitarbeiter sowie Ergebnisse im Bereich Forschung und Entwicklung eingegangen werden.

- **Zweigniederlassungsbericht**

  § 289 Abs. 2 Nr. 3 HGB fordert, dass der Lagebericht einer Muttergesellschaft auch auf bestehende Zweigniederlassungen der Gesellschaft eingehen soll. Im Zweigniederlassungsbericht muss mindestens angegeben werden, an welchen in- und ausländischen Orten Zweigniederlassungen bestehen und welche wesentlichen Veränderungen es gegenüber dem Vorjahr gegeben hat.

- **Zusatzbericht**

  In den Lagebericht dürfen auch über die gesetzlichen Mindestanforderungen hinausgehende Informationen aufgenommen werden. Als freiwillige Angaben kommen Mehrjahresübersichten zu wichtigen Kennzahlen, eine Kapitalflussrechnung, eine Wertschöpfungsrechnung oder Angaben zu Zielen, Strategien und zum Unternehmenssteuerungssystem in Betracht.

Lösung zu Teilaufgabe (d)

Der Lagebericht ist abhängig von Rechtsform und Kapitalmarktorientierung des aufstellungspflichtigen Unternehmens ggf. um die folgenden Elemente zu ergänzen:

- **Bericht über das interne Kontroll- und Risikomanagementsystem**

  Kapitalmarktorientierte Kapitalgesellschaften i. S. d. § 264d HGB haben gemäß § 289 Abs. 4 HGB die wesentlichen Merkmale des internen Kontroll- und Risikomanagementsystems im Hinblick auf den Rechnungslegungsprozess im Lagebericht zu beschreiben. Indes wird durch die Vorschrift weder die Einrichtung noch die inhaltliche Ausgestaltung des internen Kontroll- und Risikomanagementsystems verpflichtend vorgeschrieben. Besitzt ein Unternehmen kein internes Kontroll- und/oder kein Risikomanagementsystem, muss eine entsprechende Fehlanzeige in den Lagebericht aufgenommen werden.

- **Bericht zur Übernahmesituation**

  Gemäß § 289a HGB müssen AG und KGaA, die einen organisierten Markt i. S. d. § 2 Abs. 7 WpÜG durch die Ausgabe stimmberechtigter Aktien in Anspruch nehmen, Angaben über alle Schutzmechanismen, die die Rechte der ausgegebenen Eigenkapitalinstrumente und den Vorstand betreffen, machen. Insbesondere ist über die Zusammensetzung des gezeichneten Eigenkapitals zu berichten. Für jede Aktiengattung sind damit die verbundenen Rechte und Pflichten sowie der jeweilige Anteil am Gesellschaftskapital anzugeben. Alle direkten und indirekten Beteiligungen, die 10 % der Stimmrechte überschreiten, und alle Inhaber von Aktien mit Kontrollrechten (golden shares) sind anzugeben. Außerdem ist auf Vereinbarungen zur Abwehr von Übernahmen einzugehen: Dies betrifft bspw. die Berechtigung des Vorstandes zur Ausgabe bzw. zum Rückkauf von Aktien und die Entschädigungsvereinbarungen mit Vorstandsmitgliedern und Arbeitnehmern für den Fall einer Übernahme.

- **Nichtfinanzielle Erklärung**

  Kapitalgesellschaften (& Co.), die große Gesellschaften im Sinne des § 267 Abs. 3 Satz 1 HGB sind, kapitalmarktorientiert im Sinne des § 264d HGB sind und im Geschäftsjahr durchschnittlich mehr als 500 Arbeitnehmer beschäftigen, müssen eine sogenannte nichtfinanzielle Erklärung in den Lagebericht aufnehmen (§ 289b Abs. 1 HGB). In der nichtfinanziellen Erklärung ist das Geschäftsmodell der Kapitalgesellschaft kurz zu beschreiben (§ 289c Abs. 1 HGB) und es sind ferner Angaben zu bestimmten Aspekten zu machen. Diese Aspekte umfassen Umwelt-, Arbeitnehmer- und Sozialbelange sowie die Achtung der Menschenrechte und die Bekämpfung von Korruption und Bestechung (§ 289c Abs. 2 HGB). Nach § 289c Abs. 3 HGB sind für jeden der in § 289c Abs. 2 HGB genannten Aspekte weitere Angaben zu machen, sofern diese Angaben für das Verständnis des Geschäftsverlaufs, des Geschäftsergebnisses, der Lage der Kapitalgesellschaft sowie der Auswirkungen der Tätigkeit der Kapitalgesellschaft auf die in Abs. 2 genannten Aspekte erforderlich sind. Hierbei sind die verfolgten Konzepte – einschließlich der angewandten Due-Diligence-Prozesse – sowie die Ergebnisse dieser Konzepte darzustellen. Darüber hinaus sind Angaben zu den wesentlichen Risiken, die sehr wahrscheinlich negative Auswirkungen auf die in Abs. 2 genannten Aspekte haben oder haben werden und die mit der Geschäftstätigkeit der Gesellschaft sowie deren Geschäftsbeziehungen, Produkten und Dienstleistungen verknüpft sind, zu machen, sofern die Angaben von Bedeutung sind und die Berichterstattung über diese Risiken verhältnismäßig ist. Es ist zudem anzugeben, wie die Kapitalgesellschaft mit diesen Risiken umgeht. Ferner sind Angaben zu den bedeutsamsten nichtfinanziellen Leistungsindikatoren, die für die Geschäftstätigkeit der Kapitalgesellschaft von Bedeutung sind, zu machen (§ 289c Abs. 3 HGB). Die nichtfinanzielle Erklärung darf auch als gesonderter Bericht außerhalb des Lageberichts erstellt und publiziert werden (§ 289b Abs. 3 HGB).

- **Erklärung zur Unternehmensführung**

  Börsennotierte Aktiengesellschaften sowie Aktiengesellschaften, die ausschließlich andere Wertpapiere als Aktien zum Handel an einem organisierten Markt ausgegeben haben und deren Aktien auf eigene Veranlassung über ein multilaterales Handelssystem gehandelt werden, haben gemäß § 289f Abs. 1 Satz 1 HGB eine Erklärung zur Unternehmensführung in den Lagebericht aufzunehmen, die dort einen gesonderten Abschnitt bildet. Alternativ kann die Erklärung auf der Internetseite der Gesellschaft öffentlich zugänglich gemacht werden. In diesem Fall muss die entsprechende Adresse der Internetseite im Lagebericht genannt werden. In die Erklärung zur Unternehmensführung ist gemäß § 289f Abs. 2 HGB Folgendes aufzunehmen:

  – Erklärung gemäß § 161 AktG (§ 289f Abs. 2 Nr. 1 HGB),

- Bezugnahme auf die Internetseite der Gesellschaft, auf der der Vergütungsbericht über das letzte Geschäftsjahr und der Vermerk des Abschlussprüfers gemäß § 162 AktG sowie Informationen zum geltenden Vergütungssystem und der letzte Vergütungsbeschluss öffentlich zugänglich gemacht werden (§ 289f Abs. 2 Nr. 1a HGB),
- relevante Angaben zu Unternehmensführungspraktiken, die über die gesetzlichen Anforderungen hinaus angewandt werden, nebst Hinweis, wo sie öffentlich zugänglich sind (§ 289f Abs. 2 Nr. 2 HGB),
- eine Beschreibung der Arbeitsweise von Vorstand und Aufsichtsrat sowie der Zusammensetzung und Arbeitsweise ihrer Ausschüsse; sind die Informationen auf der Internetseite der Gesellschaft öffentlich zugänglich, kann darauf verwiesen werden (§ 289f Abs. 2 Nr. 3 HGB),
- bei börsennotierten Aktiengesellschaften die Festlegungen hinsichtlich des Frauenanteils in den beiden Führungsebenen unterhalb des Vorstands (§ 76 Abs. 4 AktG) sowie auf Vorstands- und Aufsichtsratsebene (§ 111 Abs. 5 AktG) und die Angabe, ob die festgelegten Zielgrößen während des Bezugszeitraums erreicht wurden, und falls diese nicht erreicht wurden, die Gründe hierfür (§ 289f Abs. 2 Nr. 4 HGB),
- die Angabe, ob die Gesellschaft bei der Besetzung des Aufsichtsrats mit Frauen und Männern jeweils Mindestanteile im Bezugszeitraum eingehalten hat, und falls nicht, Angaben zu den Gründen, sofern es sich entweder um börsennotierte Aktiengesellschaften handelt, die aufgrund von § 96 Abs. 2 und 3 AktG Mindestanteile einzuhalten haben, oder börsennotierte Europäische Gesellschaften (SE), die aufgrund von § 17 Abs. 2 oder § 24 Abs. 3 des SE-Ausführungsgesetzes Mindestanteile einzuhalten haben (§ 289f Abs. 2 Nr. 5 HGB),
- eine Beschreibung des im Hinblick auf die Zusammensetzung des vertretungsberechtigten Organs und des Aufsichtsrates verfolgten Diversitätskonzeptes und dessen Zielsetzung, der Art und Weise der Umsetzung und der im Geschäftsjahr erzielten Ergebnisse, soweit es sich um eine große börsennotierte Aktiengesellschaft, Kommanditgesellschaft auf Aktien oder Europäische Gesellschaft handelt (§ 289f Abs. 2 Nr. 6 HGB).

Ergänzungsbericht

Weitere Angabepflichten über §§ 289 bis 289f HGB hinaus sind in rechtsformspezifischen Regelungen festgelegt. So muss bspw. der Vorstand einer Aktiengesellschaft nach § 312 Abs. 3 AktG im Lagebericht die Beziehungen zu verbundenen Unternehmen erläutern.

Lösung zu Teilaufgabe (e)

Sachverhalt (1):

Da der Lagebericht der Schroiber AG ein den tatsächlichen Verhältnissen entsprechendes Bild des Geschäftsverlaufs und der Lage der Gesellschaft vermitteln soll (§ 289 Abs. 1 HGB), muss Frau Schwinder über die Kündigung des Vorstandsvorsitzenden berichten. Durch das Ausscheiden von Herrn Dr. Gerdmund hat sich die Lage der Schroiber AG am Bilanzstichtag wesentlich verändert, da Dr. Gerdmund mit seinem Spezialwissen und seinen internationalen Beziehungen ein Garant für den Erfolg der Gesellschaft war.

Die Schroiber AG sollte im **Wirtschaftsbericht** im Abschnitt „Personal- und Sozialangelegenheiten" bei den vergangenheitsorientierten Angaben zum Geschäftsverlauf auf die Kündigung des Vorstandsvorsitzenden eingehen und bei den zeitpunktbezogenen Angaben zur Lage der Gesellschaft die unmittelbaren Folgen der Kündigung für die Gesellschaft darlegen.

Weiterhin ist im **Risiko-/Prognosebericht** zu erläutern, welche Risiken für die künftige Entwicklung der Schroiber AG mit dem Ausscheiden des Vorstandsvorsitzenden verbunden sind. Hier ist auf das Risiko eines eventuellen Absatzrückgangs durch den Verlust einiger internationaler Kundenkontakte einzugehen. Außerdem sollte unter der Überschrift „Personalrisiken" über die Wahrscheinlichkeit berichtet werden, einen gleichwertigen Nachfolger für Dr. Gerdmund zu finden. Eine Quantifizierung dieser Risiken dürfte indes schwierig sein.

Sachverhalt (2):

Der Gesetzesentwurf der Bundesregierung gefährdet die künftige Entwicklung der Schroiber AG. Es ist daher eine Berichterstattung im **Risiko-/Prognosebericht** geboten. Die Schroiber AG hat darauf einzugehen, welche Auswirkungen der Gesetzesentwurf bzw. dessen als sicher geltende Umsetzung auf die Schroiber AG haben wird. Der erwartete Absatzrückgang sowie die daraus resultierende Veränderung des Jahresergebnisses ist – zumindest in einer Bandbreite – zu quantifizieren.

Sachverhalt (3):

Die Schutzklausel des § 286 HGB, nach der Angaben unterlassen werden können, die dem Wohl der Bundesrepublik Deutschland oder eines ihrer Länder schaden könnten, gilt dem Wortlaut nach nur für den Anhang. Indes ist die Schutzklausel analog für den Lagebericht anzuwenden. Die Schroiber AG braucht daher nicht auf die Entwicklung der Sonnenkollektoren in ihrem Forschungs- und Entwicklungsbericht einzugehen, denn die Berichterstattung wäre eine Freigabe militärischer Geheimnisse, die dem Wohl der Bundesrepublik Deutschland schaden könnte.

Sachverhalt (4):

Im **Bericht zur Übernahmesituation** ist die Verteilung des gezeichneten Kapitals auf die Aktiengattungen der Schroiber AG darzustellen. Dabei sind der Anteil der beiden Aktiengattungen (500.000 GE des gezeichneten Kapitals entfallen auf 100.000 Stammaktien und 100.000 GE auf 20.000 Vorzugsaktien) am Gesellschaftskapital sowie die Rechte und Pflichten, die mit den beiden Eigenkapitalinstrumenten Stamm- und Vorzugsaktien verbunden sind, einzeln anzugeben. In diesem Fall ist daher über die Stimmrechtslosigkeit der Vorzugsaktien zu berichten. Der Besitz des Aktienpaketes von Herrn Meck ist anzuzeigen, da dieses die in § 289a Nr. 3 HGB genannte Grenze von 10 % der Stimmrechte überschreitet. Die übrigen Stimmrechte befinden sich nach Informationslage des Vorstandes im Streubesitz, so dass keine weiteren Angaben erforderlich sind. Das Aktienpaket von Frau Kurela ist nicht zu nennen, da es sich um stimmrechtslose Anteile handelt.

Kapitel XVI: Übergreifende Fallstudien

Übung 79: Bilanzierungsfragen im Jahresabschluss nach HGB

Sachverhalt „Teil 1"

Die Beta AG ist ein mittelständisches Unternehmen. Gegenstand des Unternehmens ist die Instandhaltung und Wartung von Spezialflugzeugen. Die Beta AG ist eine mittelgroße Kapitalgesellschaft i. S. d. § 267 Abs. 2 HGB.

Im Geschäftsjahr 02 hat die Beta AG Umsatzerlöse von 20.000.000 GE erzielt. Diesen Umsatzerlösen stehen Aufwendungen für Kundenboni von 200.000 GE gegenüber sowie Herstellungskosten der zur Erzielung der Umsatzerlöse erbrachten Leistungen in Höhe von 15.870.000 GE. Aus dem Verkauf von Gegenständen des Anlagevermögens wurden Gewinne in Höhe von 64.000 GE erwirtschaftet, Erträge aus der Auflösung von im Vorjahr gebildeten Wertberichtigungen auf Forderungen entstanden in Höhe von 43.000 GE. Die jährliche Miete für das Verwaltungsgebäude beträgt 400.000 GE einschließlich Gebäudenebenkosten. 30 % der Mietfläche werden vom Vertrieb genutzt, der Rest von der Verwaltung. Die Reiseaufwendungen der Vertriebsingenieure beliefen sich in 02 auf 210.000 GE. Darüber hinaus fielen Aufwendungen für Werbung und Kundenschulungen in Höhe von 45.000 GE an sowie Aufwendungen der Jahresabschlussprüfung in Höhe von 50.000 GE. Die im Jahresabschluss ausgewiesenen Steuern vom Einkommen und Ertrag betragen 1.055.000 GE, die Personalaufwendungen des Rechnungswesens und des Personalwesens sowie des Vorstandes 460.000 GE, der Materialverbrauch und die Abschreibungen auf Vermögensgegenstände des Verwaltungsbereiches 87.000 GE, die Personalaufwendungen, Materialaufwendungen und Abschreibungen des Vertriebsbereiches 418.000 GE.

Im Anhang des Jahresabschlusses der Gesellschaft zum 31.12.02 werden unter anderem folgende Angaben gemacht:

„Die im Vorjahr in Höhe von 250.000 GE antizipierten drohenden künftigen Verluste aus einzelnen Wartungsverträgen konnten im Berichtsjahr durch Neuverhandlungen der betroffenen Verträge beseitigt werden. Aufgrund dessen wurde der nicht bereits in Anspruch genommene Teil der im Vorjahr gebildeten Rückstellungen in Höhe von 200.000 GE erfolgswirksam aufgelöst.

Dagegen ist bei anderen vertraglichen Vereinbarungen aufgrund von im Berichtsjahr eingetretenen Entwicklungen zu erwarten, dass künftig die Aufwendungen die Erträge übersteigen. Der entsprechend drohende Verpflichtungsüberschuss in Höhe von 180.000 GE wurde für die Restlaufzeit der Verträge passiviert."

Die Beta AG hat zum 31.12.02 laut Debitorensaldenliste einen Forderungsbestand von 3.641.400 GE (inkl. 19 % USt). Die Forderungen bestehen nur gegenüber inländischen Kunden. Nach Analyse der Altersstruktur der Forderungen nimmt der Bilanzbuchhalter Max Bucher folgende Einzelwertberichtigungen vor:

- 25 % auf verschieden große Forderungen in einer Gesamthöhe von 833.000 GE (inkl. 19 % USt) gegenüber der Alpha-AG aus dem zweiten Quartal 02.
- 10 % auf eine Forderung von 714.000 GE (inkl. 19 % USt) gegenüber der Gamma-OHG aus Juli 02.
- 70 % auf eine Forderung von 11.900 GE (inkl. 19 % USt) gegenüber der Delta-KG aus April 02.

In der Vergangenheit hat sich regelmäßig gezeigt, dass über die einzelwertberichtigten Forderungen hinaus ein allgemeines Kreditausfallrisiko von 2 % besteht.

Aufgaben „Teil 1"

(a) Erläutern Sie, nach welcher handelsrechtlichen Vorschrift Wertberichtigungen auf Forderungen gebildet werden müssen.

(b) In welcher Höhe hat Max Bucher Wertberichtigungen auf Forderungen zu bilden? Mit welchem Wert werden die Forderungen der Beta AG in der Bilanz zum 31.12.02 ausgewiesen?

(c) Erstellen Sie anhand der Ihnen bekannten Informationen die handelsrechtliche GuV der Beta AG nach dem Umsatzkostenverfahren für das Geschäftsjahr 02. Nicht benötigte Posten des handelsrechtlichen Gliederungsschemas für Kapitalgesellschaften und haftungsbeschränkte Personenhandelsgesellschaften sind gemäß § 265 Abs. 8 HGB nicht aufzuführen.

(d) Warum kann die Beta AG zum 31.12.02 keine einheitliche Handels- und Steuerbilanz aufstellen? Geben Sie an, ob und in welcher Höhe in der Handelsbilanz der Beta AG zum 31.12.02 latente Steuern anzusetzen sind. Gehen Sie von einem zusammengefassten Ertragsteuersatz von 30 % aus.

Literaturhinweis

BAETGE, JÖRG/KIRSCH, HANS-JÜRGEN/THIELE, STEFAN, Bilanzen, 16. Aufl., Düsseldorf 2021.

Lösungen „Teil 1"

Lösung zu Teilaufgabe (a)

Die Notwendigkeit der Bildung von Wertberichtigungen auf Forderungen ergibt sich aus § 253 Abs. 4 HGB. Danach sind bei Vermögensgegenständen des Umlaufvermögens Abschreibungen vorzunehmen, um diese mit einem niedrigeren Wert anzusetzen, der sich aus einem Börsen- oder Marktpreis ergibt (§ 253 Abs. 4 Satz 1 HGB). Kann, wie bei Forderungen, ein Börsen- oder Marktpreis nicht festgestellt werden, ist auf den niedrigeren beizulegenden Wert abzuschreiben (§ 253 Abs. 4 Satz 2 HGB).

Der niedrigere beizulegende Wert ist bei Forderungen grundsätzlich der vermutlich (geschätzte) einbringliche Betrag der Forderung. Wertberichtigungen auf Forderungen sind somit außerplanmäßige Abschreibungen auf Forderungen.

Endgültige Forderungsverluste können für ein Unternehmen immer nur in Höhe des Netto-Forderungsbetrages (ohne USt) entstehen. Bei Uneinbringlichkeit einer Forderung wird die USt auf diese Forderung vom Finanzamt erstattet.

Lösung zu Teilaufgabe (b)

Wertberichtigungen auf Forderungen bilden das Kreditausfallrisiko des Forderungsbestandes eines Unternehmens zum Bilanzstichtag ab. Es werden **Einzelwertberichtigungen** und **Pauschalwertberichtigungen** unterschieden. Mit Einzelwertberichtigungen wird das spezielle Ausfallrisiko einzelner Kundenforderungen bei der Bewertung von Forderungen berücksichtigt. Pauschalwertberichtigungen bilden das allgemeine Kreditausfallrisiko des nicht einzelwertberichtigten Forderungsbestandes ab. Im vorliegenden Fall sind die Einzelwertberichtigungen wie folgt zu bestimmen:

Alpha-AG:	$\frac{833.000\text{ GE}}{1{,}19} \cdot 0{,}25$	=	175.000 GE
Gamma-OHG:	$\frac{714.000\text{ GE}}{1{,}19} \cdot 0{,}10$	=	60.000 GE
Delta-KG:	$\frac{11.900\text{ GE}}{1{,}19} \cdot 0{,}70$	=	7.000 GE
= Summe der Einzelwertberichtigungen			242.000 GE

Übersicht 79-1: *Ermittlung der Einzelwertberichtigungen auf die Forderungen der Beta AG*

Die Pauschalwertberichtigungen sind nur auf die nicht einzelwertberichtigten Netto-Forderungen (d. h. ohne USt) zu bilden. Im vorliegenden Fall ist die Pauschalwertberichtigung wie folgt zu ermitteln:

1. Schritt: Bestimmung der Höhe der nicht einzelwertberichtigten Forderungen

Summe der nicht einzelwertberichtigten Forderungen:

	3.641.400 GE (= Brutto-Forderungsbestand nach Debitorensaldenliste zum 31.12.02)
–	833.000 GE
–	714.000 GE
–	11.900 GE
=	2.082.500 GE (= Brutto-Forderungsbestand der nicht einzelwertberichtigten Forderungen)

2. Schritt: Ermittlung des Netto-Forderungsbestandes der nicht einzelwertberichtigten Forderungen

Der Netto-Forderungsbestand der nicht einzelwertberichtigten Forderungen beträgt:

1.750.000 GE (= 2.082.500 GE / 1,19)

3. Schritt: Berechnung der PWB auf den Netto-Forderungsbestand der nicht einzelwertberichtigten Forderungen

PWB = 35.000 GE (= 1.750.000 GE · 0,02 (allgemeines Kreditausfallrisiko))

Legende:
PWB ≙ Pauschalwertberichtigung

Übersicht 79-2: *Ermittlung der Pauschalwertberichtigung auf die Forderungen der Beta AG*

Der Betrag der in der Bilanz der Beta AG zum 31.12.02 auszuweisenden Forderungen errechnet sich aus dem Brutto-Forderungsbestand zum 31.12.02 abzüglich der gebildeten Einzel- und Pauschalwertberichtigungen.

Die Gesamtwertberichtigung auf den Forderungsbestand zum 31.12.02 beträgt daher 277.000 GE (= 242.000 GE (EWB) + 35.000 GE (PWB)).

Der in der Bilanz auszuweisende Betrag der Forderungen beträgt folgerichtig 3.364.400 GE (= 3.641.400 GE – 277.000 GE).

Lösung zu Teilaufgabe (c)

Die handelsrechtliche GuV der Beta AG nach dem Umsatzkostenverfahren setzt sich auf Basis der im Sachverhalt gegebenen Informationen für das Geschäftsjahr 02 aus den in der folgenden Übersicht fett gedruckten Posten zusammen (alle Zahlenangaben in GE). Die normal gedruckten Posten verdeutlichen, aus welchen Einzelbeträgen sich die fett gedruckten Posten der GuV für das Geschäftsjahr 02 ergeben (alle Beträge in GE):

1. Umsatzerlöse		
Umsatzerlöse	20.000.000	
Aufwendungen für Kundenboni (Erlösschmälerungen)	– 200.000	**19.800.000**
2. Herstellungskosten der zur Erzielung der Umsatzerlöse erbrachten Leistungen		**– 15.870.000**
3. Bruttoergebnis vom Umsatz		**3.930.000**
4. Vertriebskosten		
Miete Verwaltungsgebäude (Anteil Vertrieb)	– 120.000	
Aufwendungen für Werbung und Kundenschulungen	– 45.000	
Reiseaufwendungen der Vertriebsingenieure	– 210.000	
Personal-, Materialaufwendungen und Abschreibungen des Vertriebsbereiches	– 418.000	**– 793.000**
5. Allgemeine Verwaltungskosten		
Miete Verwaltungsgebäude (Anteil Verwaltung)	– 280.000	
Personalaufwendungen des Rechnungs- und Personalwesens sowie des Vorstandes	– 460.000	
Materialverbrauch und Abschreibungen auf Vermögensgegenstände des Verwaltungsbereiches	– 87.000	
Aufwendungen für Jahresabschlussprüfung	– 50.000	**– 877.000**
6. Sonstige betriebliche Erträge		
Gewinn aus dem Verkauf von VG des AV	64.000	
Erträge aus der Auflösung von Rückstellungen	200.000	
Erträge aus der Auflösung von WB auf Forderungen	43.000	**307.000**
7. Sonstige betriebliche Aufwendungen		
Außerplanmäßige Abschreibungen auf Forderungen	– 277.000	
Bildung von Drohverlustrückstellungen	– 180.000	**– 457.000**
8. Steuern vom Einkommen und Ertrag		
Körperschaftsteuer, Gewerbesteuer und Solidaritätszuschlag	– 1.055.000	**– 1.055.000**
9. Jahresüberschuss		**1.055.000**

Legende:
VG ≙ Vermögensgegenstand
AV ≙ Anlagevermögen
WB ≙ Wertberichtigungen

Übersicht 79-3: *Handelsrechtliche GuV der Beta AG nach dem Umsatzkostenverfahren für das Geschäftsjahr 02*

Lösung zu Teilaufgabe (d)

In der Steuerbilanz ist gemäß § 5 Abs. 4a EStG die Bildung von Rückstellungen für drohende Verluste aus schwebenden Geschäften verboten. In der Handelsbilanz passivierte Rückstellungen für drohende Verluste aus schwebenden Geschäften werden steuerrechtlich also nicht anerkannt.

Durch das steuerliche Ansatzverbot für Drohverlustrückstellungen wird der prinzipiell gültige **Grundsatz der Maßgeblichkeit** der handelsrechtlichen GoB für die Steuerbilanz bezüglich des Ansatzes von Drohverlustrückstellungen aufgehoben.

Handelsbilanz und Steuerbilanz fallen daher so lange auseinander, bis die schwebenden Geschäfte abgewickelt sind, aus denen Verluste resultieren. Folglich sind **latente Steuern** zu bilden.

Die Beta AG ist nach dem Sachverhalt eine mittelgroße Kapitalgesellschaft gemäß § 267 Abs. 2 HGB. Demzufolge ist die größenabhängige Erleichterungsvorschrift nach § 274a Nr. 4 HGB bezüglich der Abgrenzug latenter Steuern nicht maßgeblich. Die Pflicht zur Bildung latenter Steuern bleibt bestehen.

Die Nichtanerkennung der Rückstellungsbildung in der Steuerbilanz führt zu einem um 180.000 GE höheren Wertansatz der Schulden der Beta AG in der Handelsbilanz. Hieraus resultieren aktive latente Steuern. Gemäß § 274 Abs. 1 Satz 2 HGB besteht allerdings das Wahlrecht, eine sich daraus insgesamt ergebende Steuerentlastung als aktive latente Steuern anzusetzen.

Im Fall der Aktivierung von latenten Steuern wird der Steueraufwand durch den Buchungssatz:

Aktive latente Steuern	54.000 GE	an	Steuern vom Einkommen und vom Ertrag	54.000 GE

reduziert und somit auf den aus handelsrechtlicher Sicht „richtigen" Stand von 1.055.000 GE gebracht. Bei der Berechnung der aktiven latenten Steuern wurde die Differenz zwischen steuerlichem und handelsrechtlichem Wertansatz der Schulden in Höhe von 180.000 GE mit einem Steuersatz von 30 % multipliziert. Hierbei sei anzunehmen, dass die aktiven latenten Steuern in dem in Übersicht 79-3 errechneten Jahresüberschuss bereits berücksichtigt wurden.

Werden keine latenten Steuern aktiviert, bleibt obiger Buchungssatz unberücksichtigt.

Sachverhalt „Teil 2"

(1) Zum 31.12.02 berechnet der Steuerberater der Beta AG den Gewerbesteueraufwand seines Mandanten für 02 auf Basis der ihm vorliegenden Unterlagen aus der Buchhaltung in Höhe von 420.000 GE. Zum 31.12.01 wurde der Gewerbesteueraufwand für die Beta AG für 01 in Höhe von 280.000 GE ermittelt. Die entsprechenden Gewerbesteuerbescheide des Finanzamtes für die Veranlagungszeiträume 01 und 02 liegen zum Zeitpunkt der Jahresabschlusserstellung nicht vor.

(2) Die Beta AG hat drei Großkunden in den vergangenen Jahren regelmäßig Boni in Höhe von 3 % der mit ihnen in den jeweiligen Geschäftsjahren getätigten Umsätze gewährt, ohne dass dies in einem Rahmenvertrag festgelegt wurde. Im Geschäftsjahr 02 betrugen die Umsätze aus der Geschäftstätigkeit mit diesen Kunden insgesamt 4.641.000 GE (inkl. 19 % USt), im Vorjahr 3.213.000 GE (inkl. 19 % USt). Die Kundenboni mit diesen drei Großkunden werden im Gegensatz zu anderen Kunden grundsätzlich erst mit den ersten Lieferungen des neuen Geschäftsjahres verrechnet. Für das Jahr 01 wurden diesen drei Großkunden zu Beginn des Jahres 02 Boni in Höhe von 90.000 GE gutgeschrieben.

(3) Umgekehrt wurden der Beta AG von der Electronics GmbH in der Vergangenheit Boni in Höhe von 2 % der getätigten Umsätze gewährt. Im abgelaufenen Geschäftsjahr hat die Beta AG bei der Electronics GmbH Leistungen in Höhe von 6.545.000 GE (inkl. 19 % USt) bezogen.

(4) Die Beta AG hat der Commercial GmbH für die Mitgliedschaft in einer Werbegemeinschaft am 28.12.02 für das kommende Kalenderjahr einen Beitrag in Höhe von 17.000 GE zuzüglich 19 % USt überwiesen.

Aufgaben „Teil 2"

(a) Wie sind diese vier Geschäftsvorfälle in der Bilanz der Beta AG zum 31.12.02 abzubilden? Erläutern Sie Ihre Lösung unter Bezugnahme auf die relevanten GoB und die relevanten handelsrechtlichen Vorschriften.

(b) Zeigen Sie die Entwicklung der sich aus den Sachverhalten „Teil 1" und „Teil 2" ergebenden Rückstellungen der Beta AG im Geschäftsjahr 02 in einem Rückstellungsspiegel, in dem der Stand zu Beginn des Geschäftsjahres, die Auflösung, die Inanspruchnahme (Verbrauch), die Zuführung und der Stand zum Ende des Geschäftsjahres enthalten sind.

Literaturhinweis

BAETGE, JÖRG/KIRSCH, HANS-JÜRGEN/THIELE, STEFAN, Bilanzen, 16. Aufl., Düsseldorf 2021.

Lösungen „Teil 2"

Lösung zu Teilaufgabe (a)

Geschäftsvorfall (1): Gewerbesteuer

Im vorliegenden Sachverhalt ist zunächst zu prüfen, ob die vom Steuerberater für 02 berechnete Gewerbesteuer der Beta AG zum 31.12.02 als Schuld zu passivieren ist. Gemäß dem Passivierungsgrundsatz ist dieser Sachverhalt als Schuld abstrakt passivierungsfähig, wenn

- eine Verpflichtung der Beta AG vorliegt,
- mit der Verpflichtung eine wirtschaftliche Belastung für die Beta AG verbunden ist und
- die wirtschaftliche Belastung quantifizierbar ist.

Eine **Verpflichtung** liegt vor, wenn sich das bilanzierende Unternehmen aus rechtlichen oder tatsächlichen Gründen der Leistungsabgabe nicht entziehen kann (Zwang zur Leistungserbringung) und darüber hinaus der Leistungszwang hinreichend konkret (vorhersehbar) ist.

Der Zahlung der Gewerbesteuer an das Finanzamt kann sich die Beta AG aus rechtlichen Gründen nicht entziehen (rechtlicher Zwang zur Leistungserbringung). Obwohl noch kein Steuerbescheid vorliegt, sprechen aufgrund der Steuerberechnung des Steuerberaters der Beta AG mehr Gründe für als gegen diesen Leistungszwang; er ist somit auch hinreichend konkret. Es liegt eine öffentlich-rechtliche Verpflichtung der Beta AG vor. Das erste Kriterium des Passivierungsgrundsatzes ist erfüllt.

Eine **wirtschaftliche Belastung** i. S. d. Passivierungsgrundsatzes liegt vor, wenn sich durch die Erfüllung der Verpflichtung für das Unternehmen eine künftige Bruttovermögensminderung durch den Abgang von Aktiva ergibt und diese Bruttovermögensminderung hinreichend konkret (vorhersehbar) ist. Ferner müssen sich die mit der Erfüllung der Verpflichtung entstehenden künftigen Ausgaben Erträgen des abgelaufenen Geschäftsjahres zurechnen lassen (Grundsatz der Abgrenzung der Sache nach).

Der künftige Zahlungsmittelabfluss durch die Zahlung der Gewerbesteuer stellt die geforderte künftige Bruttovermögensminderung dar. Die wirtschaftliche Belastung ist mit der gleichen Begründung wie der Leistungszwang hinreichend konkretisiert. Die Gewerbesteuerzahlung für 02 ist sachlich den Erträgen des Geschäftsjahres 02 gegenüberzustellen. Das zweite Kriterium des Passivierungsgrundsatzes ist erfüllt.

Eine Schuld ist **quantifizierbar**, wenn die Verpflichtung zum Bilanzstichtag in der Höhe entweder eindeutig punktuell feststeht, oder wenn sie in einer Bandbreite angegeben werden kann.

Durch die vorläufige Steuerberechnung des Steuerberaters der Beta AG kann die Höhe der wirtschaftlichen Belastung zwar nicht punktuell festgelegt werden, die Steuerberechnung zeigt aber, dass die Höhe der Gewerbesteuerverpflichtung in einer Bandbreite um die künftig durch den Steuerbescheid festzusetzende Gewerbesteuer angegeben werden kann. Das dritte Kriterium des Passivierungsgrundsatzes ist erfüllt.

Im Ergebnis sind die drei Kriterien des Passivierungsgrundsatzes kumulativ erfüllt, so dass die Verpflichtung zur Zahlung der Gewerbesteuer für den Veranlagungszeitraum 02 i. S. d. Passivierungsgrundsatzes **abstrakt passivierungsfähig** ist.

Da die Verpflichtung zur Zahlung der Gewerbesteuer zum Bilanzstichtag weder dem Grunde noch der Höhe nach sicher ist (der Gewerbesteuerbescheid ist noch nicht ergangen), kommt für diese Verpflichtung die Passivierung einer **Rückstellung** in Frage. Gemäß § 249 Abs. 1 Satz 1 HGB besteht für Rückstellungen für ungewisse Verbindlichkeiten eine handelsrechtliche Passivierungspflicht. Die Steuerverpflichtung ist eine Rückstellung für ungewisse Verbindlichkeiten, die somit nicht nur gemäß Passivierungsgrundsatz abstrakt passivierungsfähig, sondern auch gemäß handelsrechtlichen Vorschriften **konkret passivierungspflichtig ist**. Die Steuerverpflichtung ist somit in der Bilanz als Rückstellung anzusetzen.

Gemäß § 253 Abs. 1 Satz 2 HGB sind Rückstellungen in Höhe des nach vernünftiger kaufmännischer Beurteilung notwendigen **Erfüllungsbetrages** anzusetzen.

Da die endgültig vom Finanzamt festgesetzte Gewerbesteuer zum Bilanzstichtag noch nicht bekannt ist, muss aus der Bandbreite möglicher Werte für die Gewerbesteuer der für die Rückstellungsbewertung maßgebliche Wert bestimmt werden. Bei unsicheren Datenstrukturen ist der in § 252 Abs. 1 Nr. 4 HGB genannte Grundsatz der Vorsicht zu beachten. Danach ist aus der Bandbreite möglicher Werte derjenige Wert auszuwählen, der die zu erwartende Vermögensminderung mit sehr hoher Wahrscheinlichkeit (je nach Auslegung zwischen 80 % und 95 %) erfasst.

Von der Steuerberechnung des Steuerberaters ist anzunehmen, dass sie die zu erwartende Gewerbesteuerschuld mit sehr hoher Wahrscheinlichkeit abdeckt. Die Rückstellung ist mit 420.000 GE in der Bilanz zu bewerten.

Die Steuerverpflichtung ist in der Bilanz auf der Passivseite unter dem Posten „Steuerrückstellungen“ gemäß § 266 Abs. 3 B. 2. HGB auszuweisen.

Geschäftsvorfall (2): Kundenboni

Im vorliegenden Sachverhalt ist zunächst zu prüfen, ob für die zu erwartende Bonigewährung an Kunden zum 31.12.02 eine Schuld zu passivieren ist. Gemäß dem Passivierungsgrundsatz ist dieser Sachverhalt als Schuld abstrakt passivierungsfähig, wenn

- eine Verpflichtung der Beta AG vorliegt,
- mit der Verpflichtung eine wirtschaftliche Belastung für die Beta AG verbunden ist und
- die wirtschaftliche Belastung quantifizierbar ist.

Eine **Verpflichtung** liegt vor, wenn sich das bilanzierende Unternehmen aus rechtlichen oder tatsächlichen Gründen der Leistungsabgabe nicht entziehen kann (Zwang zur Leistungserbringung) und darüber hinaus der Leistungszwang hinreichend konkret (vorhersehbar) ist.

Da in der Vergangenheit regelmäßig Boni gewährt wurden, erwarten die drei Großkunden vor allem angesichts der mit ihnen ausgeweiteten Geschäftstätigkeit, dass ihnen auch für die Umsätze des abgelaufenen Geschäftsjahres Boni von der Beta AG gewährt werden. Die Beta AG kann sich der Bonigewährung aus wirtschaftlichen (tatsächlichen) Gründen nicht entziehen (wirtschaftlicher Zwang zur Leistungserbringung). Folglich sprechen mehr Gründe für als gegen diesen Leistungszwang. Er ist somit hinreichend konkret. Es liegt eine wirtschaftliche Außenverpflichtung vor und das erste Kriterium des Passivierungsgrundsatzes ist erfüllt.

Eine **wirtschaftliche Belastung** i. S. d. Passivierungsgrundsatzes liegt vor, wenn sich durch die Erfüllung der Verpflichtung für das Unternehmen eine künftige Bruttovermögensminderung durch den Abgang von Aktiva ergibt und diese Bruttovermögensminderung hinreichend konkret (vorhersehbar) ist. Ferner müssen sich die mit der Erfüllung der Verpflichtung entstehenden künftigen Ausgaben Erträgen des abgelaufenen Geschäftsjahres zurechnen lassen (Grundsatz der Abgrenzung der Sache nach).

Die künftige Bruttovermögensminderung besteht in Form des künftigen Zahlungsmittelabflusses bzw. des verminderten Zahlungsmitteleinganges durch die Bonigutschrift. Wegen der Höhe der mit den drei Großkunden realisierten Umsätze sprechen mehr Gründe für als gegen die wirtschaftliche Belastung, die somit hinreichend konkretisiert ist. Der Aufwand aus der Gewährung der Boni ist sachlich den mit den drei Großkunden realisierten Erträgen des Geschäftsjahres 02 gegenüberzustellen. Das zweite Kriterium des Passivierungsgrundsatzes ist erfüllt.

Eine Schuld ist **quantifizierbar**, wenn die Verpflichtung zum Bilanzstichtag in der Höhe entweder eindeutig punktuell feststeht oder wenn sie im Rahmen einer Bandbreite angegeben werden kann.

Die Höhe der abzusehenden Bonigutschrift ist näherungsweise quantifizierbar. Es ist zu erwarten, dass sich die Boni in Höhe von etwa 3 % der von den Großkunden mit der Beta AG getätigten Umsätze bewegen.

Die drei Kriterien des Passivierungsgrundsatzes sind kumulativ erfüllt. Die Verpflichtung zur Gewährung der Kundenboni ist i. S. d. Passivierungsgrundsatzes **abstrakt passivierungsfähig**.

Da die Bonigutschrift zum 31.12.02 weder dem Grunde noch der Höhe nach sicher ist, kommt für diese Verpflichtung die Passivierung einer **Rückstellung** in Frage. Gemäß § 249 Abs. 1 Satz 1 HGB besteht für Rückstellungen für ungewisse Verbindlichkeiten eine handelsrechtliche Passivierungspflicht. Die Verpflichtung zur Gewährung von Kundenboni ist eine Rückstellung für ungewisse Verbindlichkeiten. Die Boniverpflichtung ist nicht nur gemäß dem Passivierungsgrundsatz abstrakt passivierungsfähig, sondern auch gemäß handelsrechtlicher Vorschriften konkret passivierungspflichtig. Die Boniverpflichtung ist somit in der Bilanz als Rückstellung anzusetzen.

Gemäß § 253 Abs. 1 Satz 2 HGB sind Rückstellungen in Höhe des nach vernünftiger kaufmännischer Beurteilung notwendigen **Erfüllungsbetrages** anzusetzen.

Da die Höhe der endgültig gutgeschriebenen Boni zum Stichtag noch nicht bekannt ist, muss aus der Bandbreite möglicher Werte für die Bonigutschrift der für die Rückstellungsbewertung maßgebliche Wert bestimmt werden. Bei unsicheren Datenstrukturen ist der in § 252 Abs. 1 Nr. 4 HGB genannte Grundsatz der Vorsicht zu beachten. Danach ist aus der Bandbreite möglicher Werte derjenige Wert auszuwählen, der die zu erwartende Vermögensminderung mit sehr hoher Wahrscheinlichkeit (je nach Auslegung 80 % bis 95 %) erfasst.

Aufgrund der Vergangenheitswerte ist davon auszugehen, dass auch für die Periode 02 wieder 3 % der Umsatzerlöse mit den drei Großkunden gutgeschrieben werden. Die Rückstellung ist somit in der Bilanz mit 117.000 GE (= 4.641.000 GE / 1,19 · 0,03) zu bewerten.

Die Boniverpflichtung ist in der Bilanz auf der Passivseite unter dem Posten „sonstige Rückstellungen" gemäß § 266 Abs. 3 B. 3. HGB auszuweisen.

Geschäftsvorfall (3): Lieferantenboni

Im vorliegenden Sachverhalt ist zunächst zu prüfen, ob für den erwarteten Bonianspruch ein Vermögensgegenstand zu aktivieren ist. Gemäß dem Aktivierungsgrundsatz ist ein Gut als Vermögensgegenstand abstrakt aktivierungsfähig, wenn es **selbständig verwertbar** ist. Ein Gut ist selbständig verwertbar, wenn es

- durch Veräußerung,
- durch Einräumung eines Nutzungsrechts,
- durch bedingten Verzicht oder
- im Wege der Zwangsvollstreckung

gegenüber Dritten in Geld umgewandelt werden kann.

Der erwartete **Bonianspruch** kann zum 31.12.02 nicht durch Veräußerung, durch Einräumung eines Nutzungsrechts, durch bedingten Verzicht oder im Wege der Zwangsvollstreckung gegenüber Dritten in Geld transformiert werden. Er ist **nicht selbständig verwertbar** und somit **nicht abstrakt aktivierungsfähig**. Zum Bilanzstichtag liegt i. S. d. Aktivierungsgrundsatzes kein Vermögensgegenstand vor. Erst mit der schriftlichen Zusage der Bonigewährung ist der Bonianspruch selbständig verwertbar und als Vermögensgegenstand zu aktivieren.

Fraglich ist indes, ob eine vom Aktivierungsgrundsatz abweichende gesetzliche Einzelvorschrift die Aktivierung des erwarteten Bonianspruchs erlaubt oder verlangt (konkrete Aktivierungsfähigkeit). Dies ist aber ebenfalls nicht der Fall. Es existiert keine konkrete handelsrechtliche Vorschrift, die die Aktivierung des erwarteten Bonianspruchs erlaubt oder verlangt. Eine **konkrete Aktivierungsfähigkeit** ist demnach **nicht gegeben.** Die Beta AG darf folglich für die von der Electronics GmbH erwarteten Boni keinen Vermögensgegenstand aktivieren.

Geschäftsvorfall (4): Mitgliedschaftsbeitrag

Im vorliegenden Sachverhalt ist zunächst zu prüfen, ob für den am 28.12.02 gezahlten Mitgliedschaftsbeitrag für das Kalenderjahr 02 ein Vermögensgegenstand zu aktivieren ist. Gemäß dem Aktivierungsgrundsatz ist ein Gut als Vermögensgegenstand abstrakt aktivierungsfähig, wenn es **selbständig verwertbar** ist. Die Zahlung des Mitgliedschaftsbeitrages führt indes zu keinem Gut, dass

- durch Veräußerung,
- durch Einräumung eines Nutzungsrechts,
- durch bedingten Verzicht oder
- im Wege der Zwangsvollstreckung

gegenüber Dritten in Geld umgewandelt werden kann. Durch die Zahlung des Mitgliedschaftsbeitrages liegt folglich **kein abstrakt aktivierungsfähiges Gut** und damit kein Vermögensgegenstand i. S. d. Aktivierungsgrundsatzes vor.

Es ist indes zu prüfen, ob mit einer gesetzlichen Einzelvorschrift die Aktivierung des gezahlten Mitgliedschaftsbeitrages erlaubt oder verlangt wird (konkrete Aktivierungsfähigkeit), obgleich kein Vermögensgegenstand i. S. d. Aktivierungsgrundsatzes besteht.

Die Zahlung des Mitgliedschaftsbeitrages in Höhe von 20.230 GE (inkl. USt) bezieht sich auf das Geschäftsjahr 03. 17.000 GE dieser Auszahlung sind eine Auszahlung vor dem Abschlussstichtag, die für einen bestimmten, kalendarisch festlegbaren Zeitraum nach dem Abschlussstichtag (01.01.03 bis 31.12.03) Aufwand darstellen. Der gezahlte Mitgliedschaftsbeitrag erfüllt die Tatbestandsmerkmale des § 250 Abs. 1 HGB. Für solche vor dem Abschlussstichtag anfallenden Ausgaben, die für eine bestimmte Zeit nach diesem Tag Aufwand darstellen, ist gemäß § 250 Abs. 1 HGB ein **aktiver Rechnungsabgrenzungsposten** zu bilden.

Die gesetzliche Einzelvorschrift des § 250 Abs. 1 HGB schreibt für den gezahlten Mitgliedschaftsbeitrag ein Ansatzgebot außerhalb des Aktivierungsgrundsatzes in Form eines aktiven Rechnungsabgrenzungspostens vor. Der **Mitgliedschaftsbeitrag** ist zum 31.12.02 **konkret aktivierungspflichtig**, obwohl er keinen abstrakt aktivierungsfähigen Vermögensgegenstand i. S. d. Aktivierungsgrundsatzes darstellt.

Der für den gezahlten Mitgliedschaftsbeitrag zu bildende aktive Rechnungsabgrenzungsposten ist in Höhe von 17.000 GE zu aktivieren. Nur in dieser Höhe stellen die Ausgaben für den Mitgliedschaftsbeitrag Aufwand für den bestimmten Zeitraum nach dem Abschlussstichtag (= Kalenderjahr 03) dar. Die übrigen 3.230 GE werden als abzugsfähige Vorsteuer zu keinem Zeitpunkt Aufwand der Beta AG. Der Buchungssatz lautet wie folgt:

Aktiver Rechnungs- abgrenzungsposten Vorsteuer	17.000 GE 3.230 GE	an	Bank	20.230 GE

Der gezahlte Mitgliedschaftsbeitrag ist in Höhe von 17.000 GE in der Bilanz auf der Aktivseite unter dem Posten „Rechnungsabgrenzungsposten" gemäß § 266 Abs. 2 C. HGB auszuweisen. Die Vorsteuer in Höhe von 3.230 GE ist mit einer etwaigen Umsatzsteuerverpflichtung zum 31.12.02 zu saldieren und je nach Saldo entweder als Steuererstattungsanspruch unter dem Posten „sonstige Vermögensgegenstände" gemäß § 266 Abs. 2 B. II. 4. HGB oder als Steuerverbindlichkeit unter dem Posten „sonstige Verbindlichkeiten" gemäß § 266 Abs. 3 C. 8. HGB auszuweisen.

Lösung zu Teilaufgabe (b)

Der Rückstellungsspiegel der Beta AG hat zum 31.12.02 das folgende Aussehen:

Rückstellungsart (Alle Zahlenangaben in GE)	Stand zum 01.01.02	Auflösungen	Inanspruchnahmen	Zuführungen	Stand zum 31.12.02
	I	II	III	IV	V
Drohverlustrückstellungen	250.000	200.000	50.000	180.000	180.000
Steuerrückstellungen	280.000	–	–	420.000	700.000
Bonirückstellungen	81.000	–	81.000	117.000	117.000

Übersicht 79-4: *Rückstellungsspiegel der Beta AG zum 31.12.02*

Die **Drohverlustrückstellungen** zu Beginn des Geschäftsjahres in Höhe von 250.000 GE konnten im abgelaufenen Geschäftsjahr 02 durch Neuverhandlung der betroffenen Verträge beseitigt werden. Aufgrund dessen wurde der nicht bereits in Anspruch genommene Teil der im Vorjahr gebildeten Rückstellungen in Höhe von 200.000 GE erfolgswirksam aufgelöst. Dagegen ist bei anderen vertraglichen Vereinbarungen aufgrund von im Geschäftsjahr 02 eingetretenen Entwicklungen zu erwarten, dass künftig die Aufwendungen die Erträge übersteigen. Der entsprechend drohende Verpflichtungsüberschuss in Höhe von 180.000 GE ist im Rückstellungsspiegel unter den Zuführungen ausgewiesen. Der Stand zum 31.12.02 ergibt sich letztendlich aus dem Stand zum Geschäftsjahresbeginn abzüglich der Auflösungen und der Inanspruchnahmen des Geschäftsjahres sowie zuzüglich der Zuführungen des Geschäftsjahres.

Die **Steuerrückstellungen** zum 31.12.02 ergeben sich aus den Steuerrückstellungen des Geschäftsjahres 01 und der des abgelaufenen Geschäftsjahres 02. Da zum Zeitpunkt der Aufstellung des handelsrechtlichen Jahresabschlusses 02 noch keine Steuerbescheide des für die Beta AG zuständigen Finanzamtes vorliegen und die Verpflichtung gegenüber dem Fiskus weiterhin besteht, sind keine Auflösungen und Inanspruchnahmen im Rückstellungsspiegel auszuweisen.

Die **Bonirückstellungen** zum 31.12.02 ergeben sich ausschließlich aus den Zuführungen des abgelaufenen Geschäftsjahres. Die Bonirückstellungen zu Beginn des Geschäftsjahres 02 (entsprechen der Rückstellung zum 31.12.01) in Höhe von 81.000 GE (= 3.213.000 GE / 1,19 · 0,03) wurden im abgelaufenen Geschäftsjahr vollständig verbraucht und werden im Rückstellungsspiegel unter den Inanspruchnahmen ausgewiesen. Die zum 31.12.01 passivierten Bonirückstellungen waren zudem um 9.000 GE unterdotiert, da den drei Großkunden der Beta AG zu Beginn des Jahres 02 Boni in Höhe von insgesamt 90.000 GE gutgeschrieben wurden. Diese 9.000 GE sind als Aufwand des Geschäftsjahres 02 zu erfassen und mindern daher das Jahresergebnis 02.

Übung 80: Bilanzpolitik im Jahresabschluss nach HGB

Sachverhalt

I. Angaben zur Gründung:

Die beiden Studienfreunde Dr. Max Megamix und Claus Clever gründen im Dezember 01 ein Pharmaunternehmen, das unter dem Namen Neurose AG firmieren soll. Zweck der Gesellschaft ist die Entwicklung und der Vertrieb von Produkten aus dem Selbstmedikationsbereich. Zunächst einziges Produkt der Gesellschaft ist ein Mittel („Learn-Fix") zur Unterstützung des Lernprozesses und zur Unterdrückung von Examensängsten. Die Gesellschaft nimmt am 02.01.02 nach Eintragung in das Handelsregister die Geschäftstätigkeit auf. Das Grundkapital der Gesellschaft beträgt 200.000 GE. Zusätzlich wird eine Zuzahlung (Agio) vereinbart und geleistet, die 100 % des Grundkapitals beträgt. Dr. Max Megamix und Claus Clever, die zum Vorstand der Neurose AG bestellt wurden, stehen am 01.01.02 und an den folgenden Bilanzstichtagen vor der Aufgabe, im Rahmen der gesetzlichen Möglichkeiten eine Eröffnungsbilanz bzw. einen möglichst (unternehmens-)zielkonformen Jahresabschluss zu erstellen.

II. Allgemeine Angaben:

(1) Umsatzsteuerliche Probleme sind nicht zu erörtern. In sämtlichen Beträgen ist keine USt enthalten.

(2) Wenn sich aus den Angaben im Einzelfall nichts anderes ergibt, werden Aufwendungen und Anschaffungen sofort bezahlt; gleiches gilt für Umsatzerlöse.

(3) Steuern bleiben bei der Ermittlung der Herstellungskosten in vollem Umfang unberücksichtigt. Latente Steuern bleiben unberücksichtigt.

(4) Kommabeträge sind auf volle GE auf- bzw. abzurunden.

(5) Abschreibungen werden stets nach Monaten (statt nach Tagen) berechnet, wobei der Monat der Lieferung oder Fertigstellung als voller Monat gilt.

(6) Als Abschreibungsverfahren sind nur die lineare und die geometrisch-degressive Methode erlaubt, es sei denn, der Sachverhalt erfordert eine andere Methode. Bei der Buchwertabschreibung darf das Zweifache der linearen Abschreibung nicht überschritten werden. Der Höchstsatz ist mit 20 % anzunehmen.

(7) Fehlbestände aufgrund von Diebstählen usw. treten nicht auf.

(8) Als Verbrauchsfolgeverfahren sind nur die Lifo-Methode, die Fifo-Methode und die Durchschnittsmethode zulässig.

(9) Bilanzstichtag ist stets der 31.12. eines jeden Jahres.

III. Geschäftsvorfälle im Geschäftsjahr 02:

(1) Die Gesellschaft nimmt am 15.01.02 einen **Bankkredit** in Höhe von 2.000.000 GE auf, um die Liquidität zu erhöhen (Zinssatz: 5 % p. a.). Der Kredit ist in 05 in gleicher Höhe zurückzuzahlen.

(2) Der Notar B. Raet stellt der Neurose AG im Januar 02 10.000 GE für **juristischen Rat** zu speziellen Gründungsfragen, die zu Beginn des Jahres 02 aufgetreten sind, in Rechnung.

(3) Am 01.03.02 erwirbt die Neurose AG ein **Grundstück** mit darauf stehender fünf Jahre alter Lagerhalle für 200.000 GE. Die Lagerhalle wird nur zur Lagerung von Fertigerzeugnissen genutzt. Von den 200.000 GE entfallen 90 % auf das Gebäude und 10 % auf den Grund und Boden. Dazu wurde ein Gutachten über die Bodenbeschaffenheit angefertigt, für das 2.000 GE bezahlt wurden. Zusätzlich fielen 4.000 GE an Vermessungskosten an. Der Notar berechnet 1.100 GE für die Beurkundung des Kaufvertrages und 500 GE für die Beurkundung der Grundschuldbestellung in Höhe von 200.000 GE zugunsten der Hausbank. Das Amtsgericht fordert 250 GE für die Eintragung der Auflassungsvormerkung, 700 GE für die Löschung der Auflassungsvormerkung und Eigentumsumschreibung sowie 150 GE für die Grundschuldeintragung. Sämtliche Beträge werden dem Bankkonto der Neurose AG zum 01.03.02 belastet. Das Gebäude ist über die Restnutzungsdauer von 50 Jahren linear abzuschreiben.

(4) Zur **Finanzierung des Grundstückserwerbs** wird zum 01.03.02 ein Hypothekendarlehen über 200.000 GE aufgenommen und der Gegenwert dem Kontokorrentkonto gutgeschrieben. Es wurden folgende Konditionen vereinbart: Zinssatz 6 % (fünf Jahre fest); Auszahlung 90 %; jährliche Tilgungsrate 20 %; jährliche Ratenzahlung erstmals am 01.03.03.

(5) Am 01.04.02 wird von der Firma Mechanix eine **Verpackungsmaschine** erworben, deren betriebsgewöhnliche Nutzungsdauer zehn Jahre beträgt. Die Maschine wird im ersten Jahr zeitanteilig abgeschrieben. Der Kaufpreis beträgt 20.000 GE. Mit Hilfe der Maschine werden Tabletten automatisch in Plastikröhrchen abgefüllt. Zur Begleichung der Rechnung übergibt die Neurose AG der Firma Mechanix zum gleichen Zeitpunkt einen Wechsel, der am 01.04.03 fällig wird. Um den der Firma Mechanix entstehenden Zinsverlust auszugleichen, wird der Wechsel auf 22.000 GE ausgestellt.

(6) Im November 02 wird festgestellt, dass an der Verpackungsmaschine der Firma Mechanix eine **Großreparatur** dringend notwendig ist. Die Reparatur durch die Herstellerfirma Mechanix zu einem Festpreis von 5.000 GE ist für den Dezember 02 geplant. Aus Gründen, die die Neurose AG zu vertreten hat, kann die Maschine indes erst im Mai 03 repariert werden.

(7) Am 01.07.02 erfährt der Vorstand, dass ein Lizenzantrag vom 02.06.02 für das Produkt „Learn-Fix" vom Bundesamt für das Arzneiwesen angenommen wurde. Nach Auffassung eines unabhängigen Sachverständigen beträgt der Wert der **Lizenz** 2.000.000 GE. Die Kosten für die Entwicklung der Lizenz betrugen im Laufe des Jahres 02 40.000 GE. Die auf die Lizenz entfallenden Forschungskos-

ten betragen insgesamt 60.000 GE. Hierbei kann die Neurose AG die angefallenen Kosten der Forschung und der Entwicklung exakt trennen. Die Lizenz kann von der Neurose AG voraussichtlich vier Jahre genutzt werden.

(8) Zur Herstellung des Medikaments „Learn-Fix“ benötigt die Neurose AG unter anderem Essigsäure und Puderzucker. Es sind folgende **Zugänge und Abgänge an Essigsäure und Puderzucker** zu verzeichnen:

   (a) Am 06.03.02 werden 20.000 l Essigsäure zum Preis von 10 GE/l, am 03.05.02 überdies 10.000 l zum Preis von 13 GE/l und am 10.10.02 werden zusätzlich 10.000 l zum Preis von 11 GE/l gekauft. Die Essigsäure wird in einem Kunststoffbehälter mit einem Fassungsvermögen von 100.000 l gelagert, der bei neuen Lieferungen jeweils nachgefüllt wird. Abgänge wurden in 02 in Höhe von 20.000 l verzeichnet. Zu Beginn des Jahres 02 war keine Essigsäure im Bestand, da das Produkt „Learn-Fix“ erst im Januar 02 eingeführt wurde.

   (b) Am 06.02.02 werden 40.000 kg Puderzucker zum Preis von 5 GE/kg erworben. Am 15.06.02 werden 25.000 kg zum Preis von 5,5 GE/kg und am 15.11.02 werden 15.000 kg zum Preis von 6 GE/kg hinzugekauft. Der Puderzucker wird in Säcken à 50 kg geliefert und ohne Rücksicht auf den Eingangszeitpunkt der Lieferungen an die Fertigung abgegeben. Fertigungsbedingte Abgänge wurden im Geschäftsjahr 02 ausschließlich bis Ende November in Höhe von 45.000 kg verzeichnet. Am 10.12.02 wurden durch Wassereinbruch im Rohstofflager weitere 20.000 kg vernichtet. Zu Beginn des Jahres 02 war kein Puderzucker im Bestand.

(9) „Learn-Fix“ wird von einem Drittunternehmen hergestellt (angerührt) und nur von der Neurose AG versandfertig verpackt. Außerdem liefert die Neurose AG Essigsäure und Puderzucker an das Drittunternehmen. Für die **Herstellung von „Learn-Fix“** werden der Neurose AG 1 GE/Packung berechnet. In diesem Preis sind weitere, indes geheime Zutaten enthalten. Der Transport zum Drittunternehmen sowie der Rücktransport des Produktes an die Neurose AG wird von einer Spedition übernommen, die dafür im Jahr 02 50.000 GE erhält. Das lediglich provisorisch vom Drittunternehmen verpackte und portionierte „Learn-Fix“ wird von der Neurose AG entsprechend dem Arzneimittel-Gesetz in Plastikröhrchen gefüllt. Die Plastikröhrchen werden just-in-time für 0,10 GE/Stück angeliefert. Personalkosten fallen für eine voll ausgelastete Sekretärin und für zwei Bediener der Verpackungsmaschine zusammen in Höhe von 260.000 GE/Jahr an, wobei davon je 80.000 GE/Jahr auf die beiden Bediener und 100.000 GE/Jahr auf die Sekretärin anfallen. Für den Transport an einen Pharmagroßhändler müssen 80.000 GE bezahlt werden, wofür ein Zahlungsziel bis zum 08.01.03 vereinbart wurde. Außerdem wird ein Werbefeldzug gestartet, für den die Werbeagentur 60.000 GE berechnet und im Geschäftsjahr 02 erhält.

(10) An den schwäbischen Pharmagroßhändler „Gell“ werden im Jahr 02 insgesamt 120.000 Packungen zum Preis von 12 GE/Packung geliefert. Die **Lieferungen** an „Gell“ werden per Banküberweisung bezahlt.

(11) Die Neurose AG übernimmt im Rahmen eines **asset deals** zum 31.12.01 das Arzneimittelunternehmen „Pillendreher" zu 100 %; der Kaufpreis beträgt 100.000 GE. Der einzige Vermögensgegenstand von Pillendreher ist eine Maschine mit Buchwert 150.000 GE (Zeitwert 180.000 GE), auf der Passivseite der Bilanz werden vor der Übernahme 50.000 GE (Zeitwert 50.000 GE) Verbindlichkeiten gegenüber Kreditinstituten, 50.000 GE (Zeitwert 60.000 GE) Pensionsrückstellungen und 50.000 GE Eigenkapital ausgewiesen. Die Neurose AG geht bei einem eventuell entstehenden Geschäfts- oder Firmenwert von einer Nutzungsdauer von zehn Jahren aus.

IV. Angaben zum 31.12.02:

(1) Der Marktpreis für Essigsäure beträgt 10 GE/l.

(2) Der Marktpreis für Puderzucker beträgt 6 GE/kg.

(3) Laut Inventur liegen 60.000 Packungen „Learn-Fix" auf Lager.

(4) Der Einzelhandelspreis einer Packung „Learn-Fix" beläuft sich auf 14 GE/Stück.

Aufgaben

(a) Erstellen Sie die Eröffnungsbilanz zum 01.01.02.

(b) Um sich der schlechten konjunkturellen Lage anzupassen, möchte Dr. Megamix im Geschäftsjahr 02 einen möglichst „bescheidenen Gewinn" ausweisen. Wie sind die vorstehenden Sachverhalte vor diesem Hintergrund (im Rahmen der gesetzlichen Möglichkeiten) im Jahresabschluss zu behandeln? Durch welche (zulässigen) Ansatz- und Bewertungsmaßnahmen ließe sich der Gewinn 02 erhöhen, wenn das Unternehmen einen möglichst hohen Gewinn in der Handelsbilanz ausweisen möchte?

Begründen Sie jeweils Ihre Maßnahmen. Geben Sie die Buchungssätze an. Stellen Sie die GuV nach dem Gesamtkostenverfahren auf. Gehen Sie im Fall von Abschreibungen davon aus, dass die lineare Methode sowie die geometrisch-degressive Methode mit einem maximalen Abschreibungssatz von 20 % zulässig sind.

Literaturhinweis

BAETGE, JÖRG/KIRSCH, HANS-JÜRGEN/THIELE, STEFAN, Bilanzen, 16. Aufl., Düsseldorf 2021.

Lösungen

Lösung zu Teilaufgabe (a)

Die Neurose AG erstellt eine Eröffnungsbilanz entsprechend den Angaben zur Gründung. Es ergibt sich folgende Eröffnungsbilanz für die Neurose AG:

Eröffnungsbilanz der Neurose AG (in GE)			
Aktiva			**Passiva**
A. Umlaufvermögen		A. Eigenkapital	
I. Guthaben bei Kreditinstituten	400.000	I. Gezeichnetes Kapital	200.000
		II. Kapitalrücklage	200.000
Summe Aktiva	400.000	Summe Passiva	400.000

Übersicht 80-1: *Eröffnungsbilanz der Neurose AG*

Lösung zu Teilaufgabe (b)

Ziel des Gewinnminimierers ist es, einen möglichst hohen Aufwand zu erfassen. Ein Grund für diese Zielsetzung können steuerliche Vorteile aufgrund der Maßgeblichkeit der Handelsbilanz für die Steuerbilanz sein. Des Weiteren können ein befürchteter Liquiditätsabfluss durch eine höhere Ausschüttung an die Anteilseigner und/oder durch weitere erfolgsabhängige Zahlungen, z. B. an die Geschäftsführer, ebenso durch einen hohen Gewinn hervorgerufene Begehrlichkeiten von Gewerkschaften, Gründe sein, möglichst hohe Aufwendungen zu erfassen. Entsprechend können auch für die Position des Gewinnmaximierers bilanzpolitische Gründe gefunden werden, einen möglichst geringen Aufwand zu erfassen, um einen hohen Gewinn auszuweisen.

Im Folgenden werden die Angaben (1) bis (11) zum Geschäftsjahr 02 unter Berücksichtigung der Angaben zum 31.12.02 betrachtet. Dabei wird jeweils zwischen einer gewinnmaximierenden und einer gewinnminimierenden Bilanzpolitik unterschieden, sofern im konkreten Sachverhalt ein Wahlrecht oder ein Ermessensspielraum vorhanden ist.

Geschäftsvorfall (1): Bankkredit

Die Aufnahme des Bankkredites führt zu folgendem Buchungssatz (1a):

Bank	2.000.000 GE	an	Verbindlichkeiten gegenüber Kreditinstituten	2.000.000 GE

Der Zinsaufwand des Geschäftsjahres ist mit Buchungssatz (1b) zu erfassen:

Zinsen und ähnliche Aufwendungen	100.000 GE	an	Bank	100.000 GE

Geschäftsvorfall (2): juristischer Rat

Es stellt sich zunächst die Frage, wie der Sachverhalt einzuordnen ist. Es handelt sich hier unzweifelhaft um die Beschaffung von Eigenkapital. Gemäß § 248 Abs. 1 Nr. 1 und 2 HGB dürfen Aufwendungen für die Gründung des Unternehmens und für die Beschaffung des Eigenkapitals nicht als Aktivposten in die Bilanz aufgenommen werden. Die 10.000 GE Beratungskosten sind somit sofort im Jahr 02 als Aufwand zu buchen. Es besteht kein bilanzpolitischer Spielraum.

Der Sachverhalt ist mit Buchungssatz (2) abzubilden:

Sonstiger betrieblicher Aufwand	10.000 GE	an	Bank	10.000 GE

Geschäftsvorfall (3): Grundstück

Es stellt sich zunächst die Frage, welche Kosten als Anschaffungskosten zu qualifizieren sind. Gemäß § 255 Abs. 1 HGB sind „Anschaffungskosten ... die Aufwendungen, die geleistet werden, um einen Vermögensgegenstand zu erwerben und ihn in einen betriebsbereiten Zustand zu versetzen, soweit sie dem Vermögensgegenstand einzeln zugeordnet werden können. Zu den Anschaffungskosten gehören auch die Nebenkosten sowie die nachträglichen Anschaffungskosten. Anschaffungspreisminderungen, die dem Vermögensgegenstand einzeln zugeordnet werden können, sind abzusetzen." Es ergibt sich folgendes Berechnungsschema:

	Anschaffungspreis
–	Anschaffungspreisminderungen
+	Anschaffungsnebenkosten
+	Nachträgliche Anschaffungskosten
=	Anschaffungskosten

Übersicht 80-2: *Berechnungsschema der Anschaffungskosten nach § 255 Abs. 1 HGB*

Der Anschaffungspreis von 200.000 GE ist im Verhältnis 90:10 auf das Grundstück und das Gebäude aufzuteilen, um einen dem § 266 Abs. 2 HGB entsprechenden Bilanzausweis zu ermöglichen und um die Abschreibung der Lagerhalle berechnen zu können. Der Kaufpreis der Lagerhalle beträgt somit 180.000 GE, der Kaufpreis des Grundstücks 20.000 GE. Es stellt sich nun die Frage, welche Kosten Anschaffungsnebenkosten darstellen. Die Abgrenzung der Anschaffungsnebenkosten ist in folgender Übersicht zusammengefasst:

Ursache/Kosten	Betrag (in GE)	Anschaffungsnebenkosten?
Gutachten	2.000	Ja
Vermessungskosten	4.000	Ja
Beurkundung des Kaufvertrages	1.100	Ja
Beurkundung der Grundschuld	500	Nein, da Finanzierungskosten
Auflassungsvormerkung	250	Ja
Löschung der Auflassungsvormerkung und Eigentumsumschreibung	700	Ja
Grundschuldeintragung	150	Nein, da Finanzierungskosten

Übersicht 80-3: *Abgrenzung der Anschaffungsnebekosten*

Die Anschaffungsnebenkosten betragen insgesamt 8.050 GE. Aus Vereinfachungsgründen werden diese analog zur Kaufpreisverteilung im Verhältnis 90:10 auf das Gebäude und das Grundstück aufgeteilt. Somit ergeben sich für das Gebäude 7.245 GE und für das Grundstück 805 GE Anschaffungsnebenkosten. 650 GE sind als Finanzierungskosten zu qualifizieren und damit nicht in die Anschaffungskosten einzubeziehen, sondern im Jahr 02 als Zinsen und ähnliche Aufwendungen zu erfassen. Es ergeben sich zunächst die Buchungssätze (3a)-(3c):

Grund und Boden	20.805 GE	an	Bank	20.805 GE

Gebäude	187.245 GE	an	Bank	187.245 GE

Zinsen und ähnliche Aufwendungen	650 GE	an	Bank	650 GE

Des Weiteren ist folgende Abschlussbuchung (3d) zu erfassen:

Abschreibungen auf Sachanlagevermögen	3.121 GE	an	Gebäude	3.121 GE

Geschäftsvorfall (4): Finanzierung des Grundstückserwerbs

Für das Hypothekendarlehen gilt grundsätzlich: „Verbindlichkeiten sind zu ihrem Erfüllungsbetrag ... anzusetzen ..." (§ 253 Abs. 1 Satz 2 HGB). In diesem Zusammenhang ist fraglich, wie das Disagio in Höhe von 20.000 GE (10 % von 200.000 GE) zu behandeln ist. Nach § 250 Abs. 3 HGB besteht ein Ansatzwahlrecht als aktiver Rechnungsabgrenzungsposten. Dieses Wahlrecht kann dahingehend ausgelegt werden, dass anstelle des gesamten Unterschiedsbetrages auch ein Teilbetrag abgegrenzt werden darf. Das Disagio ist als vorweg entrichteter Zins eine Ausgabe vor dem Abschlussstichtag, die Aufwand für eine bestimmte Zeit nach dem Abschlussstichtag darstellt (Laufzeit der Verbindlichkeit). Das Aktivierungswahlrecht muss im Jahr der Ausgabe der Verbindlichkeit ausgeübt werden.

Der **Gewinnminimierer** behandelt das Disagio als Zinsaufwand im Jahr 02 und erfasst diesen zusammen mit dem Hypothekendarlehen und dem Zahlungseingang bei der Bank mit Buchungssatz (4a):

Bank	180.000 GE			
Zinsen und ähnliche Aufwendungen	20.000 GE	an	Verbindlichkeiten gegenüber Kreditinstituten	200.000 GE

Der **Gewinnmaximierer** setzt einen aktiven Rechnungsabgrenzungsposten in Höhe von 20.000 GE an und erfasst diesen zusammen mit dem Hypothekendarlehen und dem Geldeingang bei der Bank mit Buchungssatz (4b):

Bank	180.000 GE			
Disagio	20.000 GE	an	Verbindlichkeiten gegenüber Kreditinstituten	200.000 GE

Den aktiven Rechnungsabgrenzungsposten schreibt der Gewinnmaximierer in Höhe von 3.333,33 GE ab (= 20.000 GE · 10 / 60) und erfasst diesen Sachverhalt durch Buchungssatz (4c):

Zinsen und ähnliche Aufwendungen	3.333 GE	an	Disagio	3.333 GE

Zusätzlich müssen beide – Gewinnmaximierer und Gewinnminimierer – Zinsaufwand in Höhe von 6 % für die bisherige Laufzeit des Darlehens buchen (6 % · 200.000 GE · 10 / 12 = 10.000 GE). Buchungssatz (4d) lautet somit:

Zinsen und ähnliche Aufwendungen	10.000 GE	an	Sonstige Verbindlichkeiten	10.000 GE

Geschäftsvorfall (5): Verpackungsmaschine

Es stellt sich die Frage, ob der Wechselzins als Anschaffungsnebenkosten angesetzt werden darf. Finanzierungskosten gehören nach § 255 Abs. 1 HGB grundsätzlich nicht zu den Anschaffungskosten. Die Anschaffungskosten der Verpackungsmaschine betragen demnach 20.000 GE. Ein Wechsel mit in der Wechselsumme enthaltenem Disagio ist wie ein Zerobond zu behandeln und daher mit dem Barwert anzusetzen. Buchungssatz (5a) bildet den Anschaffungsvorgang ab:

Technische Anlagen und Maschinen	20.000 GE	an	Wechselverbindlichkeiten	20.000 GE

Indes ist die Wechselverbindlichkeit am Ende des Geschäftsjahres um den anteiligen Diskont von 1.500 GE (= 2.000 GE · 9 / 12) zu erhöhen.

Es ergibt sich folgende Abschlussbuchung (5b):

Zinsen und ähnliche Aufwendungen	1.500 GE	an	Wechselverbindlichkeiten	1.500 GE

Die Maschine ist Bestandteil des Anlagevermögens und daher nach § 253 Abs. 3 Satz 1 HGB planmäßig abzuschreiben. Als Abschreibungsmethoden stehen die Buchwertabschreibung mit maximal 20 % oder die lineare Abschreibung über die Nutzungsdauer von zehn Jahren (also 10 % p. a.) zur Auswahl. Über einen Restwert werden keine Angaben gemacht. Der Abschreibungsausgangswert beträgt 20.000 GE.

Der **Gewinnminimierer** wird das Verfahren der geometrisch-degressiven Buchwertabschreibung anwenden. Es ergibt sich eine Jahresabschreibung von 4.000 GE (= 20.000 GE · 20 %). Indes wird diese zeitanteilig berücksichtigt, denn die Anschaffung erfolgte am 01.04. Für die Nutzungsdauer von neun Monaten werden 3.000 GE mit Buchungssatz (5c) abgeschrieben:

Abschreibungen auf Sachanlagevermögen	3.000 GE	an	Technische Anlagen und Maschinen	3.000 GE

Der **Gewinnmaximierer** wird indes die lineare Abschreibung anwenden. Es ergibt sich zunächst ein jährlicher Abschreibungsbetrag in Höhe von 2.000 GE (= 20.000 GE / 10 Jahre). Die zeitanteilige Abschreibung für neun Monate beträgt 1.500 GE und wird mit Buchungssatz (5d) erfasst:

Abschreibungen auf Sachanlagevermögen	1.500 GE	an	Technische Anlagen und Maschinen	1.500 GE

Geschäftsvorfall (6): Großreparatur

Eine Rückstellung für im Geschäftsjahr unterlassene Aufwendungen für Instandhaltung (Aufwandsrückstellung) ist zu bilden, wenn diese innerhalb der ersten drei Monate des neuen Geschäftsjahres nachgeholt werden (§ 249 Abs. 1 Satz 2 Nr. 1 HGB). Da die Reparatur gemäß Sachverhalt indes erst im Mai 03 erfolgen kann, ist keine Rückstellung anzusetzen. Es besteht demnach kein bilanzpolitischer Spielraum.

Geschäftsvorfall (7): Lizenz

Das Patent ist ein immaterieller Vermögensgegenstand. Nach § 248 Abs. 2 HGB besteht **ein Ansatzwahlrecht** für selbst geschaffene immaterielle Vermögensgegenstände des Anlagevermögens. Hierbei ist indes zu beachten, dass Herstellungskosten eines selbst geschaffenen immateriellen Vermögensgegenstandes i. S. d. § 255 Abs. 2a HGB lediglich die bei der Entwicklung angefallenen Aufwendungen umfassen. Forschungskosten dürfen gemäß § 255 Abs. 2 Satz 4 HGB nicht aktiviert werden.

Der **Gewinnminimierer** präferiert einen möglichst hohen Aufwand und verzichtet demnach auf die Aktivierung der Entwicklungskosten. Der **Entwicklungsaufwand** ist mit 100.000 GE durch Buchungssatz (7a) zu erfassen:

Sonstiger betrieblicher Aufwand	100.000 GE	an	Bank	100.000 GE

Der **Gewinnmaximierer** wird hingegen die Entwicklungskosten gemäß § 255 Abs. 2a HGB aktivieren und erfasst den Sachverhalt durch den folgenden Buchungssatz (7b):

Sonstiger betrieblicher Aufwand	60.000 GE			
Lizenz	40.000 GE	an	Bank	100.000 GE

Geschäftsvorfall (8): Zugänge und Abgänge an Essigsäure und Puderzucker

Zur Herstellung des Medikaments „Learn-Fix" benötigt die Neurose AG unter anderem Essigsäure und Puderzucker.

Problem: Bewertung des Verbrauches an Essigsäure und Puderzucker und des Essigsäure- sowie des Puderzuckerbestandes am Bilanzstichtag. Folgende Formel wird den Berechnungen zugrunde gelegt:

	Anfangsbestand
+	Zugang
–	Abgang
=	Endbestand

(a) Essigsäure:

Angeschafft wurden 40.000 l, verbraucht wurden 20.000 l. Der Bestand am Bilanzstichtag beläuft sich somit auf 20.000 l (keine Diebstähle usw.). Gemäß § 252 Abs. 1 Nr. 3 HGB gilt normalerweise der Grundsatz der Einzelbewertung. Eine Einzelbewertung ist hier indes durch die Vermischung im Behälter unmöglich. § 256 HGB ermöglicht aber die Bewertung von gleichartigen Vermögensgegenständen des Vorratsvermögens mittels Bewertungsvereinfachungsverfahren (auch wenn eine Einzelbewertung theoretisch möglich ist). Zu den zulässigen Bewertungsvereinfachungsverfahren zählen die Durchschnittsmethode und die Verbrauchsfolgeverfahren Lifo und Fifo.

Die Zugänge lassen sich folgender Übersicht entnehmen:

	Datum	Menge (in l)	Preis (in GE/l)	Gesamtwert (in GE)
Zugänge:	06.03.02	20.000	10	200.000
	03.05.02	10.000	13	130.000
	10.10.02	10.000	11	110.000
Summe:		40.000		440.000

Übersicht 80-4: *Zugänge von Essigsäure im Geschäftsjahr 02*

Die Roh-, Hilfs- und Betriebsstoffe sind durch den Buchungssatz (8a) zu erfassen:

Roh-, Hilfs- und Betriebsstoffe	440.000 GE	an	Bank	440.000 GE

Die Bewertung des Essigsäurebestandes nach der **Lifo-Methode** führt unter der Annahme, dass die zuletzt zugegangenen Vermögensgegenstände zuerst verbraucht werden, zu folgenden Ergebnissen:

	Menge (in l)	Preis (in GE/l)	Gesamtwert (in GE)
Abgänge:	10.000	11	110.000
	10.000	13	130.000
Rest:	20.000	10	200.000

Übersicht 80-5: *Bewertung der Essigsäure bei Anwendung der Lifo-Methode*

Der Bestand hat somit einen Wert von 200.000 GE, der Verbrauch einen Wert in Höhe von 240.000 GE. Der Marktpreis für Essigsäure am 31.12.02 beträgt 10 GE/l. Es ist keine außerplanmäßige Abschreibung erforderlich, da der Wert des Bestandes von 20.000 l bereits 200.000 GE (= 10 GE/l) beträgt. Es findet bei der Bewertung eine Orientierung an den Wiederbeschaffungskosten der Rohstoffe statt, weil die Rückrechnung von Absatzpreisänderungen des Endproduktes auf den Rohstoff im Beispiel nicht möglich ist. Des Weiteren sind die Marktpreise für den Rohstoff erheblich gesunken.

Die Bewertung des Essigsäurebestandes führt nach der **Durchschnittsmethode** zu folgenden Ergebnissen:

	Datum	Menge (in l)	Preis (in GE/l)	Gesamtwert (in GE)
Zugänge:	06.03.02	20.000	10	200.000
	03.05.02	10.000	13	130.000
	10.10.02	10.000	11	110.000
Summe:		40.000		440.000
Durchschnittspreis: 440.000 GE / 40.000 l = 11 GE/l				

Übersicht 80-6: *Bewertung der Essigsäure bei Anwendung der Durchschnittsmethode*

Der Inventurbestand hat daher einen Wert von 220.000 GE (= 20.000 l · 11 GE/l). In den Materialaufwand gehen ebenfalls 220.000 GE für den Essigsäureverbrauch ein. Es ist indes zu beachten, dass der Wert (Marktpreis) der Essigsäure am 31.12.02 10 GE/l beträgt, so dass entsprechend der strengen Niederstwertvorschrift (§ 253 Abs. 4 Sätze 1 und 2 HGB) eine **außerplanmäßige Abschreibung** vorgenommen werden muss. Der Wert des Bestandes beträgt daher nur 200.000 GE; der Materialaufwand steigt um 20.000 GE auf 240.000 GE.

Die Bewertung des Essigsäurebestandes nach der **Fifo-Methode** führt unter der Annahme, dass die zuerst zugegangenen Vermögensgegenstände zuerst verbraucht werden, zu folgenden Ergebnissen:

	Datum	Menge (in l)	Preis (in GE/l)	Gesamtwert (in GE)
Zugänge:	06.03.02	20.000	10	200.000
	03.05.02	10.000	13	130.000
	10.10.02	10.000	11	110.000
Summe:		40.000		440.000
Abgang:		20.000	10	200.000
Rest:		10.000	13	130.000
		10.000	11	110.000

Übersicht 80-7: *Bewertung der Essigsäure bei Anwendung der Fifo-Methode*

Der Bestand hat demnach einen Wert von 240.000 GE. In den Materialaufwand gehen 200.000 GE ein. Aber der Wert der Essigsäure beträgt am 31.12.02 nur 10 GE/l, so dass entsprechend der strengen Niederstwertvorschrift (§ 253 Abs. 4 Sätze 1 und 2 HGB) eine **außerplanmäßige Abschreibung** vorgenommen werden muss. Der Wert des Bestandes beträgt daher nur 200.000 GE; der Aufwand steigt um 40.000 GE.

Es gilt zu berücksichtigen, dass ein Teil des Aufwandes mit den am Bilanzstichtag auf Lager liegenden fertigen Erzeugnissen (FE) aktiviert wird. Laut Angaben zum 31.12.02 liegen am Bilanzstichtag 60.000 Packungen auf Lager. Sachverhalt (10) ist zu entnehmen, dass 120.000 Packungen verkauft werden. Somit werden insgesamt 180.000 Packungen produziert. Zwei Drittel des zugrunde liegenden Materialverbrauches sind somit als Aufwand zu erfassen, ein Drittel wird im Bestand an fertigen Erzeugnissen erfasst.

Zur Gewinnminimierung (-maximierung) muss der **Sofortaufwand**, als Summe aus nicht zu aktivierendem Materialaufwand und nicht aktivierungsfähigen, außerplanmäßigen Abschreibungen, möglichst hoch (gering) sein.

Lifo-Sofortaufwand:

	Lifo-Materialverbrauch (120 / 180 = 2 / 3 von 240.000 GE)	160.000 GE
+	Außerplanmäßige Abschreibungen	0 GE
=	Gesamter Sofortaufwand	160.000 GE

Sofortaufwand Durchschnittsmethode:

	Ø-Aufwand (120 / 180 = 2 / 3 von 220.000 GE)	146.667 GE
+	Außerplanmäßige Abschreibung bei Durchschnittsmethode	20.000 GE
=	Gesamter Sofortaufwand	166.667 GE

Fifo-Sofortaufwand:

	Fifo-Materialverbrauch (120 / 180 = 2 / 3 von 200.000 GE)	133.333 GE
+	Außerplanmäßige Abschreibung bei Fifo-Methode	40.000 GE
=	Gesamter Sofortaufwand	173.333 GE

Der **Gewinnminimierer** möchte einen möglichst hohen Sofortaufwand berücksichtigen. Der Sofortaufwand ist bei der Fifo-Methode am höchsten. Der Fifo-Materialverbrauch und die außerplanmäßige Abschreibung werden durch Buchungssatz (8b) erfasst:

Materialverbrauch	200.000 GE			
Außerplanmäßige Abschreibung	40.000 GE	an	Roh-, Hilfs- und Betriebsstoffe	240.000 GE

Ein Teil des Materialverbrauches (60 / 180) wird für die nicht verkauften und auf dem Lager liegenden Fertigerzeugnisse aktiviert (Buchungssatz (8c)):

Fertigerzeugnisse	66.777 GE	an	Bestandsveränderungen	66.777 GE

Der **Gewinnmaximierer** möchte einen möglichst geringen Sofortaufwand berücksichtigen. Der Materialverbrauch soll möglichst hoch sein, da er aktivierungsfähig ist. Bei Anwendung der Lifo-Methode wird der Materialverbrauch durch den folgenden Buchungssatz (8d) erfasst:

Materialverbrauch	240.000 GE	an	Roh-, Hilfs- und Betriebsstoffe	240.000 GE

Ein Teil des Materialverbrauches (60 / 180) wird für die nicht verkauften und auf dem Lager liegenden Fertigerzeugnisse aktiviert (Buchungssatz (8e)):

Fertigerzeugnisse	80.000 GE	an	Bestandsveränderungen	80.000 GE

(b) Puderzucker

Angeschafft wurden 80.000 kg, verbraucht wurden 65.000 kg (inkl. Wasserschaden: 20.000 kg). Der Bestand am Bilanzstichtag beläuft sich somit auf 15.000 kg (keine Diebstähle usw.).

Die Zugänge an Puderzucker lassen sich folgender Übersicht entnehmen:

	Datum	Menge (in kg)	Preis (in GE/kg)	Gesamtwert (in GE)
Zugänge:	06.02.02	40.000	5	200.000
	15.06.02	25.000	5,5	137.500
	15.11.02	15.000	6	90.000
Summe:		80.000		427.500

Übersicht 80 8: *Zugänge von Puderzucker im Geschäftsjahr 02*

Der Buchungssatz (8f) zur Anschaffung der Roh-, Hilfs- und Betriebsstoffe lautet:

Roh-, Hilfs- und Betriebsstoffe	427.500 GE	an	Bank	427.500 GE

Die Bewertung des Puderzuckerbestandes mit der **Lifo-Methode** kommt zu folgenden Ergebnissen:

	Datum	Menge (in kg)	Preis (in GE/kg)	Gesamtwert (in GE)
Zugänge:	06.02.02	40.000	5	200.000
	15.06.02	25.000	5,5	137.500
	15.11.02	15.000	6	90.000
Summe:		80.000		427.500
Abgänge:		15.000	6	90.000
		25.000	5,5	137.500
		5.000	5	25.000
Rest (vorläufig):		35.000	5	175.000
Wasserschaden:		20.000	5	100.000
Rest:		15.000	5	75.000

Übersicht 80-9: *Bewertung des Puderzuckers bei Anwendung der Lifo-Methode*

Als Materialaufwand müssen nach dieser Methode 252.500 GE gebucht werden. Die außerplanmäßige Abschreibung aufgrund des Wasserschadens beträgt 100.000 GE (= 20.000 kg · 5 GE). Der Restbestand wird mit 75.000 GE bewertet.

Bewertung des Puderzuckerbestandes mit der **Durchschnittsmethode**:

Ø-Preis: 5,34375 GE/kg (= 427.500 GE / 80.000 kg).

Der Puderzucker-Bestand hat demnach einen Wert von 80.156 GE (= 15.000 kg · 5,34375 GE/kg). Der Materialverbrauch von 45.000 kg wird mit 5,34375 GE/kg bewertet, so dass sich ein Materialaufwand in Höhe von 240.469 GE ergibt. In die Abschreibungen aufgrund des Wasserschadens auf Vermögensgegenstände des Umlaufvermögens gehen 106.875 GE (= 20.000 kg · 5,34375 GE/kg) ein.

Die Bewertung des Puderzuckerbestandes nach der **Fifo-Methode** führt zu folgenden Ergebnissen:

	Datum	Menge (in kg)	Preis (in GE/kg)	Gesamtwert (in GE)
Zugänge:	06.02.02	40.000	5	200.000
	15.06.02	25.000	5,5	137.500
	15.11.02	15.000	6	90.000
Summe:		80.000		427.500
Abgänge:		40.000	5	200.000
		5.000	5,5	27.500
Rest (vorläufig):		20.000	5,5	110.000
		15.000	6	90.000
Wasserschaden:		20.000	5,5	110.000
Rest:		15.000	6	90.000

Übersicht 80-10: *Bewertung des Puderzuckers bei Anwendung der Fifo-Methode*

Der Puderzucker-Bestand hat demnach einen Wert von 90.000 GE. In den Materialaufwand gehen 227.500 GE ein. In die Abschreibungen auf Vermögensgegenstände des Umlaufvermögens gehen aufgrund des eingetretenen Wasserschadens 110.000 GE (= 20.000 kg · 5,5 GE) ein.

Zur Gewinnminimierung (-maximierung) muss der Sofortaufwand, als Summe aus nicht zu aktivierendem Materialaufwand und nicht aktivierungsfähigen, außerplanmäßigen Abschreibungen, möglichst hoch (gering) sein.

Sofortaufwand Lifo:

	Materialaufwand (2 / 3 von 252.500 GE)	168.333 GE
+	Abschreibungen wegen Wasserschaden	100.000 GE
=	Gesamter Sofortaufwand	268.333 GE

Sofortaufwand Durchschnittsmethode:

	Materialaufwand (2 / 3 von 240.469 GE)	160.313 GE
+	Abschreibungen wegen Wasserschaden	106.875 GE
=	Gesamter Sofortaufwand	267.187 GE

Sofortaufwand Fifo:

	Materialaufwand (2 / 3 von 227.500 GE)	151.667 GE
+	Abschreibungen wegen Wasserschaden	110.000 GE
=	Gesamter Sofortaufwand	261.667 GE

Der **Gewinnminimierer** möchte einen möglichst hohen Sofortaufwand berücksichtigen. Der Sofortaufwand ist bei der Lifo-Methode am höchsten. Der Lifo-Materialverbrauch und die außerplanmäßige Abschreibung aufgrund des Wasserschadens werden durch Buchungssatz (8g) erfasst:

Materialverbrauch	252.500 GE			
Außerplanmäßige Abschreibung	100.000 GE	an	Roh-, Hilfs- und Betriebsstoffe	352.500 GE

Ein Teil des Materialverbrauches (60 / 180) wird für die nicht verkauften und auf dem Lager liegenden Fertigerzeugnisse aktiviert (Buchungssatz (8h)):

Fertigerzeugnisse	84.167 GE	an	Bestandsveränderungen	84.167 GE

Der **Gewinnmaximierer** möchte einen möglichst geringen Sofortaufwand berücksichtigen. Der Materialverbrauch soll möglichst hoch sein, da er aktivierungsfähig ist. Die Fifo-Methode wird angewendet. Der Fifo-Materialverbrauch und die außerplanmäßige Abschreibung aufgrund des Wasserschadens werden durch Buchungssatz (8i) erfasst:

Materialverbrauch	227.500 GE			
Außerplanmäßige Abschreibung	110.000 GE	an	Roh-, Hilfs- und Betriebsstoffe	337.500 GE

Ein Teil des Materialverbrauches (60 / 180) wird für die nicht verkauften und auf dem Lager liegenden Fertigerzeugnisse aktiviert (Buchungssatz (8j)):

Fertigerzeugnisse	75.833 GE	an	Bestandsveränderungen	75.833 GE

Geschäftsvorfall (9): „Learn-Fix" Herstellung

Insgesamt werden 180.000 Packungen von „Learn-Fix" hergestellt (in Geschäftsvorfall (10) wurden 120.000 Packungen des Medikaments abgesetzt und der Lagerbestand beläuft sich nach Angabe IV. (3) auf 60.000 Packungen). Die Herstellung übernimmt ein Drittunternehmen für 1 GE/Packung. Buchungssatz (9a) erfasst diesen Sachverhalt:

Aufwendungen für bezogene Leistungen	180.000 GE	an	Bank	180.000 GE

Es entstehen Transportkosten zwischen dem Drittunternehmen und der Neurose AG. Diese betragen 50.000 GE und werden durch Buchungssatz (9b) erfasst:

Aufwendungen für bezogene Leistungen	50.000 GE	an	Bank	50.000 GE

Die Verpackung in die Plastikröhrchen kostet 18.000 GE (= 0,1 GE/Stück · 180.000 Stück), die per Banküberweisung bezahlt werden. Buchungssatz (9c) lautet folglich:

Materialaufwand	18.000 GE	an	Bank	18.000 GE

Der Personalaufwand beträgt insgesamt 260.000 GE und wird durch Buchungssatz (9d) erfasst:

Personalaufwand	260.000 GE	an	Bank	260.000 GE

Der Transport an die Abnehmer beträgt insgesamt 80.000 GE. Indes wurde ein Zahlungsziel bis zum 08.01. des folgenden Jahres vereinbart. Buchungssatz (9e) lautet:

Aufwendungen für bezogene Leistungen	80.000 GE	an	Verbindlichkeiten aus Lieferungen und Leistungen	80.000 GE

Schließlich fallen auch Kosten für die Werbeagentur an, die noch im Geschäftsjahr 02 bezahlt werden. Buchungssatz (9f) lautet:

Sonstiger betrieblicher Aufwand	60.000 GE	an	Bank	60.000 GE

Das Problem der Bewertung der Fertigerzeugnisse lösen Gewinnmaximierer und Gewinnminimierer unterschiedlich. Relevant ist jeweils nur der Inventurbestand. Einschlägige Vorschrift ist § 255 Abs. 2 HGB. Der Gewinnminimierer bewertet zur Untergrenze der Herstellungskosten. Der Gewinnmaximierer hingegen bezieht die Wahlbestandteile mit ein und bewertet demnach zur Obergrenze der Herstellungskosten.

Der Umfang der Herstellungskosten nach § 255 Abs. 2, 2a und 3 HGB ist in folgender Übersicht 80-11 verdeutlicht:

§ 255 Abs. 2 Satz 2 HGB	Materialeinzelkosten Fertigungseinzelkosten Sondereinzelkosten der Fertigung Materialgemeinkosten Fertigungsgemeinkosten Abschreibungen (durch die Fertigung veranlasst)	Pflicht
§ 255 Abs. 2 Satz 3 HGB	Kosten der allgemeinen Verwaltung Aufwendungen für freiwillige soziale Leistungen Aufwendungen für betriebliche Altersversorgung	Wahlrecht
§ 255 Abs. 3 HGB	Fremdkapitalkosten (in Ausnahmefällen) Projektfinanzierung bei langfristiger Auftragsfertigung	Wahlrecht
§ 255 Abs. 2 Satz 4 HGB	Forschungskosten Vertriebskosten	Verbot

Übersicht 80-11: *Umfang der Herstellungskosten nach § 255 Abs. 2, 2a und 3 HGB*

Werbeaufwendungen sind Vertriebskosten und somit nicht ansatzfähig. Aufwendungen für die Grundlagenforschung fallen nicht unter Sondereinzelkosten der Fertigung. Sie dürfen daher nicht aktiviert werden.

Die handelsrechtliche Herstellungskostenober- und Herstellungskostenuntergrenze berechnet sich wie folgt:

Aufwand aus Geschäftsvorfall (in GE)	Pflicht	Wahlrecht	Verbot	Gewinn-Maximierer	Gewinn-Minimierer
(2) Beschaffung Eigenkapital Aktivierungsverbot gemäß § 248 Abs. 1 Nr. 1 und 2 HGB ⇒ Keine Aktivierung als Herstellungskosten			X		
(3) Abschreibungen von der Halle sind nicht durch Fertigung veranlasst			X		
(3) FK-Finanzierungskosten stehen nicht in Zusammenhang mit der Fertigung			X		
(5) FK-Finanzierungskosten stehen nicht im Zusammenhang mit der Fertigung: Keine Aktivierung von Wechselzinsen			X		
(5) Abschreibungen der Maschine (Verpackungspflicht)	X			1.500	3.000
(7) Abschreibung der Lizenz (aktivierte Entwicklungskosten) nicht durch die Fertigung bedingt			X		
(8a) Materialverbrauch Essig (Einzelkosten)	X			240.000	200.000
(8a) Außerplanmäßige Abschreibungen			X		
(8b) Materialverbrauch Puderzucker (Einzelkosten)	X			227.500	252.500
(8b) Außerplanmäßige Abschreibungen			X		
(10a) Produktionskosten (Fertigungseinzelkosten) (1 GE/Einheit)	X			180.000	180.000
(9b) Transportkosten (Fertigung) ⇒ Sondereinzelkosten	X			50.000	50.000
(9c) Verpackungskosten (Keine Vertriebsverpackung)	X			18.000	18.000
(9d) Personalkosten der Verwaltung (Gemeinkosten)		X		100.000	
(9e) Personalkosten wg. Verpackungspflicht (Fertigungsgemeinkosten)			X	160.000	160.000
(9f) Transportkosten (Vertrieb)			X		
(9g) Werbeausgaben (Vertrieb)			X		
Summe:				977.000	863.500

Übersicht 80-12: *Berechnung der handelsrechtlichen Herstellungskostenober- und Herstellungskostenuntergrenze*

Die Herstellungskosten des **Gewinnminimierers** betragen 863.500 GE. Die Herstellungskosten pro Stück betragen daher 4,80 GE/FE (= 863.500 GE / 180.000 FE). Der Fertigerzeugnisbestand ist mit 288.000 GE (= 4,80 GE/FE · 60.000 FE (Lagerbestand)) zu bewerten. Buchungssatz (9g) bildet diesen Sachverhalt ab:

Fertigerzeugnisse	288.000 GE	an	Bestandserhöhungen Fertigerzeugnisse	288.000 GE

Die Herstellungskosten bei dem **Gewinnmaximierer** betragen 977.000 GE bzw. 5,43 GE/Einheit (= 977.000 GE / 180.000 Einheiten). Der Fertigerzeugnisbestand ist daher mit 325.800 GE zu bewerten und mit Buchungssatz (9h) zu buchen:

Fertigerzeugnisse	325.800 GE	an	Bestandserhöhungen Fertigerzeugnisse	325.800 GE

Geschäftsvorfall (10): Lieferungen an „Gell"

Die Lieferung an den Pharmagroßhändler eröffnet keinen bilanzpolitischen Spielraum. Die Lieferung wird mit Buchungssatz (10) erfasst:

Bank	1.440.000 GE	an	Umsatzerlöse	1.440.000 GE

Geschäftsvorfall (11): asset deal

Bei einem asset deal werden Vermögensgegenstände und Schulden gekauft. Anders ist dies bei einem share deal. Hier werden Anteile an einer Gesellschaft gekauft. Da „Pillendreher" zu 100 % von der Neurose AG gekauft wurde und damit ein asset deal vorliegt, müssen die einzelnen Vermögensgegenstände und Schulden mit ihren Zeitwerten in die Bilanz der übernehmenden Neurose AG übernommen werden. Außerdem ergibt sich ein Geschäfts- oder Firmenwert, der folgendermaßen errechnet werden kann:

	Kaufpreis für das Unternehmen	100.000 GE
–	Zeitwerte aller abstrakt aktivierungsfähigen Vermögensgegenstände	– 180.000 GE
+	Zeitwerte aller abstrakt passivierungsfähigen Schulden	110.000 GE
=	Derivativer Geschäfts- oder Firmenwert	30.000 GE

Für das Beispiel ergibt sich demnach ein Geschäfts- oder Firmenwert in Höhe von 30.000 GE. Gemäß § 246 Abs. 1 Satz 4 HGB ist dieser zu aktivieren. Da es sich um einen zeitlich begrenzt nutzbaren Vermögensgegenstand (qua Fiktion) handelt, ist dieser über die geplante Nutzungsdauer abzuschreiben. Somit besteht an dieser Stelle kein bilanzpolitischer Spielraum.

Der Ansatz des Geschäfts- oder Firmenwertes im Jahr 01 ist mit folgendem Buchungssatz (11a) zu erfassen:

Geschäfts- oder Firmenwert	30.000 GE			
Technische Anlagen und Maschinen	180.000 GE	an	Verbindlichkeiten gegenüber Kreditinstituten	50.000 GE
			Pensionsrückstellungen	60.000 GE
			Bank	100.000 GE

Die Abschreibung des Geschäfts- oder Firmenwertes am Ende des Jahres 02 wird durch Buchungssatz (11b) erfasst:

Abschreibungen auf immaterielle Vermögensgegenstände des Anlagevermögens und Sachanlagen	3.000 GE	an	Geschäfts- oder Firmenwert	3.000 GE

Werden alle Sachverhalte entsprechend den obigen Ausführungen berücksichtigt, ergibt sich folgende Bilanz des **Gewinnminimierers** zum 31.12.02:

Aktiva	Bilanz des Gewinnminimierers (in GE)		Passiva
A. Anlagevermögen		A. Eigenkapital	
I. Immaterielle Vermögensgegenstände		I. Gezeichnetes Kapital	200.000
1. Geschäfts- oder Firmenwert	27.000	II. Kapitalrücklage	200.000
II. Sachanlagen		III. Jahresüberschuss	236.229
1. Grundstücke und Bauten	204.929	B. Rückstellungen	
2. Technische Anlagen und Maschinen	197.000	1. Pensionsrückstellungen	60.000
B. Umlaufvermögen		C. Verbindlichkeiten	
I. Vorräte		1. Verbindlichkeiten gegenüber Kreditinstituten	2.250.000
1. Rohstoffe	275.000	2. Verbindlichkeiten aus Lieferungen und Leistungen	80.000
2. Fertigerzeugnisse	288.000	3. Verbindlichkeiten aus der Ausstellung eigener Wechsel	21.500
II. Guthaben bei Kreditinstituten	2.065.800	4. Sonstige Verbindlichkeiten	10.000
Summe Aktiva	3.057.729	Summe Passiva	3.057.729

Übersicht 80-13: *Bilanz der Neurose AG zum 31.12.02 bei gewinnminimierender Bilanzpolitik*

Die GuV des **Gewinnminimierers** nach dem Gesamtkostenverfahren des § 275 Abs. 2 HGB hat folgendes Aussehen:

GuV des Gewinnminimierers (in GE)	
1. Umsatzerlöse	1.440.000
2. Erhöhung oder Verminderung des Bestandes an fertigen und unfertigen Erzeugnissen	288.000
Materialaufwand:	
3. a) Aufwendungen für Roh-, Hilfs- und Betriebsstoffe und für bezogene Waren	– 610.500
3. b) Aufwendungen für bezogene Leistungen	– 310.000
4. Personalaufwand	– 260.000
5. Abschreibungen auf immaterielle Vermögensgegenstände des Anlagevermögens und Sachanlagevermögens	– 9.121
6. Sonstige betriebliche Aufwendungen	– 170.000
7. Zinsen und ähnliche Aufwendungen	– 132.150
8. Jahresüberschuss	236.229

Übersicht 80-14: *GuV der Neurose AG zum 31.12.02 bei gewinnminimierender Bilanzpolitik*

Werden alle Sachverhalte entsprechend den obigen Ausführungen berücksichtigt, ergibt sich folgende Bilanz des **Gewinnmaximierers** zum 31.12.02:

Aktiva	**Bilanz des Gewinnmaximierers (in GE)**		**Passiva**
A. Anlagevermögen		A. Eigenkapital	
I. Immaterielle Vermögensgegenstände		I. Gezeichnetes Kapital	200.000
1. Selbst geschaffene gewerbliche Schutzrechte	40.000	II. Kapitalrücklage	200.000
2. Geschäfts- oder Firmenwert	27.000	III. Jahresüberschuss	347.196
II. Sachanlagen		B. Rückstellungen	
1. Grundstücke und Bauten	204.929	1. Pensionsrückstellungen	60.000
2. Technische Anlagen und Maschinen	198.500	C. Verbindlichkeiten	
B. Umlaufvermögen		1. Verbindlichkeiten gegenüber Kreditinstituten	2.250.000
I. Vorräte		2. Verbindlichkeiten aus Lieferungen und Leistungen	80.000
1. Rohstoffe	290.000	3. Verbindlichkeiten aus der Ausstellung eigener Wechsel	21.500
2. Fertigerzeugnisse	325.800	4. Sonstige Verbindlichkeiten	10.000
II. Guthaben bei Kreditinstituten	2.065.800		
C. Rechnungsabgrenzungsposten	16.667		
Summe Aktiva	3.168.696	Summe Passiva	3.168.696

Übersicht 80-15: *Bilanz der Neurose AG zum 31.12.02 bei gewinnmaximierender Bilanzpolitik*

Die GuV des **Gewinnmaximierers** zeigt nach dem Gesamtkostenverfahren des § 275 Abs. 2 HGB folgendes Bild:

GuV des Gewinnmaximierers (in GE)	
1. Umsatzerlöse	1.440.000
2. Erhöhung oder Verminderung des Bestandes an fertigen und unfertigen Erzeugnissen	325.800
Materialaufwand:	
3. a) Aufwendungen für Roh-,Hilfs- und Betriebsstoffe und für bezogene Waren	– 595.500
3. b) Aufwendungen für bezogene Leistungen	– 310.000
4. Personalaufwand	– 260.000
5. Abschreibungen auf immaterielle Vermögensgegenstände des Anlagevermögens und Sachanlagevermögens	– 7.621
6. Sonstige betriebliche Aufwendungen	– 130.000
7. Zinsen und ähnliche Aufwendungen	– 115.483
8. Jahresüberschuss	347.196

Übersicht 80-16: *GuV der Neurose AG zum 31.12.02 bei gewinnmaximierender Bilanzpolitik*